"十四五"时期国家重点出版物出版专项规划项目

材料先进成型与加工技术丛书

申长雨　总主编

高性能难熔金属材料设计与制备技术

范景莲　著

科学出版社
北京

内 容 简 介

本书为“材料先进成型与加工技术丛书”之一。作者以纳米/微纳复合技术为基础，结合三十多年的研究经验和技术成果，介绍高性能难熔金属材料的新方法与新技术，从纳米/微纳复合理论计算、纳米钨基合金材料制备、氧化物/碳化物陶瓷增强难熔钨钼金属基复合材料制备、大变形强化烧结制备技术等方面，开展高性能难熔金属的新原理、新技术、新材料的研究，为难熔金属在航空航天、发动机、兵器、核聚变、新能源等高端设备领域的应用设计提供了重要依据。

本书适合材料专业的研究人员、研究生及高年级的本科生阅读参考。

图书在版编目（CIP）数据

高性能难熔金属材料设计与制备技术 / 范景莲著. -- 北京 : 科学出版社, 2025. 6. --（材料先进成型与加工技术丛书 / 申长雨总主编）.
ISBN 978-7-03-082613-8

Ⅰ. TG146. 4

中国国家版本馆 CIP 数据核字第 20251DS009 号

丛书策划：翁靖一
责任编辑：翁靖一 李丽娇 / 责任校对：杨 赛
责任印制：徐晓晨 / 封面设计：东方人华

科 学 出 版 社 出版
北京东黄城根北街 16 号
邮政编码：100717
http://www.sciencep.com
北京中科印刷有限公司印刷
科学出版社发行 各地新华书店经销
*
2025 年 6 月第 一 版 开本：720×1000 1/16
2025 年 6 月第一次印刷 印张：18 3/4
字数：368 000

定价：198.00 元

（如有印装质量问题，我社负责调换）

材料先进成型与加工技术丛书

编委会

材料先进成型与加工技术丛书

总　　序

核心基础零部件（元器件）、先进基础工艺、关键基础材料和产业技术基础等四基工程是我国制造业新质生产力发展的主战场。材料先进成型与加工技术作为我国制造业技术创新的重要载体，正在推动着我国制造业生产方式、产品形态和产业组织的深刻变革，也是国民经济建设、国防现代化建设和人民生活质量提升的基础。

进入 21 世纪，材料先进成型加工技术备受各国关注，成为全球制造业竞争的核心，也是我国“制造强国”和实体经济发展的重要基石。特别是随着供给侧结构性改革的深入推进，我国的材料加工业正发生着历史性的变化。**一是产业的规模越来越大。**目前，在世界 500 种主要工业产品中，我国有 40%以上产品的产量居世界第一，其中，高技术加工和制造业占规模以上工业增加值的比重达到 15%以上，在多个行业形成规模庞大、技术较为领先的生产实力。**二是涉及的领域越来越广。**近十年，材料加工在国家基础研究和原始创新、“深海、深空、深地、深蓝”等战略高技术、高端产业、民生科技等领域都占据着举足轻重的地位，推动光伏、新能源汽车、家电、智能手机、消费级无人机等重点产业跻身世界前列，通信设备、工程机械、高铁等一大批高端品牌走向世界。**三是创新的水平越来越高。**特别是嫦娥五号、天问一号、天宫空间站、长征五号、国和一号、华龙一号、C919 大飞机、歼-20、东风-17 等无不锻造着我国的材料加工业，刷新着创新的高度。

材料成型加工是一个“宏观成型”和“微观成性”的过程，是在多外场耦合作用下，材料多层次结构响应、演变、形成的物理或化学过程，同时也是人们对其进行有效调控和定构的过程，是一个典型的现代工程和技术科学问题。习近平总书记深刻指出，“现代工程和技术科学是科学原理和产业发展、工程研制之间不可缺少的桥梁，在现代科学技术体系中发挥着关键作用。要大力加强多学科融合的现代工程和技术科学研究，带动基础科学和工程技术发展，形成完整的现代科学技术体系。”这对我们的工作具有重要指导意义。

过去十年，我国的材料成型加工技术得到了快速发展。**一是成形工艺理论和技术不断革新**。围绕着传统和多场辅助成形，如冲压成形、液压成形、粉末成形、注射成型，超高速和极端成型的电磁成形、电液成形、爆炸成形，以及先进的材料切削加工工艺，如先进的磨削、电火花加工、微铣削和激光加工等，开发了各种创新的工艺，使得生产过程更加灵活，能源消耗更少，对环境更为友好。**二是以芯片制造为代表，微加工尺度越来越小**。围绕着芯片制造，晶圆切片、不同工艺的薄膜沉积、光刻和蚀刻、先进封装等各种加工尺度越来越小。同时，随着加工尺度的微纳化，各种微纳加工工艺得到了广泛的应用，如激光微加工、微挤压、微压花、微冲压、微锻压技术等大量涌现。**三是增材制造异军突起**。作为一种颠覆性加工技术，增材制造（3D 打印）随着新材料、新工艺、新装备的发展，广泛应用于航空航天、国防建设、生物医学和消费产品等各个领域。**四是数字技术和人工智能带来深刻变革**。数字技术——包括机器学习（ML）和人工智能（AI）的迅猛发展，为推进材料加工工程的科学发现和创新提供了更多机会，大量的实验数据和复杂的模拟仿真被用来预测材料性能，设计和成型过程控制改变和加速着传统材料加工科学和技术的发展。

当然，在看到上述发展的同时，我们也深刻认识到，材料加工成型领域仍面临一系列挑战。例如，“双碳”目标下，材料成型加工业如何应对气候变化、环境退化、战略金属供应和能源问题，如废旧塑料的回收加工；再如，具有超常使役性能新材料的加工技术问题，如超高分子量聚合物、高熵合金、纳米和量子点材料等；又如，极端环境下材料成型技术问题，如深空月面环境下的原位资源制造、深海环境下的制造等。所有这些，都是我们需要攻克的难题。

我国“十四五”规划明确提出，要“实施产业基础再造工程，加快补齐基础零部件及元器件、基础软件、基础材料、基础工艺和产业技术基础等瓶颈短板”，在这一大背景下，及时总结并编撰出版一套高水平学术著作，全面、系统地反映材料加工领域国际学术和技术前沿原理、最新研究进展及未来发展趋势，将对推动我国基础制造业的发展起到积极的作用。

为此，我接受科学出版社的邀请，组织活跃在科研第一线的三十多位优秀科学家积极撰写“材料先进成型与加工技术丛书”，内容涵盖了我国在材料先进成型与加工领域的最新基础理论成果和应用技术成果，包括传统材料成型加工中的新理论和新技术、先进材料成型和加工的理论和技术、材料循环高值化与绿色制造理论和技术、极端条件下材料的成型与加工理论和技术、材料的智能化成型加工理论和方法、增材制造等各个领域。丛书强调理论和技术相结合、材料与成型加工相结合、信息技术与材料成型加工技术相结合，旨在推动学科发展、促进产学研合作，夯实我国制造业的基础。

本套丛书于 2021 年获批为“十四五”时期国家重点出版物出版专项规划项目，具有学术水平高、涵盖面广、时效性强、技术引领性突出等显著特点，是国内第一套全面系统总结材料先进成型加工技术的学术著作，同时也深入探讨了技术创新过程中要解决的科学问题。相信本套丛书的出版对于推动我国材料领域技术创新过程中科学问题的深入研究，加强科技人员的交流，提高我国在材料领域的创新水平具有重要意义。

最后，我衷心感谢程耿东院士、李依依院士、张立同院士、韩杰才院士、贾振元院士、瞿金平院士、张清杰院士、张跃院士、朱美芳院士、陈光院士、傅正义院士、张荻院士、李殿中院士，以及多位长江学者、国家杰青等专家学者的积极参与和无私奉献。也要感谢科学出版社的各级领导和编辑人员，特别是翁靖一编辑，为本套丛书的策划出版所做出的一切努力。正是在大家的辛勤付出和共同努力下，本套丛书才能顺利出版，得以奉献给广大读者。

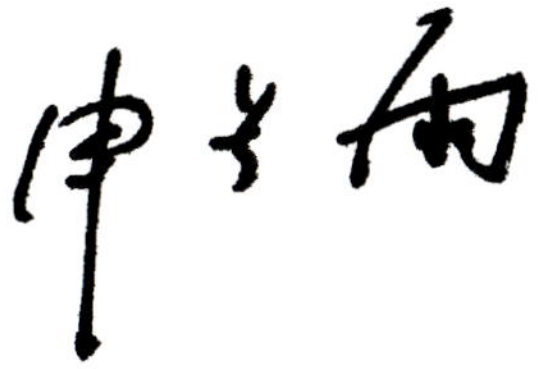

中国科学院院士
工业装备结构分析优化与 CAE 软件全国重点实验室
橡塑模具计算机辅助工程技术国家工程研究中心

前　言

难熔金属具有良好的综合热物理性能，是国防军工和国民经济不可或缺的重要战略物质，难熔金属因其固有的高熔点、低膨胀、高导热、高耐热，以及高原子序数导致的高抗辐射特性，在航空航天、国防军工、发动机、原子能、新能源、微电子信息、核工业、石油化工、医疗装备等领域均有广泛的应用。

难熔金属具有高熔点、高强度、高硬度、良好的高温稳定性、低热膨胀系数、较高的密度等特性，但也存在高温抗氧化性能差、部分金属塑性-脆性转变温度较高等缺点。难熔金属的种类主要有钨（熔点 3410℃）、钼（熔点 2623℃）、钽、铌、铪、铬、钒、锆和钛等。

随着航空航天、国防军工和民用经济等尖端技术领域的快速发展，对难熔金属提出了更高的综合性能要求，因此探索高性能难熔金属材料的设计与制备技术，具有重要的意义和前景。

本书以作者原创的纳米/微纳复合技术为基础，结合三十多年的研究经验和技术成就，讲述高性能难熔金属材料的设计方法与制备技术，从纳米/微纳复合理论计算、纳米钨基合金材料制备、氧化物/碳化物陶瓷增强难熔钨钼金属基复合材料制备、大变形强化烧结制备技术等四个方面展开叙述，内容包含：钨铜界面的结合性能与梯度设计、钨铁体系的原子作用模型与力学性能、钨-碳化钛界面的原子结构与结合性能、钨-氧化镧体系的表面与界面性能、超细/纳米钨基复合粉末制备技术、超细/纳米复合钨基复合粉末的烧结技术、TiC 增强难熔金属钨基复合材料制备及组织性能与强化机制、细晶 W-Y_2O_3 复合材料制备与服役性能、大变形强化烧结制备技术等研究，为难熔金属在航空航天、兵器等领域的应用提供了重要依据。具体研究内容如下：

第 1 章，主要介绍了难熔金属的种类及目前的制备技术方法，以及针对未来需求和现有计算不足开展的研究思路和研究内容。

第 2 章，主要讲述高性能难熔金属的材料设计和性能研究，通过第一性原理计算，在材料实际合成前准确预测材料的性能和行为，探索性能最优的先进材料，为研究新方法、新技术、新材料提供理论依据。

第 3 章，以纳米/微纳复合技术为基础，开展超细/纳米钨基复合粉末制备技术、超细/纳米复合钨基复合粉末的烧结技术的研究和探讨，为高性能钨基复合材料的研究提供指导和参考。

第 4 章，以纳米/微纳复合技术为基础，开展 TiC 增强难熔金属钨基复合材料制备及组织性能与强化机制、细晶 W-Y_2O_3 复合材料制备与服役性能等研究，为高性能钨钼难熔金属材料的研究提供指导和参考。

第 5 章，通过研究大变形强化烧结制备技术，以提升钨基复合材料和钨钼难熔金属材料等高性能难熔金属材料的力学性能。

本书所涉及的研究成果是作者及其课题组多年研究工作的总结和凝练，在此感谢课题组已经毕业和在读的研究生们的辛勤付出。同时感谢长沙微纳坤宸新材料有限公司为本书涉及研究成果所做的贡献。

最后，诚挚的感谢国家自然科学基金委员会（面上项目编号：50674106、50874122、51074187、51474242；创新群体项目编号：50721003、51021063；杰青项目编号：50925416；重点项目编号：51534009），科学技术部（项目编号：2012RA2124、2014GB115000、2017YFB0306000、2019YFE03120001）、教育部（项目编号：20130162130002）等提供的项目及资金资助，使作者能一直连续、系统和深入地开展高性能难熔金属的研究工作。

尽管作者从事难熔金属研究多年，但仍处于对其中的一些学科前沿问题和关键技术的不断认知过程中，书中难免存在疏漏或不妥之处，恳请读者批评并不吝指正。

2025 年 3 月

目 录

第1章 概述

1.1 研究背景

难熔金属具有良好的综合热物理性能，是国防军工和国民经济不可或缺的重要战略物质，难熔金属因固有的高熔点、低膨胀、高导热、高耐热，以及高原子序数导致的高抗辐射特性，在航空航天、国防军工、发动机、原子能、新能源、微电子信息、核工业、石油化工、医疗装备等领域均有着广泛的应用，研究高性能难熔金属材料的设计与制备技术，具有重要的意义和前景[1, 2]。

特性：难熔金属一般指熔点高于 1650℃并有一定储量的金属。这类金属具有高熔点、高强度、高硬度、良好的高温稳定性、低热膨胀系数、较高的密度等特性，但也存在高温抗氧化性能差、部分金属塑性-脆性转变温度较高等缺点。

种类：常见的难熔金属包括钨（熔点 3410℃）、钼（熔点 2623℃）、钽、铌、铪、铬、钒、锆和钛等。这些金属在航空航天、国防军工、核工业、电子等领域具有广泛的应用[1, 2]。

1.1.1 钨及钨合金

1. 钨及钨合金的种类

钨具有高熔点、高密度、高强度、高耐磨性、低热膨胀系数、良好的抗蚀性和抗氧化性能等优点，纯钨及超高密度钨材料在国防军事工业、航空航天、原子能及核工业、电子信息等行业具有广泛而重要的应用。例如，高密度钨合金被用作枪弹中的集束箭弹、霰弹、子母弹、屏幕弹和穿甲弹等，具有很大的杀伤威力；在导弹中，钨及钨合金材料用作导航仪的陀螺转子，配重螺钉调整片；在核潜艇和核动力航空母舰中，用来保护其核心动力部分，同时起到良好的射线屏蔽作用；

在电热加工中，用作电极材料和电接触材料等，同时在现代微电子信息领域中用作电子封装材料[3-6]。

1）W-Ni 合金

Ni 的熔点较低，与 W 的互溶性较好，使其成为二元系钨合金中常用的合金元素[7]。机械合金化法制备 W-10Ni 在合金化过程中钨镍粉末发生碰撞断裂和冷焊，形成钨镍固溶体；掺杂纳米氧化钇后，合金组织均匀细化，晶粒尺寸分布变窄。但在粉末冶金条件下，由于 Ni 与 W 的原子互扩散与固溶难以控制，易形成 Ni_4W 脆性化合物，因此 Ni 常与其他合金元素共同应用，可有效控制烧结过程[8-10]。

2）W-Cu 合金

Cu 的低熔点及优良的导电导热性使其成为电热类钨合金材料的关键合金元素[10-12]。发现高 Cu 含量合金的 W-10 wt%～40 wt%Cu（wt%表示质量分数）合金用热压烧结方法，在 1250℃保温 1 h 可实现坯体相对密度＞98%，而低 Cu 含量合金在 1450℃保温 2 h 也难达到高致密，可通过添加少量 WO_3 分散纳米粉末加以改善[13]。

3）W-Ag 合金

银粒子弥散分布在钨相周围，在高温环境中，材料中的银熔化并被钨骨架的毛细管力所吸引，瞬间气化而吸热，零件能够产生自冷却作用。W-Ag 复合材料自 1935 年成功制备后，在很长一段时间内主要用作电触头材料[14]。Aslanoglu 等[15]制备了不同机械合金化时间的 W-35 wt%Ag 复合粉末，经压制、烧结并复压得到了触头材料。结果表明：随着机械合金化时间的增加，W-35 wt%Ag 材料的密度和硬度同时提高。

4）W-V、W-Ta、W-Re、W-Ti 合金

V、Ta、Re 元素可固溶到 W 晶格中，W-2V 和 W-2V-0.5Y_2O_3 合金发现两种合金均具有双尺度晶粒结构（亚微米和粗晶），在低于 1700℃下，Y_2O_3 抑制晶粒长大，W-2V 和 W-2V-0.5Y_2O_3 合金的亚微米晶粒长大热焓值分别为 1.9 eV 和 2.49 eV，W-2V-0.5Y_2O_3 合金晶粒长大速率是 W-2V 合金的 30 倍，Y_2O_3 起弥散强化作用[16]。采用真空电弧熔炼技术制备的 W-Ta 和 W-Re 合金，用射线辐照合金表面，表明 W-Ta 合金的辐照缺陷密度低于 W-Re 合金的，Ta 阻碍辐照缺陷的增加，因此 W-Ta 合金的辐照硬化较弱[17]。采用机械合金化得到 W-Ti 合金粉末，压制烧结法制得 W-Ti 合金，并用最大熵值计算及微观组织测试发现颗粒直径以 60～70 Å 为主，其次是 100～300 Å[18]。

5）W-Ni-Fe 系多元合金

因 W 原子的 5d 层电子离原子核较远，有逸出倾向，而过渡族 Fe、Co、Ni 原子的 3d 电子层未填满，有获得电子倾向，是钨合金的关键黏结剂材料[19]。通过大量研究发现 W-Ni-Fe 三元合金性能优越，应用广泛[20]。Churn 等[21]用液相烧

结法制备 W-Ni-Fe 合金，发现最优镍铁比为 7∶3，在 1485℃烧结温度下合金达到完全致密；裂纹开始于钨相界面，沿 W/黏结相界面扩展到钨相晶界。Povarova 等[22]采用化学合成及还原法制得纳米 W-Ni-Fe-Co 合金粉末，在 1300～1450℃进行固相烧结，发现合金密度由 16.7 g/cm^3 增大到 17.4 g/cm^3，钨相平均晶粒尺寸由 2.4 μm 增大到 4.6 μm，当烧结温度增加到 1480℃时出现液相。Ding 等[23]采用 Mo、Co 为强化相，通过放电等离子烧结技术制备 W-Ni-Fe-Mo-Co 五元合金，结果表明，添加 Mo、Co 元素可降低合金烧结温度，当烧结温度为 1250℃时合金接近全致密，钨相呈球形；1250℃合金的力学性能最优，断口形貌主要为延性撕裂。

6）W-Ni-Cu 系多元合金

与 W-Ni-Fe 相比，W-Ni-Cu 系多元合金的塑性较差，但其无磁性且烧制温度更低，使其具有强大竞争力[24]。Shen 等[25]通过压制烧结法制备 W-Ni-Cu 三元合金，研究镍铜比与合金晶粒尺寸、烧结颈尺寸、孔隙率、W/W 接触面积的关系，并建立烧结模型模拟烧结过程。Zhang 等[26]采用选择性激光熔融技术制备 W-Ni-Cu 三元合金，发现该技术可制备较复杂结构件，解决了普通烧结技术的结构限制难题。

7）其他 W-Ni-Me 系多元合金

近年来，除 W-Ni-Fe 和 W-Ni-Cu 两种经典钨合金外，其他 W-Ni-Me（Me 代表其他金属）多元合金也取得了较大进展[27]。潘艳林等[28]对 W-Ni-Mn 合金进行了深入研究，主要以微米级 W、Ni、Mn 粉末为原料，采用放电等离子烧结 90W-6Ni-4Mn 合金，合金在 1150～1250℃保温 3 min 得到的组织致密、综合力学性能良好，组织主要由 W 相和 γ-(Ni, Mn, W)黏结相组成，平均晶粒尺寸＜10 μm；合金洛氏硬度和弯曲强度随烧结温度的升高先增大后减小，1200℃合金的力学性能最优。Wang 等[29]采用两步熔融技术制备 W-NiTi 形状记忆合金，组织可实现可逆马氏体转变，W 相阻碍辐射射线通过合金。Patra 等[30]用机械合金化得到 W-Ni-Mo-Ti 预合金粉末，500 MPa、1500℃压制烧结制备 W-Ni-Mo-Ti 合金，并通过掺杂纳米氧化钇强化合金，结果表明，添加纳米氧化钇合金的平均晶粒尺寸减小、晶格应变增大、缺陷密度增加，因此随着纳米氧化钇含量增加，重结晶活化能降低，烧后合金的残余应力增大，强化了合金的力学性能。Patra 等[31]同时采用放电等离子烧结制备 W-Ni-Mo 和 W-Ni-Ti-Nb 合金，发现 Ti 增大了 W-Ni-Ti-Nb 合金的脆性；随着烧结温度升高，合金强度及残余应力先增大后减小，在 1400℃的 W-Ni-Ti-Nb 合金残余应力比 W-Ni-Mo 合金更大，其硬度为 11.89 GPa、抗压强度为 2.26 GPa；与传统的 $W\text{-}Y_2O_3$ 合金相比，快速放电等离子烧结工艺对两种合金组织细化及性能强韧化作用更显著。Saxena 等[32]用机械合金化法制粉，真空无压烧结制备纳米氧化钇掺杂 W-Ni-Nb 合金，研究预合金粉末与合金坯体的组织与性能，发现添加 3%纳米氧化钇合金组织晶粒达 20.4 nm，形成 NiNb 金属化合物相，合金显示双峰特性；随着氧化钇含量增加，磨损面深度降低；添加 1%纳米氧化钇合金的抗氧化性较好。Chen 等[33]采用机械合金化制得 W-Ni-Co 预合金粉末，压制烧结法制备 W-Ni-Co 合金，发现低 Ni/Co 比合金的液相烧结行为明显，晶粒粗大，硬度降低；液相量与黏结相含量、组分、W 相晶粒尺寸变形应变及烧结状态有关。

2. 钨合金的制备方法

钨合金最常用的制备方法是粉末冶金法，其中制粉是关键的第一步。为了保证粉末的易成形性和烧结性，有效调控钨合金的组织结构及性能，一般要求粉末中的多种元素尽量均匀混合、颗粒细小、组分配比精确及纯净无杂质，这就对钨合金粉末的制备技术提出了较高要求。制粉方法主要有：

1）机械合金化法

在机械合金化（MA）过程中，粉末与磨球发生反复的碰撞，实现粉末混合均匀与机械合金化过程[34]。用高能行星球磨机对 W-20%Al 混合粉进行机械合金化，发现 W-20%Al 合金粉存在小晶面界面层，粉末硬度（HV）为 570[35]。将 Ni、Co 粉球磨，再加入 W 粉继续球磨，得到 W-Ni-Co 合金粉，最后用压制烧结法成形。通过两步球磨法可控制 W 相在液相中的溶解度，合金组织细化且含有孪晶 γ-(Ni, Co)相，强化合金性能[36]。

2）化学合成法

化学合成法是先将多种金属化合物或金属盐溶液混合后经过一系列化学反应得到凝胶状的沉淀物，再经过干燥和烧结固化制备出致密的纳米粉末。常见的合成方法有液-液掺杂和固-液掺杂两种方式。以钨和钇的水溶盐为原料，通过调节溶液 pH 与反应温度，制得前驱体粉末，再经过低氢还原得到 $W\text{-}Y_2O_3$ 纳米复合粉末。此方法制备的粉末组织均匀，烧结合金组织致密，氧化钇弥散强化效应显著。加入表面活性剂十二烷基硫酸钠（SDS）可以降低 W 晶粒的尺寸（约 40 nm）并提高尺寸均匀性，使近球形的 Y_2O_3 弥散体在钨晶粒内分散良好[37, 38]。

3）氧化物共还原法

用硅热还原法将 W、Cr、Si 的混合氧化物还原成 W-5Cr-5Si 合金粉末，并利用热还原得到块体合金，经测试发现合金主要由$(W, Cr)_5Si_3$ 基体相和非连续(W, Cr)ss 相组成[39]。

4）等离子体技术

以 WO_3、NiO 和 Fe_2O_3 为氧化物前驱体，氮气和氢气混合气为等离子体发生气体，制备 W-Ni-Fe 合金粉末。发现粉末呈球形，以 W 为核心；在等离子体热作用下，W 与(Ni, Fe)相形成浓度梯度界面；不同的冷凝路径是微合金粉组分不均匀的主要原因[40]。

5）致密化烧结

致密化烧结是决定钨合金组织和性能的重要制备环节。在保证钨合金全致密烧结的基础上，通过调整烧结工艺，进一步优化 W 相尺寸及形状、邻接度、黏结相的平均自由程、W/黏结相界面的结合状态和黏结相的排布方式等组织结构要素，是不断提高钨合金性能的有效手段。致密化烧结方法主要有：

A. 液相烧结

液相烧结是指在烧结过程中液相和固相颗粒共存的烧结，此时烧结温度高于烧结体中低熔点组分的熔点。20 世纪 40 年代首次使用液相烧结技术制备出 W-Ni-Fe 合金。传统的液相烧结可以分为三个阶段：第一阶段为液相生成与颗粒重排；第二阶段为溶解-析出；第三阶段为固相骨架形成和晶粒长大。在液相烧结第三阶段容易发生钨晶粒偏析和长大，并且发生坍塌和变形[41]。Raman 等[42]采用液相烧结制备出 W-Ni-Fe 合金，钨颗粒作为固相存在液相（黏结相）中，很容易受到重力的影响，导致出现成分偏析现象。采用液相烧结技术制备了 90W-7Ni-3Fe 高密度钨合金，室温拉伸时随着应变增加，强度增加，塑性降低；在动态压缩时相对于准静态压缩屈服强度明显升高[43]。

B. 两步烧结

传统的液相烧结技术烧结时间长，使得钨合金的晶粒尺寸较大，为了防止这种现象发生，可采用两步烧结（固相烧结 + 液相烧结），即先在固相烧结阶段得到晶粒较小的钨合金，然后在液相烧结阶段降低颗粒形状的不规则程度，使黏结相进入钨颗粒之间，提高钨合金的塑性变形能力。Ryu 等[44]采用两步烧结法制备 93W-5.6Ni-1.4Fe 高密度钨合金，两步烧结的温度和保温时间分别为 1300℃、1 h 和 1470℃、4～90 min。研究发现制备的高密度钨合金的屈服强度随着钨晶粒尺寸和基体相体积分数的下降而增加。

C. 微波烧结

微波烧结是一种利用微波加热对材料进行烧结的办法。微波烧结技术利用材料吸收微波能转化为内部分子的动能和热能，使得材料整体均匀加热至一定温度而实现致密化烧结的一种方法，是快速制备高质量的新材料和制备具有新性能材料的重要技术手段。微波烧结技术的特点包括加热速度快、烧结温度低、细化材料组织、改进材料性能和安全无污染等。此技术最初用于制备陶瓷材料，微波对陶瓷材料有大的穿透性，可以均匀加热，减小高温烧结过程中的温度梯度，从而降低由膨胀不均匀产生的材料变形，使得迅速升温成为可能，而且在高温下停留时间可以大幅度缩短，抑制晶粒的长大，改善材料的力学性能。近年来在烧结高密度钨合金等方面的应用逐渐增多[45-47]，微波烧结的综合性能（相对密度、硬度、抗拉强度）低于常规烧结，并且 1460℃微波固相烧结的试样内部组织疏松，空洞较多；而 1480℃微波液相烧结的试样内部组织整体虽然比较均匀，但致密化程度偏低，黏结相分布不均匀，断裂形式多为沿晶断裂[48]。

D. 放电等离子烧结

放电等离子烧结技术（spark plasma sintering，SPS）是近十几年发展起来的高性能材料制备新技术，是利用高强度、低压脉冲直流加热电流直接作用到样品和石墨模具上，诱发型腔内复合粉末颗粒间产生放电等离子体，随着等离子体密度增大，高速反向运动的粒子流对颗粒表面产生较大冲击力，致使颗粒表面得到净化和活化，从而促进粉体烧结。采用放电等离子技术制备细晶 93W-5.6Ni-1.4Fe 合金，钨晶粒尺寸小于 9 μm。结果表明当温度为 1400℃时可以有效改善合金中钨颗粒形态和黏结相分布，降低 W-W 邻接度，同时提高钨/黏结相界面的结合力，从而提高了合金的弯曲强度。研究发现，在 1100～1180℃烧结 93W-5.6Ni-1.4Fe 合金，保温时间为 5 min 的条件下，有效控制了钨晶粒的长大，提高了力学性能[49]。放电等离子烧结技术作为一种新颖且高效的粉末烧结技术，能在低温度、短时间制备出细小的高性能材料，应用前景广阔，但目前国内外研究仍然局限于实验室阶段。

3. 钨合金的应用

在各种温度下，钨合金兼具优良的力学性能和物理性能，所以钨合金材料在高性能材料领域受到广泛关注。随着材料技术的不断发展，钨合金材料在航空航天、能源开发、核能设备和战术导弹等民用和军事领域得到了很大范围的应用。民用产品主要有制成灯丝、电极等材料，军事上是制成弹体的弹芯材料。

1）民用产品

由于钨化学活性低，因此在强无机酸条件下可被作为稳定材料，也可以根据需要制备成不同的钨合金材料，如碳化钨等。钨在当今社会中广泛应用于生活生产和科学研究中，因此近些年钨已经被视为一种普通的生活必需品和战略物资。在日常生活中钨产品普遍应用在白炽灯灯丝、电视机、微波炉磁控管以及其他电子产品中，另外在高尔夫球杆、鱼竿等产品中也有一定添加，钨制成的金属丝、电极和电触点在电子行业中也有广泛使用。在电子行业中，由于钨产品具有较小的热膨胀系数，钨作为高精密仪器的散热材料，如电脑 CPU、激光二极管和半导体激光自稳温控系统等。钨铜合金在温度变化时，能够与电子元件在热膨胀系数上产生良好的匹配关系，能够为电子元件提供良好的散热，减小热循环产生的应力，不仅保证了电子元件稳定工作，而且延长了其使用寿命。

2）军工产品

目前武器设备中使用的铀对环境产生了严重的污染，钨合金作为一种替代品逐渐受到关注，主要应用在高速度侵彻弹和军事装甲中。

使用钨合金产品替代小口径武器材料已经得到大多数军事人士的认同，考虑到对环境的影响，很多国家已经开始将 W-Ni-Fe 合金制成弹壳，这种材料既无污染，也无毒无害。

钨合金也被用于制备 W-Ni-Fe 高性能穿甲弹，这类子弹相比于传统的钢制弹芯或者铜弹芯，具有更良好的穿甲性能和弹道性能。在脱壳穿甲弹的弹芯中也较为常见，包括美国的M型脱壳穿甲弹弹芯和XM型尾翼稳定型脱壳穿甲弹弹芯等，在无铅弹药中钨合金还被制成钨基高密度合金，颗粒大小为 8～20 μm，制作过程相对于传统弹药过程更简单，直接通过机械压制而成，成品具有足够的强度和韧性，省去烧结过程，节省大量成本。

1.1.2 钼及钼合金

1. 钼及钼合金的种类

钼（Mo）是一种稀有金属。从全球来看，我国的 Mo 资源非常丰富，是仅次于美国的第二大生产国。钼作为工程金属材料具有一系列得天独厚的优势，Mo 因高熔点、低热膨胀系数、耐热疲劳、耐熔融轻金属等优点，被广泛用作高温结构材料，尤其在军工、国防、航空航天等众多工业领域是其他金属难以替代的。然而，纯钼不能满足高温下的强度和耐磨性的要求。因此科学家们致力于通过改善性能扩大 Mo 的应用范围。

1）钼铼（Re）合金

钼铼合金以 Mo 为基体，加入不同组分的 Re。Re 可使 Mo 的屈服强度减小，使钼合金塑性提升，也能提高 Mo 再结晶的温度，在航空航天中广泛应用[50]。其最常用的制备方法为粉末冶金法，1750℃、H_2气氛下用粉末冶金制备方法合成钼铼合金[51]。然而 Re 的价格较高，因此钼铼合金制备成本较高，使其应用受到影响。

2）钼钛锆（TZM）合金

TZM 合金是目前工业中用得最多的钼合金。Ti 和 Zr 元素的掺杂使 Mo 基体发生固溶强化，从而显著地提高了钼的再结晶温度。与纯 Mo 金属相比，它具有更高的耐高温性、抗蠕变性。常用的 TZM 合金的合成方法是粉末冶金法。目前，钼钛锆合金广泛应用于航天航空领域和高温模具中，如导弹点燃室等。但是 TZM 合金中 TiC 在高温下会发生软化现象，故其高温下抗磨性能较差。

3）稀土钼合金

对于部分金属及其合金，稀土元素可改善其性能。例如，Mo 中加入 La_2O_3、Y_2O_3 等稀土元素，可起到弥散强化的作用，获得比 Mo 更好的塑性。稀土钼合金是一种结构功能一体化的新型材料，现已广泛应用于电信、核电、航空等多个领域。其主要靠粉末冶金法制备，如何斌衡[52]通过粉末冶金法将 La_2O_3、Y_2O_3 混入 Mo 中，研究结果表明加入的稀土颗粒较均匀分布于 Mo 基体中，晶粒尺寸为 1.3～2.4 μm，其力学性能比 Mo 提升不少。然而，作为高温结构材料使用的稀土钼合金，文献报道的稀土元素总是以不足 3 wt%的含量掺杂，导致其硬度不高。

4）碳化物增强钼

在基体中因 TiC 颗粒的高硬度、没有反应层且均匀分布的特性，被用于颗粒增强钼复合材料中的首要增强体。用 TiC 陶瓷增强 Mo 基体可以提升材料的力学性能和抗再结晶性，其中 TiC 颗粒作为分散相阻碍了钼的晶界迁移，有效地细化了基体钼晶粒，提高了其整体性能。迄今，除了 TiC，还发现数十种碳化物增强材料，包括 HfC、SiC、NbC、ZrC 等，都能显著提高钼基材料的性能。这些碳化物颗粒在基体中弥散分布，起到细化晶粒尺寸和阻碍位错移动的作用，大大增强了钼基材料的力学性能。

5）氧化物增强钼

由于 α-Al_2O_3 具有较高的硬度和优良的耐磨性，常被用作提高金属材料性能的增强相。为改善纯钼的性能，作为一种脆硬材料，Al_2O_3 颗粒的分布对 Mo-Al_2O_3 复合材料的再结晶温度等都有影响。采用溶胶-凝胶法制备含有 3%～15%（体积分数）Al_2O_3 的 Mo-Al_2O_3 复合材料，可消除 Mo-Al_2O_3 和钼润湿性差的弊端，制备出高温强度高且耐磨的钼基复合材料。此外，ZrO_2 可以对钼进行强化，使材料的硬度增加，提升拉应力与屈服应力。

6）氮化物增强钼

AlN 陶瓷具有较好的导热性能和高的透光率，因而应用在光学装置和电子封装中。AlN 和 Mo 的热膨胀系数相差较小，在复合化后难以出现残余应力，二者之间的化学相容性好，在高温下可部分替代 Mo。

7）稀土元素增强钼

研究发现将稀土元素添加到 Mo 中，其高温性能大幅提高。例如，近年来在钼中以氧化镧的方式掺杂镧的研究备受关注。在金属钼中加入稀土元素，可起到细化晶粒的用处，同时相较于 Mo 性能，稀土钼合金具备更好的塑性。使用粉末冶金法在钼合金中掺杂好几种稀土元素（La_2O_3、Y_2O_3、Ce_2O_3），合成后可见稀土元素在钼基体中均匀分布，晶粒尺寸为 1.3～2.4 μm；与 Mo 相比其力学性能也大幅提升。

8）金属单质增强钼

钼铜合金也是一种代表性钼基复合材料，钼和铜在物理性质方面差别很大，其内部成分不混溶，因此不可能生成金属间化合物，二者结合后继承了各自良好的性能，被用在航空领域。将 MoO_3 和 CuO 粉体用作前驱体，经锻造烧结后制备的钼铜合金各项性能都表现优异，致密度高达 96%，硬度（HV）接近 14，电导率增至 22.4 mS/m。

2. 钼合金的制备方法

粉末冶金法操作易上手，适用于大规模的生产中，现有资料报道的钼基复合材料主要采取的制备法是粉末冶金法。该法主要包括以下制备工艺：固-固混合法、固-液混合法、液-液混合法。

1）固-固

固-固掺杂是指直接在纯钼金属或者钼金属氧化物粉末中添加第二相例子。混合后，钼的氧化物被氢气还原，压制成形，再在常压或加压下烧结成钼基材料。此工艺较简单，设备投资较低，但是钼基体中掺杂第二相不够均匀。

2）固-液

固-液掺杂工艺改进了固-固混合中粉体不够均匀的缺陷。在 Mo 中以硝酸盐方式掺杂稀土元素，然后干燥，最后压制烧结以生成钼基材料。与固-固掺杂工艺相比，钼基体中掺杂相的均匀性可以得到提高，但均匀性仍有提高的空间。

3）液-液

液-液掺杂工艺是将稀土硝酸盐溶液和钼酸铵溶液混合，通过溶胶-凝胶或蒸发结晶制备前驱体，得到掺杂粉，再经氢气还原，压制烧结成钼基材料坯料。孙铁龙通过液-液掺杂法，制备出 Al_2O_3、ZrO_2 和 La_2O_3 掺杂的三类钼基复合材料粉体，并通过无压烧结和锻造加工等工艺制备出直径为 8 mm 的钼基复合材料棒材。液-液混合工艺虽可制备纳米级的均匀粉体，但工艺操作时间较长。

3. 钼合金的应用

钼合金因其耐高温、高机械强度、耐腐蚀、生物相容性等优良性能，在我国各行业得到了广泛应用。近年来，随着对钼合金的研发投资不断增加，制造技术不断进步，我国钼合金的发展迅速。

在航空航天工业中，钼合金由于其耐高温性能和优异的机械性能，在中国被广泛应用于涡轮叶片、喷嘴等发动机部件的生产。研发工作的重点是开发具有改进性能的新型钼合金，如更高的强度和更好的韧性，以满足行业对高性能材料的需求。例如，我国开发了一种新型钼基合金 Mo-Cr-W-Ni，具有优异的高温强度和抗蠕变性能，已应用于飞机发动机等航天领域。

在核工业中，钼合金也在我国被广泛用于生产反应堆部件，如燃料棒和控制棒，因为它们能够承受高温和辐射。研发的重点在于开发具有提高耐辐射性和耐腐蚀性的新型钼合金，以满足行业的需求。例如，我国开发了一种新型钼基合金 TZM-PM，具有优异的高温强度和抗辐射性，已用于核反应堆燃料棒的生产。

在电子行业中，钼合金由于高熔点和低热膨胀特性，在我国被越来越多地用于晶体管和二极管等半导体器件的生产。研发的重点在于开发具有提高导电性和其他性能的新型钼合金，以满足该行业对高性能材料的需求。例如，我国开发了一种新型钼钨合金，其电导率高，热膨胀率低，已用于半导体元器件的生产。

在医疗行业中，钼合金由于其生物相容性和耐腐蚀性，在我国也被用于心脏起搏器和支架等医疗设备的生产。目前正努力开发具有改进性能的新型钼合金。例如，我国开发了一种新型钼基合金 Mo-30W，具有高强度、生物相容性和耐腐蚀性，已用于骨科植入物的生产。

1.1.3 铌及铌合金

1. 铌及铌合金的种类

铌是非常稳定的金属，与钽的化学性质十分接近。真空条件或者经过涂层保护，铌具有良好的高温性能，但在大气环境中，它的高温性能受到严重挑战。铌被广泛应用于航空、航天、原子能工业等领域，对材料在大气中使用的温度要求超过了 1050℃甚至达到 1800℃，这对铌及铌合金的抗氧化性提出了很高的要求。在温度低于 200℃的情况下，铌不受各种气体的影响，当温度在 200℃左右时，铌开始慢慢氧化，铌与氧反应在表面形成一层保护性氧化膜，当温度达到 550℃时氧化反应加快生成 Nb_2O_5 白色粉末。铌与氧反应一般会生成三种稳定的氧化物：Nb_2O_5、NbO_2 和 NbO。铌在 250℃时开始吸收氢元素，生成间隙固溶体，使其脆化，塑性变差。间隙元素碳、氮、氢、氧对铌的性能影响十分明显，它们含量过高，铌的强度会迅速增加，塑性却迅速变差。

以铌为基础添加其他元素组成二元、三元或多元的合金为铌合金。这些铌合金既具有纯铌的低温塑性，又提高了材料本身的强度、抗氧化性和耐腐蚀性等各种性能。由于铌具有很好的低温塑性，对大量元素有较大的固溶度，因此大量合金元素可以添加到铌中形成铌合金，从而改善材料的各方面性能，如添加一定比例的 W 和 Mo 可以显著提高材料的高温和低温强度，但是添加量过高就会降低合金的塑性加工性能。添加一定比例的 Ti、Zr、Hf 以及适当的 C，形成弥散的碳化物相，进行沉淀强化，其中 Ti 可以改善材料的抗氧化性和工艺性能；Zr 可以提高材料的抗熔融碱金属腐蚀性；Hf 可以改善材料的抗氧化性和焊接性能。

其中间隙元素 H、N、O、C 与 Mo 形成金属间化合物，有一定的强化作用，但会更脆。Cr、V、Ti、Hf、Zr、W 与 Mo 形成固溶强化作用，如 Cr 和 V 对 Nb 的室温固溶强化作用最强，Ti 和 Hf 影响最小；高温下，Zr 和 V 对 Nb 固溶强化作用最强，Ti 最小，Mo、W、Hf 的影响居中。可见 V 是最有效的合金元素，但过量的 V（>20%）会使材料晶界氧化膜脆性，从而使材料变脆。

1）铌锆合金

铌和锆有很好的相溶性，Nb 和 Zr 以固溶态存在。在固态、液态和高温的情况下，Nb 与 Zr 具有连续互溶性。在温度达到 1740℃，$x(\mathrm{Nb}) = 21.7\%$时，液相线有最小值；当 Nb 的浓度在 19%～90%时，随着温度下降，固溶体 β-Zr 和 Nb 分成两个非晶相 Nb 和 β-Zr。临界点位于温度 988℃，浓度 $x(\mathrm{Nb}) = 60.6\%$。

2）铌碳合金

在铌与碳发生反应时会生成两种碳化物 Nb_2C 和 NbC，这两种碳化物有很好的耐腐蚀性，只溶解于 HNO_3 和 HF 的混合酸中，并且抗氧化性强，在空气中 1000℃

以下不易氧化。该系统的特点是存在以铌为基的固溶体和两个稳定的中间相Nb_2C和NbC。NbC在C含量为46.2%（原子分数）以及温度为（3680±50）℃时固液同成分熔化。并在温度<3000℃时处于x(C)37%～49%的浓度区间，在温度为1600～2500℃时，x(C)为41%～47%。碳化物NbC具有NaCl型的立方体结构。随着C含量增大，晶格常数a由0.44317 nm变为0.44690 nm。碳化物Nb_2C是在C含量为34.5%（原子分数）和温度为（3035±20）℃时按包晶反应L+NbC与Nb_2C生成的。于温度2000℃时Nb_2C的均相区$x(C) = 30.7\%$～32.4%。化合物β-Nb_2C具有有序六方结构，并存在1200～2500℃的温度空间，γ-Nb_2C具有无序六方结构，并存在于温度2500℃处。β-Nb_2C的晶格常数：$a = 0.3120$～0.3128 mm，$c = 0.4957$～0.4974 mm，以及于2000℃时$a = 0.3117$～0.3127 mm，$c = 0.4956$～0.4974 mm。

3）铌氢合金

铌是很好的吸氢材料，但是吸入的氢元素会使铌脆化，温度和压力对铌的吸氢能有很大影响。当压力达到0.1 MPa，Nb可溶解H高达50%，与此同时，再降低温度就会有大量的相生成。当Nb中H的含量分别达到0.64%、约0.66%、约0.73%、约0.77%、约0.81%、0.82%、约0.83%、约0.85%、约0.90%和约0.95%时，按照包析反应生成η、θ、ε、ι、ο、μ、λ、ε、γ和β相。

2. 铌合金的制备方法

铌合金铸锭通常采用粉末冶金法和真空熔炼法两种方法。粉末冶金法制取首先利用氢化-脱氢工艺制取铌粉，然后将铌粉末与添加的其他合金元素的粉末充分搅拌均匀，再进行等静压，在烧结炉中高温烧结得到铸锭。真空熔炼法制取铌合金铸锭一般是通过真空电子束熔炼和真空自耗炉熔炼相结合的工艺。

首先用粉末冶金法制得铌粉是铌锭的主要加工原料，铌粉通过等静压成的铌条，在真空垂熔炉中烧结形成铌锭最初的电极。由于铌的高熔点，在融化时需要更高的能量，通常不会直接使用真空电弧炉来熔炼铌锭，一般采用电子束熔炼炉，通过高速的电子束来熔化铌合金材料。通常情况下为了获得高纯度的铌合金锭，会将铌条与合金元素材料焊接成电极，进行两次或者多次的电子束熔炼来提高铌合金锭的纯度。在经过真空电子束熔炼时，高蒸气压下，熔点低于铌的杂质如铝、铁、钛、锰、钡、钾、硅等元素在铌的熔化温度2470℃时很容易蒸发出来，经过真空电子束熔炼炉的冷凝器冷却后收集起来；但是低蒸气压元素如钽、钨、钼在真空电子束熔炼炉熔炼时几乎不能被除去，通常会在之前的工艺通过湿法冶金的方法去除；间隙元素碳、氮、氢、氧将会以气体形式从中释放出来，被真空炉抽走；另外铌合金中的氧可以以NbO和NbO_2的形式从中挥发出来，也可以与铌合金的碳结合成CO挥发出来。因此，降低铌合金中的氧含量主要利用NbO_2来脱氧，而铌合金中的碳元素主要通过其中过量的氧除去，但是当一次真空电子束熔炼后，碳的含量没有降低到预期效果时，不应当继续进行真空电子束熔炼，而是通过真空并且在具有更高养分的条件下重新熔炼，这个过程能够继续降低碳的含量，也可能增加氧的含量。

3. 铌合金的应用

多年来铌合金已经广泛应用于许多工程领域和产品中，如钢和活性金属用铌合金化；作阴极保护用阳极；应用于超导、火箭喷嘴、航天器铆钉、高压钠灯等。铌合金在工程和高科技的应用有以下几方面。

高温工程中的应用：当既要用于高温环境，又要确保强度时，可用铌合金替代钨或钽等重金属元素。在这些应用中蠕变强度和抗氧化涂层是主要需要考虑的问题。由于铌在难熔金属中具有出色的综合性能：熔点较高、密度最低、在1093～1427℃温度范围内比强度最高、温度低至–200℃仍具有良好的塑性和良好的加工性能，使它成为宇航方面优先选用的热防护材料和结构材料。但它的高温抗氧化性能不好，在450℃以上必须有抗氧化涂层。

铌合金在航空工程方面：应用时需要加防护层的部件是涡轮叶片、燃烧室内衬与高超音速飞机的前缘等部位。

在超导方面：Nb-47Ti 超导合金可制成包铜导线，应用于磁性振子成像磁铁和高能物理方面，如磁性探测器和磁束处理器件。还可应用于聚变反应堆用的磁屏蔽铌基导线/电缆；高能物理设备中空腔谐振子器中的高纯铌基超导体等。目前情况表明，NbTi 导体主要用于磁场（＜10 T）方面，而 Nb_3Sn 导体主要用于高磁场（＞10～15 T）。

从市场来看，铌基超导体市场可分为商业型和项目型，前者如磁共振成像（MRI）、磁共振光谱（NMR）等，后者如大型强子碰撞机、聚核反应堆（ITER）项目等，超导体最重要的用途表现在MRI、NMR、聚核反应堆和高能物理学等方面。

1.1.4 钽及钽合金

1. 钽及钽合金的种类

钽（Ta）具有较高的熔点（2996℃）、极低的韧-脆转变温度（–196℃）、良好的塑性加工成形能力，优良的耐腐蚀性能、耐磨损性能、抗蠕变性能以及高温力学性能，广泛应用于航空航天、核工业、冶金化工及国防等诸多高新技术领域。在钽及钽合金材料研究领域，美、俄两国的研究开展相对较早且较为深入，并在钽及其合金的高温力学性能、抗氧化性能和抗高温蠕变性能等领域取得了具有指导意义的研究成果。

目前，在高温服役环境中主要的应用材料以镍基高温合金为主。但是，随着科技的快速发展，装备的服役环境愈加苛刻，如超高温/低温、强腐蚀性、强磁场以及强辐射等环境，对其核心材料的关键性能提出了更高的要求。传统镍基高温合金在抗氧化涂层和冷却技术的帮助下，极限工作温度已达到1827℃，但是此工作温度仍无法满足下一代航空发动机、燃气轮机、火箭、导弹等装备耐高温部件对材料性能的迫切需求。而钽及其合金由于其难熔属性在航空航天等领域具有较大的应用潜力，因此世界各国根据实际需求开发了一系列钽合金。例如，美国与俄罗斯针对火箭以及探测器的热端部件分别研发了 Ta-7.5W、Ta-10W、Ta-12W、Ta-15W、Ta-20W、Ta-8W-2Hf、Ta-10Hf-5W、Ta-8W-1Re-1Hf-0.025C、Ta-10W-2.5Hf-0.01C、Ta-3Nb-7.5V 合金。我国自 20 世纪 60 年代以来针对火箭喷管、航空航天发动机热端部件以及核工业高温热源扩散壁等，陆续开发了一系列 Ta-W 合金，其中 Ta-7.5W、Ta-10W、Ta-12W 与 Ta-8W-0.5Hf 合金已获得了广泛的应用。

1）钽钨（Ta-W）合金体系

Ta、W 两种金属的原子尺寸与晶格类型接近，W 在 Ta 中具有较大的固溶度，是 Ta 合金较为理想的固溶强化元素。固溶元素 W 可提高 Ta 基合金的高温强度和热稳定性，能有效扩展 Ta 合金的应用领域。国内外研究学者对 Ta-W 系合金开展了较多的研究，基本阐明了 W 对 Ta-W 合金组织及力学性能的影响规律，并开发出可适用于不同使用环境的 Ta-W 合金。例如，针对室温以及中温应用环境，开发了 Ta-2.5W、Ta-5W 以及 Ta-7.5W 合金；针对高温应用环境，开发了 Ta-10W、Ta-12W、Ta-13W 以及 Ta-15W 等合金，且关于 W 元素的添加对 Ta 合金组织及性能的调控机制国内外学者也进行了较为系统的研究。添加 W 可增强合金在高温条件下的流变应力，且可降低对温度和应变率的敏感性。当 W 含量小于 5%时，Ta-W 合金可实现完全固溶，形成 Ta-W 固溶体合金；当 W 含量大于 5%时，W 不能完全固溶到 Ta 基体中；但随着 W 含量的增加，析出物可钉扎晶界，抑制合金组织中晶界的移动，细化晶粒，增强合金的强度，但是会降低合金的塑性变形能力。W 的体积占比大于 10%时，合金的组织主要由两相构成，且富 Ta 相周围存在连续的富 W 脆性相，使 Ta-W 合金在室温环境中脆化。采用粉末冶金工艺制备的 Ta-W 合金随着 W 的过量添加，会产生以下两种效应：①Ta-W 合金中硬质第二相含量逐渐增加，显著恶化材料的室温力学性能；②因为 W 的熔点显著高于 Ta 的熔点，W 含量过高容易导致烧结过程合金组织不易烧结致密，在合金组织中引入孔洞，进一步削弱材料的力学性能。

2）钽铪（Ta-Hf）合金体系

与陶瓷基复合材料相比，Ta-Hf 体系材料具有较高的熔点、优异的耐腐蚀性能和高温力学性能，是飞机发动机、高超声速飞行器的理想耐热材料体系，在航空航天领域均具有良好的应用潜力。在高温条件下 Ta-Hf 具有良好的相稳定。此外，也有学者发现 Ta-Hf 合金具有优异的抗氧化特性，可用作高温合金的涂层。Marnoch 对 Hf-Ta 合金的高温抗氧化性能进行了研究，揭示了其抗高温氧化机制，指出该合金优异的高温抗氧化性能主要源于材料表面形成的氧化物中存在稳定的高浓度四方固溶体相以及可抑制 α 相氧化的 β 相。但是截至目前，还没有国内学者对该合金的研究成果。

3）钽铌（Ta-Nb）合金体系

Ta、Nb 元素具有良好的生物相容性以及对人体无毒的特性，其正逐渐成为下一代生物医用金属材料。作为 V、Co、Al 和 Ni 的替代品，Ta 和 Nb 元素对人体环境具有完全的耐腐蚀性、优良生物相容性。此类合金低模量特性保证了合金材料与骨骼及其他组织具有良好的结合能力，是近年来备受关注的新型生物材料。

2. 钽合金的制备方法

由于难熔合金元素的特性（如熔化温度、有限的互溶性和密度）存在显著差异，使用传统铸造法成形相关零部件容易出现合金元素偏聚、夹渣等缺陷，成形件的性能得不到保障。此外，Ta 及其合金中所含元素的熔点较高，且 Ta 与间隙元素（H、O、C、N）具有极强的亲和力，采用传统的熔炼方法容易在钽或钽合金组织中形成间隙固溶相或化合物相，恶化材料的性能。因此传统熔铸法在难熔合金制备领域的应用比较有限。针对以上难熔合金的特性，国内外学者主要采用粉末冶金、真空电子束熔炼、增材制造等技术制备高性能 Ta 及 Ta 合金。

1）粉末冶金法

与传统的熔铸法相比，采用粉末冶金法制备零部件不需要将原材料完全熔化，可有效降低材料的加工温度，因此粉末冶金技术目前已广泛应用于难熔金属制备领域。粉末冶金制备 Ta 合金时，首先将钽粉与合金粉末混合均匀，经冷等静压成形，高温烧结制成块体材料，最后根据使用要求经退火处理与机加工后获得最终产品。不过与真空电子束熔炼相比，粉末冶金法得到的钽合金的化学成分、微观结构以及机械性能等均存在差异。与真空电子束熔炼技术生产的钽合金相比，粉末冶金法生产的钽合金强度较高，但是塑性变形能力略差。Ta 合金粉末冶金产品塑性变形能力较差与粉末冶金工艺的固有属性有关，因为在粉末压制成坯的过程中料坯中的孔隙并不能完全消除，而此类孔隙在烧结过程中也并不能完全湮灭，高的孔隙率会显著恶化材料的力学性能，不过高孔隙率 Ta-Zr 合金在医学植入物领域具有广阔的应用前景。

2）真空电子束熔炼法

与粉末冶金法相比，使用真空电子束熔炼法制备的 Ta 及 Ta 合金纯度更高，结合后处理工艺，可使最终产品的综合性能更加优异。但是，此类方法设备能耗高，采用的工艺控制较为复杂。Ta-20W 合金室温环境中非常脆，难以进行机加工。高纯 Ta-15W、Ta-10W 合金铸锭经过锻造、轧制，均表现出良好的高温与室温性能。室温条件下 Ta-15W 合金的延伸率可达到 37.5%。但是此类工艺极高的生产成本无疑极大地限制了技术的推广应用。

3）增材制造法

在过去的 20 年，增材制造（additive manufacturing，AM）在高端工业领域获得了广泛的应用。目前适用于金属材料的增材制造技术主要有电弧增材制造、激光增材制造以及电子束增材制造。通过目前文献报道发现以上几种技术主要用于纯 Ta 以及难熔高熵合金的制备，关于 Ta 合金材料的增材制造工艺鲜有报道。分析认为可能是 Ta 合金中添加元素的熔点差异较大，材料制备时加工温度不易调控，难以制备得到高性能零部件，导致增材制造技术在 Ta 合金制备领域应用有限。不过激光增材制造纯 Ta 的研究开展较早。但是增材制造的 Ta 合金塑性较差，断裂方式以脆性断裂为主。因为 Ta 原子与 N、O 等原子的亲和力较高，容易在组织中形成氮化物与氧化物夹杂，恶化材料的塑性变形能力。电子束熔化（electron beam melting，EBM）制造技术具有能量利用率高、束斑可控、能量密度高（10^7～10^9 W/cm^2）等优点，在高温合金、高熵合金以及难熔金属制备领域取得了显著的应用成果。EBM 在成形原理上与选区激光熔融（selective laser melting，SLM）工艺基本相似，差别主要是热源不同。与 SLM 工艺相比，EBM 技术具有能量利用率高、无反射、功率密度高等优点，可使粉末材料充分熔化，在组织中不易形成孔洞。EBM 设备可对粉床进行高温预热，使 EBM 工艺具有比 SLM 工艺较低的冷却速率和较小的温度梯度，有利于降低材料组织的残余应力、变形和开裂倾向，更加适用于成形难熔合金和脆性材料。但是，目前利用 EBM 工艺制备钽基合金的研究较少，不过该技术已在高温合金、高熵合金以及其他体系难熔金属中取得了广泛的应用，在钽基合金增材制造领域有很好的应用潜力，且国内相关行业也已制定了钽基合金增材制造的标准。

3. 钽合金的应用

钽和钽合金优异的综合性能使其广泛应用于电子、化工、武器等行业。随着钽电容器的迅速发展，其对钽的需求仍将大幅增加。集成电路中铜替代铝成为连接件材料，这也可能为钽开发一个较大的应用领域。高温合金的快速发展加速钽在高温材料方面的发展和应用。钽和钽合金优异的动态性能加速了其在武器系统的发展和应用。此外，钽和钽合金在其他领域也得到了较快的发展，如 Ta-Ti 合金在医学上的应用、钽作钨靶的包覆材料等。

钽大部分应用于电子工业。根据有关资料报道，全球有 60%～65%的钽用于电子工业，如钽粉烧结块用于制作各种液体和固体钽电容器的阳极，钽丝用作电容器的阳极引线，钽箔和钽板用于钽箔电容器、液体钽电容器及一些特殊类型的固体钽电容器。铜替代铝成为大型/超大型集成电路的连接件材料，而铜和硅的相互扩散系数很大，这对电路是十分有害的。钽由于具有热稳定性，在铜和硅中的扩散系数很小、热导率大、粘接性好等优异性能而成为最佳的扩散隔层材料，这可能为钽开发了一个较大的应用领域。

高温合金用钽：钽在高温合金中的应用也日渐增加。目前国外性能较好的航空发动机叶片大部分由 Ni 基单晶超合金制成，且合金中钽成分的比例越来越大。同时，在美国橡树岭国家实验室和田纳西大学正在研究一系列地面基和航空发动机用高温抗氧化 Cr-Cr_2Ta 合金。采用定向凝固技术可以制得均匀层状 Cr_2Ta Laves 相的 Cr-Cr_2Ta 自生复合材料。在这类合金中，铬基固溶体呈现出良好的塑性和高温抗氧化性，而 Cr_2Ta Laves 相则弥散于铬基固溶体中改善合金体系的高温强度和室温断裂韧性，这是由于层状结构使裂纹难以扩展，进而使其偏折、分叉并产生剪切筋，从而提高了材料的室温断裂韧性。这类合金研究的成功将提高燃气涡轮机的热效率，并将广泛应用于叶片、密封件和喷嘴。此外，还可用于燃气清洁系统部件（如热气过滤器）、油/气井的钻头等。

武器系统用钽：钽和钽合金由于具有高密度、高动态延伸率及纵火等优良特性已成功应用于爆炸成形弹和破甲弹的药型罩。但由于熔炼/塑性加工制作的钽药型罩成本太高，目前美国主要采用 P/M 法研制钽药型罩以降低成本并取得了显著成效。美国陆军武器装备研究发展工程中心（ARDEC）采用 H. C. Starck 公司的高纯钽粉研制的钽药型罩晶粒细小、显微组织均匀性好，有一定的织构，大大提高了射流的稳定性，进而改善了射流的侵彻性能。在未来 10 年内，美国对钽药型罩材料的研究将主要集中在：一方面改进加工技术，如电子束沉积、电铸技术，并结合先进的电子背散射衍射分析技术，改善药型罩材料的组织；另一方面尽量降低成本，以实现钽药型罩材料的大规模使用。此外，美国还研究了炮管溅射沉积钽的技术，准备用镀钽身管替代目前大口径火炮的镀铬身管（120 mm 坦克炮管和 150 mm 曲射榴弹火炮管）。因为火炮管内表面接近 2000℃的高温大大降低了炮管镀铬层的寿命，而采用镀钽身管，其寿命将延长 8 倍以上。

包覆材料用钽：钽由于耐腐蚀、中子产出率高、与钨的冶金相容性好而用作高能加速器中钨固体靶的包覆材料。这样就可解决钨靶在质子辐照的热水环境中易腐蚀的难题，从而延长了具有高中子产出率的钨靶的寿命。日本高能加速器研究机构和日本东北大学研制 W-Ta 复合板，以替代钽靶，即在烧结/热轧钨板上通过真空电子束焊接包覆 0.6 mm 厚的钽层，并采用合适的热等静压工艺形成一定厚度的 W-Ta 扩散层。结果表明 W-Ta 复合靶的中子产出率比纯钽靶高 20%以上。

1.2 研究思路和研究内容

1.2.1 难熔金属的新原理、新技术、新材料

本书作者——中南大学范景莲教授，三十年来围绕难熔金属在航空航天、国

防尖端技术领域的重大需求和突出瓶颈，提出纳米原位复合设计制备二元或多元合金成分体系的钨基复合材料，发明了溶胶-喷雾干燥-多步氢还原超细/纳米钨基复合粉末技术与理论，调节金属盐混合溶液 pH 形成各金属原子原位反应和分布的均一溶胶体，快速喷雾干燥使之来不及形核而形成原位分布的非晶态复合前驱体，调控多步还原工艺状态，实现了 W-Ni-Fe(Cu)三元体系及完全互不相溶二元体系的 W、Cu 超饱和固溶、合金化、成分超均匀分布；研究开发了粒度为 0.2～0.5 μm、晶粒度为 30～50 nm 的单一组元 W、二组元 W-Cu 和多组元 W-Ni-Fe(Cu)等钨基复合粉末；发明了纳米原位复合-直接一步低温烧结制备超细晶 W-Cu 复合材料，以及稀土微合金化-瞬时液相烧结制备高强韧细晶 W-Ni-Fe、W-Ni-Cu 复合材料的制备技术，建立了低温强化烧结理论，揭示了烧结致密化过程中的快速溶解-扩散-析出规律，突破了传统 W 熔渗 Cu 和高温液相烧结 W-Ni-Fe、W-Ni-Cu 的理论禁锢和技术缺陷。

针对大尺寸纯钨的成形与烧结致密化困难问题，提出纳米-微米复合设计制备大尺寸钨基复合材料，建立超细/纳米晶钨粉颗粒与超粗晶钨粉颗粒的最佳有效堆积理论基础；发明了超粗晶钨粉颗粒的增湿还原技术，建立了调节水分压控制 W 晶粒形核与生长理论，获得粒度为 20～30 μm 的结晶完整、形状规则的高纯超粗 W 粉；控制超细粉末与超粗粉末比例有效调节纳米-微米复合，研发出高松装堆积、高压坯强度 W 粉；建立了大尺寸钨基复合材料的均匀成形、高致密化烧结和旋转均匀时效-大变形热加工技术。

针对传统烧结炉定位烧结-时效法制备大尺寸制品，如钨坩埚、钨板材和钨杆时由于受热温度差异很大而发生严重变形和热加工开裂等难以制备的问题，提出快速旋转-均匀受热设计，即设计一种均匀连续地改变样品在烧结炉烧结过程中位置的方法，由定位烧结法变为不断转换样品烧结位置的旋转烧结法的全新设计理念，发明了一种粉末冶金大制品旋转烧结炉。设计采用传动电机、变速齿轮机构使支撑平台公转、样品平台自转，从而实现样品在炉腔内行星式的快速转动，保证大尺寸产品在烧结和时效退火过程中各部位受热均匀一致，有效克服了传统烧结时效产生的密度、硬度、应力、强度梯度和组织分布不均匀等致命缺陷，从而为高性能的大尺寸钨坩埚、钨板材和钨杆等钨基复合材料制备提供关键设备保证。

独创“微纳复合-氧化抑制”制备超高温陶瓷/难熔金属基复合材料设计思想，针对难熔金属密度大、抗氧化不足，提出“微纳复合”纳米碳化物/硼化物陶瓷增强难熔 Mo（W）金属，以获得耐高温、高强韧和轻量一体化；同时设计“氧化抑制”表面自生制备陶瓷基涂层，实现长时间抗氧化、抗烧蚀。

针对陶瓷相与难熔金属界面难相溶，构建了碳化物、硼化物与难熔金属钨、钼的分子级复合/固溶热力学模型，设计以纳米碳化物颗粒为核，表面均匀包覆难熔金属核壳结构复合粉末，在高温烧结中原位自生形成纳米复合陶瓷相粒子，从而形成多角度锯齿形晶界，阻碍裂纹萌生、扩展和诱导偏转，同时阻碍晶界迁移、细化晶粒；此外，原位自生纳米复合陶瓷相与难熔金属共格/半共格界面，协同强韧化。

突破纳米核壳结构-原位自生复合陶瓷相分子级界面强化技术，实现微纳复合界面强韧化。获得 10～30 nm 碳/硼化物包覆 Mo、W 核壳结构粉末。在 1700～1900℃原位自生纳米陶瓷钉扎位错，形成共格/半共格界面和变形孪晶，实现室温/高温强韧化。

1.2.2 研究内容

本书以作者原创的“纳米/维纳复合技术”设计与方法为原型，详细介绍了难熔金属及合金材料概述、“纳米/微纳复合”理论计算、纳米钨基合金材料制备、氧化物/碳化物陶瓷增强难熔钨钼金属基复合材料制备、大变形强化烧结制备技术等，内容涉及钨铜界面的结合性能与梯度设计、钨铁体系的原子作用模型与力学性能、钨-碳化钛界面的原子结构与结合性能、钨-氧化镧体系的表面与界面性能、超细/纳米钨基复合粉末制备技术、超细/纳米钨基复合粉末的烧结技术、TiC 增强难熔金属钨基复合材料制备及组织性能与强化机制、细晶 W-Y_2O_3 复合材料制备与服役性能、大变形强化烧结制备技术等研究，为材料在航空航天、兵器等领域的应用设计提供了依据。

参考文献

[1] Philips N R，Carl M，Cunningham N J. New opportunities in refractory alloys[J]. Metallurgical and Materials Transactions A，2020，51：3299-3310.

[2] Ding H Y，Sun Z G，Chu M Q，et al. Development and application of selective laser melting technology in civil aircraft[J]. Aeronautical Manufacturing Technology，2015（4）：102-104.

[3] 庞前列. 高密度 W-Ni-Fe 合金的研究及发展[J]. 中国钨业，2000，15（4）：34-36.

[4] 赵慕岳，范景莲，王伏生. 我国钨基高密度合金的发展现状与展望[J]. 中国钨业，1999，14（5/6）：38-43.

[5] 王伏生，赵慕岳. 高密度钨合金及其在军事工业中的应用[J]. 粉末冶金材料科学与工程，1997，2（2）：114-120.

[6] 范景莲，刘涛，成会朝，等. 钨基合金穿、破甲材料的研究进展[J]. 中国钨业，2007，22（1）：25-29.

[7] Gu D D，Li Y L，Wang H Q，et al. Microstructural development and its mechanism of mechanical alloyed nanocrystalline W-10Ni alloy reinforced with Y_2O_3 nanoparticles[J]. International Journal of Refractory Metals and Hard Materials，2014，44：113-122.

[8] Liu H Y，Cao S H，Zhu J，et al. Densification，microstructure and mechanical propertiesof 90 W-4Ni-6Mn heavy alloy[J]. International Journal of Refractory Metals and Hard Materials，2013，37：121-126.

[9] Kiran U R，Panchal A，Sankaranarayana M，et al. Tensile and impact behavior of swagedtungsten heavy alloys processed by liquid phase sintering[J]. International Journal of Refractory Metals and Hard Materials，2013，37：1-11.

[10] Çalışkan N K，Durlu N，Bor Ş. Swaging of liquid phase sintered 90 W-7Ni-3Fe tungsten heavy alloy[J]. International Journal of Refractory Metals and Hard Materials，2013，36：260-264.

[11] Ardestani M, Arabi H, Rezaie H R, et al. Synthesis and densification of W-30 wt%Cu composite powders using ammonium meta tungstate and copper nitrate as precursors[J]. International Journal of Refractory Metals and Hard Materials, 2009, 27 (4): 796-800.

[12] Hashempour M, Razavizadeh H, Rezaie H R, et al. Thermochemical preparation of W-25%Cu nanocomposite powder through a CVT mechanism[J]. Materials Characterization, 2009, 60 (11): 1232-1240.

[13] Hong S H, Kim B K, Munir Z A. Synthesis and consolidation of nanostructured W-10-40 wt%Cu powders[J]. Materials Science and Engineering A, 2005, 405 (1/2): 325-332.

[14] 王松，付作鑫，王塞北，等. 银基电接触材料的研究现状及发展趋势[J]. 贵金属，2013，34（1）：79-83.

[15] Aslanoglu Z, Karakas Y, Ovecoglu M L. Switching performance of W-Ag electricalcontacts fabricated by mechanical alloying[J]. International Journal of Powder Metallurgy, 2000, 36 (8): 35-43.

[16] Martínez J, Savoini B, Monge M A, et al. Thermal stability of the grain structure in the W-2V and W-2V-0.5Y_2O_3 alloys produced by hot isostatic pressing[J]. Fusion Engineering and Design, 2013, 88 (9/10): 2636-2640.

[17] Xu A, Armstrong D E J, Beck C, et al. Ion-irradiation induced clustering in W-Re-Ta, WRe and W-Ta alloys: An atom probe tomography and nanoindentation study[J]. Acta Materialia, 2017, 124: 71-78.

[18] Muñoz A, Monge M A, Savoini B, et al. SANS characterization of particle dispersions in W-Ti and W-V alloys[J]. International Journal of Refractory Metals and Hard Materials, 2016, 61: 173-178.

[19] 艾璇. W-4.9Ni-2.1Fe/W-2.8Ni-1.2Fe-1Al_2O_3 钨合金的制备及其力学性能研究[D]. 广州：华南理工大学，2013.

[20] 彭石高. 稀土掺杂 W-Ni-Fe 复合粉末与合金制备过程中稀土 Y 赋存状态研究[D].长沙：中南大学，2008.

[21] Churn K S, German R M. Fracture behavior of W-Ni-Fe heavy alloys[J]. Metallurgical Transactions A, 1984, 15 (2): 331-338.

[22] Povarova K B, Alymov M I, Gavrilin O S, et al. Effect of the conditions of sintering WNi-Fe-Co heavy alloy nanopowders on the structure and density of compacted samples[J]. Russian Metallurgy (Metally), 2007 (6): 499-505.

[23] Ding L, Xiang D P, Pan Y L, et al. Mechanical properties and microstructural evolution of Mo-Co-Co strengthened W-Ni-Fe alloys by spark plasma sintering[J]. Journal of Alloys and Compounds, 2017, 712: 593-598.

[24] Kilic M, Ozyurek D, Tuncay T. Dry sliding wear behaviour and microstructure of the W-Ni-Fe and W-Ni-Cu heavy alloys produced by powder metallurgy technique[J]. Powder Metallurgy and Metal Ceramics, 2016, 55 (1): 54-63.

[25] Shen J W, Campbell L, Suri P, et al. Quantitative microstructure analysis of tungsten heavy alloys (W-Ni-Cu) during initial stage liquid phase sintering[J]. International Journal of Refractory Metals and Hard Materials, 2005, 23 (2): 99-108.

[26] Zhang D Q, Cai Q Z, Liu J H, et al. Microstructural evolvement and formation of selective laser melting W-Ni-Cu composite powder[J]. The International Journal of Advanced Manufacturing Technology, 2013, 67 (9): 2233-2242.

[27] Bose A, Sadangi R, German R M. A review on alloying in tungsten heavy alloys[J]. Materials Processing and Interfaces, 2012, 1: 455-465.

[28] 潘艳林，丁雷，向道平. 放电等离子烧结 W-Ni-Mn 合金的显微组织演变及力学性能（英文）[J]. 中国有色金属学报（英文版），2017，27（7）：1588-1593.

[29] Wang S, Guo F M, Jiang D Q, et al. *In situ* W/NiTi shape memory alloy composite of high radiopacity[J]. Scripta Materialia, 2014, 81: 4-7.

[30] Patra A, Sahoo R R, Karak S K, et al. Effect of nano Y_2O_3 dispersion on thermal, microstructure, mechanical and high temperature oxidation behavior of mechanically alloyed W-Ni-Mo-Ti[J]. International Journal of Refractory Metals and Hard Materials, 2018, 70: 134-154.

[31] Patra A，Saxena R，Karak S K，et al. Fabrication and characterization of nano-Y_2O_3 dispersed W-Ni-Mo and W-Ni-Ti-Nb alloys by mechanical alloying and spark plasma sintering[J]. Journal of Alloys and Compounds，2017，707：245-250.

[32] Saxena R，Patra A，Karak S K，et al. Fabrication and characterization of nano-Y_2O_3 dispersed W-Ni-Nb alloys[J]. International Journal of Refractory Metals and Hard Materials，2018，71：70-81.

[33] Chen C L，Ma S H. Effects of Ni/Co ratio and mechanical alloying on characteristics and sintering behavior of W-Ni-Co tungsten heavy alloys[J]. Journal of Alloys and Compounds，2017，711：488-494.

[34] 黄劲松，周继承，刘文胜，等. 高密度合金粉末的制备与处理[J]. 稀有金属与硬质合金，2003，31（4）：40-44.

[35] Rafiei M，Khademzadeh S，Parvin N. Characterization and formation mechanism of nanocrystalline W-Al alloy prepared by mechanical alloying[J]. Journal of Alloys and Compounds，2010，489（1）：224-227.

[36] Chen C L，Ma S H. Study on characteristics and sintering behavior of W-Ni-Co tungsten heavy alloy by a secondary ball milling method[J]. Journal of Alloys and Compounds，2018，731：78-83.

[37] Dong Z，Liu N，Ma Z Q，et al. Synthesis of nanosized composite powders via a wet chemical process for sintering high performance W-Y_2O_3 alloy[J]. International Journal of Refractory Metals and Hard Materials，2017，69：266-272.

[38] Dong Z，Liu N，Ma Z Q，et al. Microstructure refinement in W-Y_2O_3 alloy fabricated by wet chemical method with surfactant addition and subsequent spark plasma sintering[J]. Scientific Reports，2017，7（1）：6051.

[39] Paul B，Kishor J，Chatterjee A，et al. A study on feasibility of preparation of W-Cr-Si alloys by silicothermic co-reduction and characterization of as cast co-reduced alloy[J]. Journal of Alloys and Compounds，2017，701：864-869.

[40] Krasovskii P V，Samokhin A V，Fadeev A A，et al. Alloying effects and composition inhomogeneity of plasma-created multimetallic nanopowders：A case study of the W-Ni-Fe ternary system[J]. Journal of Alloys and Compounds，2018，750：265-275.

[41] 向道平，丁雷. 高密度 W-Ni-Fe 合金的烧结新技术[J]. 稀有金属，2013，37（1）：155-163.

[42] Raman R，Randall M. A mathematical model for gravity-induced distortion during liquid-phase sintering[J]. Metallurgical and Materials Transactions A，1995，26（3）：653-659.

[43] 胡海. 液相烧结 90 W-7Ni-3Fe 高密度钨合金组织性能研究[D]. 哈尔滨：哈尔滨工业大学，2017.

[44] Ryu H J，Hong S H. Effects of sintering conditions on mechanical properties of mechanically alloyed tungsten heavy alloys[J]. Metals and Materials International，2001，7（3）：221-226.

[45] Upadhyaya A，Tiwari S K，Mishra P. Microwave sintering of W-Ni-Fe alloy[J]. Scripta Materialia，2007，56（1）：5-8.

[46] Prabhu G，Arvind Kumar N，Sankaranarayana M，et al. Tensile and impact properties of microwave sintered tungsten heavy alloys[J]. Materials Science and Engineering A，2014，607（23）：63-70.

[47] Zhou C S，Yi J H，Luo S D，et al. Effect of heating rate on the microwave sintered W-Ni-Fe heavy alloys[J]. Journal of Alloys and Compounds，2009，482（1）：6-11.

[48] 彭元东，易健宏，吴彬，等. 微波烧结 W-Ni-Fe 高比重合金及其机理研究[J]. 稀有金属材料与工程，2008（1）：125-129.

[49] 胡可. 放电等离子烧结（SPS）制备细晶 93 W-5.6Ni-1.4Fe 高比重合金[D]. 广州：华南理工大学，2013.

[50] Sstephens J R，Witzke W R. Alloy softening in group via metals alloyed with rhenium[J]. Journal of the Less Common Metals，1971，23（4）：325-342.

[51] Mannheim R L，Grain J L. Structural identification of phases in Mo-Re alloys within the range from 5 to 95% Re[J]. Journal of Materials Processing Technology，2003，143：533-538.

[52] 何斌衡. 稀土钼合金的制备及工艺与性能的研究[D]. 长沙：中南大学，2012.

第2章

纳米/微纳复合的理论计算

本章的研究内容主要是开展高性能难熔金属的材料设计和性能研究，通过第一性原理计算，在材料实际合成前准确预测材料的性能和行为，探索性能最优的先进材料，为研究新方法、新技术、新材料提供理论依据。

2.1 钨铜界面的结合性能与梯度设计

2.1.1 引言

钨铜材料是以过渡族金属钨、铜元素为组元的材料，钨铜在相图上不能互溶，现阶段钨铜材料都是金属基复合材料，也称为钨铜假合金，一般由粉末冶金方法制备[1-9]。钨与铜形成合金的目的是希望结合钨与铜优异的性能，如铜高的导热和导电性能、钨高的强度和低的热膨胀系数。两者形成合金后将钨的高强度与铜的高韧性结合，是很好的结构材料，也常称为高比重合金；钨的高温热稳定性和铜高的导热性能，使得材料在吸热过程中铜液化带走热量，降低材料的温度，这类材料称为金属发汗材料；计算机工业的发展，需要在半导体材料上镀上高热导材料，又要与金属氧化物基体的热膨胀系数匹配不至于破坏，这类材料在半导体工业中常称为热沉积材料[1-9]。最近钨铜材料又被 ITER 认定为聚变堆中的偏滤器组成材料[10]。

钨铜材料制备的难点在于钨铜是完全不互溶的两种金属，即使在高温熔融状态下两者之间的溶解度也非常有限，钨和铜在各占一半的情况下具有高达 33 kJ/mol 的生成热[11]。由于两者的熔点差别大，制备过程中极易发生偏聚，影响材料的最终性能。随着现代科技的发展，出现了许多新的非平衡材料制备技术和先进装备，已经能够在整个钨铜成分范围内制备出钨铜非晶和固溶体[12-21]。新的制备技术有离子束混合[13]、气相沉积[14]及机械合金化[15]等[16-21]。在高能量非平衡制备手段下，钨铜合金在一定成分范围内出现非晶态，非晶态能量高，经过热处理或辐照，甚至直接放置在室温环境下一段时间，将转变为面心立方或体心立方固溶体[13-21]。最近，中南大学范景莲课题组[8]发明的溶胶-喷雾方法制备出了整个钨铜成分范围内的超细/纳米晶钨铜材料，在极细的尺寸下，钨铜之间发生了一定程度的合金化，从而制备出的钨铜材料具有很好的密度和优异的性能。

2.1.2 钨铜界面的原子结构、功函数和结合性能

1. 文献中实验结果存在的两个矛盾

钨铜材料的另一个重要应用涉及钨铜的表面和界面，钨表面被广泛应用于化学催化、X 射线阴极管、照明、电子枪等领域，铜与钨结合将产生更好的表面性能，因此铜覆盖在钨表面也被广泛研究[22-32]。然而实验上关于钨铜之间的界面结合存在矛盾[22-32]，如当铜外延生长在钨上时，晶面的取向就有很多不同的报道，在钨的(110)面上沉积铜时，有研究发现铜以钨的(110)面外延生长[22, 24]，其他研究发现沿铜(111)面生长[23, 31]，也有研究者发现铜在钨表面发生合金化[22, 28, 32]。铜在钨(110)面上外延生长的层数也不尽相同，比如有研究发现铜在(110)Cu/(110)W 界面上能生长到不超过三层[29]，也有研究发现铜沿(111)Cu/(110)W 界面能生长到超过三层[30]。因此有必要弄清楚不同晶体取向钨铜界面的稳定性以及随沉积层数的变化规律。

在实验中存在的另一个矛盾是钨铜界面功函数随铜沉积层数的变化规律[23, 25, 28, 33]。由于钨熔点高，大部分实验是将铜沉积在钨基体上，然而测试表明不同铜的层数对于两者界面的功函数影响很大，许多文献值相互矛盾。如有研究表明钨铜界面随着铜层数的增加，功函数首先增加，后又减小到一个极小值，然后再增加，最终达到一个饱和值[28]。也有研究者发现钨铜界面随着铜层数的增加，功函数先减小到一个极小值，然后再增加到一个极大值。为了解决文献中存在的不自洽的矛盾，也为了更好地应用钨铜材料，有必要从理论上研究清楚钨铜界面的位向关系以及功函数的变化规律。

2. 钨铜界面的原子结构模型

在计算钨铜界面性能之前，首先计算了纯钨和纯铜的表面性能，计算结果列在表 2-1 中。从表 2-1 中可以看出，第一性原理计算得到的纯钨和纯铜的表面性能与实验值[34-36]符合得很好。例如，计算得到纯钨和纯铜的表面能分别为 1.275 J/m^2 和 3.348 J/m^2，这与实验值[34, 35]1.295 J/m^2 和 3.68 J/m^2 十分接近。同时，铜(111)、(100)和(110)表面功函数的计算值为 4.843 eV、4.566 eV 和 4.353 eV，也与实验值[36] 4.85 eV、4.59 eV 和 4.48 eV 符合，表明第一性原理能够很好地描述钨与铜的表面性能，从而为后续界面计算打下了坚实的基础。

表 2-1　纯钨与纯铜低指数面表面能和功函数

项目		Cu			W		
		(100)	(110)	(111)	(100)	(110)	(111)
表面能/(J/m^2)	本研究	1.424	1.514	1.275	3.906	3.348	3.435
	实验值[34-36]	1.31，1.295(111)			3.27，3.68(110)		
表面功/eV	本研究	4.566	4.353	4.843	4.132	4.841	4.291
	实验值[34-36]	4.59	4.48	4.85	4.630	5.250	4.470

这里主要模拟钨与铜低指数面之间的沉积和界面形成过程。计算考虑了钨与铜形成的五种不同取向的界面，如图 2-1 所示，分别为(100)Cu/(100)W、(110)Cu/(110)W、(111)Cu/(111)W、(111)Cu/(110)W 和(110)W/(111)Cu。在界面的表述中前面出现的是沉积层，后面出现的是基体层，如(100)Cu/(100)W 表示铜以(110)面方式沉积在钨(100)基体上。所有的界面均是为了模拟钨铜真实外延生长的情况，因此不考虑界面应力对能量和界面形貌的贡献，只考虑不同沉积层对界面的影响。

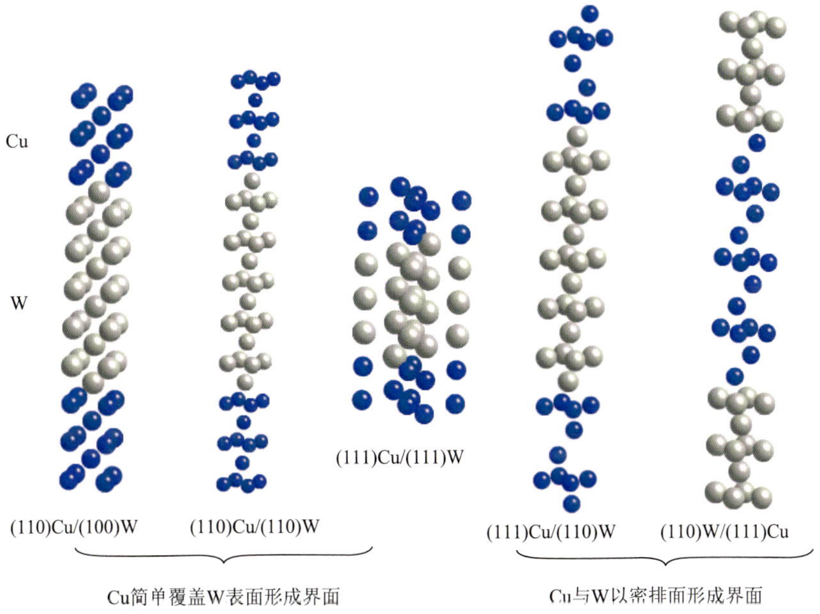

图 2-1　钨铜界面计算模型

3. 钨铜界面的界面分离功与界面能

确定五种界面模型后，首先计算了钨铜界面的分离功，分离功的计算公式为

（3）从(110)Cu/(110)W 和(111)Cu/(110)W 界面在沉积层数低时很负的界面能可以判断出钨与铜在这两种界面中容易发生界面扩散，这与实验上观察到钨与铜界面上出现表面合金化[22]、界面扩散[28, 32]和钨铜固溶体[12-21]的事实一致。尽管钨与铜是完全不互溶体系，具有正的生成热，当沉积铜时负的界面能将提供界面扩散和合金化的驱动力。因此，界面合金化和扩散能够发生在(110)Cu/(110)W 和(111)Cu/(110)W 界面中，而不太可能发生在(100)Cu/(100)W、(111)Cu/(111)W 和(110)W/(111)Cu 界面中。这一结论很好地符合了实验上观察到的界面扩散和合金化的现象[22, 28, 32]，同时也解释了实验上观察到(111)Cu/(110)W 是扩散界面，而(110)W/(111)Cu 是尖锐界面的事实[32]。

从上述三点分析可以得出，(111)Cu/(110)W 和(110)Cu/(110)W 在沉积 1 层铜时具有负的界面能，从能量角度能够稳定存在；界面随沉积层数发生由(110)Cu/(110)W 到(111)Cu/(110)W 的转变；负的界面能导致界面上发生钨与铜的合金化和扩散。结论不仅很好地符合了实验上观察到的现象，也很好地解释了文献中钨铜界面的矛盾[22-32]。

4. 钨铜界面的功函数与电荷转移

研究了钨铜界面的功函数，功函数（Φ）是界面和表面性能的关键参数，功函数的计算公式为

$$\Phi = V_{\text{vac}} - E_{\text{F}} \tag{2-3}$$

其中，V_{vac} 为真空层的静电势；E_{F} 为体系的费米能级。计算得到的钨铜界面功函数列在图 2-3（a）中。需要指出的是，由于(110)W/(111)Cu 界面相对于其他四种界面不稳定，实验中也没有(110)W/(111)Cu 界面性能的报道，所以在图 2-3（a）中略去了(110)W/(111)Cu 界面。从图 2-3 中可以看出，计算得到纯钨(100)面的功函数与沉积了 1 层铜的(100)Cu/(100)W 界面的功函数值相差 0.6 eV，这与实验上[24, 25]观察到的功函数差值 0.42 eV 接近。计算得到(111)Cu/(110)W 界面在沉积 1 层和 5 层铜时的功函数分别比纯钨(110)表面功函数大 0.58 eV 和 0.30 eV，与实验上[37]观察到的值 0.75 eV 和 0.33 eV 符合。此外，尽管(110)Cu/(110)W 和(111)Cu/(110)W 的界面构型不同，(110)Cu/(110)W 和(111)Cu/(110)W 的功函数随沉积层数的变化规律相似。

可以从图 2-3（a）中看出，(100)Cu/(100)W 和(111)Cu/(111)W 界面的功函数随着沉积层数的增加，功函数先增加，接着减小到一个极小值，然后又增加到一个饱和值，这一变化特性很好地符合了实验上观察到的现象[21]。(111)Cu/(110)W 和(110)Cu/(110)W 界面的功函数先减小到一个极小值，再增加到一个最大值，这也符合实验上的曲线[34]。从功函数与实验的符合，进一步表明界面模型能够很好地模拟实验上沉积和界面形成的过程。同时，不同晶体学取向界面功函数随沉积层数不同

的变化规律表明：钨铜界面功函数的变化主要受到晶体学取向和沉积层数的影响，计算的结果能够很好地解释实验中关于功函数存在的矛盾[23, 25, 28, 34]。

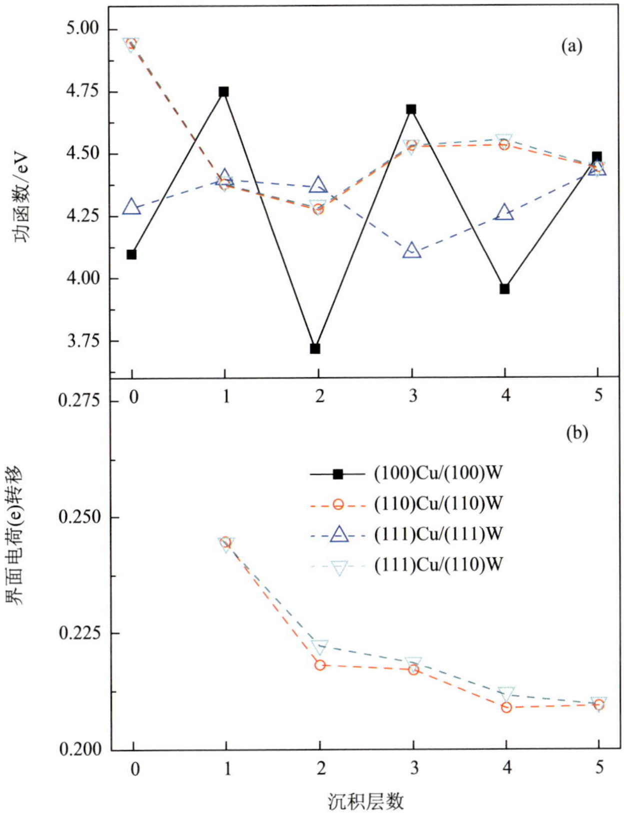

图 2-3　钨铜界面的功函数（a）和界面电荷转移（b）随沉积层数的变化规律

为了找出钨铜界面性能变化的本征机理，研究了钨铜界面的电子结构。界面电子结构的分析选择了 Bader 电荷布局[38]，Bader 电荷布局能够很好地得到原子周围的电荷变化，从而判断出原子间的成键和电荷转移。图 2-3（b）给出由 Bader 电荷分析[38]得到的钨铜界面电荷转移，图中列出了(111)Cu/(110)W 和(110)Cu/(110)W 界面电荷转移。从图 2-3 中首先可以看出，电荷通过界面从钨层转移到了铜层，这与实验上观察到钨失去电子而铜得到电子的事实相符[39]。其次，(111)Cu/(110)W 和(110)Cu/(110)W 界面电荷转移的数量几乎相同，这是(111)Cu/(110)W 和(110)Cu/(110)W 功函数、界面能和分离功相似的原因。此外，(111)Cu/(110)W 和(110)Cu/(110)W 界面上电荷转移的数量随着沉积层数的增加而下降，特别是沉积 1 层时，电荷转移的数量最多。因此，沉积 1 层时高的电荷转移是导致界面能和分离功在沉积 1 层出现最低界面能和最高分离功的原因。

2.1.3 钨铜梯度界面性能

1. 文献中的研究进展

为了获得更好的性能，研究者希望钨铜能够有更好结合的同时又保持钨与铜的各项性能优异，钨铜两相不互溶，且钨与铜之间巨大的差异，导致钨铜材料中存在严重的安全问题。造成安全问题的主要原因是钨与铜的热膨胀系数和弹性模量的差别，铜的热膨胀系数是钨的热膨胀系数的 4 倍（$\alpha_{Cu}\approx 4\alpha_{W}$），铜的杨氏模量只有钨的约 30%（$E_{Cu}\approx 0.3E_{W}$）。差距巨大的热膨胀系数和杨氏模量导致在受到高热载荷时钨铜界面上出现残余应力和热应力，最终导致空位的产生和融合，产生大量裂纹，影响材料的寿命和应用，甚至导致材料直接失效[40-42]。

解决上述差异的一个手段就是使用钨铜梯度材料，即在钨和铜之间设计梯度层缓解热膨胀系数和杨氏模量的差异[43, 44]。梯度层能够有效地将热传递出去，也能转移热应力在一个界面的堆积，最大限度地发挥钨和铜各自优异的性能[44]。在梯度层的设计上，已经有很多研究者[41-50]进行了各种尝试，但并没有真正从强度和热性能上形成结论，只是简单尝试各种梯度界面。在文献中[41-50]设计出的钨铜梯度层有：钨铜之间只设计一层梯度层 W-25Cu[45]、W-60Cu[45]或者 W-20Cu[47]；在钨铜中间设计两层梯度层的 W_3Cu_7/W_5Cu_5[44]、W_5Cu_5/W_7Cu_3[44]或者 W-33Cu/W-66Cu[49]；也有三层梯度层的设计 W-10Cu/W-32Cu/W-60Cu[50]或者 W-15Cu/W-25Cu/W-35Cu[48]；还有在钨铜之间四层梯度层的设计 $W_9Cu_1/W_7Cu_3/W_5Cu_5/W_3Cu_7$[41]、W-20Cu/W-40Cu/W-60Cu/W-80Cu[49]、W-20Cu/W-40Cu/W-70Cu/W-90Cu[49]及 W-4Cu/W-23Cu/W-49Cu/W-82Cu[49]。除此以外，还有在钨铜之间设计连续变化梯度的，由于连续变化的梯度层在热处理时各个部分对热的响应不同，往往出现偏聚、熔融以及孔隙等问题，已经少有研究。从理论上来说，钨铜梯度界面应该有一个比较理想的梯度设计，能够最大限度地发挥出钨与铜的性能。然而，从上述分析可以看出，在实验上设计梯度界面耗时又耗力，有必要从理论上设计出合理的钨铜梯度界面。

2. 钨铜的梯度界面模型

由钨铜体材料的性质可以看出，钨与铜之间物理性能相差大，完全不互溶，很难制备，即使合成了钨铜材料，也容易因为两者热膨胀系数和强度不同而出现残余热应力，从而导致材料失效。在体材料的计算中，钨铜固溶体的性质表明钨铜在成分逐渐改变时材料性能有着很好的过渡。考虑到上述因素，钨铜梯度材料将能解决钨铜合金的结合性能，同时钨铜梯度材料还具有比纯钨和纯铜结合时更优异的性能。20 世纪 90 年代文献就报道了钨铜梯度材料的概念，认为能够提高钨铜合金的热沉积性能[40-50]。21 世纪始，随着 ITER 项目的大力开展[10]，钨铜梯度材料的研究进入另一个黄金时期。然而，钨铜梯度界面的设计存在很多问题，因此研究了钨铜梯度界面性能，旨在为实验和工程设计提供指导。

这里模拟了两种不同的梯度界面，钨侧以体心立方(110)面为生长面设计 W_8Cu_1/W_9、W_7Cu_2/W_9、W_6Cu_3/W_9、W_7Cu_2/W_8Cu_1、W_6Cu_3/W_8Cu_1、W_6Cu_3/W_7Cu_2 六个界面；铜侧以面心立方(111)面为生长面设计了 Cu_6W_3/Cu_7W_2、Cu_6W_3/Cu_8W_1、Cu_7W_2/Cu_8W_1、Cu_6W_3/Cu_9、Cu_7W_2/Cu_9、Cu_8W_1/Cu_9 六个界面，界面模型如图 2-4 所示。计算选用单层界面模型，选取了 6 层基体层，沉积层则由 1 层逐渐增加至 5 层。为了尽量模拟梯度界面的真实情况，选取了 3×3 的表面超胞，每一层有 9 个原子，层中钨原子和铜原子都各自形成最近邻结构，以模拟实际中钨铜互不固溶的情形，在逐渐增加层数的过程中，每增加一层都检查原子弛豫的位置，确认研究对钨铜原子相互作用的描述。上述梯度设计中，忽略了钨铜中间成分的设计，是由于在中间成分时，钨铜材料的性能相似，在真实情况中钨铜会混合在一起，不具有某一特定晶体取向的界面。

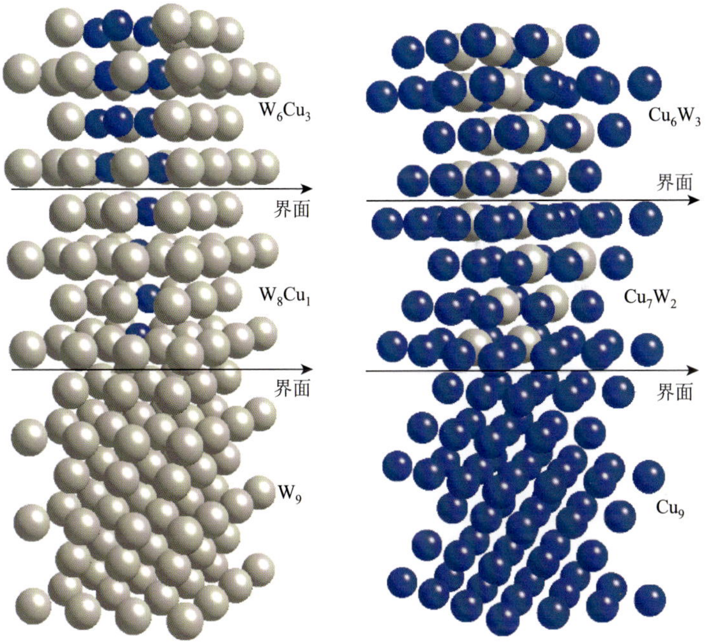

图 2-4　钨铜梯度界面模型

3. 钨铜梯度界面的稳定性

通过第一性原理计算后，获得了钨铜梯度界面的各项性能。首先通过以下公式计算出界面能：

$$E_{int}=\frac{E_{tot}-E_{ovl\_bulk}-E_{sub\_bulk}}{2A} \tag{2-4}$$

其中，E_{tot}和A与之前纯铜和纯钨界面能计算时的意义相同，分别为钨铜梯度界面的总能量和界面面积；E_{ovl_bulk}和E_{sub_bulk}为剔除表面能后的钨铜梯度界面沉积层和基体层的体材料能量。界面能是界面分离为沉积层和基体层体材料时所需要的能量，表征的是一种热力学量，与生成热意义相似。计算得到的钨铜梯度界面的界面能列在图 2-5 和表 2-3 中。

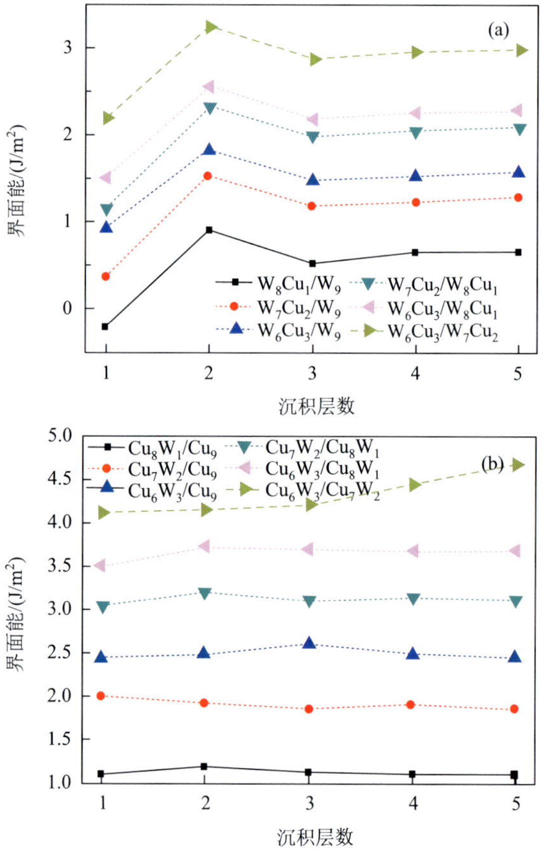

图 2-5 钨铜梯度界面界面能随沉积层数变化规律

表 2-3 钨铜梯度界面的主要性能

界面	E_{int}/(J/m^2)	W_{sep}/(J/m^2)	α_L/(10^{-6}/K)		E/GPa	
			沉积层	基体层	沉积层	基体层
W_8Cu_1/W_9	0.65	6.32	4.96	5.11	309	355
W_7Cu_2/W_9	1.27	6.03	5.52	5.11	256	355

续表

界面	$E_{int}/(J/m^2)$	$W_{sep}/(J/m^2)$	$\alpha_L/(10^{-6}/K)$		E/GPa	
			沉积层	基体层	沉积层	基体层
W_6Cu_3/W_9	1.57	5.75	6.68	5.11	221	355
W_7Cu_2/W_8Cu_1	2.09	5.83	5.52	4.96	256	309
W_6Cu_3/W_8Cu_1	2.29	5.64	6.68	4.96	221	309
W_6Cu_3/W_7Cu_2	2.98	5.43	6.68	5.52	221	256
Cu_6W_3/Cu_7W_2	4.67	3.32	10.35	11.51	165	151
Cu_6W_3/Cu_8W_1	3.67	3.27	10.35	13.72	165	139
Cu_7W_2/Cu_8W_1	3.13	3.13	11.51	13.72	151	139
Cu_6W_3/Cu_9	2.43	2.96	10.35	18.06	165	124
Cu_7W_2/Cu_9	1.85	2.87	11.51	18.06	151	124
Cu_8W_1/Cu_9	1.10	2.78	13.72	18.06	139	124

从图 2-5 中可以看出，界面能随沉积层数很快地收敛，特别是在铜侧。在钨侧，界面能在沉积 1 层时最低，沉积 2 层时最高，沉积大于 3 层时，界面能开始收敛。从收敛值可以看出，钨铜梯度界面的界面能均为正值，这与钨铜不互溶的事实相符。从图 2-5 和表 2-3 中可以看出，钨铜梯度界面在钨侧的界面能要明显小于铜侧相应界面的界面能，这与之前计算的钨铜体材料和文献中报道的钨铜体材料在铜侧具有更正的生成热相一致[11, 13]。

同时，从图 2-5（a）中可以看出，W_8Cu_1/W_9 界面在沉积 1 层时界面能为 $-0.20\ J/m^2$，这与铜在钨(110)表面形成了表面合金化的实验结果相符合，这一结果也进一步确认了之前纯钨和纯铜表面结合时得到的(111)Cu/(110)W 是扩散界面，而(110)W/(111)Cu 是尖锐界面的结论，也与实验上观察到只有铜扩散至钨基体的结果一致[22, 28, 32, 51, 52]。最后，得到了钨铜梯度界面界面能的大小顺序，在钨侧的大小顺序为 $W_8Cu_1/W_9 < W_7Cu_2/W_9 < W_6Cu_3/W_9 < W_7Cu_2/W_8Cu_1 < W_6Cu_3/W_8Cu_1 < W_6Cu_3/W_7Cu_2$；在铜侧的顺序为 $Cu_6W_3/Cu_7W_2 > Cu_6W_3/Cu_8W_1 > Cu_7W_2/Cu_8W_1 > Cu_6W_3/Cu_9 > Cu_7W_2/Cu_9 > Cu_8W_1/Cu_9$。

界面结合强度是通过分离功确定的，钨铜梯度界面分离功的计算公式为

$$W_{sep} = \frac{E_{sub} + E_{ovl} - E_{tot}}{2A} \tag{2-5}$$

其中，E_{tot} 和 A 与之前的定义一样；E_{ovl} 和 E_{sub} 分别为沉积层去掉基体层以及基体层去掉沉积后的中能量。分离功是界面分离为独立表面所需要的能量，也是界面结合强度的量度。图 2-6 给出了钨铜梯度界面分离功随沉积层数的变化，表 2-3 列出了收敛的分离功值。从图 2-6 和表 2-3 中可以看出以下几点：

出，在铜侧钨铜梯度界面沉积层与基体层之间的线热膨胀系数差别很大，远大于在钨侧出现的情形；在钨侧沉积层与基体层之间的杨氏模量相差很大，同样也大于在铜侧杨氏模量出现的情况。

从沉积层与基体层的线热膨胀系数和杨氏模量的分析可以看出，如果要获得性能优良的钨铜梯度界面结合，需要在纯钨和纯铜之间选取合适的梯度。分析可以得出，要获得高的梯度界面性能，在铜侧需要减小线热膨胀系数的差距（$\Delta\alpha_L$），在钨侧需要缩小梯度界面上杨氏模量的差距（ΔE），从这两点考虑，应该在钨侧和铜侧都设计尽可能多的梯度界面。但考虑到之前分析得到的钨侧和铜侧的界面能、分离功及界面结合强度的关系，应尽量在钨侧多设计梯度，在铜侧设计适量梯度，以满足线热膨胀系数的差别。综上所述，在纯钨和纯铜之间设计出了 $W_8Cu_1/W_7Cu_2/W_6Cu_3/Cu_6W_3/Cu_8W_1$ 的梯度界面。这一界面设计既减小了线热膨胀系数与杨氏模量在铜侧和钨侧的差别，又保持了钨铜梯度界面高的结合强度。

2.1.4 钨铜体系原子间相互作用模型的构建

1. 文献中已有钨铜作用模型存在的问题

嵌入原子势（EAM）被认为是最真实的多体体势之一，被广泛用于描述过渡金属和合金的物理性能。在计算化学和计算物理中，EAM 是一种描述原子间能量（原子间势）的近似方法，在该方法中，原子能量是由嵌入能和多体势两部分构成。

在 W-Cu 多体势方面，Zhou 等[53]、Zhang 等[54]和 Gong 等[55]已经在文献中发表了三个 EAM 结构的 W-Cu 势。然而在已经发表的文献中，Zhang 等[54]和 Gong 等[55]发表的文献中的函数形式无法应用于 W 的拉伸加载，而 Zhou 等[53]的函数形式则无法反映 W-Cu 难混溶系统的生成热。

2. W-W 多体势的构建

根据 EAM 方法，系统中 n 个原子的总能量为

$$E_{\text{tot}} = \sum_i F_i(\rho_i) + \frac{1}{2}\sum_{i,j(i\neq j)} \varphi_{ij}(r_{ij}) \tag{2-6}$$

$$\rho_i = \sum_{j\neq i} f(r_{ij}) \tag{2-7}$$

其中，E_{tot} 为总能量；$F(\rho)$为嵌入能量；ρ_i 为周围原子对原子 i 所贡献的总电子密度；$\varphi(r_{ij})$为原子 i 和 j 的对势；$f(r_{ij})$为原子 j 对原子 i 电子密度的贡献。

关于嵌入能量 $F(\rho)$有如下公式[53]：

$$F(\rho) = \sum_{i=0}^{3} F_{ni}\left(\frac{\rho}{\rho_n} - 1\right)^i, \quad \rho < \rho_n, \ \rho_n = 0.85\rho_{\text{e}} \tag{2-8}$$

$$F(\rho)=\sum_{i=0}^{3}F_i\left(\frac{\rho}{\rho_e}-1\right)^i,\ \rho_n\leqslant\rho<\rho_0,\quad \rho_0=1.15\rho_e \tag{2-9}$$

$$F(\rho)=F_e\left[1-\ln\left(\frac{\rho}{\rho_s}\right)^{\eta}\right]\left(\frac{\rho}{\rho_s}\right)^{\eta},\ \rho\geqslant\rho_0 \tag{2-10}$$

其中，F_e 和 η 为两个可调参数；F_{ni} 和 F_i 为通过拟合两点 ρ_n 和 ρ_0 在 $F(\rho)$的连续条件得到的；ρ_e 为平衡状态下单个原子在基态下的总电子密度。

关于电子密度贡献 $f(r)$和对势 $\varphi(r)$有如下公式[53]：

$$f(r)=\frac{f_e\exp\left[-\beta\left(\frac{r}{r_e}-1\right)\right]}{1+\left(\frac{r}{r_e}-\lambda\right)^{20}} \tag{2-11}$$

$$\varphi(r)=\frac{A\exp\left[-\alpha\left(\frac{r}{r_e}-1\right)\right]}{1+\left(\frac{r}{r_e}-\kappa\right)^{20}}+\frac{B\exp\left[-\beta\left(\frac{r}{r_e}-1\right)\right]}{1+\left(\frac{r}{r_e}-\lambda\right)^{20}} \tag{2-12}$$

其中，A、B、α 和 β 为四个可调整的经验拟合参数；κ 和 λ 为两个截断参数，用来对函数进行截断距离的调整。

表 2-4 列出了目前 W-W 势的拟合参数和拟合过程中使用的一些常数。此外，表 2-5 总结了 BCC 结构 W 的一些物理性质，以及从本研究拟合的 EAM 势及文献[56-59]中的实验值和其他 EAM 势。

表 2-4　W-W 势的拟合参数和拟合过程中所用到的常数

参数	数值	参数	数值	参数	数值
r_e/Å	2.74084	A	0.278417	F_1	−5.1
f_e	3.48734	ρ_s	37.234847	F_2	0
γ	8.900114	ρ_e	37.234847	F_3	0.661935
ω	4.746728	F_{n1}	−5.086281	F_4	0.348147
α	0.882435	F_{n2}	−0.148818	η	−0.62526
β	1.394592	F_{n3}	0.365057	F_e	−5.10232
κ	0.139209	F_{n4}	−4.432406		

表 2-5 从目前的 EAM 势以及实验和文献中其他 EAM 势得到的 BCC 结构 W 的一些物理性质

物性参数	实验	本研究	Gong 等[55]的实验值	Zhou 等[53]的实验值
a/Å	3.165[56]	3.165	3.16475	3.165
E_c/eV	8.9[57]	8.9	8.66	8.76
C_{11}/GPa	522[58]	522.5	532.6	522.5
C_{12}/GPa	204[58]	204.2	205	204.2
C_{44}/GPa	161[58]	160.8	163	160.8
E_v^f /eV	3.67±0.2[59]	3.59	3.95	2.91
B/GPa	310[58]	310	314	310
G/GPa	161[58]	160	164	160
E/GPa	410[58]	410	419	410

需要指出的是，目前文献报道的 BCC 结构 W 的内聚能的实验值有三个，分别为–8.66 eV/atom[60]、–8.76 eV/atom[61]和–8.9 eV/atom[62]。其中 Gong 等[55]和 Zhou 等[53]的 W-W EAM 势分别拟合了–8.66 eV/atom 和–8.76 eV/atom 的实验内聚能。经过仔细比较，我们认为实验[62]得到的 BCC 结构 W 的内聚能–8.9 eV/atom 相对更为可靠，因此本研究选择–8.9 eV/atom 的内聚能来拟合纯 W 的 EAM 势。

为了验证 W 的动态力学性能，图 2-8 给出了在 300 K 温度下单轴拉伸加载下沿[100]方向的 BCC 结构 W 的应力-应变曲线。从目前的 W-W 势可以看出，本研究势函数所计算的 BCC 结构 W 的应力-应变曲线与文献[63-65]中的其他计算结果吻合较好。相反，Johnson 势的理想单轴抗拉强度和临界应变均远小于文献[63-65]中所给出的值。

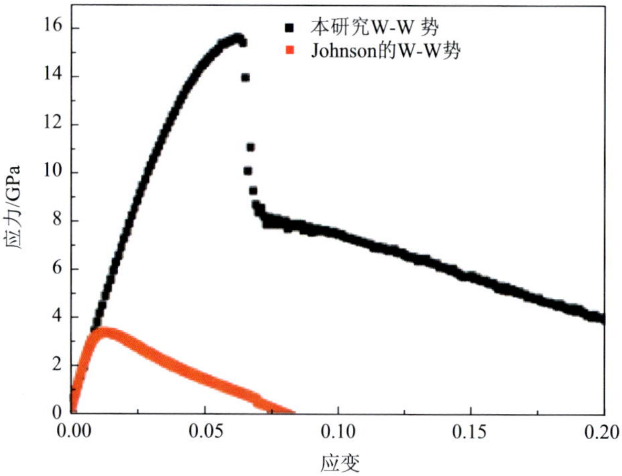

图 2-8 单轴拉伸加载下沿[100]方向 300 K 的 BCC 结构 W 的应力-应变曲线

图中黑色曲线是由本研究 W-W 势计算得出，红色曲线由 Johnson 等[66]的 W-W 势计算得出

3. Cu-Cu 多体势的构建

经过一系列测试后，Cu-Cu 势的函数形式选择了由 Cai 等[67]发表在文献中的公式，根据 EAM 方法，系统中 n 个原子的总能量被描述为

$$E_{\text{tot}} = \sum_i F_i(\rho_i) + \frac{1}{2}\sum_{i,j(i\neq j)} \varphi_{ij}(r_{ij}) \quad \text{［同式（2-6）］} \tag{2-13}$$

$$F(\rho) = -F_0\left[1-\ln\left(\frac{\rho}{\rho_e}\right)^n\right]\left(\frac{\rho}{\rho_e}\right)^n + F_1\left(\frac{\rho}{\rho_e}\right) \tag{2-14}$$

$$\rho_i = \sum_{j\neq i} f(r_{ij}) \quad \text{［同式（2-7）］} \tag{2-15}$$

$$f(r) = f_e \exp\left[-\chi\left(\frac{r}{r_e}-1\right)\right] \tag{2-16}$$

$$\varphi(r) = -\alpha\left[1+\beta\left(\frac{r}{r_a}-1\right)\right]\exp\left[-\beta\left(\frac{r}{r_a}-1\right)\right] \tag{2-17}$$

其中，E_{tot} 为总能量；$F(\rho)$为嵌入能量；ρ_i 为原子 i 中所有其他原子的总电子密度；$\varphi(r_{ij})$为编号是 i 和 j 的原子之间的对势作用。在式（2-14）中，F_0、ρ_e 和 n 是三个常数，$F_0 = E_c - E_v^f$，其中，E_c 和 E_v^f 分别是内聚能和空位形成能。参数 ρ_e 表示平衡状态下的周围原子对该原子位置贡献的电子密度。F_1 为可调参数。在式（2-16）中，r_e 为平衡晶格的第一近邻距离，f_e 为由公式 $f_e = E_c/\Omega$ 确定的比例因子，其中 Ω 为单个原子体积。

为了验证 Cu-Cu 势的正确性，另一种 FCC 结构金属 Pd 的势函数也被构建出来作为对比。

表 2-6 列出了拟合 Pd-Pd 和 Cu-Cu 势得出的五个参数值（χ、α、β、r_a 和 F_1）以及截止距离。此外，表 2-7 总结了 Pd 和 Cu 的计算和实验物理性质。

表 2-6　Pd-Pd 和 Cu-Cu 势的拟合参数以及截断距离参数 r_s 和 r_c

参数	Pd-Pd	Cu-Cu
χ	17.74997	11.13548
α/eV	1.42485	0.70277
β	0.43287	3.52097
r_a/Å	0.32751	1.65393
F_1/eV	0.28064	0.67199
r_s/Å	3.97743	3.69625
r_c/Å	4.41455	4.10247

表 2-7 Pd 和 Cu 内聚能 E_c、晶格常数 a、弹性常数（B、C_{11}、C_{12}、C_{44}）、空位形成能 E_v^f 的计算结果与实验结果比较

参数	Pd		Cu	
	实验值	计算值	实验值	计算值
E_c/(eV/atom)	−3.91[68]	−3.91	−3.54[68]	−3.54
a/Å	3.89[69]	3.89	3.615[62]	3.615
B/Mbar	1.95[58]	1.9646	1.4203[58]	1.3835
C_{11}/Mbar	2.341[58]	2.3308	1.7[58]	1.7001
C_{12}/Mbar	1.761[58]	1.7814	1.225[58]	1.2252
C_{44}/Mbar	0.712[58]	0.7182	0.758[58]	0.7581
E_v^f /eV	1.4[70]	1.4000	1.3[71]	1.2999

本研究中截断函数采用了由 Guellil 等[72]提出的多项式，并将截断距离设置为第二和第三近邻距离之间。其中，为了得到正确的基态性能，该势函数使用了五个可调参数来拟合 Pd-Pd 和 Cu-Cu 势。可以清楚地看到，构造的 Pd-Pd 和 Cu-Cu 势与实验或第一性原理计算得到的 Pd 和 Cu 的性质具有良好的一致性[58, 62, 68, 71]。

4. W-Cu 二元势函数的构建

在 EAM 势函数框架下构造了一个新的 W-Cu 势。在 2.1.4 小节的势函数构建中，W-W 势已经得到了充分的验证，而 Cu-Cu 势则选择了 Zhou 等[53]的形式，在该形式中，FCC 结构的 Cu 在静态力学性能以及动态力学性能上均表现良好。基于上述 W-W 势和 Cu-Cu 势，一个新的 W-Cu 交叉势的函数形式被重新构造并用于该 W-Cu 势。

对于二元系统的 EAM 势，文献中基本上有三种函数形式[53, 55, 73-75]：

$$\varphi_{\mathrm{WCu}}(r)=\frac{1}{2}\left[\frac{f^{\mathrm{Cu}}(r)}{f^{\mathrm{W}}(r)}\varphi^{\mathrm{W}}(r)+\frac{f^{\mathrm{W}}(r)}{f^{\mathrm{Cu}}(r)}\varphi^{\mathrm{Cu}}(r)\right] \tag{2-18}$$

$$\varphi_{\mathrm{WCu}}(r)=A\left[\varphi_{\mathrm{Cu}}(r+m)+\varphi_{\mathrm{W}}(r+n)\right] \tag{2-19}$$

$$\varphi_{\mathrm{WCu}}(a+br)=A\left[\varphi_{\mathrm{Cu}}(cr+d)+\varphi_{\mathrm{W}}(er+f)\right] \tag{2-20}$$

式（2-19）中的 A、m、n 以及式（2-20）中的 A、a、b、c、d、e、f 均为拟合参数。具体地，对 W-Cu 交叉势来说，Zhou 等[53]选用了式（2-18），Gong 等[55, 74]选用了式（2-19），Heino 和 Chen 等[73, 75]选用了式（2-20）。

以上三种函数形式得到的 W-Cu 交叉势均在势函数构建过程中进行了拟合验证。在验证过程中，文献[76]中由第一性原理计算得到的三种亚稳态 W-Cu 相的晶格常数和结合能作为 W-Cu 交叉势的输入物理性质，最后得到的势函数再与这些值进行比较。然而发现这三种函数形式中，式（2-18）无法得到三个亚稳态 W-Cu 相的正确晶格常数和结合能。式（2-18）的这种失败可能是来源于没有任何可调参数的函数形式。而式（2-19）和式（2-20）则可能由于 $\varphi_{Cu}(r)$和 $\varphi_{W}(r)$具有相同的权重系数，而导致计算结果不能很好地吻合 W-Cu 体系的生成热。

为了拟合正确的 W-Cu 体系生成热，通过对式（2-20）稍加修改，提出了 W-Cu 交叉势的一种新的数学形式：

$$\varphi_{WCu}(r) = b\varphi_{Cu}(cr + d) + e\varphi_{W}(fr + g) \tag{2-21}$$

其中，b、c、d、e、f、g 为拟合参数。可以清楚地看到，式（2-20）和式（2-21）之间的主要区别：式（2-21）中权重系数对势φ_{Cu}和φ_{W}的选择是不同的，而式（2-20）中的权重系数 A 对这两项权重的选择是相同的。需要注意的是，这样的修改并没有改变式（2-20）的物理意义，而是可以通过调整可变参数来拟合得到一个真实可用的 W-Cu 交叉势。

经过一系列的计算，表 2-8 给出了目前 W-Cu 势的拟合参数，即 b、c、d、e、f 和 g。此外，表 2-8 还对比了由第一性原理计算和由本研究所拟合的 W-Cu 势得到的三种 W-Cu 相的晶格常数（a）和内聚能（E_c）。在该表中，由本研究所构建的 W-Cu 势计算所得到的 B2 结构的 $W_{50}Cu_{50}$ 相、$L1_2$ 结构的 $W_{25}Cu_{75}$ 相、BCC 结构 $W_{50}Cu_{50}$ 固溶体相的晶格常数和结合能与第一原理计算[55, 76]得到的值吻合较好。这种良好的一致性表明，新拟合的 W-Cu 势能较好地反映 W-Cu 之间的相互作用。

表 2-8　由第一性原理计算和由本研究所拟合的 W-Cu 势得到的三种 W-Cu 相的晶格常数（a）和内聚能（E_c）以及 W-Cu 势的拟合参数

相	第一性原理计算[55, 76]		本研究		拟合参数	
	a/Å	E_c/(eV/atom)	a/Å	E_c/(eV/atom)		
B2 $W_{50}Cu_{50}$	3.024	−5.4765	3.022	−5.5158	b	1.1324
					c	0.8002
$L1_2$ $W_{25}Cu_{75}$	3.76	−4.2478	3.704	−4.2393	d/Å	0.3228
					e	0.0637
BCC $W_{50}Cu_{50}$ 固溶体	3.04	−5.9231	3.075	−5.9117	f	1.0928
					g/Å	−0.2445

在辐照材料科学中，小于 1 Å 或 1.5 Å 距离的原子间相互作用十分重要，但是几乎所有的 EAM 势在近距离作用下都不符合实际情况，所以对 EAM 势进行近程 ZBL 修正是十分有必要的。ZBL 势可以非常准确地描述该距离下原子间的相互作用，其在 W-Cu 中应用的形式如下：

$$V_{\text{ZBL}}(r_{ij})=\frac{1}{4\pi\varepsilon_0}\frac{Z_1Z_2e^2}{r_{ij}}\varphi(r/a) \tag{2-22}$$

其中，Z_1、Z_2为原子 1、原子 2 的质子数量，也就是原子核正电荷的数目；e 为电子电荷；ε_0 为真空介电常数；φ 为通用的 screening 函数。

由于在 1.5 Å 以上的距离中，势函数仍然要选择 EAM 势函数，因此在 1～1.5 Å 的距离上选择一个连接函数，用来平滑连接 ZBL 和 EAM 势函数，是十分有必要的。在此，选择一个类似于费米方程的函数，进行两种势函数的平滑连接，其形式如下：

$$f_{\text{F}}(r_{ij})=\frac{1}{1+\exp[-A_{\text{F}}(r_{ij}-r_{\text{c}})]} \tag{2-23}$$

其中，A_{F} 和 r_{c} 为函数的形状控制参数，这里选择了 20 Å 和 1 Å 分别作为两个参数的值。经过结合，ZBL 修正后的 EAM 势函数有如下形式：

$$V_{\text{EAM-ZBL}}(r_{ij})=\left[1-f_{\text{F}}(r_{ij})\right]V_{\text{ZBL}}(r_{ij})+f_{\text{F}}(r_{ij})V_{\text{EAM}}(r_{ij}) \tag{2-24}$$

其中，$V_{\text{EAM}}(r_{ij})$为未修正的 EAM 势函数；$V_{\text{EAM-ZBL}}(r_{ij})$为已通过 ZBL 修正的 EAM 势函数。

2.1.5 钨铜体系辐照下的缺陷演化和力学性能

1. 钨铜合金的结构稳定性和力学性能

在辐照模拟之前，测试 W-Cu 合金的结构稳定性和力学性能具有重要意义。因此，利用 LAMMPS 软件，将 W-Cu 固溶体在不同成分下建模并经过了一系列分子动力学模拟，得到了 W-Cu 固溶体 BCC 和 FCC 的结构稳定性，并进行了比较。从目前的 W-Cu 势出发，推导了 BCC 和 FCC 结构的 W-Cu 固溶体的应力-应变关系。结果表明，利用现有的 W-Cu 势可以较好地再现 BCC 和 FCC 两种固溶体的结构稳定性和力学性能。

图 2-9 显示了 MD 模拟计算的 BCC 结构和 FCC 结构 $W_{100-x}Cu_x$ 固溶体的生成热（ΔH_{f}）。作为对比，图 2-9 中也列出了其他文献中的 ΔH_{f} 值[53, 76, 77]。从该图可以清楚地看出，计算得出的 BCC 和 FCC $W_{100-x}Cu_x$ 固溶体生成热 ΔH_{f} 与第一性原理计算[76]和热力学模型[77]的相应值比较符合。相比较来说，Zhou 等[53]的势在计算 BCC 和 FCC $W_{100-x}Cu_x$ 固溶体的生成热 ΔH_{f} 时，其值远低于第一性原理计算[76]和热力学模型[77]的相应值。

此外，计算的 BCC 和 FCC $W_{100-x}Cu_x$ 固溶体 ΔH_{f} 曲线在 $x=72$ 处具有交点，表明当 $0\leqslant x\leqslant 72$ 时，BCC $W_{100-x}Cu_x$ 固溶体在能量上是最稳定的，当 $72< x\leqslant 100$ 时，FCC $W_{100-x}Cu_x$ 固溶体在能量上是最稳定的，该计算结果分别与第一性原理计算[76]和实验文献[78-81]中的结果相符。上述结果表明，本研究中构建的 W-Cu 势能

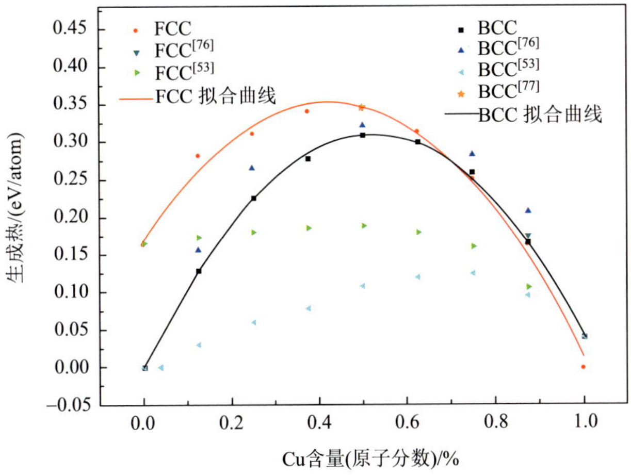

图 2-9　W-Cu 势的 BCC 和 FCC $W_{100-x}Cu_x$ 固溶体的生成热（ΔH_f）

图中还列出了来自第一性计算[76]，另一个 EAM 势[53]和文献中的热力学模型[77]的相应 ΔH_f 值用于比较

够正确地再现 W-Cu 固溶体的生成热和结构稳定性。另一方面，Zhou 等[53]的 W-Cu 势在 BCC 和 FCC $W_{100-x}Cu_x$ 固溶体 ΔH_f 曲线中没有任何交点，说明 Zhou 等[53]的势无法反映该体系中不同成分的结构稳定性。

图 2-10 分别显示了 W-Cu 固溶体随成分变化的弹性常数和弹性模量。由图 2-10 可以推断，W 含量强烈影响固溶体的力学性能。对于纯 W 而言，体模量 B、剪切模量 G 和杨氏模量 E 的值分别是 310 GPa、160 GPa 和 410 GPa，对纯 Cu 而言，这些值分别为 138 GPa、50 GPa 和 142 GPa。根据图 2-10 可以看出，随着 W 含量的增加，W-Cu 固溶体的强度明显增强。然而，Cu 含量较高的区域情况比较复杂，右端的弹性常数和弹性模量随着 W 浓度的增加而减小，然后又增加。其最低点大概

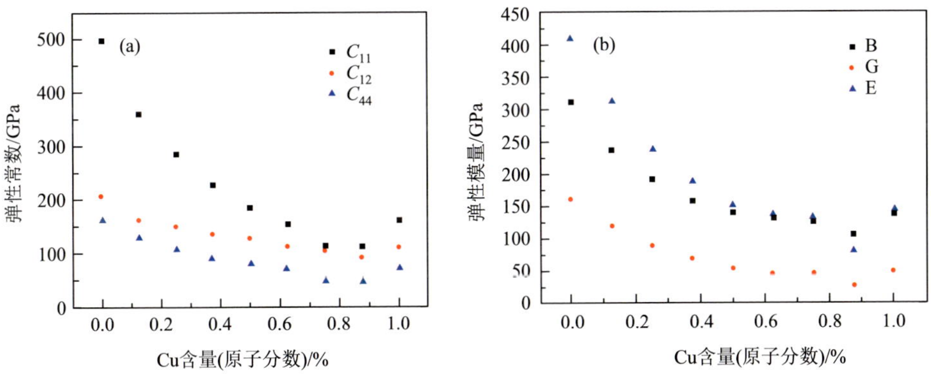

图 2-10　在 300 K 温度和 0 GPa 环境压力下 W-Cu 固溶体随成分变化的弹性常数（a）和弹性模量（b）

产生在 75%Cu（原子分数）左右的位置，可以观察到强度的突然下降。我们推断，由于接近相变点，其 FCC 单相结构可能在该情况下不稳定，由此导致了弹性常数和弹性模量的下降。值得一提的是，该图中的模拟值显示出与实验值相同的趋势[78]。

另外，还测试了 W-Cu 固溶体随成分变化的应力-应变曲线。图 2-11 显示了不同成分的 W-Cu 固溶体和纯 W 纯 Cu 在[100]方向上的拉伸应力-应变曲线。在 Cu 含量（原子分数）为 0～75%的范围内，随着 Cu 含量的升高，W-Cu 固溶体的强度不断降低，延伸率不断升高。在含 Cu 量（原子分数）较高（＞70%）的 W-Cu 固溶体中，由于接近相变点，其 FCC 单相结构可能在该情况下不稳定。也就是说，在 Cu 中加入少量的 W，不仅不能增加 Cu 的抗拉强度，反而会降低 Cu 的包括强度和延伸率在内的各种力学性能。综合以上 3 幅图，可以发现在 W 中加入少量 Cu，或者研究 Cu 对 W 各种性能的影响，更具有研究意义。

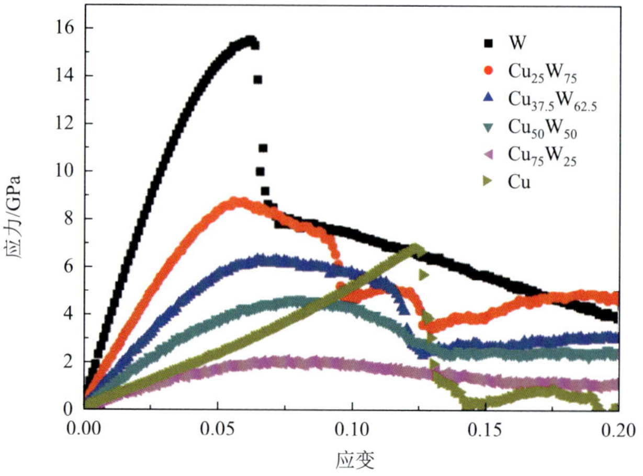

图 2-11 在 300 K 温度和 0 GPa 环境压力下 W-Cu 固溶体随成分变化的应力-应变曲线

2. 铜对钨辐照缺陷产生的影响

在辐照模拟之前，使用了 LAMMPS 内部建模来建立模型。纯 W 的模拟盒子大小在 x、y 和 z 方向上均为 126.7 Å，共含有 132000 个原子；$W_{80}Cu_{20}$ 固溶体的模拟盒子大小在 x、y 和 z 方向上均为 126.2 Å，也含有 132000 个原子。模型在 300 K 下弛豫，并使用了周期性边界条件。Nose-Hoover 控温方法用于温度控制，以消除累积辐照产生的多余热量[82]。在最近的辐照研究中[83]，SRIM 计算了高能粒子辐照后的反冲谱，发现 88.5%的反冲粒子能量小于 5 keV。因此，本研究中的模拟是基于 5 keV 能量下的累积辐照过程。在模拟开始时，以随机方向对原子施加 5 keV 的动能。辐照后整个体系在 300 K 正则系综（NVT）下弛豫 30 ps，以使系统冷却至 300 K。在每次级联碰撞后，整个体系在周期性边界条件下随机位移矢量，然后从模拟盒子中心开始第二次辐照过程，依此类推。该过程使得辐照损伤均匀分布并避免与模拟盒子边界相互作用。整个过程总共进行了 400 次累积辐照模拟。

辐照点缺陷的数目由 W-S 原胞分析法计算。在这种方法中，W-S 原胞多面体以理想 BCC 晶体中的每个原子位置为中心，并与缺陷晶体中的原子进行比较。没有原子的多面体被标记为空位位置，具有 2 个或更多原子的多面体被标记为间隙原子位置[84]。

图 2-12 给出了纯 W 和 $W_{80}Cu_{20}$ 合金中随着累积辐照次数增加而出现的点缺陷累积。结果表明，在纯 W 中点缺陷数目的产生较少，而 $W_{80}Cu_{20}$ 合金中点缺陷数目的产生较多。低剂量（小于 20 次累积）辐照后缺陷数目曲线几乎是线性的，也就是说低剂量辐照下，在不同次数辐照下产生的缺陷几乎是互不影响的。与 W 相比，$W_{80}Cu_{20}$ 合金中缺陷数量的增加可能是由合金强度的降低和内聚能的减少导致的。

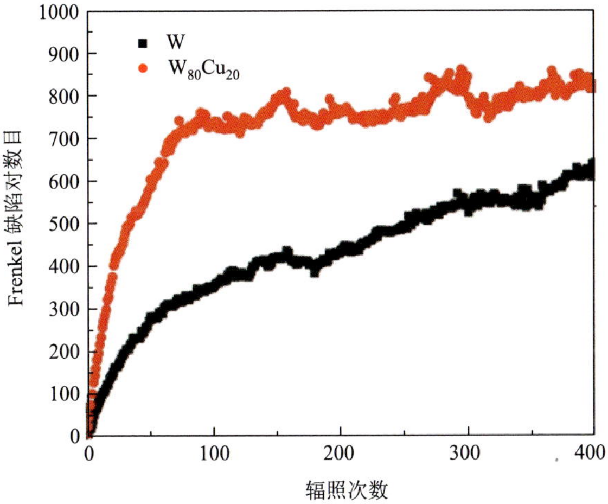

图 2-12　随着累积辐照次数的增加，纯 W 和 $W_{80}Cu_{20}$ 合金中 Frenkel 缺陷对的数目

图 2-13 还给出了不同辐照阶段下的空位和间隙原子分布情况。在该图中，W 在受到累积辐照后，间隙原子明显产生了聚集现象，而 $W_{80}Cu_{20}$ 合金中间隙原子仍然处于均匀分布状态。在第一性原理计算的文献中，当 W 块体中产生多个间隙原子时，〈111〉哑铃结构能量比其他单个间隙原了能量低得多[85-88]，并且随着间隙原子的聚集，平均每个间隙原子的生成能要比单个孤立存在的或者小团簇存在的间隙原子生成能量更低[88]。而在 $W_{80}Cu_{20}$ 合金中，每个间隙位置的周围环境不同，导致间隙位置生成间隙原子的能量也不同，反而不利于间隙原子聚集。对此，我们通过团簇分析量化了每个间隙原子团簇内所含原子数目，通过计算每个缺陷

与所有其他缺陷之间的距离来完成团簇聚集分析。所有在固定的截止半径范围内的缺陷都被解释为同一缺陷团簇的一部分，截止半径设定为完整晶格的第二近邻距离（W 为 3.165 Å，$W_{80}Cu_{20}$ 为 3.134 Å）。分析 400 次累积辐照后的样本发现，W 中最大的 3 个间隙原子团簇中原子的数目分别为 129、107 和 36，而 $W_{80}Cu_{20}$ 合金中所有单个团簇的原子数目均没有超过 5。

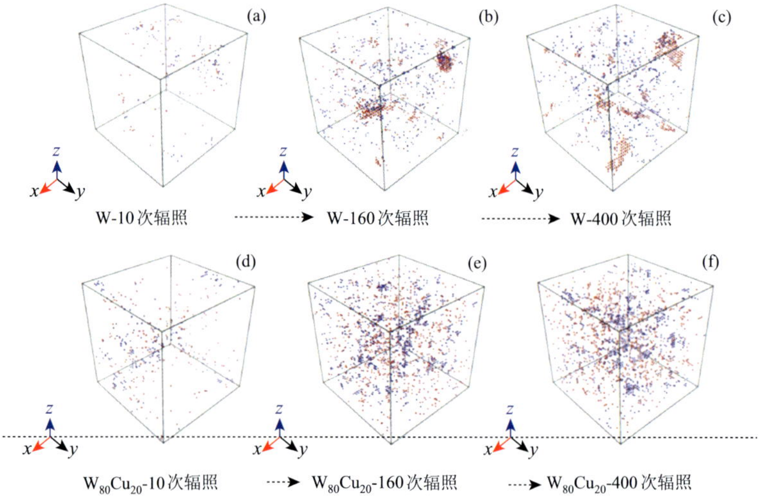

图 2-13 W 和 $W_{80}Cu_{20}$ 在不同辐照次数下的缺陷分布

红点和蓝点分别表示空隙原子和空位

此外，还通过位错分析（DXA）[89]对模型辐照后的线缺陷进行了分析。从图 2-14 中，可以发现在纯 W 累积辐照过程中出现了伯格斯矢量为〈111〉的位错环，而且随着辐照次数的增多，位错环不断扩大。相对而言，虽然 $W_{80}Cu_{20}$ 合金在累积辐照过程

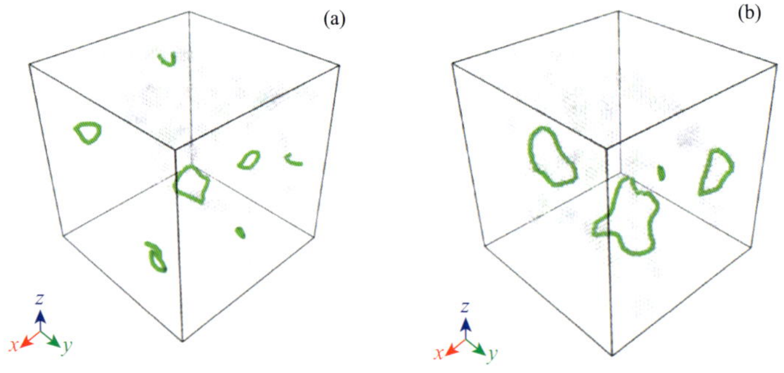

图 2-14 W 中的位错环在 160 次（a）和 400 次（b）辐照累积下的演化

中出现了更多的点缺陷，但是由于这些点缺陷并未发生聚集，因此在该合金中并未发现位错环的存在。这种类型的位错环在中子辐照实验中已被发现[84, 85]，并且在第一性原理的文献中，这种位错环的稳定性也同样被证实[83]。

3. 铜对钨辐照前后力学性能的影响

为了找出 W 和 Cu 对 W 辐照前后力学性能的关系，图 2-15 显示了 W 和 $W_{80}Cu_{20}$ 合金在辐照前和累积辐照 400 次后沿 *x*[001]的单轴拉伸应力-应变曲线。可以看出，W 在辐照前后临界应力分别为 15.6 GPa 和 9.6 GPa，同时临界应变也发生了较大的变化，从辐照前的约 6.6%到辐照后的 3.8%。也就是说，经过累积辐照后，W 的临界强度和应变发生了大幅度的下降。然而，同样条件下的 $W_{80}Cu_{20}$ 合金则发生了截然不同的现象。在未辐照前，$W_{80}Cu_{20}$ 合金的拉伸强度远低于纯 W，只有 8.6 GPa，延伸率因为 Cu 的加入，得到了少许提升，在 7.5%左右。与 W 不同的是，经与 W 相同条件的辐照后，$W_{80}Cu_{20}$ 合金的拉伸强度和延伸率并未发生太大变化，基本保持了与辐照前模型相同的性质。这种现象的根本原因将在下一段的位错演化中揭示。

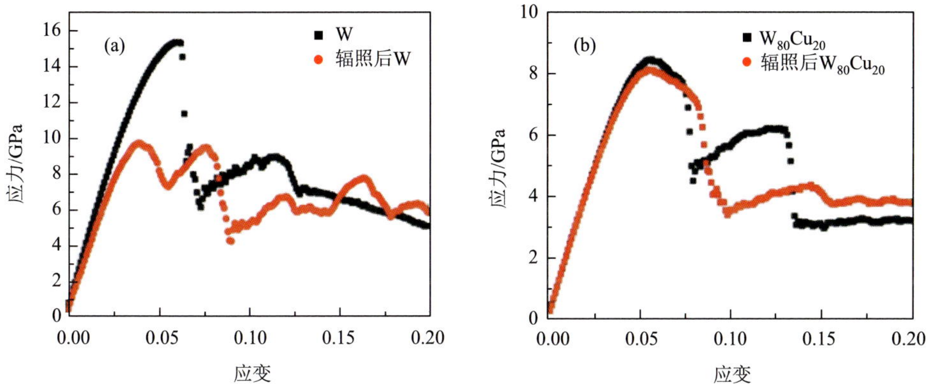

图 2-15　单向拉伸在 *x*([100])方向加载下的纯 W（a）和 $W_{80}Cu_{20}$ 固溶体（b）辐照前后应力-应变曲线对比

接下来，图 2-16 通过位错分析（DXA），对辐照前后拉伸曲线形状改变的原因进行了分析。在累积辐照过程中，纯 W 出现了点缺陷聚集和位错环，而 $W_{80}Cu_{20}$ 合金中则并未发现该现象。因此，本段从位错环的演变，分析了 W 在受辐照后，强度降低的原因。从图 2-16（a）中可以看出，在未进行拉伸加载时，块体中的位错环便已经存在。随着拉伸的加载，位错环不断扩大，并在 4%的应变率下，基本扩展穿过了整个块体，这与图 2-15（a）中的应力-应变曲线相符合。值得一提的是，未经辐照的纯 W 块体在该应变率下，仍然处于弹性应变状态，并未发生滑移系的启动和塑性变形，也就是说，辐照后产生的位错环是纯 W 块体力学性能下降的主要原因。另外，$W_{80}Cu_{20}$ 合金辐照前后不但临界强度和应变率未发生较大变化，甚至滑移系的启动也并未发生变化。该现象指出，Cu 在 W 中固溶提高了 W 在力学性能方面的抗辐照能力。

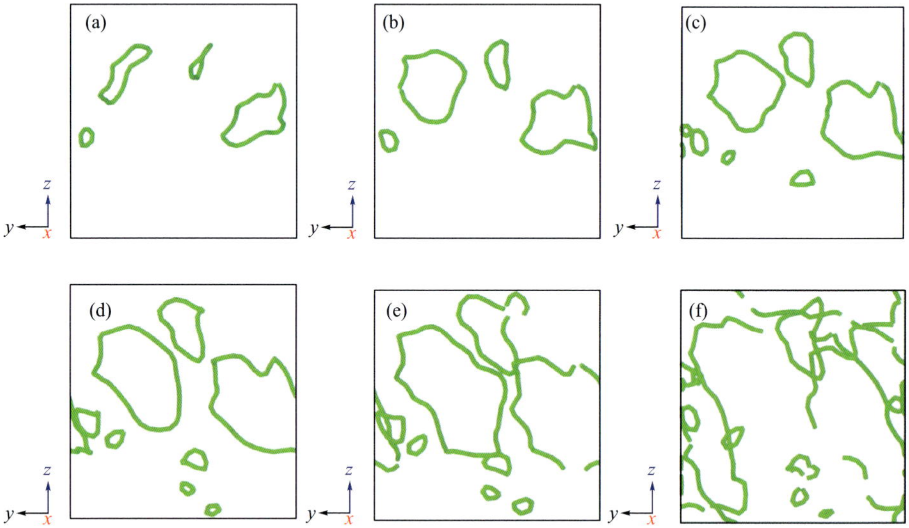

图 2-16 单轴拉伸条件下辐照 W 中位错环在应变分别为 0（a）、1%（b）、2%（c）、3%（d）、4%（e）和 5%（f）下的演化

2.2 钨铁体系的原子作用模型与力学性能

2.2.1 引言

对于 W-Fe 界面，目前的应用主要有两个方面。一方面，将 Fe 元素沉积在 W 基体上，形成 Fe/W 界面。目前，该界面因独特的磁学性能以及良好的界面结合强度而被广泛地用于场发射领域中自旋极化电子探针材料[90-92]。另一方面，是将 W 沉积在 Fe 基体上，即 W/Fe 界面。在 ITER 计划设想中，科研人员希望能够结合钨铁两种金属的优势，将具有高熔点、高强度和硬度的钨与较高韧性的铁结合起来，即制备钨铁界面系统。钨材料在经历了大剂量的高能离子辐照后，仍保有较高的性能，由此可以保护不锈钢等结构件免受辐照损伤；而不锈钢等基体可以为钨材料提供支撑，增强其韧性。这样的体系可以更好地满足托卡马克装置对材料的要求[93]。此外，W 薄膜由于具有比较高的红外（IR）反射率，W/Fe 界面还应用于新能源领域中的太阳能收集装置[94]。

2.2.2　钨铁体系的热学、力学和磁学性能

1. 文献中关于钨铁体系生成热和磁性的矛盾

如前所述，研究钨铁体系的全成分范围内的固溶体性质非常有必要。因为两种组元的熔点差别很大，在制备过程中，传统工艺容易导致偏聚，影响材料的最终性能。随着科技的发展，很多非平衡材料制备技术和先进设备被应用于钨铁材料的制备。其中应用比较广泛的有气相沉积（vapor deposition）、机械合金化（mechanical alloying）、磁控溅射（magnetron sputtering）以及电沉积（electrodeposition）等[95-103]。这些非平衡制备手段，在很大的成分范围内，可以得到钨铁体系基于体心立方格子的非平衡固溶体，即过饱和的 BCC 固溶体。

尽管钨铁固溶体在非常大的成分范围内已经被广泛制备，但是文献中对钨铁固溶体的研究集中于非平衡制备手段导致的非晶化、固溶体的结构信息、热力学模拟和磁学性能等[69-81]。对于钨铁作为结构材料非常关键的力学性能以及热学性能的研究很少见诸报道。除此以外，钨铁体系的研究存在不少矛盾，例如，在钨铁固溶体的生成热上存在比较大的争议[95-97, 104-107]。Miedema 等在很早就通过构建热力学模型，得出钨铁 BCC 固溶体的生成热应该趋近于零。这一结果与 Bai 等用 Calphad 法计算得到的生成热为正的结论相矛盾[95, 96, 108]。值得一提的是，Zhang 等用嵌入原子法（embedded atom method，EAM）与 Watson 等用热力学方法，均得到了生成热为负的钨铁相[104, 107]。这些关于生成热的争议，迫切需要进一步的研究以便澄清。

另外，钨铁系统还有一个关于固溶体磁性的矛盾。尽管对于富铁端的钨铁固溶体，几种实验手段均得出了铁磁性的结论[97, 100, 102, 103]，但是，对于富钨端的钨铁固溶体，不同的实验之间结论并不一致。Shen 等[97]通过溅射与 Lu 等[102]用机械合金化得到的结论均为铁磁性。与之相反，其他采取类似实验手段的研究，均认为富钨端的钨铁固溶体并非铁磁性的[100, 101, 103]。对于磁学性能的研究，相对比较容易受实验环境影响，因此，非常有必要从理论的角度去研究这些实验得到不同磁性状态的内在机制。

结合文献上存在的争议，以及前文所述这个体系研究的重要意义，通过构建固溶体结构，利用第一性原理，计算了钨铁固溶体的热学、力学和磁学性能，澄清了文献中的争议，并为未来钨铁材料的应用提供了理论指导。

2. 钨铁无序固溶体的结构

通过计算的手段描述随机固溶体，最直接的方法就是使用两种原子满足随机分布的一种空间构型。然而，这种方法必然需要更大的晶胞，而更大晶胞的高精度第一性原理计算，是现有计算能力所不能实现的。因此基于第一性原理计算，

对固溶体的处理方式一般有三种，相干势近似（coherent potential approximation，CPA）[109]、团簇展开（cluster expansion，CE）[110]和准随机结构（special quasi-random structures，SQS）[111]。相干势近似是通过平均各合金组分，创造一个仅依赖于成分的有效势场，在平均场近似的框架下，实现第二相原子的随机分布。这种方法对于描述两种大小相差不大的原子组成的固溶体效果非常好。这是因为，这种情况下的晶格弛豫非常小，而一旦晶格错配较大，其晶格弛豫太过显著而导致相干势能近似不能适用。

与相干势近似不同，团簇展开完全是基于统计的观点来描述任意一个结构（不只是随机固溶体），因此在很大范围内是有效的。它基于一个基本假设，任何一个体系的能量（或者其他标量性质），可以展开为一系列相互作用结构单元（团簇）的能量（或者其他标量性质）之和。这样，可以选择一组相对简单的结构，计算其能量，通过团簇展开的方法，每一个结构对应一个方程，因晶体结构差异明显，这些方程可以组成一个线性无关的方程组。实际计算中，展开必须选择一个截断，因此，方程数一般要远大于展开系数的数目。采取最小二乘法拟合，可以得到这些展开系数，接下来根据这些展开系数，可以得到任何一种结构的性质。下面是一个具体的例子，团簇展开方法的能量表达式一般如式（2-25）所示：

$$E(\vec{\sigma}) = J_0 + \sum_i J_i \sigma_i + \sum_{i,j} J_{ij} \sigma_i \sigma_j + \sum_{i,j,k} J_{ijk} \sigma_i \sigma_j \sigma_k + \cdots \tag{2-25}$$

其中，$E(\vec{\sigma})$为体系占据状态为$\vec{\sigma}$时的能量；J_0、J_i、J_{ij}和J_{ijk}分别为有效团簇作用参数，下标i、j、k对应着一系列构成单体、两体、三体等团簇中的原子占位；σ_i代表位置i处的占据状态（例如，A 原子占据为+1，B 原子占据为–1，其连乘$\Pi\sigma_i$代表的就是对应构型的关联函数）。简言之，式（2-25）左侧为对应晶体结构的能量，右侧是这种晶体结构$\vec{\sigma}$按照单体（一般无需考虑）、两体和三体等相互作用分解之后的结构信息。整个计算过程如下：①选取一种未计算的晶体结构，计算其能量（此处可选择多种方法）；②将其结构信息分解，得到对应单体、两体和三体等的按作用距离分布的$\Pi\sigma_i$；③进行拟合，如果达到预设的拟合精度，则终止，否则转到①。

团簇展开作为一个非常有效的方法，已经得到广泛认可，不过它是基于统计的方法，所以在处理随机固溶体时，无法得到一个确定的结构。然而进行材料性能的计算时，包括热学性能、力学性能和磁学性能在内，均需要一个结构作为基础。Zunger 等提出的准随机结构，恰好能满足这一点[111]。准随机结构旨在利用一个有限大小的晶胞，通过重现真正随机结构中相对近邻的一些团簇的关联函数，得到一个关于随机固溶体计算量不大的结构。基于这个准随机结构，对材料性能的计算，已经广泛地见诸报道[112, 113]。

对于 BCC 格子的准随机结构，通过比较文献中不同准随机结构的近邻团簇关联函数，最终选择了文献[112，113]中 16 个原子的准随机结构，用于 BCC 结构 $Fe_{12.5}W_{87.5}$、$Fe_{25}W_{75}$、$Fe_{50}W_{50}$、$Fe_{75}W_{25}$ 和 $Fe_{87.5}W_{12.5}$ 固溶体的计算。结合钨铁体系，除了这些文献上广泛考虑的成分点，使用 ATAT 软件[114]，生成了基于 BCC 格子的 $A_{12}B_6$ 准随机结构，用来与 λ-Fe_2W 金属间化合物比较。这种准随机结构的具体结构参数如表 2-9 所示，由于原子比例特殊，因此仅选取了四个两体作用和两个三体作用来生成结构。

表 2-9　体心立方 $A_{12}B_6$ 准随机结构的结构描述

晶格方向	
$\overrightarrow{\alpha_1}$ =（−1.0，0.0，1.0）	$\overrightarrow{\alpha_2}$ =（1.0，−2.0，1.0）
$\overrightarrow{\alpha_3}$ =（1.5，1.5，1.5）	
原子位置	
A：（0.0，0.0，1.0）	A：（0.5，0.5，1.5）
A：（1.0，0.0，2.0）	A：（0.5，−1.5，1.5）
A：（1.0，−1.0，2.0）	A：（0.5，−1.5，2.5）
A：（0.5，−1.5，2.5）	A：（0.0，0.0，2.0）
A：（0.5，0.5，2.5）	A：（0.0，−1.0，2.0）
A：（0.5，−0.5，2.5）	A：（1.0，0.0，3.0）
B：（1.0，1.0，2.0）	B：（1.5，0.5，2.5）
B：（0.5，−0.5，1.5）	B：（1.5，−0.5，3.5）
B：（1.0，−1.0，3.0）	B：（−0.5，−0.5，1.5）

3. 钨铁固溶体和有序相的结构稳定性

根据钨铁二元相图、文献上的固溶体结果以及关键成分实验结果，计算了一系列钨铁相的能量，包括钨铁整个成分范围内的 BCC 固溶体、实验上存在的金属间化合物等。需要指出的是，团簇展开（cluster expansion，CE）和准随机结构（special quasi-random structure，SQS）方法都被用来进行固溶体的计算。计算得到的各相的性质，包括晶格常数和磁矩大小，均列在表 2-10 中。通过这些计算得到对应相的能量，为研究这些钨铁相的结构稳定性，其生成热通过以下公式计算得出：

$$\Delta H_{\rm f} = [E_{{\rm Fe}_{100-x}{\rm W}_x} - (100-x)E_{\rm Fe} - xE_{\rm W}]/100 \tag{2-26}$$

其中，$E_{{\rm Fe}_{100-x}{\rm W}_x}$、$E_{\rm Fe}$ 和 $E_{\rm W}$ 分别为每一个 ${\rm Fe}_{100-x}{\rm W}_x$ 相、纯铁以及纯钨的能量。

表 2-10 各钨铁相的结构参数、生成热和磁矩

相			a/Å	c/a	ΔH_f/(kJ/mol)	M/μB
Fe	BCC	该计算	2.832			2.21
		实验值	2.866			2.22[115]
$Fe_{87.5}W_{12.5}$	Ord	NM	2.819		47.5	
		FM	2.879		4.02	2.01
	SS	NM	2.867		41.75	
		FM	2.883		1.76	2.13
$Fe_{75}W_{25}$	$D0_3$	NM	2.875		33.84	
		FM	2.915		4.14	1.89
	SS	NM	2.875		15.88	
		FM	2.933		7.66	2.08
Fe_2W	C14	NM	4.699	1.619	−0.75	
		FM	4.71	1.64	−3.07	0.57
		实验值[116]	4.737	1.624		
Fe_7W_6	$D8_5$	NM	4.743	5.399	−0.71	
		FM	4.75	5.426	−2.52	0.46
		实验值	4.761	5.426		
$Fe_{50}W_{50}$	B2	NM	2.982		32.34	
		FM	3.005		18	1.83
	SS	NM	2.982		16.48	
		FM	3.024		13.97	2
$Fe_{25}W_{75}$	$D0_3$	NM	3.09		22.72	
		FM	3.104		15.37	1.99
	SS	NM	3.094		18.05	
		FM	3.107		11.58	2.11
$Fe_{12.5}W_{87.5}$	Ord	NM	3.136		21.4	
		FM	3.144		17.03	2.07
	SS	NM	3.136		11.42	
		FM	3.145		7.32	2.39
W	BCC	该计算	3.176			
		实验值	3.165			

所有钨铁相，包括通过 CE 和 SQS 计算的固溶体生成热，团簇展开方法确定的有序相［BCC：BCC（7∶1）B2，$D0_3$；FCC：$L1_0$，$L1_2$；HCP：B_h，$D0_{19}$］以及实验上存在的 λ-Fe_2W 和 μ-Fe_7W_6 等，其生成热结果均展示在图 2-17 中。需要指出的

是，除固溶体外，其他各相铁磁性状态的能量比非磁性状态低很多，所以图 2-17 中仅固溶体的磁性与非磁性状态均列出，其他各相均只列出磁性状态的生成热。

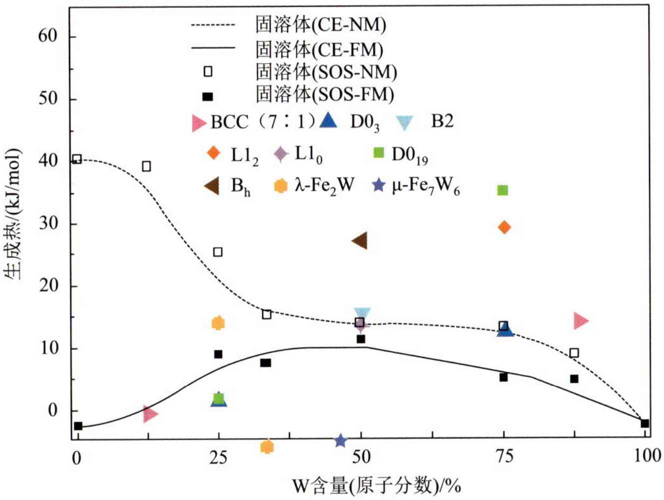

图 2-17 钨铁固溶体以及有序相的生成热

从表 2-10 中可以看出，计算得到的纯钨纯铁的晶格常数分别是 2.832 Å 和 3.176 Å，这与实验值 2.866 Å 和 3.165 Å 符合得非常好。此外，两个钨铁金属间化合物——D8$_5$Fe$_7$W$_6$ 和 C14 Fe$_2$W 的计算结果也与文献中的实验数值相一致[116]。这些实验中广泛验证过的性质，说明现有的计算设置、精度满足体系的要求，为进一步的计算奠定了基础。

对于钨铁固溶体，从图 2-17 中可以明显看出，无论是铁磁性（FM）还是非磁性（NM）的计算结果，准随机结构与团簇展开方法得到的固溶体生成热非常一致。如前所述，团簇展开代表了从统计的角度得到的固溶体，一般认为可以表征完全无序的固溶体性质[110]。因此，准随机结构和团簇展开两种方法的结果一致，说明准随机结构可以作为下一步计算的结构依据，为进一步计算钨铁固溶体的各项性质参数打下坚实的基础。

从图 2-17 中还可以看出，在所有成分点中，铁磁性状态的生成热都比对应的非磁性的状态低。这说明，从热力学上讲，铁磁性的钨铁相能量更低更稳定。也就是说，整个成分范围内，都应该能生成铁磁性的钨铁固溶体，这与一些实验观察是一致的[97, 102]。与此同时，图中铁磁性与非磁性之间的能量差，在富铁端远大于富钨端。这种能量差的不同，结合后面要讨论的力学稳定性，对钨铁系统内非磁性钨铁相的稳定性起了决定性作用。

需要指出的是，钨铁 BCC 结构的固溶体，其正的生成热在整个成分范围内都

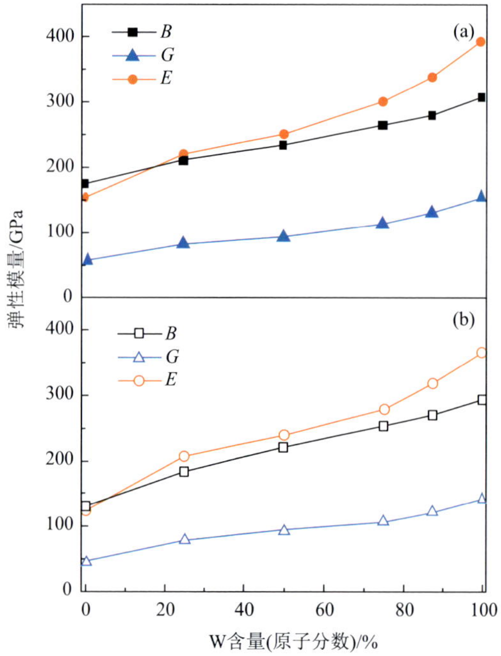

图 2-22 钨铁固溶体在 300 K 和 1000 K 下不受压时的弹性模量

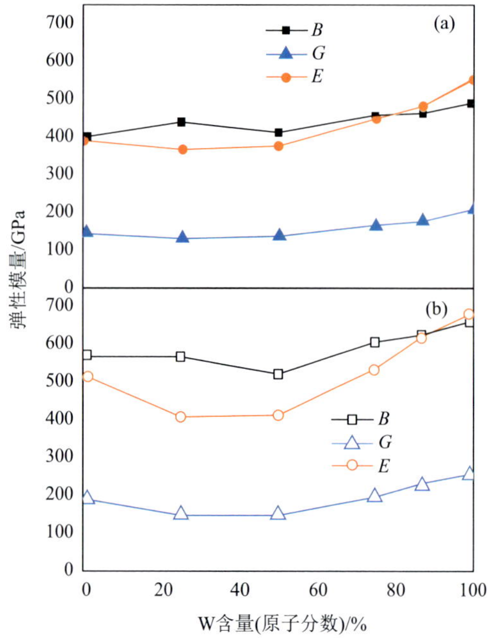

图 2-23 钨铁固溶体 300 K 时弹性模量：（a）50 GPa；（b）100 GPa

6. 钨铁固溶体的磁学性能

由于钨铁体系可以作为磁致伸缩材料和场发射灯丝[115, 131]，其磁学性能非常重要。如前文所述，关于富钨端的钨铁固溶体的磁性问题，在文献上存在巨大争议[97, 100, 102, 103]。另一方面，各种钨铁相在高温下使用时，都会存在居里点，即经历从铁磁性到非磁性的相变。这种磁性状态的变化，对体系的其他性能，如力学性能，有比较大的影响。因此，从理论上澄清磁性状态的争议，并且找出磁性状态对力学性能的影响对于钨铁体系来说意义重大。

经过一系列的计算，几种钨铁相的磁矩数值列在表 2-10 中。从表 2-10 中可以看出，计算得到的磁矩数值与文献中的结果非常一致。例如，对于纯铁和 $Fe_{87.5}W_{12.5}$ 的磁矩数值，计算结果分别为 2.21 μ_B 和 2.13 μ_B，这与文献中纯铁对应的实验值 2.22 μ_B[131]和 $Fe_{80}W_{20}$ 的 2.10 μ_B[103]非常接近。另外，表 2-10 中钨铁固溶体相随着钨成分的变化规律很有意思。在富铁端，可以看到随着钨含量的增加，体系中铁原子的平均磁矩大小在下降，而在富钨端恰好相反，钨含量增加尽管整体的磁矩会降低，但是每个铁原子的平均磁矩却是上升的。这些规律与实验观察非常接近，这与钨铁原子之间的键长和键的数目变化有关[103, 117]。

还研究了钨铁各相的磁性状态对力学稳定性的影响。根据应变能理论，对于任何力学稳定的体系，应变能必须为正，即体系承受应变时，能量应该升高，这就意味着其弹性常数矩阵必须为正向的[129]。这个理论应用于立方晶体时，可以有如下的数学表达：$C_{11}+2C_{12}>0$，$C_{11}-C_{12}>0$ 和 $C_{44}>0$。图 2-24 中展示了几种 BCC 钨铁固溶体相的 C'，即$(C_{11}-C_{12})/2$，随成分的变化曲线。从图 2-24 中可以看出，在整个成分范围内，铁磁性的固溶体都是力学稳定的，然而，非磁性固溶体的情

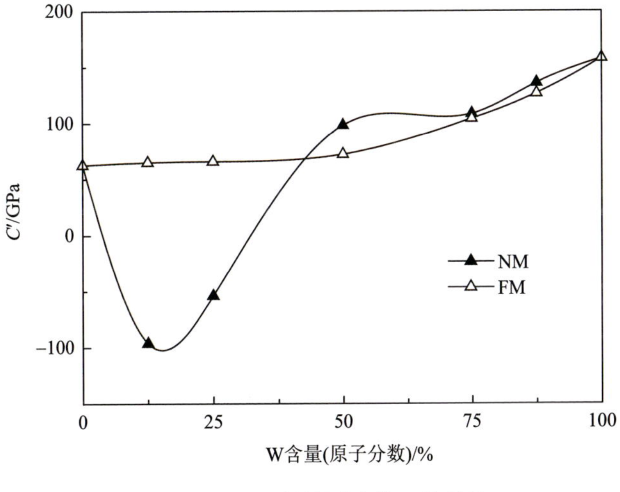

图 2-24　BCC 钨铁固溶体 C'的数值

况却不同。对于非磁性相，在富铁端，固溶体的 C' 数值为负，完全不能保持力学稳定，而在富钨端，则一直是力学稳定的。这一明显对比，标志着磁性状态应该对 BCC 钨铁固溶体的力学稳定性有非常大的影响。很有意思的是，这种因 C' 数值为负导致的力学不稳定，与 BCC 金属中的 Zener 相变转变机理非常相似[132]。

对于富铁端的钨铁固溶体，非磁性状态不仅力学上不稳定，而且从图 2-17 中的生成热来看，其能量上也是不稳定的。有理由认为，这就是在实验上从来没有发现富铁端的钨铁固溶体非磁性的根本原因[97, 100, 102, 103]。与之相反，在富钨端的钨铁固溶非磁性状态一直是力学稳定的，而且在图 2-17 中铁磁性和非磁性状态的生成热差距很小。因此无论是铁磁性，还是非磁性，对于富钨端的钨铁固溶体，都是可以存在的，这也与实验上的观察结果相一致[97, 100, 102, 103]。这里首次从力学稳定性和生成热的角度，对文献上存在的钨铁固溶体富钨端磁性的争议，提供了一个可能的解释。

当然，从电子结构的角度理解磁性状态对 BCC 钨铁固溶体力学稳定性的影响也是非常必要的。因此，在图 2-25 中展示了 BCC 钨铁固溶体一系列成分点，$Fe_{87.5}W_{12.5}$、

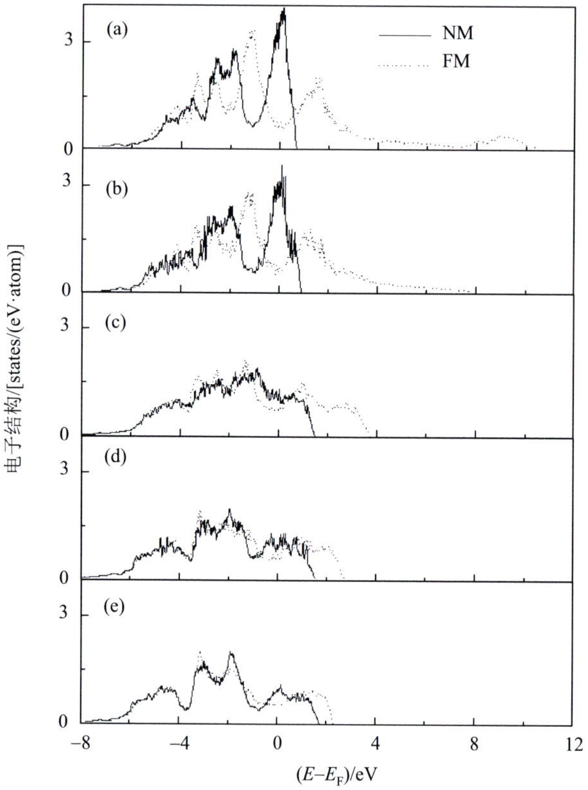

图 2-25 钨铁固溶体磁性和非磁性的电子结构比较

$Fe_{75}W_{25}$、$Fe_{50}W_{50}$、$Fe_{25}W_{75}$ 和 $Fe_{12.5}W_{87.5}$ 的态密度（density of states，DOS）比较。从图 2-25 中可以得到，非磁性状态的 $Fe_{87.5}W_{12.5}$ 和 $Fe_{75}W_{25}$ 费米能级处的态密度分别为 3.62 states/(eV·atom)和 3.00 states/（eV·atom），这些数值要比对应的铁磁性状态数值 0.77 states/(eV·atom)和 0.72 states/(eV·atom)大很多。根据斯托纳效应（Stoner criterion）[133, 134]，费米面上如此大的态密度会导致原子自发极化，进而导致铁磁性状态出现。这必然也与非磁性状态的力学不稳定性和铁磁性更低的能量有着很大的关联。另一方面，对于另外几种成分的钨铁固溶体，$Fe_{50}W_{50}$、$Fe_{25}W_{75}$ 和 $Fe_{12.5}W_{87.5}$ 相，其非磁性状态在费米面上的态密度与对应的铁磁性状态相差不大，意味着这些成分的固溶体两种磁性状态力学上都是稳定的。

最后，研究了磁性状态对不同钨铁相的力学性能的影响。从表 2-11 中可以看到，对应于富钨端的钨铁固溶体，其非磁性状态的体模量、剪切模量和杨氏模量，均比对应的铁磁性状态的数值大。这说明，磁性状态对于钨铁固溶体的力学性质有非常大的影响。需要指出的是，对应于富铁端的非磁性钨铁固溶体，因为前文所述的力学不稳定，在此处没有计算。

2.2.3　钨铁体系嵌入原子相互势的建立

1. 文献中已有钨铁势存在的问题

通过分子动力学模拟计算来得到材料的各项物理性能，是现在越来越常用的一种手段。然而，分子动力学模拟结果的准确性严重依赖于原子间相互作用模型的准确性。对于 W-Fe 二元体系，目前文献中仅有三个 W-Fe 二元嵌入型 EAM 势函数[135, 136]，来描述 W-W、Fe-Fe 以及 W-Fe 之间的原子级相互作用。

Zhou 等[135]通过拟合纯元素的内聚能、晶格常数、弹性常数和空位形成能来获得 W-W 和 Fe-Fe 的原子间相互作用模型。这个势函数对于纯 W 和 Fe 各项物理性能，特别是弹性和塑性行为，都有着较好的预测。Zhang 及 Ouyang[137]同样通过拟合纯元素的内聚能、晶格常数、弹性常数以及空位形成能来获得 W-W 和 Fe-Fe 的原子间相互作用模型。然而 Zhang 及 Ouyang[137]提出的势在原子处于平衡结构附近时，如计算材料的表面能，有着比较好的准确性；当模拟体系出现拉伸或压缩等大规模变形时，Zhang 及 Ouyang[137]提出的势则无法准确描述 W-W 和 Fe-Fe 之间的原子相互作用。此外，这两个势函数在描述 W-Fe 之间的相互作用时，都采用了一个不需要拟合的通用公式。该公式能粗略地描述 W-Fe 之间的相互作用，当涉及诸如计算 W-Fe 有序相的晶格常数和能量时，Zhou 等[135]、Zhang 及 Ouyang[137]提出的二元势的计算结果就会出现较大偏差。

Bonny 等[136]在 Mendelev 等[138]和 Ackland 等[139]提出的 Fe-Fe 势和 W-W 势的基础上，通过拟合 W 和 Fe 之间结合能以及 W-Fe 混合〈110〉哑铃结构的形成能得到了 W-Fe 二元势函数。此外，Bonny 等[136]提出的势还加入了近程修正项，因

续表

参数	Fe-Fe 势	W-W 势
λ	0.3289	0.2727
F_{n0} /(×10^{-4} eV)	−25209.25	−51189.76
F_{n1} /(×10^{-4} eV)	−486.69	−1932.64
F_{n2} /(×10^{-4} eV)	15463.78	6481.47
F_{n3} /(×10^{-4} eV)	−23176.18	−42775.66
F_0 /(×10^{-4} eV)	−25250.45	−51349.85
F_1 /(×10^{-4} eV)	0	0
F_2 /(×10^{-4} eV)	1676.85	6187.05
F_3 /(×10^{-4} eV)	−1029.92	−6186.30
η	0.3664	−0.4971
F_e /(×10^{-4} eV)	−25250.45	−51349.85

表 2-13　新拟合的势、Zhou 等的势[135]和实验上[141, 145-151]得出的铁和钨的内聚能、晶格常数、弹性常数、弹性模量和空位形成能

	Fe			W		
	本研究	Zhou 等	实验	本研究	Zhou 等	实验
E_c/(eV/atom)	−4.28	−4.29	−4.28[141]	−8.9	−8.76	−8.9[145]
a/Å	2.866	2.866	2.866[146]	3.165	3.165	3.165[149]
C_{11}/Mbar	2.438	2.297	2.431[147]	5.325	5.225	5.326[150]
C_{12}/Mbar	1.380	1.355	1.381[147]	2.051	2.042	2.050[150]
C_{44}/Mbar	1.218	1.168	1.219[147]	1.636	1.608	1.631[150]
E_v^f /eV	1.668	1.674	1.60±0.15[148]	3.524	3.575	3.68±0.2[151]
B/Mbar	1.73	1.67	1.73[147]	3.14	3.10	3.14[150]
G/Mbar	0.87	0.82	0.87[147]	1.64	1.60	1.63[150]
E/Mbar	2.24	2.11	2.24[147]	4.19	4.10	4.18[150]

从表 2-12 可以看出，拟合出的 Fe-Fe 势和 W-W 势的势参数和 Zhou 等[135]拟合的参数略有不同。从表 2-13 可以看出，由新构建的 Fe-Fe 势和 W-W 势计算得到的 BCC Fe 和 BCC W 的各项性能，相较于 Zhou 等[135]构建的势和实验值更加吻合。此外，由新构建的 Fe-Fe 势计算得到的 BCC Fe 与 FCC Fe 的能量差(E_{BCC}–E_{FCC})为 0.090 eV/atom，这与热力学模型计算得到的 0.082 eV/atom[154]非常接近。需要指出，上述所有关于 BCC Fe 的计算结果都是基于铁磁性状态的 Fe，事实上已经

发现 FCC Fe 是没有磁性的[155]，这就说明新构建的 W-Fe EAM 势可以较好地预测铁磁性状态下 BCC Fe 的各项物理性能。这种对铁磁态 BCC Fe 各项物理性能的拟合方式也与一些文献中的处理方式不谋而合[156, 157]。

3. W-Fe 交叉势的建立

现在的重点在于构建 W-Fe 的交叉势，这个交叉势是通过数学方程将刚刚得到的 Fe-Fe 势与 W-W 势联系起来。在这一方面，文献中已经成功构建了两个 W-Fe 交叉势[135, 136]，他们采用如下所示的函数形式：

$$\varphi_{\mathrm{FeW}}(r)=\frac{1}{2}\left[\frac{f^{\mathrm{W}}(r)}{f^{\mathrm{Fe}}(r)}\varphi^{\mathrm{Fe}}(r)+\frac{f^{\mathrm{Fe}}(r)}{f^{\mathrm{W}}(r)}\varphi^{\mathrm{W}}(r)\right] \tag{2-42}$$

$$\varphi_{\mathrm{FeW}}(r)=\sum_{k=1}^{N_{\mathrm{p}}}a_k(r_k-r)^3H(r_k-r) \tag{2-43}$$

其中，N_{p} 为节点数目；α_k 为需要拟合的参数；r_k 为每个节点；H 为 Heaviside 单位阶跃函数。文献中 Zhou 等[135]、Zhang 和 Ouyang[137]采用了式（2-42）的函数形式，而 Bonny 等[136]采用了式（2-43）的函数形式。

采用第一性原理计算[158]得到的 B2 结构 $Fe_{50}W_{50}$ 和 $D0_3$ 结构 $Fe_{25}W_{75}$ 的内聚能和点阵常数作为输入参数，对上述的两个 W-Fe 交叉势进行了一些基本测试。表 2-14 总结了由第一性原理[158]文献中 Zhou 等[135]、Zhang 和 Ouyang[137]、Bonny 等[136]分别构建的三个 W-Fe 交叉势得到的 B2 结构 $W_{50}Fe_{50}$ 和 $D0_3$ 结构 $W_{75}Fe_{25}$ 的内聚能和点阵常数。从表 2-14 可以明显地看出，文献中的这三个 EAM 势不能很好地预测出这两个 W-Fe 有序相的内聚能和点阵常数。

表 2-14　由新拟合的 W-Fe 势、第一性原理[158]以及文献中三个 W-Fe EAM 势[135-137]得到的 B2 $Fe_{50}W_{50}$ 相、$D0_3$ $Fe_{25}W_{75}$ 相、BCC $W_{50}Fe_{50}$ 和 $W_{75}Fe_{25}$ 固溶体相的晶格常数和内聚能（本研究 W-Fe 交叉势的拟合参数也列在表中）

相	结构	参考	a/Å	E_c/(eV/atom)
$W_{50}Fe_{50}$	B2	本研究	3.005	−6.40
		ab initio[158]	3.005	−6.40
		Zhou 等[135]	3.001	−6.76
		Zhang 和 Ouyang[137]	2.971	−6.61
		Bonny 等[136]	3.027	−7.02
$W_{75}Fe_{25}$	$D0_3$	本研究	3.104	−7.59
		ab initio[158]	3.104	−7.59
		Zhou 等[135]	3.099	−7.74
		Zhang 和 Ouyang[137]	3.054	−7.42
		Bonny 等[136]	3.094	−8.01

续表

相	结构	参考	a/Å	E_c/(eV/atom)
$W_{50}Fe_{50}$	SS	本研究	3.024	−6.617
		ab initio[158]	3.028	−6.59
$W_{75}Fe_{25}$	SS	本研究	3.107	−7.761
		ab initio[158]	3.106	−7.745
b = 0.265848	c = 0.418799	d = 1.071222	e = 0.590157	f = 1.060717　g = −0.014469

因此，在构建 W-Fe 交叉势的过程中，采用了不久前由 Wei 等[140]提出的一个新型二元交叉势函数形式：

$$\varphi_{\mathrm{FeW}} = b\varphi_{\mathrm{Fe}}(c \cdot r + d) + e\varphi_{\mathrm{W}}(f \cdot r + g) \tag{2-44}$$

其中，b、c、d、e、f 和 g 是六个需要拟合的参数。在拟合过程中，选用第一性原理[158]得到的铁磁态 B2 $W_{50}Fe_{50}$ 和 $D0_3$ $W_{75}Fe_{25}$ 两个有序相的点阵常数（a）和内聚能（E_c）作为输入参数。此外，为了让得到的 W-Fe 交叉势更加准确，这里将第一性原理得到的铁磁态 BCC $W_{50}Fe_{50}$ 和 $W_{75}Fe_{25}$ 固溶体的点阵常数和由热力学模型[159]推算出的内聚能作为输入参数。值得注意的是，相较于其他磁性状态，铁磁态 BCC $W_{50}Fe_{50}$ 和 $W_{75}Fe_{25}$ 固溶体在能量上更加稳定[158]。

另外，借助新拟合的 W-Fe 势，预测了实验相图中存在的 C14 结构 λ-Fe_2W 中间化合物的物理性质。计算结果表明，λ-Fe_2W 的点阵常数为 a = 4.825 Å 且 c/a = 1.624，这与相应的实验测量结果 a = 4.737 Å，c/a = 1.624[160]相吻合。由新的 W-Fe 势计算得到的 λ-Fe_2W 的生成热为−13.27 kJ/mol，这一生成热数值比图 2-26 所展示的相应成分固溶体的生成热数值更低。这表明相对于同成分的固溶体来说，λ-Fe_2W 金属间化合物在能量上更加稳定，因而在真实条件下更容易形成，这一结论与实验上 W-Fe 相图[160]中存在稳定的 λ-Fe_2W 中间化合物的事实相一致。由此，上述计算结果与实验结果的完美吻合更加说明新构建的 W-Fe 势拥有很好的可靠性。

4. W-Fe 固溶体的物理性质

正如前文提到的，文献中由热力学模型[159]、第一性原理[158]和三个 EAM 势[135-137]得到的 BCC W-Fe 固溶体的生成热彼此间却相去甚远。为此，基于新拟合的 W-Fe EAM 势，接下来将运用分子动力学模拟来澄清文献中这一关乎 BCC W-Fe 固溶体结构稳定性的争议。此外，本研究同样通过新拟合的 W-Fe 势计算得到了 BCC W-Fe 固溶体的点阵常数、热膨胀系数、热容和力学性能。在计算过程中，均首先建立了 40×40×40 晶格单位的 BCC W，而后采用随机置换的方式将不同比例的 W 原子置换为 Fe 原子；接下来采用共轭梯度弛豫方式，对体系进行能量最小化，从而达到平衡状态；所有的计算均在三维周期性边界条件下进行。

首先，本研究在每一个成分点对 BCC W-Fe 固溶体的点阵常数进行了优化，最终优化的结果展示在图 2-26 中。为了方便对比，图 2-26 同样也展示了第一性原理计算得到的晶格常数[158]和 Vegard 法则。

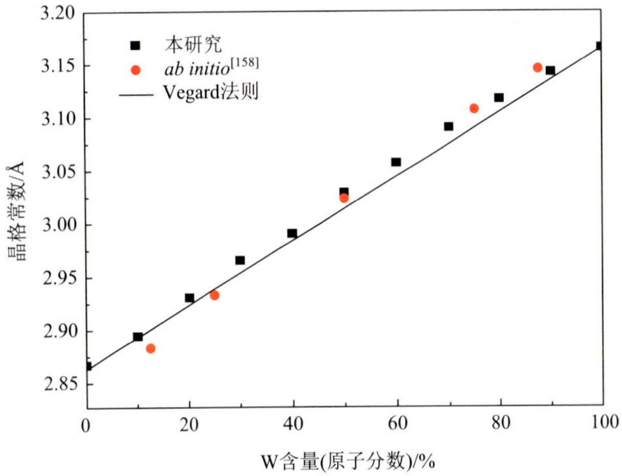

图 2-26　由新拟合 W-Fe EAM 势、第一性原理[158]和 Vegard 法则得出的 BCC W-Fe 固溶体的晶格常数

从图 2-26 可以明显地看出，BCC W-Fe 固溶体的点阵常数非常接近 Vegard 法则，这种现象可以说明 Fe 与 W 之间的相互作用比较弱。从图 2-26 还可以看出，本研究计算得出的 W-Fe 固溶体点阵常数的变化规律与第一性原理结果[158]一致。

接下来，通过以下公式计算了 BCC W-Fe 固溶体的生成热（ΔH_{f}）：

$$\Delta H_{\mathrm{f}} = \left[E_{\mathrm{W}_x\mathrm{Fe}_{100-x}} - (100-x)E_{\mathrm{Fe}} - xE_{\mathrm{W}} \right] / 100 \tag{2-45}$$

其中，$E_{\mathrm{W}_x\mathrm{Fe}_{100-x}}$、$E_{\mathrm{Fe}}$、$E_{\mathrm{W}}$ 分别表示 BCC $\mathrm{W}_x\mathrm{Fe}_{100-x}$、BCC Fe 和 BCC W 的总能量。图 2-27 总结展示了由新拟合的 W-Fe 势、第一性原理[158]、文献中三个 EAM 势[135-137]和 Miedema 热力学模型[159]计算得到的 BCC W-Fe 固溶体的生成热。

从图 2-27 可以明显地看出，基于新拟合的 W-Fe 势计算得到的 BCC $\mathrm{W}_x\mathrm{Fe}_{100-x}$ 固溶体的生成热很小且为负值，其具体数值在 0～−2.592 kJ/mol 之间，这一结果与 Miedema 热力学模型[159]所预测的 0 kJ/mol 很接近。这一系列很小且为负的生成热数值说明，在 BCC W-Fe 固溶体中，Fe 与 W 之间的相互作用非常弱而且是相互吸引的。有意思的是，Fe 与 W 之间相互吸引这一结论恰好印证了实验上 W-Fe 固溶体容易形成的事实；Fe 与 W 之间非常弱的相互作用则与图 2-26 中 W-Fe 固溶体点阵常数非常靠近 Vegard 法则的现象一致。

总结在表2-15中。为了便于对比，文献中获得的相应计算值和实验值也列于表2-15中[190, 192, 202, 204, 205, 208, 209, 214-217]。一系列特征可以从表2-15中得出。

表2-15 TiC基态下的晶格常数（a）、体模量（B）、弹性常数（C_{11}、C_{12}、C_{44}）、杨氏模量（E）、剪切模量（G）、泊松比（ν）和生成热（ΔH_f）

参数	本研究		其他计算		实验
	PAW-GGA	PAW-LDA	GGA	LDA	
a/Å	4.339	4.269	4.331[209]，4.348[205]	4.261[209]，4.277[205]	4.327[190]，4.30[192]，328[214]
B/GPa	249.53	280.14	250.28[209]，220[208]，247[205]	282.22[209]，270[208]，275[205]	242[202]，254[215]
C_{11}/GPa	508.75	585.63	501.25[209]，470[208]	586.53[209]，606[208]	514.5±0.5[202]，500[216]
C_{12}/GPa	119.92	127.4	121.71[209]，97[208]	130.07[209]，106[208]	106.0±0.2[202]，113[216]
C_{44}/GPa	169.57	178.54	169.18[209]，167[208]	177.05[209]，230[208]	178.8±0.2[202]，175[216]
E/GPa	433.57	479.36			449.14[202]，436±26[204]
G/GPa	179.1	197.3			188.51[202]，184±11[204]
ν	0.210	0.215			0.1908[202]，0.187±0.010[204]
G/B	0.72	0.70			0.78[202]
ΔH_f/(kJ/g atom)	−87.19	−88.99			−92.31[217]

首先，所采用的PAW-GGA和文献中所采用的其他的GGA[205, 209]得到的TiC的晶格常数和实验值[190, 192, 214]符合得非常好；各种LDA得到的TiC的晶格常数则低估了实验值，且误差在1.5%以内[190, 192, 214]。

其次，从表2-15中可以看出，由GGA得到的C_{11}、C_{12}、B、G和E相比于LDA得到的结果和实验值更为统一，而由LDA得到的C_{44}和实验值符合得更好[202, 204, 216]。综合考虑以上所有晶格常数和力学性能的计算结果，可以总结出GGA比LDA整体上更适合于描述TiC的体材料性能。此外，值得指出的是，从表2-15中可以看出本研究中采用的PAW方法整体上和由超软赝势方法得到的理论数据相一致[205, 209]。

最后，由GGA和LDA得到的ν和G/B的数值均一致，且与实验结果相符[202, 204]。需要指出的是，表2-15中计算得到的G/B值远大于临界值0.57，该临界值普遍用于区分材料的韧脆程度[218]。表2-15中如此高的G/B值表明TiC是典型的脆性材料，这点和实验中已经观测到的类似现象相一致[188]。

接下来从热力学角度研究TiC的稳定性。计算TiC生成热的公式如下：

$$\Delta H_f = \frac{E_{TiC} - E_{Ti} - E_C}{2} \tag{2-55}$$

其中，E_{TiC}、E_{Ti}和E_C分别是TiC、纯Ti（HCP结构，α-Ti）和C（金刚石）的总

能。计算得到的 ΔH_f 值列于表 2-15 中。可以看出，由 GGA 和 LDA 得到的 TiC 的 ΔH_f 值分别为–87.19（kJ/g atom）和–88.99（kJ/g atom），均与实验值–92.31（kJ/g atom）[217]符合得很好。数值如此负的 ΔH_f 表明 TiC 在能量上是非常有利于形成的，且是热力学上十分稳定的结构。

为了从电子尺度对 TiC 的各种性能进行深入的剖析，采用 GGA 方法计算了 TiC 的能带结构，如图 2-40 所示。在该能带图底部，呈现出一个位于低能量区域的带，该带主要由 C 2s 态贡献外加一小部分 Ti 3d 态。该带对 C 和 Ti 之间的键合作用贡献微弱。在其之上的三条相互重叠的带能量上整体而言低于费米能级（E_F），可被视为键合区域，主要由 C 2p 态和 Ti 3d 态贡献。另有五条带整体上位于费米能级之上，它们构成了 TiC 的反键区域。值得指出的是，本研究使用的 PAW 方法得出的 TiC 的能带结构的主要特征和由 FPLMTO 方法得到的结果[208]相符。

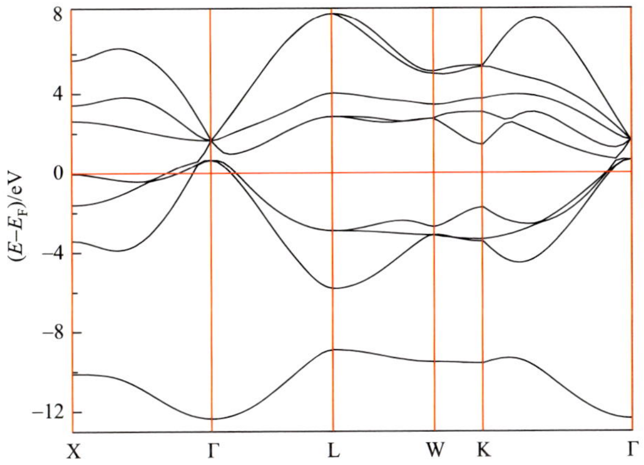

图 2-40 TiC 的能带结构图

此外，还计算了 TiC 的态密度（DOS）。图 2-41（a）展示了 TiC 体材料和 50at% Ti（at%表示原子分数）（α-Ti）加 50at% C（石墨）体材料组成的机械混合物之间态密度的对比，图 2-41（b）展示了 TiC 的分波态密度（PDOS）。从图 2-41（a）中可以看出，与机械混合物相比，TiC 的态密度更为局域，带宽更窄，且态密度的峰移向更高的结合能。此外，相比机械混合物，TiC 的 DOS 显现出更明显的具有方向性的赝能隙，且 E_F 处的 DOS 更低。这些电子结构特征表明 TiC 中的 Ti 和 C 原子之间形成了很强的共价键合。从图 2-41（b）中还可以得出，TiC 在横跨费米能级处的成键区域和反键区域主要源于 Ti 3d 和 C 2p 态的强烈杂化。如此强的共价键合作用由此可以帮助加深理解表 2-15 展现的 TiC 的高弹性性能、脆性和很负的 ΔH_f。值得指出的是，使用 PAW 方法得到的图 2-41（a）中 TiC 的态密度图的形状及 DOS 峰的位置和文献中由 FPLMTO 和超软赝势方法得到的结果相似[205, 218]。

而 $C_{V\mathrm{ph}}$ 由下式得到：

$$C_{V\mathrm{ph}} = 3nk_{\mathrm{B}}\left[4D(\Theta_{\mathrm{D}}/T) - \frac{3\Theta_{\mathrm{D}}/T}{\mathrm{e}^{\Theta_{\mathrm{D}}/T}-1}\right] \tag{2-68}$$

由此，等压热容可由下式推出：

$$C_p = C_V + \alpha^2 BVT \tag{2-69}$$

在一系列计算后，得到了 TiC 的德拜温度 Θ_{D}、各种热容和热膨胀系数随温度变化的关系。作为典型例证，表 2-16 列出了本次计算得到的 300 K 下 TiC 的 Θ_{D} 和 C_p 值，并与相应的文献中的实验值进行对比[198, 204, 226]。此外，TiC 的 $C_{V\mathrm{el}}$、$C_{V\mathrm{ph}}$、C_V 和 C_p 值列于图 2-42 中，而 α_{L} 值随温度变化的关系展现于图 2-42 中。相应的实验结果[194, 195, 198, 199]也展现于图 2-42 和图 2-43 中便于比较。

表 2-16　计算得到的 300 K 下 TiC 的德拜温度 Θ_{D}、热容 C_p 和线性热膨胀率 Δl

参数	本研究（300 K）	实验　（300 K）
Θ_{D}/K	913.78	935[226]，929±56[204]
C_p[J/(mol·K)]	32.62	33.88[198]
a	4.38×10^{-16}	
b	-2.48×10^{-12}	
c	5.96×10^{-9}	
d	1.09×10^{-6}	
e	-7.11×10^{-4}	

注：Δl 表示为 $\Delta l=(l-l_{298\mathrm{K}})/l_{298\mathrm{K}}=aT^4+bT^3+cT^2+dT+e$，其中 l 和 $l_{298\ \mathrm{K}}$ 分别是温度为 T 和 298 K 时的样品长度，a～e 是多项式参数。

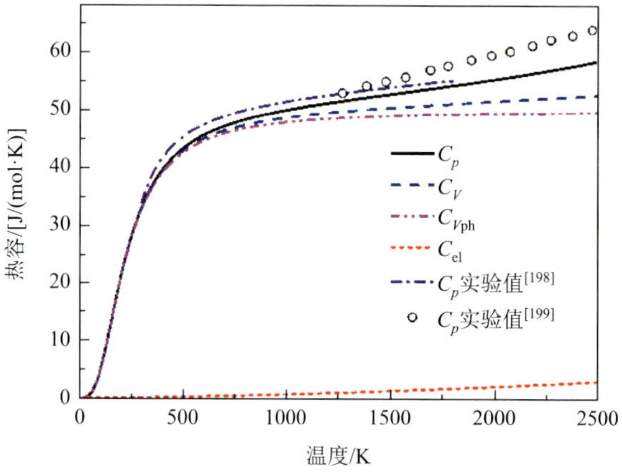

图 2-42　计算得到的 TiC 的总恒容热容（C_V）、恒压热容（C_p）和 C_V 的声子振动（$C_{V\mathrm{ph}}$）与电子激发（$C_{V\mathrm{el}}$）贡献随温度的变化规律。文献中的实验值也列于图中[198, 199]

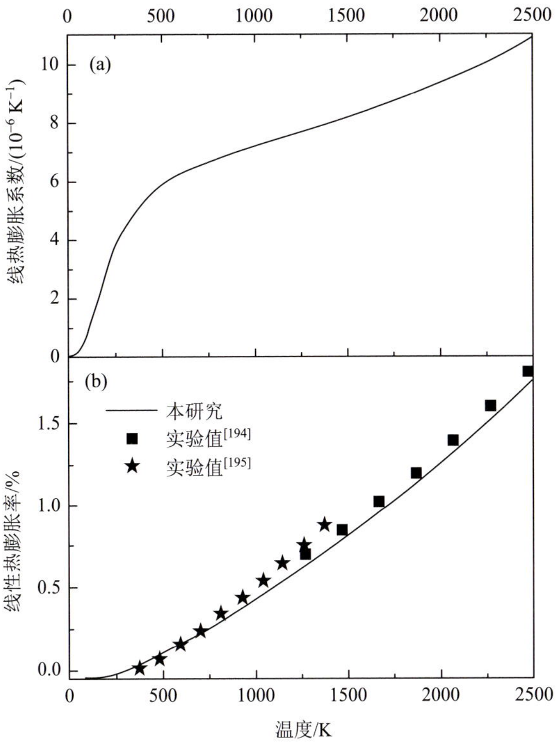

图 2-43　TiC 的线热膨胀系数（α_L）(a) 和线性热膨胀率（Δl）(b)。$\Delta l = (l - l_{298K})/l_{298K}$，其中 l 和 $l_{298\,K}$ 分别是温度为 T 和 298 K 时的样品长度。文献中的实验值也列于图中[194, 195]

从表 2-16、图 2-42 和图 2-43 中可以发现一些特点。首先，很显然，表 2-16 中显示本次计算中 TiC 在 300 K 的 Θ_D 和 C_p 值分别为 913.78 K 和 32.62 J/(mol·K)，这与实验上相应得到的 Θ_D［935 K 或（929±56）K］和 C_p［33.88 J/(mol·K)］值[198, 204, 226]符合得很好。如此好的符合程度表明准谐德拜模型应当适用于描述 TiC 的热学性质。

从图 2-42 中可以看出，C_{Vel} 值随温度的升高几乎线性增大，而且在特定温度下，C_{Vph} 值往往远大于 C_{Vel} 值。这表明晶格振动相比电子激发作用对热容的贡献大很多。从图 2-43 中还可以看出，本次计算得到的 TiC 的 C_p 值在整个温度范围内均与实验测试结果[198, 199]相一致，尽管计算值整体略微偏小。

从图 2-43 中可以看出，线热膨胀系数 α_L 值随温度的升高而增大。具体来讲，首先在 0～500 K 范围内随温度升高急剧增大；其次在高于 500 K 的温度范围内随温度的升高逐步增大，且显现出近线性的增大趋势。需要指出的是，本次计算中 1273 K 以上的 α_L 计算结果和相应的实验值 8.31±0.68（10^{-6} K^{-1}）符合得很好[194]。

为了更好地在整个温度范围内对 TiC 的热膨胀进行对比，计算了 TiC 的线热膨胀率 Δl:

续表

	C_{ij}^0	s	t	Y_0	b	T_0
G	—	—	—	175.804	0.00948	746.024
E	—	—	—	424.929	0.02630	642.022

注：C_{ij}是 TiC 与温度相关的弹性常数（C_{11}、C_{12}和 C_{44}）；Y 是多晶 TiC 的弹性模量（B、G 和 E）；C_{ij}^0 和 Y_0 是 0 K 下的弹性常数和弹性模量；s、t、b 和 T_0是拟合参数。

此外，图 2-45 展示了本次计算得到的 TiC 与温度相关的弹性模量和相关文献中的实验值[204]。很显然，TiC 的 B、G 和 E 值均随温度的升高而减小，且可以看出在 300 K 以上呈现近线性减小的趋势。可以看出，本次计算得到的 TiC 的弹性模量和现有的实验值在低温范围内符合得很好[204]，而且如图 2-45 所示的 E 值的这样一种近线性减小趋势和实验观测到的类似现象相一致[203, 206]。

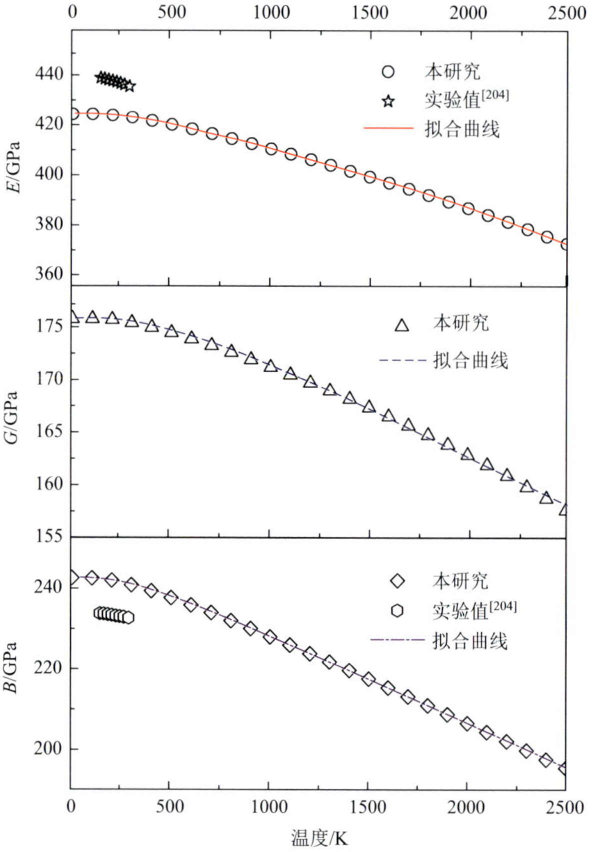

图 2-45　与温度相关的 TiC 的体模量（B）、剪切模量（G）和杨氏模量（E）。文献中的实验数据也列于图中[204]。拟合曲线由公式 $Y = Y_0 - bTe^{-T_0/T}$ 表示

更进一步，TiC 的 B、G 和 E 值可以由如下公式[228]进行数值表示：

$$Y = Y_0 - bT\mathrm{e}^{-T_0/T} \tag{2-76}$$

其中，Y 为多晶 TiC 的弹性模量（B、G 和 E）；Y_0 为 TiC 在 0 K 下的弹性模量；b 和 T_0 是待拟合参数。由此，拟合得到的相应的 TiC 的参数列于表 2-17 中，且相应的 TiC 的 B、G 和 E 拟合曲线总结在图 2-45 中。可以明显地看出，图 2-45 中拟合曲线可以精确描述当前计算得到的 B、G 和 E 值，这表明公式（2-76）适用于描述 TiC 的弹性模量随温度的变化规律。此外，图 2-45 中 B 曲线在 300～2500 K 温度范围内斜率约为–0.022 GPa/K，与对应的实验值–0.026（9）GPa/K 符合得很好[229]。

从电子尺度对 TiC 与温度相关的性能规律进行解释具有重要意义。作为典型示例，图 2-46 展示了 TiC 在 3 个体积（$V/V_0 = 0.9$、1.0 和 1.1）下的总态密度的对比。需要指出的是，体积的收缩（$V/V_0 = 0.9$）和膨胀（$V/V_0 = 1.1$）可分别被视为温度的降低与升高效应。从图 2-46 可以看出，每组态密度图的费米能级均位于赝能隙的底部，且所有 3 组态密度均显示出强局域化峰形，表明 TiC 在整个温度范围内能保持其强共价键性质，且体积变化（温度变化）对 E_F 处的态密度的影响效果微弱。从图 2-46 还可以看出，TiC 在平衡体积（$V/V_0 = 1.0$）下的赝能隙比体积膨胀时（$V/V_0 = 1.1$）的赝能隙更宽，而比体积收缩时（$V/V_0 = 0.9$）的赝能隙更窄，表明 TiC 的共价键在体积收缩时变得更强，反之亦然。电子结构的这些变化规律为图 2-44 和图 2-45 中 TiC 随温度升高而降低的弹性性能规律提供了更深入的理解。

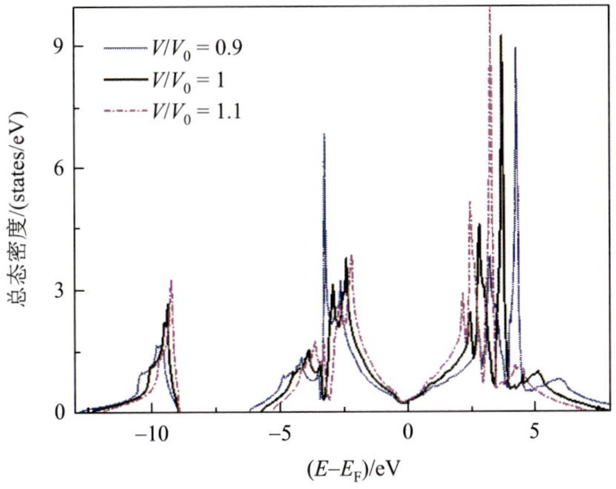

图 2-46　TiC 在 3 个体积（$V/V_0 = 0.9$、1.0 和 1.1）下的总态密度对比（V_0 是平衡体积）

2.3.3　W-TiC 界面结合性能

W-TiC 界面结合性能是可用于分析 W-TiC 产品性能的重要指标。良好的界面

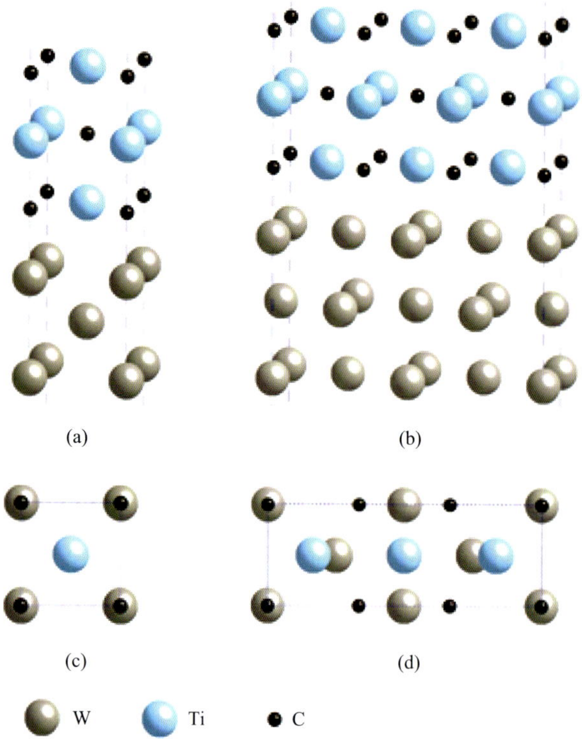

图 2-48 TiC(100)/W(100)（a）和 TiC(100)/W(110)（b）界面的三维原子模型示意图，（c）和（d）分别为（a）和（b）界面处原子的俯视图

在界面计算中，周期性边界条件施加于单胞的三个基矢方向，且采用以 Gamma 点为中心的 k 点网格，即 11×11×1 和 11×4×1 分别用于 W(100)-TiC(100)和 W(110)-TiC(100)界面的弛豫与静态计算，而 21×21×1 和 21×7×1 分别用于 W(100)-TiC(100)和 W(110)-TiC(100)界面的态密度（DOS）计算。弛豫计算与静态计算的能量判据分别为 0.01 meV 和 0.1 meV。

3. W-TiC 的分离功和界面能

W-TiC 界面的分离功（W_{sep}）由如下公式计算：

$$W_{sep} = \frac{E_W + E_{TiC} - E_{tot}}{2A} \tag{2-79}$$

其中，E_{tot} 和 A 分别为 W-TiC 界面体系的总能和界面处的截面面积；E_W 和 E_{TiC} 分别为从界面模型中分别移除 TiC 和 W 层后留下的纯 W 和 TiC 表面层的总能。需要强调的是，W_{sep} 是将界面分成两个自由表面所需要的可逆的功，因此可用于直接表征界面的结合强度；W_{sep} 数值越大，表明界面结合越强，反之亦然。由此，分别计算得到四种 W-TiC 界面的 W_{sep} 值，结果如图 2-49（a）所示。可以看出，每种 W-TiC 界面都具有非常高的界面强度，且均在沉积层为 1 层时达到最高的界面强度。而且，界面的位向关系对于界面强度起到非常关键的作用。四种 W-TiC 界面按沉积层为 5 层时 W_{sep} 大小的降序排列如下：W(110)/TiC(100)→TiC(100)/W(110)→TiC(100)/W(100)→W(100)/TiC(100)。非常有趣的是，沉积层为 5 层时，W(110)-TiC(100)界面的 W_{sep} 比 W(100)-TiC(100)界面更大。这表明相比 W(100)面，W(110)面对 TiC(100)面的结合作用更强。

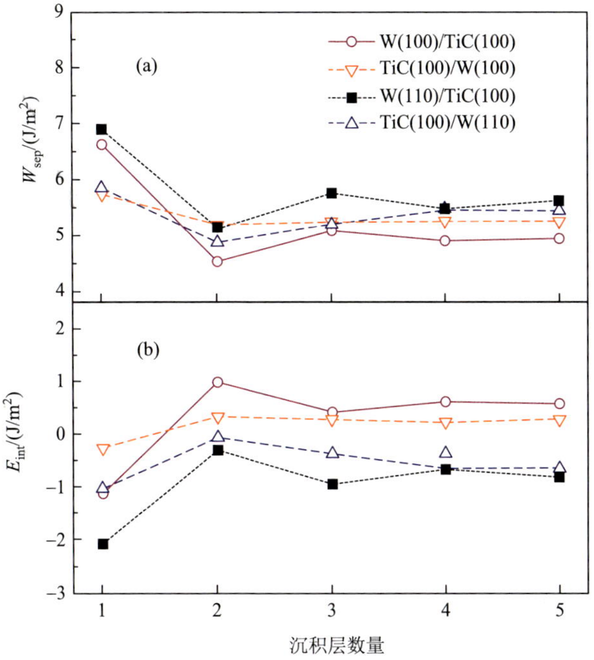

图 2-49 W-TiC 界面的分离功（W_{sep}）(a) 和界面能（E_{int}）(b)

为了了解 W-TiC 界面的热力学特性，可由如下公式计算界面能：

$$E_{int} = \frac{E_{tot} - E_{bulk\_W} - E_{bulk\_TiC}}{2A} \tag{2-80}$$

其中，E_{bulk_W} 和 E_{bulk_TiC} 分别为去除表面能贡献的 W 和 TiC 层的体材料能量。界面能本质上代表由两种块体形成界面时所吸收的能量，是描述界面稳定性的直接参量。界面能越负，界面越稳定，反之亦然。相应地，计算得到的四组 W-TiC 界面的界面能列于图 2-49（b）中。从图 2-49（b）中可以看出，当每组界面的沉积层为 1 层时，其具有最小、最负的 E_{int} 值，这与图 2-49（a）中对应的高界面强度相一致。从图 2-49 中还可以看出，W(110)-TiC(100)界面相比 W(100)-TiC(100)界面很明显具有更负的 E_{int} 值，表明 W(110)-TiC(100)界面在能量上更倾向于形成，且热力学上更稳定。如图 2-49 所示，四组 W-TiC 界面的 W_{sep} 和 E_{int} 值随沉积层数的增加趋向于收敛；尽管可以看出 W(100)/TiC(100)和 W(110)/TiC(100)界面的 W_{sep} 和 E_{int} 在数值上存在较小的波动，这样的波动大致可归因于著名的量子尺寸效应[243]。

将现有的计算结果和文献中可以获得的实验现象进行对比是非常有趣且很有意义的。第一，图 2-49 中所显示的 W-TiC 的高 W_{sep} 值表明 W-TiC 具有较高的界面强度，且 W 和 TiC 之间的界面结合很强，这与类似的实验上观测到的现象一致[230, 231, 233]。如此高的界面强度有利于确保 W-TiC 界面的载荷传递，并且可以解释 TiC 弥散于 W 基中的强化效果以及 W-TiC 多层结构的强化效果[230, 231, 244]。

第二，四组 W-TiC 界面在沉积层为 1 层时所具有的负的 E_{int} 表明在 W-TiC 中存在界面扩散的可能。这与实验上观测到的界面处存在互溶区域（固溶过渡区域）的现象相符[230-232]。换言之，本质上正是这样负的界面能为 W-TiC 界面处的界面互扩散提供了驱动力。

第三，含 5 层沉积层的 W(100)/TiC(100)和 TiC(100)/W(100)界面的 W_{sep} 或 E_{int} 互相间都非常接近，类似的现象在 W(100)/TiC(100)和 TiC(100)/W(100)界面上也有体现。这样相似的界面强度和界面能表明 W-TiC 界面处的应变效果应当很小，这与实验上 W-TiC 多层结构的外延生长现象统一[233]。

第四，从图 2-49 中可以看出，两种 W(100)-TiC(100)界面的界面能均非常接近 0，表明 W(100)/TiC(100)和 TiC(100)/W(100)界面在能量上是有利的，且在实际情况中有可能形成。这与实验上观测到的 W(100)-TiC(100)多层结构的外延生长现象一致[233]。

需要更进一步指出的是，从图 2-49 中可以看出含 5 层沉积层的 W(110)-TiC(100)界面相比于对应的 W(100)-TiC(100)界面，不仅具有更低的界面能，在能量上更为有利，还具有更高的界面强度。这样的对比不仅表明界面位向关系对 W-TiC 界面的结合性能有重要影响，而且显示出 W(100)-TiC(100)界面在实际应用中应当更容易实现且更为有利。这里值得指出的是，至今实验上尚未有关于 W(110)-TiC(100)界面的报道，因此需要更进一步的实验研究来确认 W(110)-TiC(100)界面。

4. W-TiC 界面的电子结构

为了从电子结构角度对 W-TiC 界面结合性能进行更深入的理解，图 2-50 展示了每种界面含 1 层和 5 层沉积层时的总态密度。很显然，同种界面中，与含 5 层沉积层的界面相比，含 1 层沉积层的界面对应的 DOS 带宽更小，电子结构在近费米能级处更为局域、峰值更大。这样的对比表明每种界面含 1 层沉积层时界面处具有更强的化学键合作用，由此引出如图 2-49 所示的更高的界面强度和更低的界面能。

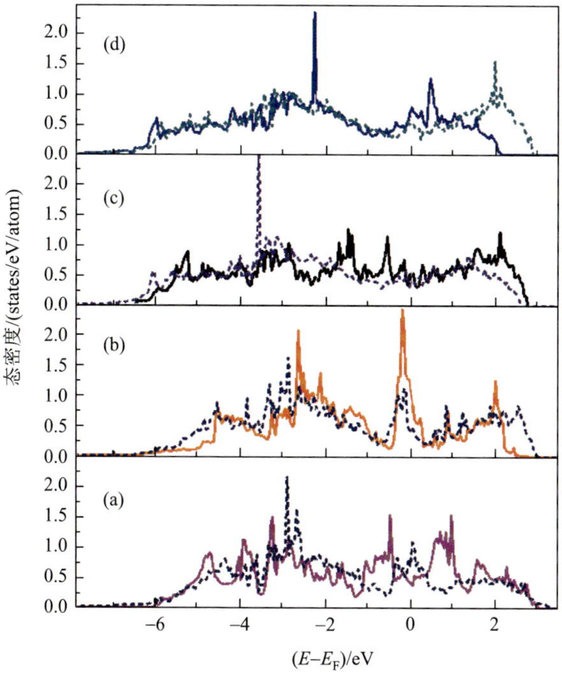

图 2-50　W(100)/TiC(100)（a）、TiC(100)/W(100)（b）、W(110)/TiC(100)（c）和 TiC(100)/W(110)（d）界面的界面原子的总态密度。实线和虚线分别代表含 1 层和 5 层沉积层的界面

此外，图 2-51 作为另一个例证，展示了含 5 层沉积层的 W(100)/TiC(100)和 W(110)/TiC(100)界面的界面处电荷密度的对比。从图 2-51 可以看出，W(100)/TiC(100)和 W(110)/TiC(100)界面处从界面 W 原子到界面 C 原子间的电荷密度非常

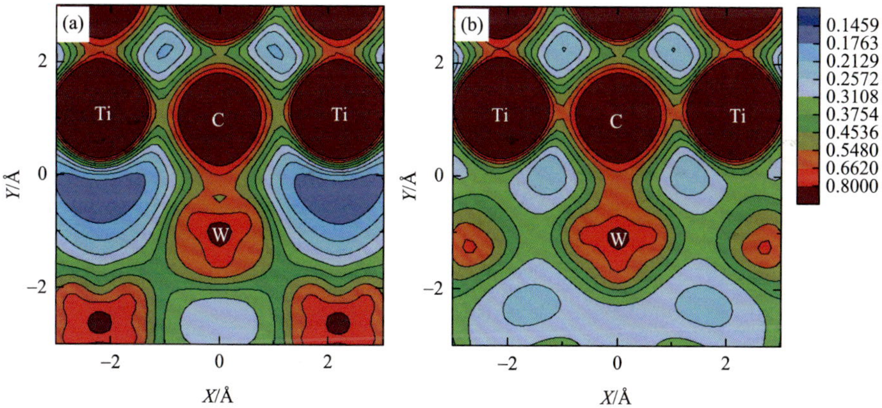

图 2-51　含 5 层沉积层的 W(100)/TiC(100)（a）和 W(110)/TiC(100)（b）界面电荷密度的对比。电荷密度单位为 e/Å^3

具有方向性且密度很高，表明在界面 W、C 原子间形成了明显的共价键合作用。如此强的 W—C 键由此引发了如上文所述的 W-TiC 界面优良的界面结合性能。进一步仔细观察图 2-51 可以发现，在 W(110)/TiC(100)界面区域的电荷密度相比 W(100)/TiC(100)的密度更高，由此可以加深对图 2-49 所示的 W(110)/TiC(100)界面更强的界面结合的理解。

2.4 钨-氧化镧体系的表面与界面性能

2.4.1 引言

钨基材料是未来核聚变堆 PFM 的首选体系，但脆性、再结晶及晶粒粗大导致的性能恶化，严重阻碍了钨在 PFM 中的应用进程。在有望改善上述缺陷的三种主流方案中，氧化物弥散强化钨合金脱颖而出。

微纳米级的尤其是纳米级的 La_2O_3 颗粒，具有很高的化学活性、活化烧结、吸附杂质、降低气孔率等特性，有助于促进致密化、抑制钨晶粒长大。W-1wt%La_2O_3 材料已成为一个主要研究的牌号（WL10），表现出高致密、晶粒细小、力学性能及热负荷性能优异等特性[245-252]。尤其是纳米晶 W-La_2O_3 材料的综合性能更加突出，能够克服室温脆性，具有较低的韧脆转变温度（DBTT）和高的再结晶温度。上述优异性能使 W-La_2O_3 体系成为一个长期的重要研究课题。

2.4.2 W 和 La_2O_3 的表面性能

W 具有高熔点、高强度和良好的电子发射性能等优点，广泛应用于高温合金、军事设备及等离子体发射器等方面[245-261]。W 材料的表面性能，如表面能和功函数等，与其断裂强度和电子发射性能等有直接关联。在已有文献中，关于 W 的表面性能既有实验测定也有理论模拟研究，其中第一性原理对 W 的表面性能的描述非常准确[262-264]。考虑到 W 的基本表面性能是后续 W/La_2O_3 界面性能计算和分析的基础，所以依然对这些性能做了计算。

La_2O_3 的表面性能，对其作为功能性掺杂质子和催化剂的应用非常重要[265-269]，而且对与其形成的界面结合性能和电子发射性能有重要影响。文献中虽然有关于 La_2O_3 表面性能的计算[268, 269]，如(001)、(110)和(210)等表面，但忽视了表面成分对 La_2O_3 表面性能的影响。而化学计量比对氧化物的表面性能，以及与其他材料形成界面的性能，都可能产生重大影响。

对于金属单质表面性能的第一性原理计算方法非常成熟，而对于氧化物表面和“金属/氧化物”界面的计算则起步较晚，需要考虑的因素也比较复杂。采用第一性原理对 W 和 La_2O_3 的表面性能进行计算，并考虑表面成分比对 La_2O_3 表面性能的影响。对于 La_2O_3 表面性能和第 3 章 W/La_2O_3 界面的研究，采用目前受到广泛认可的 Smith 等提出的“金属/氧化物”界面研究模型[270-274]。

1. W 和 La_2O_3 的表面模型

本章采用基于密度泛函理论的第一性原理计算，选择 PAW-GGA 方法对 W(110)和 La_2O_3(0001)表面性能进行计算。需要说明的是，W(110)和 La_2O_3(0001)分别是 W 和 La_2O_3 在实验中最易观察到的晶体取向[262-264, 267]，也是已有理论计算中表面能最低的表面[264, 268, 269]，所以仅研究上述表面的性能。

在材料结构优化后，得到的体心立方结构 W 的晶格常数为 $a = 3.175$ Å，三方结构 La_2O_3 的晶格常数为 $a = 3.923$ Å 和 $c = 6.181$ Å，与实验值都非常接近[275]。这些参数将用于表面结构的初始设置。W(110)和 La_2O_3(0001)分别选用 $1\times\frac{\sqrt{3}}{2}$（每层一个原子）和 2×2（每层 4 个原子）的晶胞进行计算，表面结构及参数如图 2-52 所示。根据 La_2O_3 终止面（成分）的不同，La_2O_3(0001)表面分为三种结构类型，分别为化学计量比表面（stoichiometric，原子比满足 $N_{La}:N_O = 2:3$）、富氧表面（oxygen-rich，$N_{La}:N_O < 2:3$）和富镧表面（La-rich，$N_{La}:N_O > 2:3$）。由于成

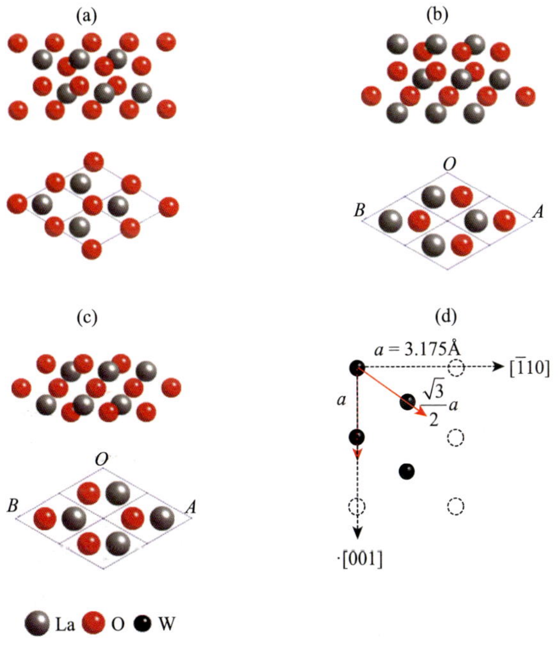

图 2-52 oxygen（a）、La-rich（b）、stoichiometric（c） La_2O_3(0001)表面和 W(110)表面（d）的计算模型（考虑到后续界面模型的表达，所有图中的 W 原子半径均小于 O 原子半径）

分的不同，stoichiometric 表面模型有 5 个原子层，而 oxygen-rich 和 La-rich 表面都有 6 个原子层，见图 2-52。通过原子层和真空层收敛性测试，最终选择 W 采用 9 个原子层计算，而 W 和 La_2O_3 的真空层厚度均为 15 Å，W 和 La_2O_3 表面静态计算的 *k*-mesh 分别为 15×15×1 和 5×5×1，平面波截断能均为 450 eV。

2. W 和 La_2O_3 的表面能

表面能是表征材料表面性能的一个重要数据，表面能越小，该表面越容易稳定存在。表面能最低的表面也往往是脆性材料穿晶断裂的解理面。W(110)表面的表面能（σ）计算公式为[276, 277]

$$\sigma = \frac{E_{\text{tot}}^{\text{slab}} - N_{\text{W}} E_{\text{W}}^{\text{bulk}}}{2A} \tag{2-81}$$

其中，$E_{\text{tot}}^{\text{slab}}$ 和 $E_{\text{W}}^{\text{bulk}}$ 分别为 W(110)表面模型和单个体材料 W 原子的能量；N_{W} 为表面模型中 W 原子的个数；A 为 W(110)表面模型的横截面面积。由于氧化物的特殊性，La_2O_3(0001)表面的表面能计算公式为[276, 277]

$$\sigma = \frac{E_{\text{tot}}^{\text{slab}} - \frac{1}{2} N_{\text{La}} E_{\text{La}_2\text{O}_3}^{0} - \left(N_{\text{O}} - \frac{3}{2} N_{\text{La}}\right) E_{\text{O}}}{2A} \tag{2-82}$$

其中，$E_{\text{tot}}^{\text{slab}}$ 和 $E_{\text{La}_2\text{O}_3}^{0}$ 分别为 La_2O_3(0001)表面模型和 La_2O_3 体材料单胞的能量；E_{O} 为氧分子总能（E_{O_2}）的一半；N_i 为原子种类为 i 的原子个数；A 的含义与式(2-81)中相同。需要注意的是，$N_{\text{O}} - \frac{3}{2} N_{\text{La}}$ 与表面构型有关，如 stoichiometric 的为零，而 oxygen-rich 的是正数，La-rich 的是负数。

计算后获得的 W(110)和 La_2O_3(0001)表面的表面能列于表 2-18 中。从表 2-18 中可以发现，采用 PAW-GGA 计算的表面能与文献中实验值符合得很好[268, 269, 278, 279]。例如，计算的 W(110)表面能为 3.21 J/m^2，实验值为 3.27 J/m^2[278]。而 stoichiometric La_2O_3(0001)表面能计算值为 0.78 J/m^2，与文献中采用 Born 模型[268]和 PBE 算法[269]的结果（0.89 J/m^2 和 0.43 J/m^2）都比较接近。对比 La_2O_3(0001)表面的三种结构，可以看到 stoichiometric La_2O_3(0001)具有最低的表面能，是比 La-rich 和 oxygen-rich 更稳定的表面，这与实验中观测及其他理论的结果一致[267]。

表 2-18　W(100)和 La_2O_3(0001)面的表面能和功函数

表面		表面能/(J/m^2)		功函数/eV	
		计算值	实验值/计算值	计算值	实验值
La_2O_3(0001)	La-rich	6.55		3.29	
	oxygen-rich	1.48		6.40	
	stoichiometric	0.78	0.89[268]，0.43[269]	5.65	
W(110)		3.21	3.27[278]，3.68[279]	4.82	5.25[278]

3. W 和 La_2O_3 的功函数

功函数表示将固体中一个电子直接移到固体表面外真空中所需要的最小能量。功函数越小，热电子发射能力越强。W(110)和 La_2O_3(0001)表面的功函数通过以下公式获得：

$$\Phi = V_{vac} - E_F \tag{2-83}$$

其中，V_{vac} 为真空区域的静电势；E_F 为对应材料体系的费米能级。W(110)和 La_2O_3(0001)表面的功函数也列于表 2-18 中。从表中可以看到，PAW-GGA 计算的 W(110)表面的功函数为 4.82 eV，与实验值 5.25 eV 较为接近[278]。对比表 2-18 中三种结构的 La_2O_3(0001)表面功函数，可以发现 La-rich La_2O_3(0001)表面具有最低的功函数 3.29 eV，比 W(110)表面的 4.82 eV 低许多。

另外，将计算获得的 La_2O_3 和 W 表面的功函数与文献中[256]的一些实验现象做了比较。Xi 等发现在纯 W 中添加 La_2O_3 颗粒后，W-La_2O_3 材料具有更好的热电子发射性能，而且这个现象与材料表面层富集镧有关[256]。计算发现的 La-rich La_2O_3(0001)表面具有比纯 W 更低的功函数，恰好与上述实验推论一致，材料表面的功函数越低，热电子发射能力越好。同时，计算结果也给了上述实验现象一个很好的解释，即 La-rich 表面能提高纯 W 的电子发射性能，而非 stoichiometric 或 oxygen-rich 表面。

4. W 在 La_2O_3(0001)表面的吸附

表面吸附原子的能力，是材料的一项重要表面性能。例如，一些金属或合金表面对有害气体的吸附、对需要透过气体的吸附以及对形成界面原子的吸附等，与材料的抗毒化性能、渗透性和界面形成的难易程度等性能直接相关。在进行了上述表面性能计算后，探究 W 在 La_2O_3(0001)表面的吸附性能对后续界面研究是非常有意义的。La_2O_3 表面对 W 的吸附性能，与从 La_2O_3 和 W 的体材料形成 W/La_2O_3 界面的过程直接相关。由于文献中研究发现 W 和 La 之间的排斥作用比较强烈[279]，而且从表 2-18 中可以看出，stoichiometric 和 oxygen-rich La_2O_3(0001)表面具有较低的表面能，所以主要探讨这两个表面的吸附性能。

图 2-53 给出了 W 在 stoichiometric 和 oxygen-rich La_2O_3(0001)表面的吸附模型。在图 2-53 中，T（Top）、C1、C2 和 C3 分别表示 W 在两种表面层 O 原子的顶端或中心位置，其中 C1 为表面层四个 O 原子的中心位置，而 C2 和 C3 分别为不等价的 3 个 O 原子的中心位置，所选位置具有比较高的对称性和代表性。

W 原子在两种 La_2O_3 表面的吸附能通过以下公式计算[280, 281]：

$$E_{ad} = E_{tot}^{slab} - E_{surf}^{slab} - E_{W}^{atom} \tag{2-84}$$

其中，E_{tot}^{slab}、E_{surf}^{slab} 和 E_{W}^{atom} 分别为整个吸附模型、纯净表面模型和单个 W 原子的

能量。计算获得的 W 在 stoichiometric 和 oxygen-rich La_2O_3(0001)表面不同位置的吸附能如表 2-19 所示。

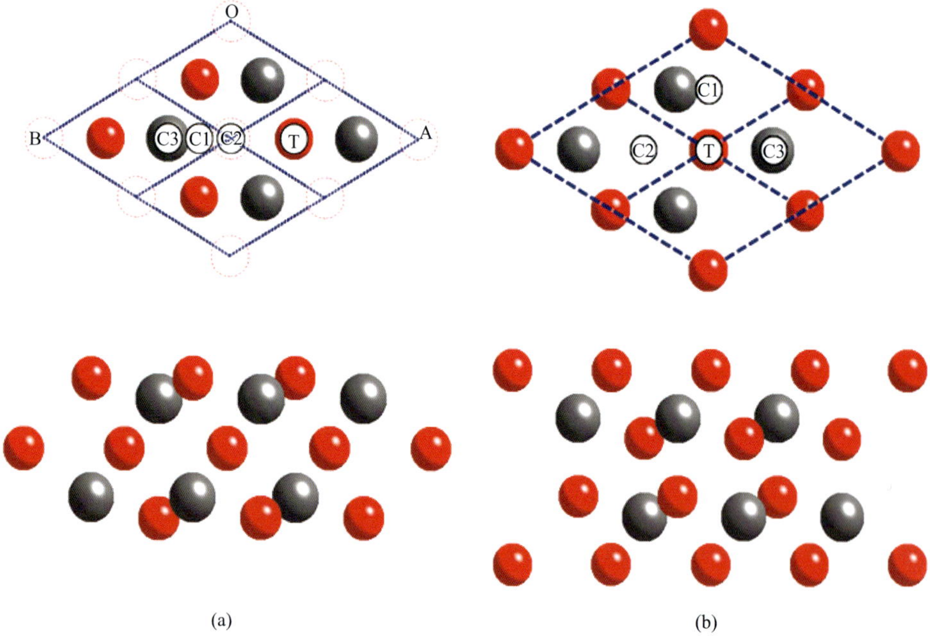

图 2-53 W 原子在 stoichiometric（a）和 oxygen-rich（b）La_2O_3(0001)表面典型吸附位置的俯视图和主视图

表 2-19 W 在 stoichiometric 和 oxygen-rich La_2O_3(0001)表面的吸附能 E_{ad}

W 位置	E_{ad}/eV	
	stoichiometric	oxygen-rich
T	3.25	—
C1	2.89	−11.08
C2	2.89	−11.19
C3	2.89	−10.20

需要说明的是，W 在 oxygen-rich 表面的 T 位置吸附结构优化后未能找到稳定吸附位置，无法获得该位置吸附能。除了 W 在 oxygen-rich 表面的 T 位置吸附外，上述其余吸附位置的表面模型经结构优化计算后都找到了最终稳定的吸附位置。通过结构优化，stoichiometric 表面的 4 个吸附位置变化不大；而 oxygen-rich 表面的 C1 和 C3 位置均出现移向 C2 的趋势，最终吸附在 C2 附近的位置。结合

上述结构变化，对比表 2-19 中的吸附能可以得出以下几点结论：首先，在 oxygen-rich La_2O_3(0001)表面中，C2 是最稳定的吸附位置，具有最低的吸附能，而且 C1 和 C3 的 W 原子均移向 C2。其次，除了 T 位置外，oxygen-rich La_2O_3(0001)表面的其他吸附位置的吸附能均为较大的负值，表明 W 在 oxygen-rich La_2O_3(0001)表面的吸附非常易于发生。最后，W 在 stoichiometric La_2O_3(0001)表面的 3 种吸附位置的吸附能差异不大，且均为正数，表明相对于在 oxygen-rich La_2O_3(0001)表面，W 原子在该表面的吸附相对不易发生。

从表 2-19 中可以看出，W 在两种界面上的吸附能存在巨大差异，分析这种差异的内在机理具有非常重要的意义。为获得 W—O 和 La—O 键强度的信息，采用 dimer 模型[282]进行了两种键能的计算，结果如图 2-54 所示。从图 2-54 中可以看出，W—O 和 La—O 键合作用都非常强，而且 W—O 键合作用略强于 La—O 键。从上述键合强度的对比可以看出，两种表面的表面层 O 原子对 W 原子都可能有很强的吸附作用。同时，次表面层 La 与表面层 O 原子也有很强的键合作用。La 和 W 原子与表面层 O 原子的成键，存在竞争关系，W 原子的出现势必对原来的表面结构产生明显影响。综上所述，La_2O_3 表面对 W 原子吸附能力的强弱，主要取决于 W—O 键合与 La—O 键合的综合作用。

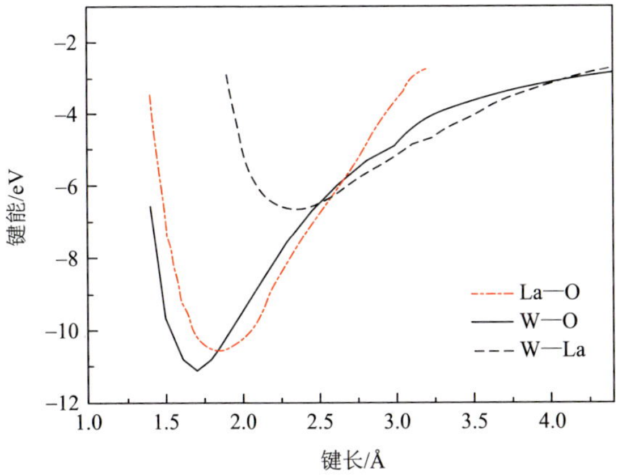

图 2-54　W—O、La—O 和 W—La 的键强分析

为了分析表 2-19 中两种 La_2O_3 表面不同吸附位置的吸附性能差异，以及次表面层 La 和吸附原子 W 对表面层 O 原子的竞争作用，表 2-20 给出了 stoichiometric 和 oxygen-rich La_2O_3(0001)表面一些吸附位置的成键情况。表中的 La—O 键仅是次表层 La 原子与表面层 O 原子的成键，不包含表面模型中其他的 La—O 键合，N 代表成键的数量。需要说明的是，由于一些次近邻键长超出了图 2-54 中所给的键长范围，成键作用很弱，忽略不计。

表 2-20 W 在 stoichiometric 和 oxygen-rich La_2O_3(0001)表面吸附的键合作用对比，*N* 为成键数

结构		键					
		N×键长/Å			结合强度/eV		
		La—O	W—O	W—La	La—O	W—O	W—La
stoichiometric	纯	9×2.36	—	—	68.5	—	—
	C2	6×2.51，3×2.78	3×2.02	3×2.95	55.1	27.7	15.7
oxygen-rich	纯	9×2.42	—	—	65.0	—	—
	C2	6×2.95，3.56	3×1.79	3×3.42	28.0	32.3	12.5
	C3	3×2.86，6×3.32	3×1.79	1×2.94	33.3	32.3	5.3

从表 2-20 中可以得到以下几点结论。首先，对比 oxygen-rich La_2O_3(0001)表面的 C2 和 C3 位置键合作用可以发现，两种位置的 W—O 和 La—O 成键情况相同，但 C2 位置的 W—La 键合作用强于 C3 位置，W—La 和 W—O 键合的总吸附作用使得 C2 位置具有更低的吸附能。

其次，吸附 W 原子的出现降低了 La_2O_3(0001)表面的 La—O 键合。与无纯净 La_2O_3(0001)表面相比，吸附 W 原子的出现，使得 oxygen La_2O_3 表面的 La—O 键合显著减弱，La-rich 表面也稍微减弱。例如，C2 吸附位置的 oxygen La_2O_3 表面 La—O 键强度从 65.0 eV 降低到 28.0 eV。同时，还对比了 W 原子在 stoichiometric 和 oxygen-rich 表面 C2 位置吸附前后，表面层 O 与次表层 La 原子之间的层间距（命名为 La—O 层间距）变化。吸附前后，stoichiometric 表面的 La—O 层间距从 0.624 Å 变为 1.279 Å，而 oxygen-rich 表面则从 0.828 Å 变为 2.010 Å，表明 W 吸附后两种表面的结构都产生了明显变化。其中，oxygen-rich 表面的 La—O 层间距增加幅度更大，这与表 2-20 中 oxygen-rich 表面的 La—O 键更弱一致。

最后，吸附 W 原子的出现降低了 La_2O_3(0001)表面的 La—O 键合，也从侧面说明了 La—O 键合的降低源于 W—O 键合的形成。对比 C2 位置的 stoichiometric 和 oxygen La_2O_3(0001)表面的 La—O 和 W—O 键可以发现，stoichiometric La_2O_3(0001)表面的 La—O 键强度远高于 oxygen La_2O_3(0001)表面，而 oxygen La_2O_3(0001)表面的 W—O 键强度又明显高于 stoichiometric La_2O_3(0001)表面。上述对比说明，La—O 键和 W—O 键的综合作用，是表 2-19 中两种 La_2O_3 表面吸附能巨大差异的内在原因。

2.4.3 W/La_2O_3的界面性能

在弥散强化 W 合金中，La_2O_3 的加入不仅可以改善 W 的室温脆性，降低材料的脆韧转变温度，提高再结晶转变温度，还可以细化晶粒组织，提高致密度和高

温强度等，研究者一致认为 W-La_2O_3 体系的研究将会是未来核聚变材料研究的一个长期课题[254, 255]。而且在等离子发生器 W 阴极中加入 La_2O_3 还可以提高材料的热电子发射性能和电弧性能等。这一系列性能的改善，都使得 W-La_2O_3 材料在核聚变堆和等离子发生器等领域的应用研究成为热点。

目前研究中更多侧重于 La_2O_3 的加入量及颗粒大小对 W 材料的组织形态、机械性能和热学性能的影响及纳米 W-La_2O_3 的制备工艺[245-260]，并一致认为 W-La_2O_3 材料的性能与材料的成分和微观结构非常相关[245, 255, 260]。然而目前尚无关于 W/La_2O_3 界面结合性能和微观结构的研究报道。由于 W-La_2O_3 材料在上述领域的应用环境为高温条件，获得高温条件下的 W/La_2O_3 界面结合性能具有实际意义。在这种情况下，W/La_2O_3 界面的理论研究将发挥重要作用，理论计算研究不仅可以大量节约实验时间和成本，还可以从电子和原子的层次为实验提供指导思路。我们采用第一性原理计算结合有限温度效应，获得随氧化学势变化的 W/La_2O_3 界面结合性能和微观结构，并从电子角度去理解 W/La_2O_3 界面的内在结合机制。

1. W/La_2O_3 界面结构模型

采用第一性原理计算研究 W(110)/La_2O_3(0001)界面的结合性能，其中 W 是覆盖层，而 La_2O_3 是基体层，La_2O_3(0001)表面有三种结构，即 stoichiometric、oxygen-rich 和 La-rich La_2O_3(0001)表面，则相应的 W(110)/La_2O_3(0001)界面结构也有三种。选择 2×2 La_2O_3(0001)（每层 4 个原子）与 $\sqrt{6}\times\sqrt{6}$ W(110)（每层 8 个原子）匹配成界面，按照基体 La_2O_3 体材料的晶格常数进行界面计算，即 $a = 3.923$ Å 和 $c = 6.181$ Å。界面结构如图 2-55（a）～（c）所示，图中给出了 W(110)面与 La_2O_3(0001)面的位相关系及晶格参数。为使界面模型俯视图中的基体层 La 和 O 原子不被覆盖层 W 原子遮挡，图中的 W 原子半径均小于 La 和 O 的原子半径。在界面模型中，为了与基体 La_2O_3(0001)匹配，W(110)面被压缩了 13.8%，变形方式如图 2-55（d）～

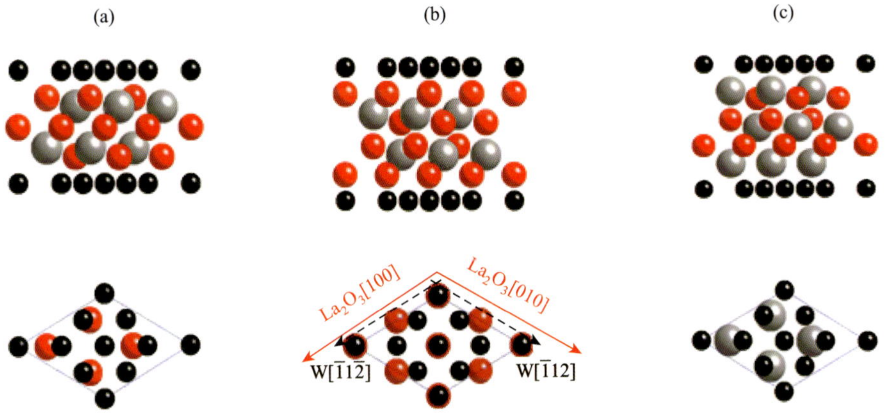

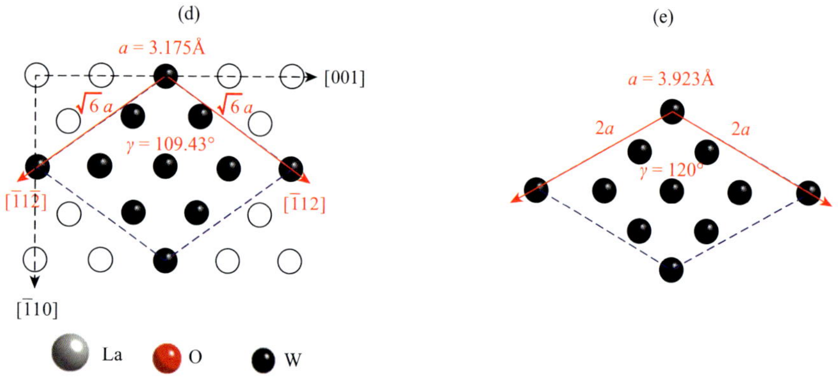

图 2-55 stoichiometric（a）、oxygen-rich（b）和 La-rich（c）W(110)/La_2O_3(0001)界面的主视图和俯视图。理想的 $\sqrt{6}\times\sqrt{6}$ W(110)表面（d）及匹配 2×2 La_2O_3(0001)面变形后的 $\sqrt{6}\times\sqrt{6}$ W(110)表面（e）

（e）所示。三种界面均采用 W/La_2O_3/W 的三明治模型，即在基体 La_2O_3 的两端分别覆盖 1～4 层 W 原子，同时在三明治结构两端各加 30 Å 的真空层。界面结构弛豫计算的 *k*-mesh 为 3×3×1，静态计算为 5×5×1，平面波截断能与表面计算相同，均为 450 eV。通过测试，发现当基体 La_2O_3 两端覆加的 W 还未加到 3 层时，界面能等已经开始收敛，因此给出在 La_2O_3 两端各覆加 4 层 W 原子的界面模型的计算结果。

2. W/La_2O_3 界面的稳定性

从热力学上讲，界面形成的界面能（γ_I）表示由体材料形成一个界面时自由能的变化。上述定义表明，界面能的参考态是体材料的能量，而非表面。因此界面能可以用来表示界面结构的稳定性，界面能越低，界面越稳定。三种 W(110)/La_2O_3(0001)界面的界面能用以下公式计算[270, 271, 273]：

$$\gamma_I = \frac{E_{tot} - \frac{1}{2}N_{La}E^0_{La_2O_3} - \left(N_O - \frac{3}{2}N_{La}\right)\mu_O - N_W E_W}{2A} \tag{2-85}$$

其中，E_{tot}、$E^0_{La_2O_3}$ 和 E_W 分别为整个界面模型、La_2O_3 体材料单胞和界面中单个 W 原子的总能；μ_O 为界面结构中氧的化学势，N_i 表示原子种类为 i 的原子个数。

式（2-85）中氧的化学势 μ_O 实际上是在一定范围内的一个变量，其取值与具体的界面环境有关。根据化学势的定义，界面中镧和氧的化学势均有各自的取值上限，即 μ_{La} 的上限是纯镧体材料的总能，而 μ_O 的上限则是气态氧分子总能的一半：

$$\mu_{La} \leqslant \mu_{La}^{bulk} \tag{2-86}$$

$$\mu_O \leqslant \frac{1}{2}\mu_{O_2,gas} \tag{2-87}$$

而这里研究的界面中的 μ_{La} 和 μ_{O} 的取值下限与 La_2O_3 的形成条件有关。La_2O_3 体材料的生成热（$\Delta H_f^{La_2O_3}$）计算公式为

$$\Delta H_f^{La_2O_3} = \mu_{La_2O_3} - 2\mu_{La}^{bulk} - \frac{3}{2}\mu_{O_2,gas} \tag{2-88}$$

在界面中，μ_{La}、μ_{O} 和 $\mu_{La_2O_3}$ 满足下面的化学平衡[277, 281, 283]：

$$\mu_{La_2O_3} = 2\mu_{La} + 3\mu_{O} \tag{2-89}$$

将式（2-88）和式（2-89）代入式（2-87），可得到 μ_{O} 的下限：

$$\mu_{O} \geqslant \frac{1}{3}\Delta H_f^{La_2O_3} + \frac{1}{2}\mu_{O_2,gas} \tag{2-90}$$

通过第 3 章对体材料的计算，$\frac{1}{2}\mu_{O_2,gas}$ 和 $\Delta H_f^{La_2O_3}$ 的取值分别为−4.89 eV 和 −17.70 eV，所以 μ_{O} 的取值范围为

$$-10.79\text{eV} = \frac{1}{3}\Delta H_f^{La_2O_3} + \frac{1}{2}\mu_{O_2,gas} \leqslant \mu_{O} \leqslant \frac{1}{2}\mu_{O_2,gas} = -4.89\text{ eV} \tag{2-91}$$

结合式（2-86）和式（2-91），获得了三种 W(110)/La_2O_3(0001)界面的界面能随 μ_{O} 变化的规律，如图 2-56 所示。需要说明的是，获得图 2-56 的结果后，通过氧化学势与氧分压及温度的关系 $\left[\mu_{O} = \frac{1}{2}\mu_{O_2,gas} + RT\ln(P_{O_2}/P^{*})\right]$，可以获得 W/$La_2O_3$ 界面结合性能随温度或氧分压的变化情况，该结果对实验制备具有直接指导意义。从图 2-56 中可以得到以下几点结论。首先，图 2-56 中的三条界面能曲线在 $\mu_{O} = -8.93$ eV 附近出现了交点，表明 La-rich、oxygen-rich 和 stoichiometric 三种结构的 W(110)/La_2O_3(0001)界面可能在该区域共存。而且，stoichiometric 界

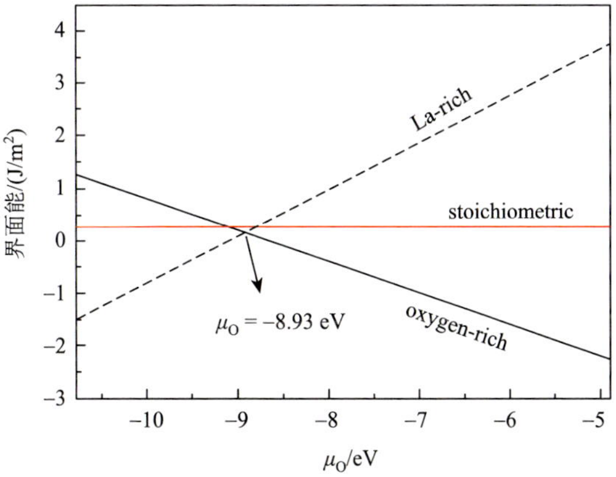

图 2-56　oxygen-rich、stoichiometric 和 La-rich W(110)/La_2O_3(0001)界面的界面能

面的界面能非常接近零，表明 stoichiometric 界面有可能是热力学上稳定的结构，这与实验中在 W-La_2O_3 电极材料中发现了满足 La_2O_3 化学计量比的 W-La_2O_3 区域相符[256]。

其次，三种 W(110)/La_2O_3(0001)界面的界面能随着 μ_O 的变化呈现出截然不同的变化规律，如 stoichiometric 界面的界面能在 μ_O 的整个取值范围内是一个常数，而 La-rich 界面的界面能随着 μ_O 增加而增加，oxygen-rich 界面的界面能则随着 μ_O 增加而降低。其中 stoichiometric 界面的界面能为常数是因为式（2-85）中 μ_O 的系数 $N_O-\frac{3}{2}N_{La}$ 值为零。

最后，从图 2-56 中还可以发现，μ_O 对 W(110)/La_2O_3(0001)界面的界面稳定性有重要影响。oxygen-rich 界面在-8.93 eV$<\mu_O\leqslant-4.89$ eV 范围内界面能最低，即界面结构最稳定；而 La-rich 界面则在-10.79 eV$\leqslant\mu_O\leqslant-8.93$ eV 范围内是界面能最低的界面。而且在实验中也发现了 La-rich 的 W/La_2O_3 界面，与上述的预测非常吻合[17]。然而目前文献中尚无关于 oxygen-rich W/La_2O_3 界面存在的报道，这可能与实验条件有关，因此在以后的实验中可以进一步研究该界面的存在情况。

3. W/La_2O_3 界面的结合强度

获得 W(110)/La_2O_3(0001)界面的界面能后，可以推导出相应界面的界面强度（即分离功 W_{sep}）[271, 272]：

$$W_{sep}=\sigma_W+\sigma_{La_2O_3}-\gamma_I \qquad (2\text{-}92)$$

其中，γ_I 为对应界面的界面能；σ_W 和 $\sigma_{La_2O_3}$ 分别为 W(110)和 La_2O_3(0001)表面的表面能。计算得到的随 μ_O 变化的 stoichiometric、La-rich 和 oxygen-rich W(110)/La_2O_3(0001)界面的分离功如图 2-57 所示。

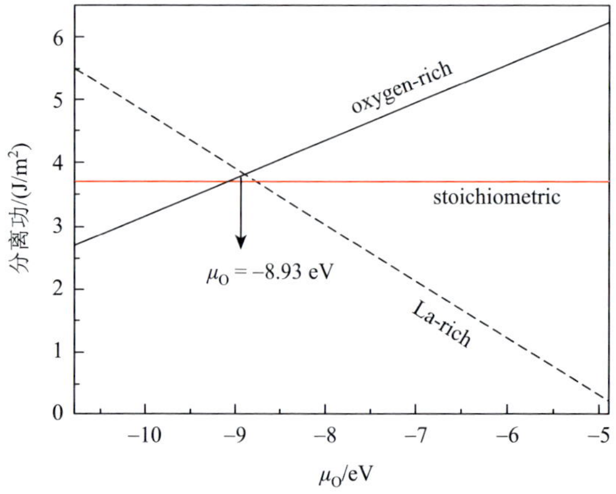

图 2-57 oxygen-rich、stoichiometric 和 La-rich W(110)/La_2O_3(0001)界面的分离功

从图 2-57 中可以看出，界面强度与 μ_O 的取值非常相关。oxygen-rich W(110)/La_2O_3(0001)界面在−8.93 eV< μ_O ≤−4.89 eV 区域具有最大的界面强度，而 La-rich W(110)/La_2O_3(0001)界面则在−10.79 eV≤ μ_O ≤−8.93 eV 区域具有最大的界面分离功。从图中还可以看出，oxygen-rich 界面的结合强度随 μ_O 的增加而增加，La-rich 界面的结合强度随 μ_O 增加而降低。上述界面强度随 μ_O 变化的规律刚好与上文中所述界面能的变化规律相反。

此外，从图 2-57 中还可以看出，三种 W(110)/La_2O_3(0001)界面结构在 μ_O 整个变化范围内的界面强度均低于纯 W(110)的强度（$W_{sep} = 2\times\sigma_W = 6.42\ J/m^2$）。说明在 W-$La_2O_3$ 材料中，W/La_2O_3 界面可能成为裂纹源。结合图 2-57 和表 2-18 还可以推出，在 μ_O 整个变化范围内，La-rich W(110)/La_2O_3(0001)界面的结合强度明显低于 La-rich La_2O_3(0001)表面的结合强度（$W_{sep} = 2\times\sigma_{La\text{-}rich} = 13.1\ J/m^2$），而 oxygen-rich 和 stoichiometric 界面的结合强度则高于 La_2O_3(0001)表面的结合强度（$W_{sep} = 2\times\sigma_{oxygen\text{-}rich} = 2.96\ J/m^2$ 和 $W_{sep} = 2\times\sigma_{stoichiometric} = 1.56\ J/m^2$）。综合上述界面和表面强度对比的结果，可以获得 W-La_2O_3 材料中 W、La_2O_3 和 W/La_2O_3 界面的结合强度强弱顺序。存有 La-rich W(110)/La_2O_3(0001)界面处，结合强度降序排列为 La-rich La_2O_3(0001)表面→W(110)表面→La-rich W(110)/La_2O_3(0001)界面，所以 W-La_2O_3 材料中 La-rich W(110)/La_2O_3(0001)界面居多，易于从 W/La_2O_3 界面处断开。在 stoichiometric W(110)/La_2O_3(0001)界面处，结合强度按照 W(110)表面→ stoichiometric W(110)/La_2O_3(0001)界面→stoichiometric La_2O_3(0001)表面的顺序降序排列；而在 oxygen-rich W(110)/La_2O_3(0001)界面处，结合强度降序排列为 W(110)表面→oxygen-rich W(110)/La_2O_3(0001)界面→oxygen-rich La_2O_3(0001)表面。所以，当 W-La_2O_3 材料中 oxygen-rich 或 stoichiometric W(110)/La_2O_3(0001)界面居多时，则容易发生 La_2O_3 颗粒的断开。例如，陈勇等[249]在对 W-La_2O_3 弥散强化合金的研究中发现，在断口处 La_2O_3 颗粒大部分完整地留在基体中，说明其制备的 W-La_2O_3 材料中 W/La_2O_3 界面结合低于 La_2O_3 颗粒和 W 基体各自的结合强度，可以推测该断面处以 La-rich 界面居多。总的来说，在 W-La_2O_3 材料中，La_2O_3 颗粒或 W/La_2O_3 界面的结合强度总会低于纯 W 的结合，成为可能的裂纹萌生源。

4. W/La_2O_3 界面的电子结构

从原子结合和电子结构的角度分析三种 W/La_2O_3 界面性能的本质区别具有重要意义，表 2-21 列出了在 $\mu_O = -4.89$ eV 时三种界面中 W-O 和 W-La 的键长和键能的对比。

这里仅考虑了最近邻和次近邻的原子相互作用，三种界面各具有 2 个最近邻和 2 个次近邻的 W—O 键和 W—La 键，即共 4 个 W—La 键和 4 个 W—O 键。W—O 键和 W—La 键的强度采用 dimer 模型[282]进行计算，结果如表 2-21 所示。从表中可以明显地看出，在三种界面中，oxygen-rich W-La_2O_3 界面具有最短的 W—O 键键长

表 2-21 oxygen-rich、stoichiometric 和 La-rich W(110)/La_2O_3(0001)界面的键能分析。每种界面分别有 2 个最近邻和次近邻的 W—O 键和 W—La 键，即共 4 个 W—O 键和 W—La 键

界面	键种类	最近邻键		次近邻键		总强度/eV
		长度/Å	强度/(eV/bond)	长度/Å	强度/(eV/bond)	
oxygen-rich	W—O	2.08	9.23	2.38	7.00	95.52
	W—La	3.49	4.22	3.88	3.43	
stoichiometric	W—O	2.14	8.49	3.37	3.80	82.96
	W—La	3.24	4.61	3.7	3.84	
La-rich	W—O	4.3	1.7	4.66	0.43	46.12
	W—La	3.02	5.09	3.45	4.31	

和最强的 W—O 键键强，而 La-rich 界面具有最强的 W—La 键。上述对比表明，W—O 键和 W—La 键分别对 oxygen-rich 和 La-rich W/La_2O_3 界面的界面强度起到了决定性作用。最后，通过对比总的键强，发现三种界面中成键的总强度按照 oxygen-rich→ stoichiometric→La-rich 界面的顺序减弱。上述对比从原子结合角度，深入地解释了图 2-57 中三种界面在 $\mu_O = -4.89$ eV 处的结合强度强弱顺序。

为了更深入地从电子结构角度理解界面的性能，图 2-58 对比了在 $\mu_O = -4.89$ eV 时，oxygen-rich 和 stoichiometric W/La_2O_3 界面的界面 W 原子和 O 原子的电子总态密度。从图 2-58 中可以明显地看出，与 stoichiometric 界面相比，oxygen-rich 界面处原子的态密度（DOS）峰移向左端具有更高结合能量的位置，而且 oxygen-rich 界面原子在费米能级处的 DOS 比 stoichiometric 界面的低。一般来讲，费米能级态密度越低，结构越稳定；费米能级态密度过高，可能该结构无法稳定

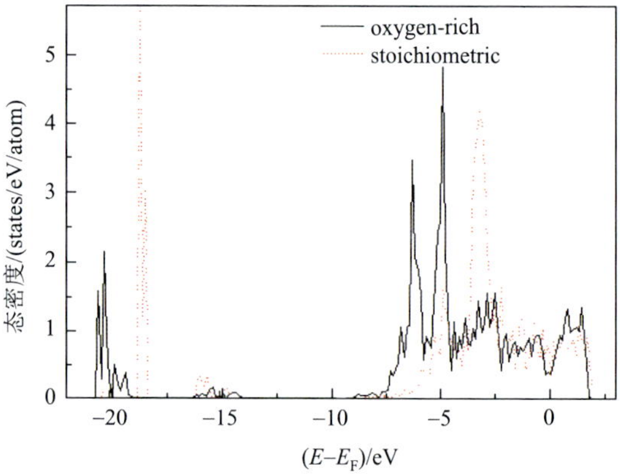

图 2-58 oxygen-rich 和 stoichiometric W(110)/La_2O_3(0001)界面的能态密度对比图

存在。上述电子结构的特点均表明在 μ_O = –4.89 eV 处 oxygen-rich 界面中形成了更强的化学键合，这也从本征机理上解释了图 2-56 和图 2-57 中在 μ_O = –4.89 eV 处 oxygen-rich 界面具有更低的界面能和更高的结合强度的原因。同时，该部分界面能的对比与本章中 W 原子在 La_2O_3 表面的吸附结果非常一致，即易发生 W 原子吸附的表面更容易形成稳定的界面。

参考文献

[1] 张辉，陈文革. 钨铜线材研究现状[J]. 电工材料，2012，(2)：16-19.

[2] 于洋，李达人，王尔德，等. 钨铜热变形致密化工艺及组织性能研究[J]. 粉末冶金技术，2009，27(1)：45-47.

[3] 肖尊文. 钨铜高温导电封接材料的研究[J]. 陶瓷学报，1996，17（4）：53-56.

[4] 黄趾海，杨梨容，唐杰，等. 钨铜复合材料烧结性能的影响因素[J]. 科技信息，2011，(5)：429-430.

[5] 刘祖岩，于洋，王尔德. 钨铜粉末材料烧结-挤压致密化研究[J]. 稀有金属，2006，30（S1）：72-75.

[6] 吕大铭. 钨铜材料的生产、应用与发展[J]. 中国钨业，2004，19（5）：69-74.

[7] 张辉，陈文革. 钨铜板材的研究现状与发展[J]. 材料导报 A：综述篇，2012，26（15）：119-123，145.

[8] Fan J L，Liu T，Zhu S，et al. Synthesis of ultrafine/nanocrystalline W-（30～50）Cu composite powders and microstructure characteristics of the sintered alloys[J]. International Journal of Refractory Metals and Hard Materials，2012，30（1）：33-37.

[9] Tilliander U，Bergqvist H，Seetharaman S. Morphology studies of a W/Cu alloy synthesized by hydrogen reduction[J]. Journal of Materials Research，2006，21（6）：1467-1470.

[10] 孙兆轩. ITER 钨铜穿管模块高热负荷测试及有限元模拟[D]. 北京：中国科学技术大学，2017.

[11] Boer de F R，Boom R，Mattens W C M，et al. Cohesion in Metals：Transition Metal Alloys[M]. Amsterdam：North-Holland，1989.

[12] Gong H R，Kong L T，Lai W S，et al. Glass-forming ability determined by an n-body potential in a highly immiscible Cu-W system through molecular dynamics simulations[J]. Physical Review B，2003，68(14)：144201.

[13] Zhang R F，Li Z C，Liu B X. Metastable phase formed in immiscible Cu-W multilayers by ion mixing[J]. Japanese Journal of Applied Physics，2003，42（11）：7009-7012.

[14] Villain P，Goudeau P，Badawi F，et al. Physical origin of spontaneous interfacial alloying in immiscible W/Cu multilayers[J]. Journal of Materials Science，2007，42（17）：7446-7450.

[15] Zhang D L. Processing of advanced materials using high-energy mechanical milling[J]. Progress in Materials Science，2004，49（3/4）：537-560.

[16] Tabrizi N S，Xu Q，van der Pers N M，et al. Generation of mixed metallic nanoparticles from immiscible metals by spark discharge[J]. Journal of Nanoparticle Research，2010，12（1）：247-259.

[17] Edwards D，Sabirovb I，Sigle W. et al. Microstructure and thermostability of a W-Cu nanocomposite produced via high-pressure torsion[J]. Philosophical Magazine，2012，92（33）：4151-4166.

[18] Ai Y P，Xie S K，Zeng Y Y，et al. Research on Cu-W homogeneous film structure prepared by ion beam sputtering[J]. Journal of Alloys and Compounds，2010，496（1/2）：385-387.

[19] Ma E. Alloys created between immiscible elements[J]. Progress in Materials Science，2005，50（4）：413-509.

[20] Nastasi M，Saris F W，Hung L S，et al. Stability of amorphous Cu/Ta and Cu/W alloys[J]. Journal of Applied Physics，1985，58（8）：3052-3058.

[21] Dirks A G, van den Broek J J. Metastable solid solutions in vapor deposited Cu-Cr, Cu-Mo, and Cu-W thin films[J]. Journal of Vacuum Science & Technology A：Vacuum，Surfaces，and Films，1985，3（6）：2618-2622.

[22] Taylor N J. Aleed study of the epitaxial growth of copper on the(110)surface of tungsten[J]. Surface Science，1966，4（2）：161-194.

[23] Moss A R L，Blott B H. The epitaxial growth of copper on the(110)surface of a tungsten single crystal studied by leed，auger electron，and work function techniques[J]. Surface Science，1969，17（1）：240-261.

[24] Bauer E，Poppa H，Todd G，et al. Adsorption and condensation of Cu on W singlecrystal surfaces[J]. Journal of Applied Physics，1974，45（12）：5164-5175.

[25] Cetronio A，Jones J P，Roberts E W. A study of copper adsorption on(100)tungsten by high field microscopy[J]. Surface Science，1975，52（3）：473-488.

[26] Girault B，Eyidi D，Chauveau T，et al. Copper coverage effect on tungsten crystallites texture development in W/Cu nanocomposite thin films[J]. Journal of Applied Physics，2011，109（1）：014305.

[27] Bollmann T R J，van Gastel R，Wormeester H，et al. Growth and decay of hcp-like Cu hut-shaped structures on W(100)[J]. Physical Review B—Condensed Matter and Materials Physics，2012，85（12）：125417.

[28] Melmed A J. Adsorption and surface diffusion of copper on tungsten[J]. The Journal of Chemical Physics，1965，43（9）：3057-3062.

[29] Reshöft K，Jensen C，Köhler U. Atomistics of the epitaxial growth of Cu on W(110)[J]. Surface Science，1999，421（3）：320-336.

[30] Luo E Z，Cai Q，Chung W F，et al. Competing desorption pathways during epitaxial growth：LEEM investigation of Cu/W(110) heteroepitaxy[J]. Physical Review B—Condensed Matter and Materials Physics，1996，54（20）：14673-14678 .

[31] Girault B，Villain P，Le Bourhis E，et al. X-ray diffraction analysis of the structure and residual stresses of W/Cu multilayers[J]. Surface and Coatings Technology，2006，201（7）：4372-4376.

[32] Wen S P，Zong R L，Zeng F，et al. Evaluating modulus and hardness enhancement in evaporated Cu/W multilayers[J]. Acta Materialia，2007，55（1）：345-351.

[33] Polański J，Sidorski Z. Adsorption of copper on tungsten；measurements on single crystal planes[J]. Surface Science，1973，40（2）：282-294.

[34] Jiang Q，Lu H M，Zhao M. Modelling of surface energies of elemental crystals[J]. Journal of Physics：Condensed Matter，2004，16（4）：521-530.

[35] Sander D，Ibach H. Clean Surfaces[M]//Madelung O，Martienssen W. Landolt-Bornstein-Group Ⅰ Condensed Matter：Numerical Data and Functional Relationships in Science and Technology New Series. Berlin：Springer-Verlag，1994.

[36] Jakobi K. Work Function Data[M]//Madelung O，Martienssen W. Landolt-Bornstein-Group Ⅲ Condensed Matter：Numerical Data and Functional Relationships in Science and Technology New Series. Berlin：Springer-Verlag，1994.

[37] Jones J P，Roberts E W. Adsorption of copper on single crystal planes oftungsten[J]. Surface Science，1977，69（1）：185-204.

[38] Tang W，Sanville E，Henkelman G. A grid-based Bader analysis algorithm without lattice bias[J]. Journal of Physics：Condensed Matter，2009，21（8）：084204.

[39] Ahuja B L，Arora G，Ahmed G，et al. A study of electron momentum density and charge transfer in W-Cu system[J]. Journal of Alloys and Compounds，2009，467（1/2）：595-599.

[40] Herrmann A，Greuner H，Balden M，et al. Design and evaluation of an optimized W/Cu interlayer for W monoblock components[J]. Fusion Engineering and Design，2011，86（1）：27-32.

[41] Liu R，Hao T，Wang K，et al. Microwave sintering of W/Cu functionally graded materials[J]. Journal of Nuclear Materials，2012，431（1/2/3）：196-201.

[42] Chong F L，Chen J L，Li J G. Evaluation of tungsten coatings on CuCrZr and W/Cu FGM under high heat flux and HT-7 limiter plasma irradiation[J]. Journal of Nuclear Materials，2007，363：1201-1205.

[43] Itoh Y，Takahashi M，Takanob H. Design of tungsten/copper graded composite for high heat flux components[J]. Fusion Engineering and Design，1996，31（4）：279-289.

[44] You J H，Brendel A，Nawka S，et al. Thermal and mechanical properties of infiltrated W/CuCrZr composite materials for functionally graded heat sink application[J]. Journal of Nuclear Materials，2013，438（1/2/3）：1-6.

[45] Pintsuk G，Brünings S E，Döring J E，et al. Development of W/Cu*/functionally graded materials[J]. Fusion Engineering and Design，2003，66：237-240.

[46] Liu B B，Xie J X，Qu X H. Fabrication of W-Cu functionally graded materials with high density by particle size adjustment and solid state hot press[J]. Composites Science and Technology，2008，68（6）：1539-1547.

[47] Jedamzik R，Neubrand A，Rödel J. Functionally graded materials by electrochemical processing and infiltration：application to tungsten/copper composites[J]. Journal of Materials Science，2000，35（2）：477-486.

[48] Li S B，Xie J X. Processing and microstructure of functionally graded W/Cu composites fabricated by multi-billet extrusion using mechanically alloyed powders[J]. Composites Science and Technology，2006，66（13）：2329-2336.

[49] Chapa J，Reimanis I. Modeling of thermal stresses in a graded Cu/W joint[J]. Journal of Nuclear Materials，2002，303（2/3）：131-136.

[50] Lian Y Y，Liu X Y，Xu Z，et al. Preparation and properties of CVD-W coated W/Cu FGM mock-ups[J]. Fusion Engineering and Design，2013，88（9/10）：1694-1698.

[51] Shu X K，Jiang P，Che J G. Surface alloying of immiscible metals induced by surface state shift[J]. Surface Science，2003，545（3）：199-210.

[52] Hu P，Wander A，Morales de la Garza L，et al. An adsorbate-stabilised vacancy structure for Cu on W(100)：a surface alloy[J]. Surface Science Letters，1993，286（1/2）：L542-L546.

[53] Zhou X W，Johnson R A，Wadley H N G. Misfit-energy-increasing dislocations in vapor-deposited CoFe/NiFe multilayers[J]. Physical Review B，2004，69（14）：144113.

[54] Zhang R F，Kong L T，Gong H R，et al. Comparative study of metastable phase formation in the immiscible Cu W system by *ab initio* calculation and n-body potential[J]. Journal of Physics Condensed Matter，2004，16（29）：5251-5258.

[55] Gong H R，Kong L T，Lai W S，et al. Glass-forming ability determined by an n-body potential in a highly immiscible Cu-W system through molecular dynamics simulations[J]. Physical Review B，2003，68（14）：144201.

[56] Ai Y P，Xie S K，Zeng Y Y，et al. Research on Cu-W homogeneous film structure prepared by ion beam sputtering[J]. Journal of Alloys & Compounds，2010，496（1/2）：385-387.

[57] Bylander D M，Kleinman L. Erratum：Self-consistent relativistic calculation of the energy bands and cohesive energy of W[J]. Physical Review B：Condensed Matter，1985，31（8）：5523.

[58] Simmons G，Wang H. Single Crystal Elastic Constants and Calculated Aggregate Properties：A Handbook[M]. Cambridge：MIT Press，1971.

[59] Rasch K D，Siegel R W，Schultz H. Quenching and recovery investigations of vacancies in tungsten[J]. Philosophical Magazine A，1980，41（1）：91-117.

[60] Ernst N, Drachsel W, Li Y, et al. Field adsorption of helium on tungsten[J]. Physical Review Letters, 1986, 57(21): 2686-2689.

[61] Saha S, Abdul Motalab M, Mahboob M. Investigation on mechanical properties of polycrystalline W nanowire[J]. Computational Materials Science, 2017, 136: 52-59.

[62] Kittel C. Introduction to Solid-State Physics[M]. Hoboken: Wiley, 1996.

[63] Chen L, Fan J L, Gong H R. Phase transition and mechanical properties of tungsten nanomaterials from molecular dynamic simulation[J]. Journal of Nanoparticle Research, 2017, 19 (3): 118.

[64] Feng Y X, Shang J X, Qin S J, et al. Twin and dislocation mechanisms in tensile W single crystal with temperature change: a molecular dynamics study[J]. Physical Chemistry Chemical Physics, 2018, 20 (26): 17727-17738.

[65] Yu X G, Gou F J, Tian X. Molecular dynamics study of the effect of hydrogen on the mechanical properties of tungsten[J]. Journal of Nuclear Materials, 2013, 441 (1/2/3): 324-330.

[66] Johnson R A, Oh D J. Analytic embedded atom method model for BCC metals[J]. Journal of Materials Research, 1989, 4 (5): 1195-1201.

[67] Cai J, Ye Y Y. Simple analytical embedded-atom-potential model including a long-range force for fcc metals and their alloys[J]. Physical Review B, 1996, 54 (12): 8398-8410.

[68] Smith C J. Metal Reference Book[M]. Boston: Butterworths, 1976.

[69] Pearson W B. Handbook of Lattice Spacings and Structure of Metals[M]. Oxford: Pergamon Press, 1967.

[70] Kraftmakher Y A, Strelkov P G. Vacancies and Interstitials in Metals[M]. Amsterdam: North-Holland, 1970.

[71] Balluffi R W. Vacancy defect mobilities and binding energies obtained from annealing studies[J]. Journal of Nuclear Materials, 1978, 69: 240-263.

[72] Guellil A M, Adams J B. The application of the analytic embedded atom method to bcc metals and alloys[J]. Journal of Materials Research, 1992, 7 (3): 639-652.

[73] Heino P. Microstructure and shear strength of a Cu-Ta interface[J]. Computational Materials Science, 2001, 20 (2): 157-167.

[74] Gong H R, Kong L T, Lai W S, et al. Atomistic modeling of solid-state amorphization in an immiscible Cu-Ta system[J]. Physical Review B, 2002, 66 (10): 104204.

[75] Chen J K, Farkas D, Reynolds Jr W T. Atomistic simulation of an f.c.c./b.c.c. interface in Ni-Cr alloys[J]. Acta Materialia, 1997, 45 (11): 4415-4421.

[76] Liang C P, Wu C Y, Fan J L, et al. Structural, thermodynamic, and mechanical properties of WCu solid solutions[J]. Journal of Physics & Chemistry of Solids, 2017, 110: 401-408.

[77] Boer F R D. Cohesion in Metals: Transition Metal Alloys[M]. Amsterdam: North-Holland, 1988.

[78] 陈岚. 扫描隧道显微镜对半导体表面和单分子电子学的研究[D]. 合肥：中国科学技术大学，2006.

[79] 万勇，黄健，冯瑞华，等. 浅析美国“材料基因组计划”[J]. 新材料产业，2012，7：62-64.

[80] Rizzo H F, Massalski T B, Nastasi M. Metastable crystalline and amorphous structures formed in the Cu-W system by vapor deposition[J]. Metallurgical Transactions A, 1993, 24 (5): 1027-1037.

[81] Ma E. Alloys created between immiscible elements[J]. Progress in Materials Science, 2005, 50 (4): 413-509.

[82] Berendsen H J C, Postma J P M, Gunsteren W F V, et al. Molecular dynamics with coupling to an external bath[J]. Journal of Chemical Physics, 1984, 81 (8): 3684-3690.

[83] Ullah M W, Aidhy D S, Zhang Y W, et al. Damage accumulation in ion-irradiated Ni-based concentrated solid-solution alloys[J]. Acta Materialia, 2016, 109: 17-22.

[84] Nordlund K, Ghaly M, Averback R S, et al. Defect production in collision cascades in elemental semiconductors

and fcc metals[J]. Physical Review B：Condensed Matter，1998，57（13）：7556-7570.

[85] Dudarev S L，Ma P W. Elastic fields，dipole tensors，and interaction between self-interstitial atom defects in bcc transition metals[J]. Physical Review Materials，2018，2（3）：033602.

[86] Nguyen-Manh D，Horsfield A P，Dudarev S L. Self-interstitial atom defects in bcc transition metals：Group-specific trends[J]. Physical Review B，2006，73（2）：020101.

[87] Derlet P M，Nguyen-Manh D，Dudarev S L. Multiscale modeling of crowdion and vacancy defects in body-centered-cubic transition metals[J]. Physical Review B，2007，76（5）：054107.

[88] Alexander R，Marinica M C，Proville L，et al. *Ab initio* scaling laws for the formation energy of nanosized interstitial defect clusters in iron，tungsten，and vanadium[J]. Physical Review B，2016，94（2）：024103.

[89] Stukowski A，Bulatov V V，Arsenlis A. Automated identification and indexing of dislocations in crystal interfaces[J]. Modelling Simulmaterscieng，2012，20（8）：085007.

[90] Nahm T U，Gomer R. The conversion of Fe on W(110) from the low temperature to the high temperature form[J]. Surface Science，1997，380（1）：52-60.

[91] Janeschitz G，JCT I. Plasma-wall interaction issues in ITER[J]. Journal of Nuclear Materials，2001，290：1-11.

[92] Rieth M，Dudarev S L，de Vicente S M G，et al. Recent progress in research on tungsten materials for nuclear fusion applications in Europe[J]. Journal of Nuclear Materials，2013，432（1/2/3）：482-500.

[93] Federici G，Skinner C H，Brooks J N，et al. Plasma-material interactions in current tokamaks and their implications for next step fusion reactors[J]. Nuclear Fusion，2001，41（12）：1967-2137.

[94] Tokunaga K，Matsubara T，Miyamoto Y，et al. Changes of composition and microstructure of joint interface of tungsten coated carbon by high heat flux[J]. Journal of Nuclear Materials，2000，283：1121-1127.

[95] Bai H Y，Michaelsen C，Bormann R. Inverse melting in a system with positive heats of formation[J]. Physical Review B，1997，56（18）：R11361-R11364.

[96] Bai H Y，Michaelsen C，Gente C，et al. Amorphization by mechanical alloying in metallic systems with positive Gibbs energy of formation[J]. Physical Review B，2001，63（6）：064202.

[97] Shen T D，Wang K Y，Quan M X，et al. Amorphous phase transition mechanism by the mechanical alloying of the Fe-W system[J]. Journal of Applied Physics，1992，71（4）：1967-1971.

[98] Ruan Y F，Yao S W，Kowaka M. Amorphization of electrodeposited FeW alloy films and electrochemical behavior[J]. Journal of Non-crystalline Solids，1990，117：752-755.

[99] Herr U，Samwer K. Formation of nanocrystalline and amorphous phases by mechanical alloying in the system W-Fe[J]. Nanostructured Materials，1992，1（6）：515-521.

[100] Jartych E，Żurawicz J K，Oleszak D，et al. Structure and magnetic properties of mechanosynthesized iron-tungsten alloys[J]. Journal of Magnetism and Magnetic Materials，2000，218（2/3）：247-255.

[101] Gamburg Y D，Zakharov E N，Goryunov G E. Electrodeposition，structure，and properties of iron-tungsten alloys[J]. Russian Journal of Electrochemistry，2001，37（7）：670-673.

[102] Lu M，Chien C L. Structural and magnetic properties of Fe-W alloys[J]. Journal of Applied Physics，1990，67（9）：5787-5789.

[103] Novakova A A，Kiseleva T Y，Lyovina V V，et al. Low temperature formation of nanocrystalline Fe-W and Fe-Mo compounds[J]. Journal of Alloys and Compounds，2001，317：423-427.

[104] Watson R E，Bennett L H. Optimized prediction for heats of formation of transition metal alloys[J]. Calphad，1981，5（1）：25-40.

[105] Birnie D，Machlin E S，Kaufman L，et al. Comparison of pair potential and thermochemical models of the heat of

formation of BCC and FCC alloys[J]. Calphad，1982，6（2）：93-126.
[106] de Boer F R，Mattens W C M，Boom R，et al. Cohesion in Metals[M]. Amsterdam：North-Holland，1988.
[107] Zhang B W，Ouyang Y F. Theoretical calculation of thermodynamic data for bcc binary alloys with the embedded-atom method[J]. Physical Review B，1993，48（5）：3022-3029.
[108] Pavlu J，Šob M. *Ab initio* study of C14 laves phases in Fe-based systems[J]. Journal of Mining and Metallurgy，Section B：Metallurgy，2012，48（3）：395-401.
[109] Gyorffy B L. Coherent-potential approximation for a nonoverlapping-muffin-tin-potential model of random substitutional alloys[J]. Physical Review B，1972，5（6）：2382-2384.
[110] Sanchez J M，Ducastelle F，Gratias D. Generalized cluster description of multicomponent systems[J]. Physica A：Statistical Mechanics and its Applications，1984，128（1/2）：334-350.
[111] Zunger A，Wei S H，Ferreira L G，et al. Special quasirandom structures[J]. Physical Review Letters，1990，65（3）：353-356.
[112] 梁超平. 若干过渡族金属及合金系统关键性能的第一性原理研究[D]. 长沙：中南大学，2013.
[113] Liu Z K. First-principles calculations and CALPHAD modeling of thermodynamics[J]. Journal of Phase Equilibria and Diffusion，2009，30：517-534.
[114] van de Walle A. Multicomponent multisublattice alloys，nonconfigurational entropy and other additions to the Alloy Theoretic Automated Toolkit[J]. Calphad，2009，33（2）：266-278.
[115] Kittel C，McEuen P. Introduction to Solid State Physics[M]. New York：Wiley，1986.
[116] Antoni-Zdziobek A，Commeau T，Joubert J M. Partial redetermination of the Fe-W phase diagram[J]. Metallurgical and Materials Transactions A，2013，44（7）：2996-3003.
[117] Thuanboon S，Garside G，Guruswamy S. Large low-field magnetostriction in Fe-W and Fe-Mo alloy single crystals[J]. Journal of Applied Physics，2008，104（1）：013912.
[118] Sumiyama K，Hirata M，Teshima W. Magnetic and electrical properties of nonequilibrium Fe-W alloys produced by sputter deposition[J]. Japanese Journal of Applied Physics，1991，30（11R）：2839.
[119] Wang Y，Wang J J，Zhang H，et al. A first-principles approach to finite temperature elastic constants[J]. Journal of Physics：Condensed Matter，2010，22（22）：225404.
[120] Otero-de-la-Roza A，Abbasi-Pérez D，Luaña V. GIBBS2：A new version of the quasiharmonic model code. Ⅱ. Models for solid-state thermodynamics，features and implementation[J]. Computer Physics Communications，2011，182（10）：2232-2248.
[121] Liang Y F，Shang S L，Wang J，et al. First-principles calculations of phonon and thermodynamic properties of Fe-Si compounds[J]. Intermetallics，2011，19（10）：1374-1384.
[122] Nix F C，MacNair D. The thermal expansion of pure metals：copper，gold，aluminum，nickel，and iron[J]. Physical Review，1941，60（8）：597-605.
[123] Debernardi A，Alouani M，Dreyssé H. *Ab initio* thermodynamics of metals：Al and W[J]. Physical Review B，2001，63（6）：064305.
[124] Herper H C，Hoffmann E，Entel P. *Ab initio* full-potential study of the structural and magnetic phase stability of iron[J]. Physical Review B，1999，60（6）：3839-3838.
[125] Chen X R，Zeng Z Y，Liu Z L，et al. Elastic anisotropy of ε-Fe under conditions at the Earth's inner core[J]. Physical Review B，2011，83（13）：132102.
[126] Rayne J A，Chandrasekhar B S. Elastic constants of iron from 4.2 to 300 K[J]. Physical Review，1961，122（6）：1714-1716.

[127] Featherston F H，Neighbours J R. Elastic constants of tantalum，tungsten，and molybdenum[J]. Physical Review，1963，130（4）：1324-1333.

[128] Bizyukov I，Krieger K，Azarenkov N，et al. Tungsten sputtering and accumulation of implanted carbon and deuterium by simultaneous bombardment with D and C ions[J]. Journal of Nuclear Materials，2007，363：1184-1189.

[129] Hill R. The elastic behaviour of a crystalline aggregate[J]. Proceedings of the Physical Society，Section A，1952，65（5）：349-354.

[130] Sadd M H. Elasticity：Theory，Applications，and Numerics[M]. New York：Academic Press，2009.

[131] Huang S F，Chang R S，Leung T C，et al. Cohesive and magnetic properties of Ni，Co，and Fe on W(100)，(110)，and(111)surfaces：A first-principles study[J]. Physical Review B，2005，72（7）：075433.

[132] Zener C M，Siegel S. Elasticity and anelasticity of metals[J]. The Journal of Physical and Colloid Chemistry，1949，53（9）：1468.

[133] Stoner E C. Collective electron specific heat and spin paramagnetism in metals[J]. Proceedings of the Royal Society of London. Series A，Mathematical and Physical Sciences，1936，154（883）：656-678.

[134] Li B，Xing Z W，Liu M. Phonon softening induced by striped antiferromagnetic order in LiFeAs[J]. Applied Physics Letters，2011，98（7）：072506.

[135] Zhou X W，Johnson R A，Wadley H N. Misfit-energy-increasing dislocations in vapor-deposited CoFe/NiFe multilayers[J]. Physical Review B，2004，69（14）：144113.

[136] Bonny G，Castin N，Bullens J，et al. On the mobility of vacancy clusters in reduced activation steels：an atomistic study in the Fe-Cr-W model alloy[J]. Journal of Physics：Condensed Matter，2013，25（31）：315401.

[137] Zhang B W，Ouyang Y F. Theoretical calculation of thermodynamic data for bcc binary alloys with the embedded-atom method[J]. Physical Review B，1993，48（5）：3022-3029.

[138] Mendelev M I，Han S，Srolovitz D J，et al. Development of new interatomic potentials appropriate for crystalline and liquid iron[J]. Philosophical Magazine，2003，83（35）：3977-3994.

[139] Ackland G J，Thetford R. An improved N-body semi-empirical model for body-centred cubic transition metals[J]. Philosophical Magazine，Part A，1987，56（1）：15-30.

[140] Wei W，Chen L，Gong H R，et al. Strain-stress relationship and dislocation evolution of W-Cu bilayers from a constructed n-body W-Cu potential[J]. Journal of Physics：Condensed Matter，2019，31（30）：305002.

[141] Kittel C，McEuen P. Introduction to Solid State Physic[M]. New York：Wiley，1996.

[142] Kittel C. Introduction to Solid State Physics[M]. New York：Wiley，1971.

[143] Ernst N，Drachsel W，Li Y，et al. Field adsorption of helium on tungsten[J]. Physical Review Letters，1986，57（21）：2686-2689.

[144] Saha S，Abdul Motalab M，Mahboob M. Investigation on mechanical properties of polycrystalline W nanowire[J]. Computational Materials Science，2017，136：52-59.

[145] Bylander D M，Kleinman L. Self-consistent semirelativistic pseudopotential calculation of the energy bands，cohesive energy，and bulk modulus of W[J]. Physical Review B，1983，27（6）：3152-3159.

[146] Gray D E. American Institute of Physics Handbook[M]. New York：McGraw-Hill，1972.

[147] Rayne J A，Chandrasekhar B S . Elastic constants of iron from 4.2 to 300K[J]. Physical Review，1961，122（6）：1714-1716.

[148] Schaefer H E，Maier K，Weller M，et al. Vacancy formation in iron investigated by positron annihilation in thermal equilibrium[J]. Scripta Metallurgica，1977，11（9）：803-809.

[149] Ai Y P，Xie S K，Zeng Y Y，et al. Research on Cu-W homogeneous film structure prepared by ion beam sputtering[J]. Journal of Alloys and Compounds，2010，496（1/2）：385-387.

[150] Featherston F H，Neighbours J R. Elastic constants of tantalum，tungsten，and molybdenum[J]. Physical Review，1963，130（4）：1324-1333.

[151] Rasch K D，Siegel R W，Schultz H. Quenching and recovery investigations of vacancies in tungsten[J]. Philosophical Magazine A，1980，41（1）：91-117.

[152] Shinoda W，Shiga M，Mikami M. Rapid estimation of elastic constants by molecular dynamics simulation under constant stress[J]. Physical Review B，2004，69（13）：134103.

[153] Grimvall G. Thermophysical Properties of Materials[M]. Amsterdam：Elsevier，1999.

[154] Dinsdale A T. SGTE data for pure elements[J]. Calphad，1991，15（4）：317-425.

[155] Engin C，Sandoval L，Urbassek H M . Characterization of Fe potentials with respect to the stability of the bcc and fcc phase[J]. Modelling and Simulation in Materials Science and Engineering，2008，16（3）：035005.

[156] Dudarev S L，Derlet P M. A ‘magnetic’ interatomic potential for molecular dynamics simulations[J]. Journal of Physics：Condensed Matter，2005，17（44）：7097-7118.

[157] Wallenius J，Olsson P，Lagerstedt C . Relation between thermal expansion and interstitial formation energy in pure Fe and Cr[J]. Nuclear Instruments & Methods in Physics Research. B：Beam Interactions with Materials and Atoms，2005，228（1-4）：122-125.

[158] Ren Q Q，Fan J L，Han Y，et al. Structural，thermodynamic，mechanical，and magnetic properties of FeW system[J]. Journal of Applied Physics，2014，116（9）：093909.

[159] Boer F R D. Cohesion in Metal：Transition Metal Alloys[M]. Amsterdam：North-Holland，1989.

[160] Pavlu J，Sob M. *Ab initio* study of C14 laves phases in Fe-based systems[J]. Journal of Mining and Metallurgy，Section B：Metallurgy，2012，48（3）：395-401.

[161] Brandes E A，Brook G B. Smithells Metals Reference Book[M]. London：Butterworth，1998.

[162] Kalpakjian S，Schmid S R. Manufacturing Engineering and Technology[M]. London：Pearson Education，2009.

[163] Liu P，Nørskov J K . Ligand and ensemble effects in adsorption on alloy surfaces[J]. Physical Chemistry Chemical Physics，2001，3（17）：3814-3818.

[164] Li H，Shin K，Henkelman G . Effects of ensembles，ligand，and strain on adsorbate binding to alloy surfaces[J]. Journal of Chemical Physics，2018，149（17）：174705.

[165] Popescu R，Meyerheim H L，Sander D，et al. Surface X-ray structure analysis of periodic misfit dislocations in Fe/W(110)[J]. Physical Review B，2003，68（15）：155421.

[166] Bethge H，Heuer D，Jensen C，et al. Misfit-related effects in the epitaxial growth of iron on W(110)[J]. Surface Science，1995，331：878-884.

[167] Kelchner C L，Plimpton S J，Hamilton J C. Dislocation nucleation and defect structure during surface indentation[J]. Physical Review B，1998，58（17）：11085-11088.

[168] Alexander S. Visualization and analysis of atomistic simulation data with OVITO-the open visualization tool[J]. Modelling and Simulation in Materials Science and Engineering，2010，18（1）：015012.

[169] Stukowski A，Bulatov V V，Arsenlis A. Automated identification and indexing of dislocations in crystal interfaces[J]. Modelling Simulmaterscieng，2012，20（8）：085007.

[170] Tober E D，Ynzunza R X，Palomares F J，et al. Interface structures of ordered Fe and Gd overlayers on W(110) from photoelectron diffraction[J]. Physical Review Letters，1997，79（11）：2085-2088.

[171] Pokluda J，Černý M，Šob M，et al. *Ab initio* calculations of mechanical properties：Methods and applications[J].

Progress in Materials Science，2015，73：127-158.

[172] Ma X L，Huang C X，Xu W Z，et al. Strain hardening and ductility in a coarse-grain/nanostructure laminate material[J]. Scripta Materialia，2015，103：57-60.

[173] Chen X Y，Kong X F，Misra A，et al. Effect of dynamic evolution of misfit dislocation pattern on dislocation nucleation and shear sliding at semi-coherent bimetal interfaces[J]. Acta Materialia，2018，143：107-120.

[174] Zhang R F，Wang J，Beyerlein I J，et al. Atomic-scale study of nucleation of dislocations from fcc-bcc interfaces[J]. Acta Materialia，2012，60（6/7）：2855-2865.

[175] Wang J，Zhang R F，Zhou C Z，et al. Interface dislocation patterns and dislocation nucleation in face-centered-cubic and body-centered-cubic bicrystal interfaces[J]. International Journal of Plasticity，2014，53：40-55.

[176] Makarov P V，Schmauder S，Cherepanov O I，et al. Simulation of elastic-plastic deformation and fracture of materials at micro-，meso-and macrolevels[J]. Theoretical & Applied Fracture Mechanics，2001，37（1-3）：183-244.

[177] Liu K，Zhang R F，Beyerlein I J，et al. Cooperative dissociations of misfit dislocations at bimetal interfaces[J]. APL Materials，2016，4（11）：111101.

[178] Wang Z Q，Beyerlein I J . An atomistically-informed dislocation dynamics model for the plastic anisotropy and tension-compression asymmetry of BCC metals[J]. International Journal of Plasticity，2011，27（10）：1471-1484.

[179] Wang Z Q，Beyerlein I J，Lesar R. Plastic anisotropy in fcc single crystals in high rate deformation[J]. International Journal of Plasticity，2009，25（1）：26-48.

[180] Kurishita H，Arakawa H，Matsuo S，et al. Development of nanostructured tungsten based materials resistant to recrystallization and/or radiation induced embrittlement[J]. Materials Transactions，2013，54（4）：456-465.

[181] 朱玲旭，燕青芝，郎少庭，等. 钨基面向等离子体材料的研究进展[J]. 中国有色金属学报，2012，22（12）：3522-3528.

[182] Zibrov M，Mayer M，Markina E，et al. Deuterium retention in TiC and TaC doped tungsten under low-energy ion irradiation[J]. Physica Scripta，2014，T159：014050.

[183] Song G M，Zhou Y，Wang Y J. Effect of carbide particles on the ablation properties of tungsten composites[J]. Materials Characterization，2003，50（4）：293-303.

[184] 宋桂明，王玉金，周玉，等. TiC 和 ZrC 颗粒增强钨基复合材料[J]. 固体火箭技术，1998，（4）：54-59.

[185] Fan J L，Han Y，Li P F，et al. Micro/nano composited tungsten material and its high thermal loading behavior[J]. Journal of Nuclear Materials，2014，455（1）：717-723.

[186] Hwu H H，Chen J G. Surface chemistry of transition metal carbides[J]. Chemical Reviews，2005，105（1）：185-212.

[187] Zhang S，Zhao D. Aerospace Materials Handbook[M]. Boca Raton：CRC Press，2012.

[188] Williams W S，Schaal R D. Elastic deformation，plastic flow，and dislocations in single crystals of titanium carbide[J]. Journal of Applied Physics，1962，33（3）：955-962.

[189] Lohse B H，Calka A，Wexler D. Raman spectroscopy as a tool to study TiC formation during controlled ball milling[J]. Journal of Applied Physics，2005，97（11）：114912.

[190] Shin Y，Li X S，Wang C，et al. Synthesis of hierarchical titanium carbide from titania-coated cellulose paper[J]. Advanced Materials，2004，16（14）：1212-1215.

[191] Zhu P，Hong Y，Liu B，et al. The synthesis of titanium carbide-reinforced carbon nanofibers[J]. Nanotechnology，2009，20（25）：255603.

[192] Yu T，Deng Y H，Wang L，et al. Ordered mesoporous nanocrystalline titanium-carbide/carbon composites from *in situ* carbothermal reduction[J]. Advanced Materials，2007，19（17）：2301-2306.

[193] Tian L H，Li C X，Li C J，et al. Effect of dispersed TiC content on the microstructure and thermal expansion

behavior of shrouded-plasma-sprayed FeAl/TiC composite coatings[J]. Journal of Thermal Spray Technology，2012，21（3）：689-694.

[194] Engberg C J，Zehms E H. Thermal expansion of Al_2O_3，BeO，MgO，B_4C，SiC，and TiC above 1000℃[J]. Journal of the American Ceramic Society，1959，42（6）：300-305.

[195] Spinner S. Temperature dependence of elastic constants of some cermet specimens[J]. Journal of the National Bureau of Standards-Civil Engineering and Instrumentation，1961，65：89-96.

[196] Houska C R. Thermal expansion and atomic vibration amplitudes for TiC，TiN，ZrC，ZrN，and pure tungsten[J]. Journal of Physics and Chemistry of Solids，1964，25（4）：359-366.

[197] Aigner K，Lengauer W，Rafaja D，et al. Lattice parameters and thermal expansion of TiC（C_xN_{1-x}），Zr（C_xN_{1-x}），Hf（C_xN_{1-x}），and TiN_{1-x} from 298 to 1473 K as investigated by high-temperature X-ray diffraction[J]. Journal of Alloys and Compounds，1994，215（1）：121-126.

[198] Naylor B F. High-temperature heat contents of titanium carbide and titanium nitride[1][J]. Journal of the American Chemical Society，1946，68（3）：370-371.

[199] Levinson L S. High-temperature heat contents of TiC and ZrC[J]. Journal of Chemical Physics，1965，42（8）：2891-2892.

[200] Varshney D，Shriya S. Elastic，mechanical and thermodynamic properties at high pressures and temperatures of transition metal monocarbides[J]. International Journal of Refractory Metals and Hard Materials，2013，41：375-401.

[201] Kim J，Kang S. Elastic and thermo-physical properties of TiC，TiN，and their intermediate composition alloys using *ab initio* calculations[J]. Journal of Alloys and Compounds，2012，528：20-27.

[202] Chang R，Graham L J. Low-temperature elastic properties of ZrC and TiC[J]. Journal of Applied Physics，1966，37（10）：3778-3783.

[203] Wachtman J，Lam D. Young's modulus of various refractory materials as a function of temperature[J]. Journal of the American Ceramic Society，1959，42（5）：254-260.

[204] Dodd S P，Cankurtaran M，James B. Ultrasonic determination of the elastic and nonlinear acoustic properties of transition-metal carbide ceramics：TiC and TaC[J]. Journal of Materials Science，2003，38（6）：1107-1115.

[205] Arya A，Carter E A. Structure，bonding，and adhesion at the TiC(100)/Fe(110)interface from first principles[J]. Journal of Chemical Physics，2003，118（19）：8982-8996.

[206] Hannink R H J，Murray M J. Elastic moduli measurements of some cubic transition metal carbides and alloyed carbides[J]. Journal of Materials Science，1974，9（2）：223-228.

[207] Kral C，Lengauer W，Rafaja D，et al. Critical review on the elastic properties of transition metal carbides，nitrides and carbonitrides[J]. Journal of Alloys and Compounds，1998，265（1）：215-233.

[208] Ahuja R，Eriksson O，Wills J M，et al. Structural，elastic，and high-pressure properties of cubic TiC，TiN，and TiO[J]. Physical Review B，1996，53（6）：3072-3079.

[209] Li J，Yang Y Q，Feng G H，et al. First-principles study of stability and properties on β-SiC/TiC(111)interface[J]. Journal of Applied Physics，2013，114（16）：163522.

[210] Wang S Q，Ye H Q. *Ab initio* elastic constants for the lonsdaleite phases of C，Si and Ge[J]. Journal of Physics：Condensed Matter，2003，15（30）：5307-5314.

[211] Yu R，Zhu J，Ye H Q. Calculations of single-crystal elastic constants made simple[J]. Computer Physics Communications，2010，181（3）：671-675.

[212] Vinet P，Ferrante J，Smith J R，et al. A universal equation of state for solids[J]. Journal of Physics C：Solid State

Physics，1986，19（20）：L467-L473.

[213] Nakamura M. Basic Mechanical Properties and Lattice Defects of Intermetallic Compounds[M]. Oxford：John Wiley & Sons Ltd，1995.

[214] Strzęciwilk D，Wokulski Z，Tkacz P. Microstructure of TiC crystals obtained from high temperature nickel solution[J]. Journal of Alloys and Compounds，2003，350（1）：256-263.

[215] Gu Q F，Krauss G，Gramm F，et al. On the compressibility of TiC in microcrystalline and nanoparticulate form[J]. Journal of Physics：Condensed Matter，2008，20（44）：445226.

[216] Gilman J J，Roberts B W. Elastic constants of TiC and TiB_2[J]. Journal of Applied Physics，1961，32（7）：1405.

[217] Liu Z G，Guo J T，Ye L L，et al. Formation mechanism of TiC by mechanical alloying[J]. Applied Physics Letters，1994，65（21）：2666-2668.

[218] Pugh S. XCII. Relations between the elastic moduli and the plastic properties of polycrystalline pure metals[J]. The London，Edinburgh，and Dublin Philosophical Magazine and Journal of Science，1954，45（367）：823-843.

[219] Tang W，Sanville E，Henkelman G. A grid-based Bader analysis algorithm without lattice bias[J]. Journal of Physics：Condensed Matter，2009，21（8）：084204.

[220] Edward S，Kenny S D，Roger S，et al. Improved grid-based algorithm for Bader charge allocation[J]. Journal of Computational Chemistry，2007，28（5）：899-908.

[221] Henkelman G，Arnaldsson A，Jónsson H. A fast and robust algorithm for Bader decomposition of charge density[J]. Computational Materials Science，2006，36（3）：354-360.

[222] Viñes F，Sousa C，Liu P，et al. A systematic density functional theory study of the electronic structure of bulk and（001）surface of transition-metals carbides[J]. Journal of Chemical Physics，2005，122（17）：174709.

[223] Wang Y，Wang J J，Zhang H，et al. A first-principles approach to finite temperature elastic constants[J]. Journal of Physics：Condensed Matter，2010，22（22）：225404.

[224] Wang Y，Li L. Mean-field potential approach to thermodynamic properties of metal：Al as a prototype[J]. Physical Review B，2000，62（1）：196-202.

[225] Blanco M A，Francisco E，Luaña V. GIBBS：isothermal-isobaric thermodynamics of solids from energy curves using a quasi-harmonic Debye model[J]. Computer Physics Communications，2004，158（1）：57-72.

[226] de Klerk J. Elastic constants and Debye temperature of TiC using a new ultrasonic coherent pulse/cw technique[J]. Review of Scientific Instruments，1965，36（11）：1540-1545.

[227] Davies G F. Effective elastic moduli under hydrostatic stress：Ⅰ. Quasi-harmonic theory[J]. Journal of Physics and Chemistry of Solids，1974，35（11）：1513-1520.

[228] Wachtman J B，Tefft W E，Lam D G，et al. Exponential temperature dependence of Young's modulus for several oxides[J]. Physical Review，1961，122（6）：1754-1759.

[229] Yu X H，Lin Z J，Zhang J Z，et al. Thermal equation of state of TiC：A synchrotron X-ray diffraction study[J]. Journal of Applied Physics，2010，107（11）：113517.

[230] Chen Y，Wu Y C，Yu F W，et al. Microstructure and mechanical properties of tungsten composites co-strengthened by dispersed TiC and La_2O_3 particles[J]. International Journal of Refractory Metals and Hard Materials，2008，26（6）：525-529.

[231] Song G M，Wang Y J，Zhou Y. Thermomechanical properties of TiC particle-reinforced tungsten composites for high temperature applications[J]. International Journal of Refractory Metals and Hard Materials，2003，21（1/2）：1-12.

[232] Song G M，Zhou Y，Wang Y J. The microstructure and elevated temperature strength of tungsten-titanium carbide

composite[J]. Journal of Materials Science，2002，37（16）：3541-3548.

[233] He J L，Li W Z，Li H D. Influence of modulation wavelength on the structure of TiC/W multilayers[J]. Japanese Journal of Applied Physics，1998，37（6A）：L679.

[234] Ashcroft Neil W，Mermin N D. Solid state Physics[M]. New York：Holt，1976.

[235] Lindberg P A P，Johansson L I. Work function and reactivity of some crystal faces of substoichiometric transition-metal carbides[J]. Surface Science，1988，194（1/2）：199-204.

[236] de Boer F R，Boom R，Mattens W C M，et al. Cohesion in Metals[M]. Amsterdam：North-Holland Physics Publishing，1989.

[237] Bağcı S，Kamış T，Tütüncü H，et al. *Ab initio* calculation of phonons for bulk TiC and TiC（001）（1×1）[J]. Physical Review B，2009，80（3）：035405.

[238] Price D L，Wills J M，Cooper B R. TiC（001）surface relaxation[J]. Physical Review Letters，1996，77（16）：3375.

[239] Rodriguez J A，Liu P，Dvorak J，et al. The interaction of oxygen with TiC（001）：Photoemission and first-principles studies[J]. The Journal of Chemical Physics，2004，121（1）：465-474.

[240] Dang D Y，Fan J L，Gong H R. Thermodynamic and mechanical properties of TiC from *ab initio* calculation[J]. Journal of Applied Physics，2014，116（3）：033509.

[241] Ren Q Q，Fan J L，Gong H R. Work function and cohesion properties of W-Fe interfaces[J]. Materials Letters，2015，145：205-208.

[242] Ren Q Q，Dang D Y，Gong H R，et al. Cohesion properties of carbon-tungsten interfaces[J]. Carbon，2015，83：100-105.

[243] Han Y，Liu D J. Quantum size effects in metal nanofilms：Comparison of an electron-gas model and density functional theory calculations[J]. Physical Review B，2009，80（15）：155404.

[244] He J L，Li W Z，Li H D，et al. Plastic properties of nano-scale ceramic-metal multilayers[J]. Surface and Coatings Technology，1998，103：276-280.

[245] Wurster S，Pippan R. Nanostructured metals under irradiation[J]. Scripta Materialia，2009，60（12）：1083-1087.

[246] 朱玲旭，燕青芝，郎少庭，等. 钨基面向等离子体材料的研究进展[J]. 中国有色金属学报，2012，22（12）：3522-3528.

[247] Yar M A，Wahlberg S，Bergqvist H，et al. Chemically produced nanostructured ODS-lanthanum oxide-tungsten composites sintered by spark plasma[J]. Journal of Nuclear Materials，2011，408（2）：129-135.

[248] Yar M A，Wahlberg S，Bergqvist H，et al. Spark plasma sintering of tungsten-yttrium oxide composites from chemically synthesized nanopowders and microstructural characterization[J]. Journal of Nuclear Materials，2011，412（2）：227-232.

[249] 陈勇，吴玉程，于福文，等. La_2O_3 弥散强化钨合金的组织性能研究[J]. 稀有金属材料与工程，2007，36（5）：822-824.

[250] 崔凯. W-1%La_2O_3合金的微观组织分析与晶界工程初步研究[D]. 上海：上海交通大学，2013.

[251] 袁晓虹. La_2O_3/ZrC 复合陶瓷粉末对钨的力学性能与显微组织的影响[D]. 长沙：中南大学，2012.

[252] 周强. 超细/纳米 W-La_2O_3 复合粉末制备及烧结致密化行为研究[D]. 长沙：中南大学，2014.

[253] Norajitra P，Boccaccini L V，Diegele E，et al. Development of a helium-cooled divertor concept：design-related requirements on materials and fabrication technology[J]. Journal of Nuclear Materials，2004，329：1594-1598.

[254] Ghezzi F，Zani M，Magni S，et al. Surface and bulk modification of W-La_2O_3 armor mock-up[J]. Journal of Nuclear Materials，2009，393（3）：522-526.

[255] Rieth M，Dudarev S L，de Vicente S M G，et al. Recent progress in research on tungsten materials for nuclear fusion applications in Europe[J]. Journal of Nuclear Materials，2013，432（1）：482-500.

[256] Greis O. A contribution to the structural chemistry of A-type rare earth sesquioxides[J]. Journal of Solid State Chemistry，1980，34（1）：39-44.

[257] Aldebert P，Dianoux A J，Traverse J P. Neutron scattering evidence for fast ionic oxygen diffusion in the high temperature phases of La_2O_3[J]. Journal de Physique，1979，40（10）：1005-1012.

[258] Zhou W，Jefferson D A，Liang W Y. Surface atomic imaging of La_2O_3 and La_2CuO_4[J]. Surface Science，1989，209（3）：444-454.

[259] Islam M S，Ilett J D. Surface structures and oxygen hole formation on the La_2O_3 catalyst. A computer simulation study[J]. The Journal of Physical Chemistry，1994，98（38）：9637-9641.

[260] Li B，Metiu H. DFT studies of oxygen vacancies on undoped and doped La_2O_3 surfaces[J]. The Journal of Physical Chemistry C，2010，114（28）：12234-12244.

[261] Wang J X，Lunsford J H. Evidence for the thermal generatlon of superoxide ions on La_2O_3[J]. The Journal of Physical Chemistry，1986，90（17）：3890-3891.

[262] Ren Q Q，Fan J L，Gong H R. Structural，thermodynamic，mechanical and magnetic properties of FeW[J].Journal of Applied Physics，2014，116（9）：093909.

[263] Ren Q Q，Fan J L，Gong H R. Work function and cohesion properties of W-Fe interfaces[J]. Materials Letters，2015，145：205-208.

[264] Liang C P，Fan J L，Gong H R，et al. Interface structure and work function of W-Cu interfaces[J]. Applied Physics Letters，2013，103（21）：211604.

[265] Zhang Z L，Verykios X E，MacDonald S M，et al. Comparative study of carbon dioxide reforming of methane to synthesis gas over Ni/La_2O_3 and conventional Nickel-based catalysts[J]. The Journal of Physical Chemistry，1996，100（2）：744-754.

[266] 丁大为. 低温甲烷氧化偶联制乙烯 $BaCO_3/La_2O_3$ 催化剂的研究[D]. 北京：北京化工大学，2008.

[267] Vali R，Hosseini S M. First-principles study of structural，dynamical，and dielectric properties of A-La_2O_3[J]. Computational Materials Science，2004，31（1/2）：125-130.

[268] Chiu F C，Chou H W，Lee J Y. Electrical conduction mechanisms of metal/La_2O_3/Si structure[J]. Journal of Applied Physics，2005，97（10）：103503.

[269] Hu C G，Liu H，Dong W T，et al. $La(OH)_3$ and La_2O_3 nanobelts-synthesis and physical properties[J]. Advanced Materials，2007，19（3）：470-474.

[270] Jiang Y，Smith J R，Evans A G. First principles assessment of metal/oxide interface adhesion[J]. Applied Physics Letters，2008，92（14）：141918.

[271] Zhang W，Smith J R，Evans A G. The connection between *ab initio* calculations and interface adhesion measurements on metal/oxide systems：Ni/Al_2O_3 and Cu/Al_2O_3[J]. Acta Materialia，2002，50（15）：3803-3816.

[272] Zhang W，Smith J R. Nonstoichiometric interfaces and Al_2O_3 adhesion with Al and Ag[J]. Physical Review Letters，2000，85（15）：3225-3228.

[273] Lan G，Jiang Y，Yi D，et al. Theoretical prediction of impurity effects on the internally oxidized metal/oxide interface：the case study of S on Cu/Al_2O_3[J]. Physical Chemistry Chemical Physics，2012，14（31）：11178-11184.

[274] Smith J R，Zhang W. Stoichiometric interfaces of Al and Ag with Al_2O_3[J]. Acta Materialia，2000，48（18）：4395-4403.

[275] Moruzzi V L，Janak J F，Schwarz K. Calculated thermal properties of metals[J]. Physical Review B，1988，37（2）：

790-799.

[276] Xu C H，Jiang Y，Yi D Q，et al. Environment-dependent surface structures and stabilities of SnO_2 from the first principles[J]. Journal of Applied Physics，2012，111（6）：063504.

[277] Chen G H，Hou Z F，Gong X G. Structural and electronic properties of cubic HfO_2 surfaces[J]. Computational Materials Science，2008，44（1）：46-52.

[278] Jiang Q，Lu H M，Zhao M. Modelling of surface energies of elemental crystals[J]. Journal of Physics：Condensed Matter，2004，16（4）：521-530.

[279] Boer F R. Cohesion in Metals：Transition Metal Alloys[M]. Amsterdam：North-Holland，1988.

[280] Xi X，Nie Z，Wang W，et al. Study on preparation and emission properties of nano-composite W-La_2O_3 material[J]. Applied Surface Science，2005，251（1）：134-138.

[281] Dong W，Ledentu V，Sautet P，et al. Hydrogen adsorption on palladium：a comparative theoretical study of different surfaces[J]. Surface Science，1998，411（1）：123-136.

[282] Jiang Y，Adams J B，van Schilfgaarde M，et al. Theoretical study of environmental dependence of oxygen vacancy formation in CeO_2[J]. Applied Physics Letters，2005，87（14）：141917.

第3章 纳米钨基合金材料

3.1 引言

钨基高密度合金是一类以钨为基（含钨量为 85%～99%），并添加少量 Ni、Cu、Fe、Co、Mo、Cr 等元素组成的合金，其密度高达 16.5～19.0 g/cm^3，被统称为高比重合金、重合金或高密度钨合金[1]。合金元素的多元化和应用领域的扩展导致钨基高密度合金涵盖的合金种类越来越多，现在被越来越多地简称为“钨合金”。由于钨合金是一种典型的用液相烧结法制备的由硬质相 W 相和软相 γ 相组成的两相合金，也被国外许多学者称为双相复合材料（composite material）[2, 3]。20 世纪 30 年代，Prince 和 Smithells 等用液相烧结方法首先成功研制出用作屏蔽材料的 W-Ni-Cu 合金，此时，标志着钨合金的诞生。接着在 20 世纪 40 年代，Green 和 Jones 等又用液相烧结法研制出 W-Ni-Fe 合金[4]，这标志着钨合金发展的开始。在第二次世界大战期间，这类合金发挥了很重要的作用，推动了该合金体系和制备技术的快速发展。钨合金从诞生到发展至今，经历了许多不同的发展阶段。

从应用领域方面，钨合金的发展主要分为以下几个方面：最开始，20 世纪 30 年代 Prince 和 Smithells 成功制备 W-Ni-Cu 合金并用于防辐射屏蔽材料；自第二次世界大战以后，由于宇宙飞行、空间飞行及其他军事领域的发展推动了钨合金的研究首次进入研究高潮[5]。我国于 60 年代初随着军事工业的发展而开展对钨合金的研究，为了满足某些重点工程和尖端科学技术发展的需要，60 年代初我国中南矿冶学院与北京有色金属研究总院等多家单位联合研制成功 W-Ni-Cu 合金，满足了国产飞机的陀螺导航和第一颗人造卫星上的需要。同时，该合金在人造卫星和其他军工、航空航天产品上也得到应用。此后开发了多种 W-Ni-Cu 合金产品在仪表、机械等部门得到广泛的应用。至 60 年代末，钨合金已在近二十项重大军事工程中得到应用。70 年代中期，人们研制成功大型配重材料并在模拟导弹发射中得到应用，以及70年代末期研制成功核潜艇中应用的陀螺转子、配重件，在通信卫星的姿态仪以及斯贝发动机中用作平衡、配重的材料；在民用领域中，由于钨合金在密度等方面的特异性能，从70年代就掀起钨合金在民用工业应用的研究高潮。70年代，北京有色金属研究总院等六家科研院所首先研制成功95W-Ni-Fe和WNF-185合金先后应用于Co-60治疗机和BJ-10电子直线加速治疗机。这些治疗设备的研制成功，结束了我国长期依赖进口的被动局面。此后又研究了这类合金应用于探测煤层厚度的“小口径放射性测井仪”和“低能源荧光分析仪”。20世纪80～90年代，研制的W-Ni-Fe系合金用于电气工业中的电热镦粗的砧块材料，在压铸工业中用作压铸模具材料，以及W-Cu、W-Ni-Fe等钨合金广泛用于电接点材料和电极材料等。90年代末至21世纪初，随着电子、通信、信息科学技术的发展和人们对生活质量的要求提高，钨合金在民用工业中应用的研究再次进入研究高潮，如W-Ni-Fe合金用作BP机、手机的振动材料，W-Ni-Fe合金用作捕鱼的渔具和高尔夫的球头材料等[6]；在兵器工业中，由于钨合金尤其是W-Ni-Fe合金具有杰出的性能，如密度高、强度延性好、对环境无污染等，近三十年来这类合金成功地用作穿甲弹弹芯材料、烟幕弹、脱壳弹等各种轻武器和大炮等武器材料。例如，美国20 mm MK149法兰克斯弹芯和25 mm M791布什玛斯特APDS弹芯即由W-Ni-Fe合金取代DU-2Mo合金制备而成，而且穿甲威力更大[7]。1976年美国陆军外国科学技术中心（Foreign Science and Technology Center，FSTC）会议标志着钨合金穿甲弹弹芯材料基本研究成功。到80年代，世界一些主要国家分别在十几种坦克和几十种火炮上装备了钨合金穿甲弹，火炮口径从60 mm到125 mm，弹芯质量最大可达4 kg。随着钨合金穿甲弹弹芯材料性能的改进，美国主张用钨合金作为穿甲弹弹芯材料。在我国，70～80年代，北京有色金属研究总院研究了GW-1、GW-2S、GW-3S三种高密度钨合金作为穿甲弹弹芯材料获得应用[8]。80年代末至90年代，中国兵器工业集团第五二研究所等单位通过对钨合金形变强化成功研究了杆式箭弹钨合金穿甲弹弹芯材料，大大提高了穿甲威力[9]。由于钨合金的应用领域扩大，钨合金的年需求量和消费量呈指数增加，美国是世界上最大的钨合金消费国和生产国，80年代末90年代初，美国钨合金年产量已达到一千多吨，而我国当时最高年产量仅达三百多吨[1]。2003年，我国钨合金的年产量达到一千二百多吨[10]。

科学技术日新月异的发展与更新换代，对钨基复合材料的力学性能提出了更苛刻的要求。材料工作者们采用多种方法提高材料的性能和细化晶粒，如添加合金元素，其中Ta、Mo、Re等被证明是较为有效的，能够使基体的晶粒显著细化，从而改善强度和硬度[11]；美国、英国等国家的材料工作者使用大变形的方法使材料的拉伸强度有了很大程度的提高[9]。这些方法虽然在不同程度上提高了现有难熔金属及其复合材料的某些性能，但在全面改善其综合性能方面仍无突破性进展[12]。采用纳米粉末制备新型材料是研究发展新型高强韧钨合金材料的发展方向。一方面，材料的强度、硬度、延性等力学性能与晶粒尺寸的平方根成反比，随着晶粒细化，材料的力学性能会大大提高。另一方面，采用纳米钨合金粉末可以大大提高烧结致密化，降低烧结温度和得到晶粒组织非常细小的纳米级或亚微米级的组织结构。合金具有非常复杂的界面结构，可以大大增加其后的形变加工量，从而可以在很大程度上提高合金的力学性能。细晶 W 晶粒可使合金的最大拉伸强度达到 1700 MPa[13, 14]，相当于传统钨基合金的 2 倍。在用作穿甲弹弹芯材料时，具有更好的穿透性，可以更好地满足军事工业下一代穿甲弹材料的性能要求，是未来极为重要的关键军工新材料。纳米材料具有许多传统材料无法比拟的特殊性能，使得其成为一个对提高材料性能最具有前景的研究方向。

3.2　超细/纳米钨基复合粉末制备技术

原始合金粉末的纯度、均匀性、粒度和晶粒度对制备细晶全致密的高性能纳米微米级合金起决定性作用。因此，制备出超纯、超匀和超细颗粒的纳米晶合金粉末是非常关键的第一步。难熔钨合金纳米粉末的制取方法有多种，包括机械合金化（mechanical alloying，MA）、喷雾干燥法（spray drying process）、溶胶-凝胶（sol-gel）法、冷冻干燥（freeze drying）法、化学气相沉积（chemical vapor deposition，CVD）法、反应喷射工艺（reaction spray process，RSP）、机械化学合成（mechanochemical synthesis）法、机械-热化学工艺合成（mechano-thermochemical process）、真空等离子体喷射沉积（vacuum plasma spray deposition，VPS）等方法。

3.2.1　机械合金化

机械合金化是将 W、Ni、Fe、Cu 等各元素粉末在搅拌式、行星式或转子高能球磨机中进行高能球磨。采用惰性气体保护以防止粉末氧化。在 MA 过程中，利用金属球对粉末体的碰撞而使粉末晶块细化，从而得到纳米晶的预合金混合粉末。同时在 MA 过程中粉末体反复发生混合与碰撞，促使粉末体局部温度升高，从而发生冷焊与撕裂。各元素粉末混合达到非常均匀的程度，各元素粉末之间发生互扩散。对于互不相溶的 W-Cu 等合金元素或溶解度较低的合金粉末如 W、Ni、Fe 等采用 MA 会发生互扩散，形成具有一定溶解度或较大溶解度的 W-Cu、W-Ni-Fe 超饱和固溶体和 Ni 非晶相。由于采用该技术制备的纳米粉末具有以上特点，而且设备和工艺简单，易于操作，适合大批量生产，MA 已成为目前研究最为广泛、最为热门的一种技术。目前人们对 MA 工艺和 MA 过程机理都做了较为深入的研究。对 W-Ni-Fe 混合粉末进行机械合金化时，由于粉末的反复撕裂、冷焊与新生原子级界面的生成和原子在此界面上的扩散，致使粉末达到原子级的均匀混合状态，并形成 W 的超饱和固溶体和 γ-(Ni, Fe)的非晶相。在国外，Ryu 等对 93W-5.6Ni-1.4Fe 钨合金 MA 形成过程的研究表明[15]，MA 过程由五个步骤组成：颗粒扁平化过程、焊接过程、等轴晶的形成过程、随机薄片的形成过程和随时间的增加而最终达到的稳定化过程。Lu 等对 MA 中的行为进行了研究[16]，指出 MA 产生的大量缺陷致使活化能降低，从而在 MA 扩散过程中起到了主要的作用。MA 中的扩散是一个动态的过程，内部扩散层可能迅速被撕裂而更易与其他合金元素界面接触，这样便形成了动态的扩散。它可以使互不扩散的合金元素通过机械合金化进行扩散而达到合金化的目的。MA 的主要缺点是易引入杂质，粉末易于成团成块，粘壁现象严重。采用同材质的钨球作为球磨介质，可以制备纯度较高的粉末[17]。在机械合金化过程中通过添加过程控制剂（process control agent，PCA）可以有效地在粉末表面形成一层液相膜，降低或避免粉末与球的直接接触，有效地控制粉末的夹杂和改善纳米粉末颗粒的分散性[17-23]。

韩国学者 Kim 和 Moon[24]的研究表明，经过高能球磨处理后的 W-Cu 系粉末显示出极大的烧结活性，仅在 1100℃、1 h 烧结相对密度可大于 96%。X 射线分析表明，球磨 50 h，对低于 20wt%Cu（wt%表示质量分数），Cu 衍射峰消失已不再是单一分离相，说明此时 W 与 Cu 发生了超饱和固溶，形成了 W-Cu 超饱和固溶相；对于含 W-30wt%Cu，随着球磨时间的增加，衍射峰明显宽化表明畸变能增加和晶粒细化。Kim 等采用高能球磨的方法制备 W-Cu 复合粉末，研究了球磨转速和时间对 W-Cu 复合粉末性能的影响，随球磨时间和球磨转速的增加，W-30wt%Cu 的 X 射线衍射峰发生明显宽化，采用球磨机的转速为 400 r/min、球磨 100 h 后获得最稳定的 W-30wt%Cu 复合粉末，粉末粒度达到 20～30 nm，该纳米粉末经 1200℃烧结后可获得晶粒度为 1 μm、相对密度大于 97%的 W-Cu 复合材料[25, 26]。国内学者王正云等研究球磨时间对 W-15wt%Cu 材料性能的影响，结果表明，随着球磨时间的增加，W-Cu 球磨粉末晶粒尺寸得到细化，且部分 Cu 固溶入 W 中形成不饱和固溶体，制备出的 W-Cu 复合材料明显孔洞减少，接近全致密[27]。

范景莲等使用行星式高能球磨机成功制备出钨晶块尺寸为 30 nm 的 W-20%Cu 纳米粉末，该纳米粉末在 1200～1300℃下烧结可达到近全致密，烧结后的材料相对密度在 99.5%以上，拉伸强度达到 780 MPa 以上，伸长率大于 3.5%，钨晶粒尺寸在 1～2 μm[28]。

随着对 W-Cu 粉末机械合金化过程研究的不断深入，陆续发展出了新的机械合金化技术来制备超细 W-Cu 复合粉末，如金属粉末机械合金化-氧化-还原技术、氧化物高能球磨-还原技术等。国内李云平等将还原 W 粉和电解 Cu 粉在空气气氛中研磨，电解 Cu 粉在空气气氛中完全氧化后通 H_2 还原，制备出棉絮状复合粉末。此方法制备 W-Cu 复合粉末由于氧化过程中形成的氧化物颗粒脆性大、易碎，因此金属元素粉末机械合金化法有效缩短了球磨时间，同时还防止更多质软的 Cu 黏着在球磨罐上以及球磨介质对复合粉末的污染。图 3-1 为金属粉末机械合金化-氧化-还原技术制备的 W-Cu 粉末，由图 3-1 可看出粉末分布均匀，尺寸均一。但用此方法制备 W-Cu 粉末，步骤复杂，且后续还原过程中，还原温度较高，还原过程复杂，能耗高[29, 30]。

图 3-1　还原后复合粉末 SEM 形貌特征

韩国 Kim 等采用高纯 WO_3 粉和 CuO 粉球磨 1～20 h 后在 1000℃还原 0.5 h。实验证明，随球磨时间延长，粉末粒度下降（图 3-2），且所需还原时间减少。在还原过程中发现 WO_2 比 WO_3 更容易还原，且 WO_3-CuO 粉末在球磨过程中，如果球磨不充分导致二者不能很好地固溶，会影响材料的均匀性，进而影响材料的性能[31, 32]。

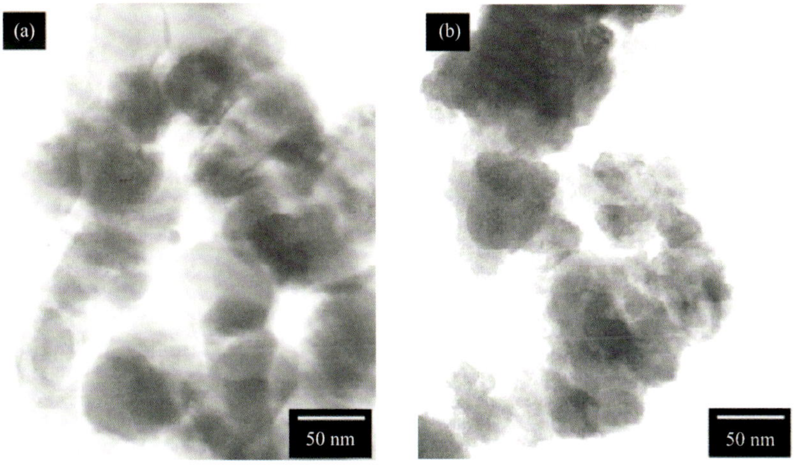

图 3-2　WO_3-CuO 粉末研磨后的 TEM 形貌特征

（a）研磨 1 h；（b）研磨 20 h

虽然机械合金化可以改善钨基复合粉末的烧结性能，但是球磨过程中不可避免地会引入一些杂质，而且随着球磨时间的延长必然导致粉末中杂质含量的增加，同时，机械合金化的粉末呈片层状、针状等极为不规则的形貌，造成成形性非常差。机械合金化工艺给粉末带来的缺点会影响烧结后钨基复合材料的一些性能，尤其是会降低导电性能，另外也会导致生产周期长，使实际生产受到限制。

3.2.2 冷冻干燥法

冷冻干燥法首先是将多种金属盐溶于水中制备出混合溶液，调控 pH 得到相关金属的氢氧化物，然后迅速冷冻使得体系中的固相颗粒保持在均匀状态，并在低温低压的条件下使冰升华，最后进行破碎、分解、还原等方法得到粉体[32]。

Zhang 等[33]通过冷冻干燥法引入氧化石墨烯，制备了 0.3wt%GO/Al_2O_3-Cu/35W5Cr 和 0.5wt%GO/Al_2O_3-Cu/35W5Cr 两种合金粉末。以 Cu-0.4wt%Al（纯度≥99.9%，38 μm）、Cu_2O（纯度≥99.9%，2～5 μm）、W（纯度≥99.9%，2～5 μm）和 Cr（纯度≥99.9%，44 μm）为原料，10∶1 的球料比以铜球在保护性气体氛围下以 5 r/min 的转速球磨 2 h。将单层片状氧化石墨烯（纯度≥99.9%，单层率≥99.9%，平均直径 0.5～5 μm，平均厚度 0.8～1.2 nm）加入 1000 mL 去离子水中，超声振荡 1 h，得到氧化石墨烯悬浊液。将前面通过球磨混合的粉末加入悬浊液中，10∶1 的球料比以铜球在保护性气体氛围下以 360 r/min 的转速球磨 5 h。将球磨后的悬浊液置于−20℃的真空冷冻箱中冷冻 24 h。冷冻干燥后的悬浊液转移到球磨机中，10∶1 的球料比以铜球在保护性气体氛围下以 46 r/min 的转速球磨 1 h，最终得到 GO/Al_2O_3-Cu/35W5Cr 合金粉末。

如图 3-3 所示，将纯氧化石墨烯和添加了 0.3/0.5wt%氧化石墨烯的粉末以 SEM 进行表征。图 3-3（a）、（b）表明，在经过超声、球磨和冷冻干燥后，氧化石墨烯的层状结构发生卷曲。图 3-3（c）、（d）则可以在两种复合粉末中均观测到氧化石墨烯片的存在。以 EDS 点扫描模式分析，如图 3-3（g）、（h）所示，氧化

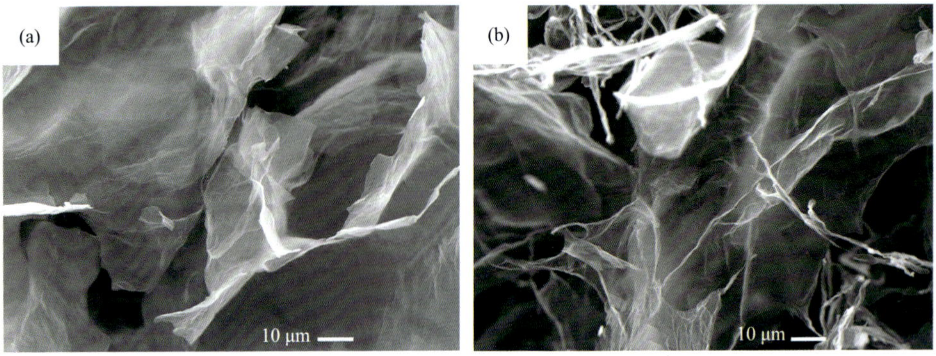

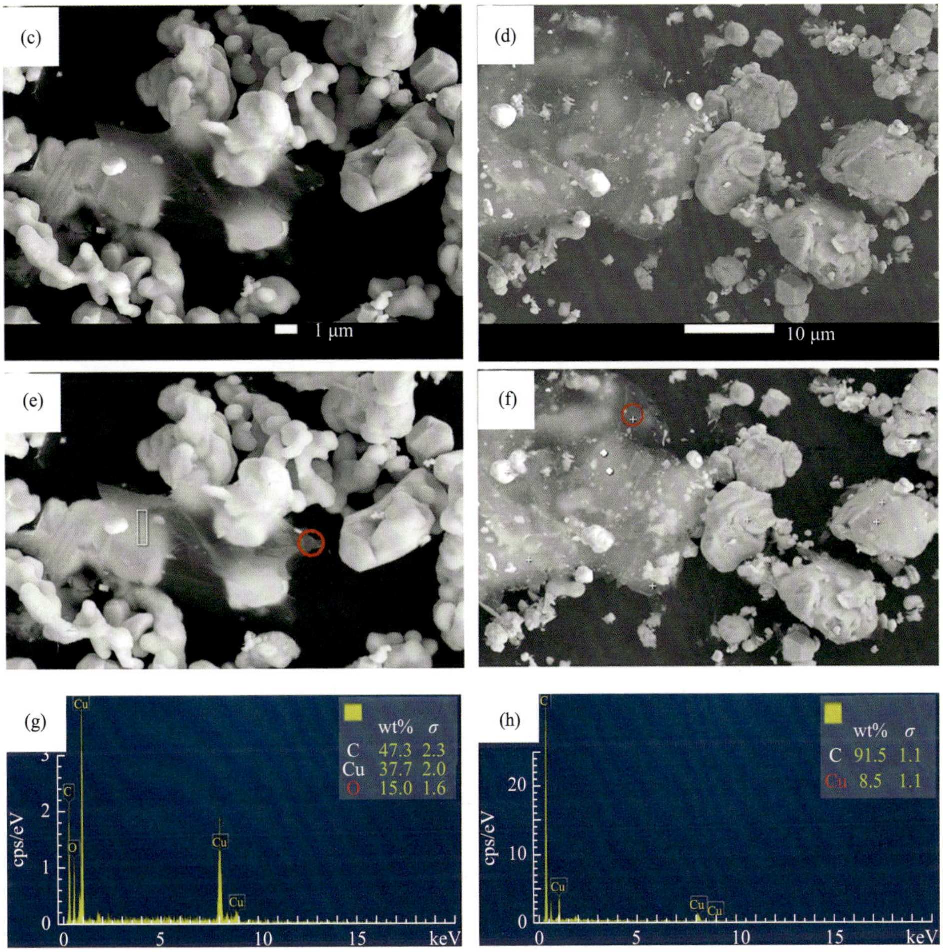

图 3-3 氧化石墨烯及复合粉末的 SEM 图和 EDS 图

（a）、（b）氧化石墨烯；（c）0.3wt%GO/Al_2O_3-Cu/35W5Cr；（d）0.5wt%GO/Al_2O_3-Cu/35W5Cr；（e）、（g）0.3wt% GO/Al_2O_3-Cu/35W5Cr 的 EDS 图和（f）、（h）0.5wt% GO/Al_2O_3-Cu/35W5Cr 的 EDS 图

石墨烯片在经过一系列前处理后，依然保持了完整的结构，且表面存在铜和钨的粉末，粉末分布均匀，无明显团聚。

如图 3-4（a）所示，氧化石墨烯和石墨的 XRD 图谱分别在 12°和 26.5°处表现出其特征衍射峰（JCPDS ICCD card No.41-1487）。与氧化石墨烯相比，石墨的衍射峰更高更窄，这表明由于含氧官能团的存在，石墨的原始晶体结构被破坏。而在如图 3-4（b）所示的两种混合粉末的 XRD 中，Cu 在 43.3°、50.5°、74.2°和 89.9°处的特征峰（JCPDS ICCD card No.65-9026）以及 W 在 40.3°、58.3°、73.2°和 87°处的特征峰（JCPDS ICCD card No.04-0806）有明显信号，而 Cr 的特征峰信号（JCPDS ICCD card No.06-0694）则明显偏弱，这表明经过前处理后，Cr 的结构受到一定影响。进一步通过拉曼光谱比较氧化石墨烯与两种混合粉末的 D 带和 G 带，如图 3-4（b）所示。可以看出无论是 C—C 键断裂导致碳原子缺陷引起的 D 带还是碳原子 sp^2 杂化的伸缩振动引起的 G 带均未发生明显的红移和蓝移，且三者 I_D/I_G 也未出现较大差别，表明即使经过超声、球磨和冷冻干燥后，氧化石墨烯依然有效地保持了其原始结构。

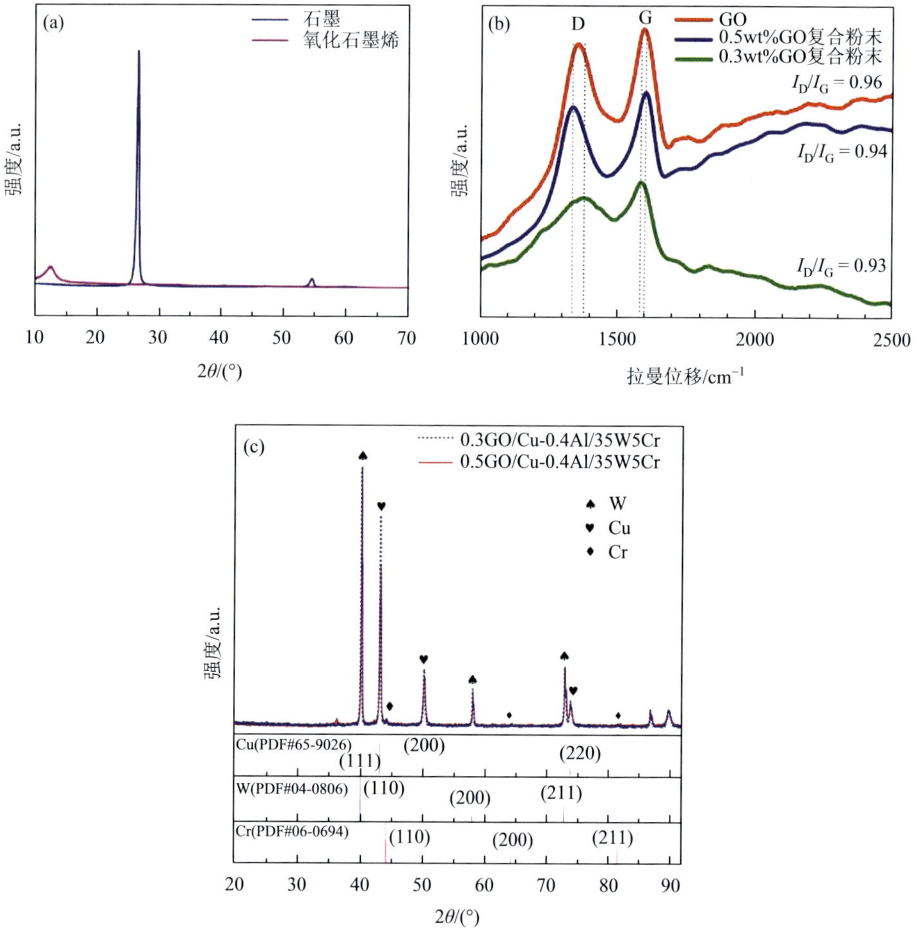

图 3-4 （a）氧化石墨烯和石墨的 XRD 图；（b）不同粉末的拉曼光谱；（c）混合粉末的 XRD 图

由于完整地保留了氧化石墨烯的结构，因此最终得到的材料展现出了良好的机械性能，相比于未添加氧化石墨烯的 Al_2O_3-Cu/35W5Cr，0.3/0.5wt%GO/Al_2O_3-Cu/35W5Cr 复合材料的布氏硬度分别增加了 14%和 19%，抗拉强度分别增加了 45%和 34%。

Hu 等[34]通过冷冻干燥法引入 Y_2O_3，制备了 W-Y_2O_3 合金粉末。将 0.511 g $Y(NO_3)_3·6H_2O$（99.99%，阿拉丁）、20 g $(NH_4)_6H_2W_{12}O_{40}$（99.95%，阿拉丁）溶于 H_2O，然后加入 0.5 g PVP k12（99.9%，阿拉丁）和 0.5 g PEG 6000（99.9%，阿拉丁）（或不添加），超声搅拌至溶质完全溶解。将溶液缓慢冷却或用液氮快速冷却至−45℃冷冻干燥 24 h，然后经过研磨，将前驱体粉末在空气流中加热至 500℃反应 1 h，再在氢气流中两步还原（即 600℃反应 2 h，800℃反应 2 h）得到 W-Y_2O_3 合金粉末。

从图 3-5 中可以看出，缓慢冷却得到的前驱体尺寸约为迅速冷却的前驱体的十数倍。这是由于当水固化时，会产生大量的固液界面，均相体系中的平衡浓度也被破坏，导致了浓度差的产生。当固液界面迁移速度大于溶质扩散速度时（即快速冷冻），溶质被大量的小冰粒分割包裹，从而形成均匀且小的颗粒；而当溶质扩散速度大于固液界面迁移速度时，溶质会大量扩散，直至两种速度平衡，与水一起结晶，从而形成大的颗粒。

图 3-5　冷冻干燥处理后的粉末前驱体

（a）缓慢冷却；（b）快速冷却

从图 3-6 中可以看出，添加了分散剂后，W-Y_2O_3 合金粉末颗粒发生了明显细化，主要分布在 5～15 nm。这是由于两种分散剂均同时含有疏水基团和亲水基团。亲水基团与溶剂水相互作用，而疏水基团则在溶质盐周围形成一层疏水结构，提供了空间位阻，增加了比表面积。这使得前驱体粉末在后面的煅烧分解和还原过程中，粉体能发生充分的反应，有利于提高粉末的分散性，细化粒径。但也需要指出，由于粉末更细，因此相比未加入分散剂的 W-Y_2O_3 合金粉末 1.56%的氧杂质含量，加入分散剂的 W-Y_2O_3 合金粉末的氧杂质含量为 2.06%。以加入分散剂快速冷冻干燥得到的 W-Y_2O_3 合金粉末烧结制备的材料，其相对密度达到 97.8%，钨晶粒的平均粒径为 210 nm，而第二相颗粒的平均粒径更是不到 50 nm，且均匀地分散于晶间和晶内。复合材料的显微硬度（$HV_{0.2}$）为 721±31，抗压强度为 814 MPa，总变形塑性超过 50%。

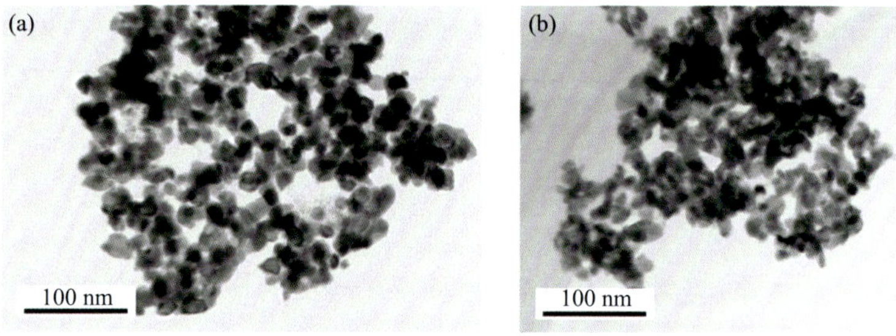

图 3-6 W-Y_2O_3 合金粉末的 TEM 图

（a）未添加分散剂；（b）添加了分散剂

可以看到，由于除去溶剂的过程并没有回到均相体系，固相颗粒的状态被很好地保留下来，因此通过冷冻干燥法制备的粉末通常具有良好的均匀性。且除去溶剂的过程温度相对较低，所以制备的粉末避免了由于高温而生长的现象。但无机盐中的非金属元素容易残留，因此本法制备的粉末容易留有 S、O 等杂质。

3.2.3 有机软化学法

相比于通常需要高温和迅速反应以突破反应势垒的固相反应，软化学法由于反应在溶液这一分散系中发生，因此所需要的反应条件相对温和，能更好地控制其反应的过程、路径和机制。而相比于在水相中的反应，有机相中的反应能更好地避免金属元素被氧化，降低含氧量，从而得到纯度更高的粉体。

Sahoo 等以 $W(CO)_6$ 和 $Mo(CO)_6$ 为原料，以有机软化学法合成了 W-20-40wt% Mo 的合金粉末[35]。将计算好比例的 $W(CO)_6$（97%）和 $Mo(CO)_6$（98%）在惰性气氛保护下加入到 30 mL 二苯醚（98%）中，再加入 0.5 g L-半胱氨酸，在惰性气氛中 200℃加热搅拌 1 h，反应完全后冷却至室温，加入过量乙醇作为沉淀剂，以 6000 r/min 的转速离心 10 min，最后将得到的沉淀在真空干燥箱中进行干燥。通过 DSC 研究 $W(CO)_6$ 和 $Mo(CO)_6$ 的热行为，其热分解温度分别为 140℃和 150℃，因而选用沸点为 220℃且对羰基配合物有较高溶解度的二苯醚为溶剂。得到的粉末主体成分为 W 和 Mo，同时存在一些低含量的杂质：C（0.32%～0.35%）、S（0.31%～0.33%）、N（0.10%～0.13%）和 O（0.25%～0.30%）。合成的合金粉末形貌如图 3-7 所示。可以看出随着 Mo 含量的增加，W-Mo 合金粉末的平均粒径分别为（38±4）nm、（39±6）nm 和（37±4）nm，这些纳米粉末不仅有极细的粒径，而且在较窄的尺寸内均匀分布。

极细的粉末粒径和均匀的粒径分布使得其制备块体材料使所需的温度显著降低（最优性能材料的烧结温度为 1600℃），且制备的材料随着 Mo 含量的增加，

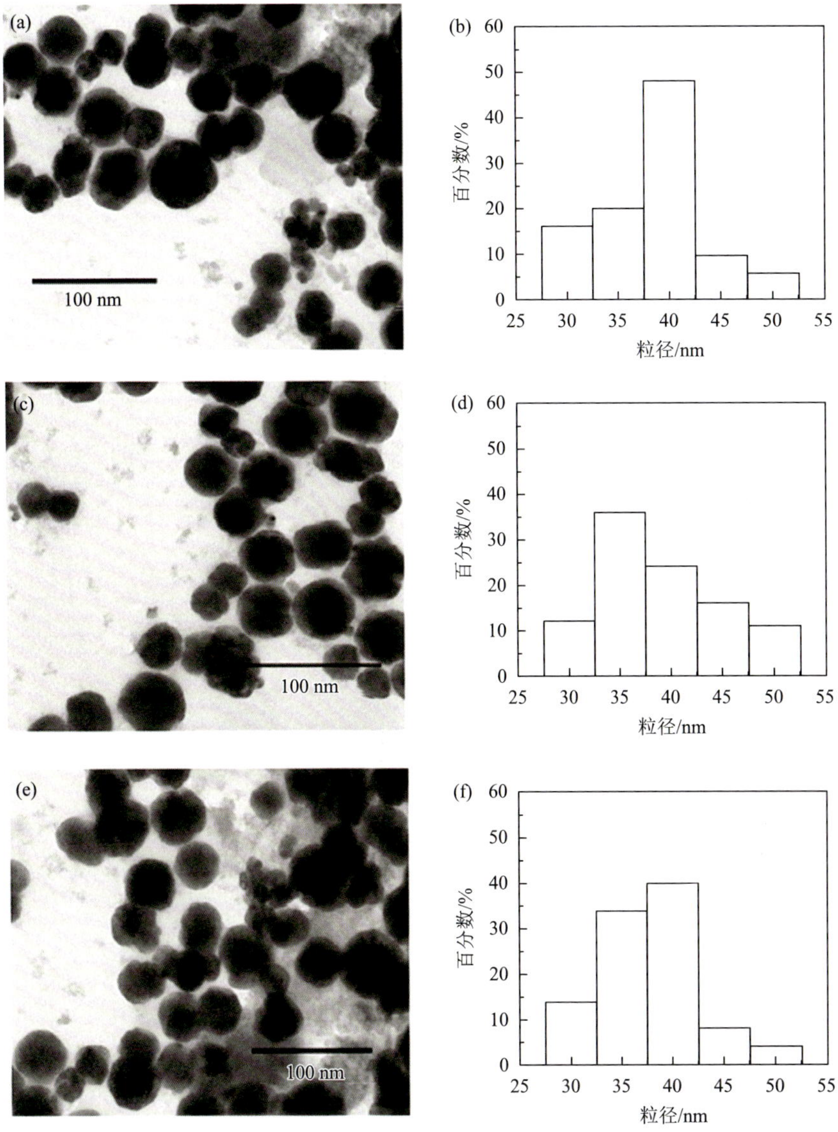

图 3-7　W-Mo 合金粉末的 TEM 和粒径分布统计

（a）、（b）W-19.9wt%Mo；（c）、（d）W-30.4wt%Mo；（e）、（f）W-40.2wt%Mo

相对密度分别为 97.5%±0.4%、98.1%±0.5%和 98.9%±0.4%；维氏硬度（HV）分别达到 533±19、485±21 和 433±11。

另外，Sahoo 等还以 $W(CO)_6$ 和 $Ti[OCH(CH_3)_2]_4$ 为原料用该方法制备了 W-Ti 合金粉末[36]。将计算好比例的 $W(CO)_6$（97%）、$Ti[OCH(CH_3)_2]_4$（98%）和 1, 2-十

六烷二醇（95%）在惰性气体保护下加入到 30 mL 二苯醚（98%）中，再加入 0.3 mL 油酸（97%）和 0.3 mL 油胺（97%），在惰性气体中 200℃加热搅拌 1 h，反应完全后冷却至室温，加入过量乙醇作为沉淀剂，以 6000 r/min 的转速离心 10 min，最后将得到的沉淀在真空干燥箱中进行干燥。油酸和油胺的混合物能在有机相中提供空间位阻，从而调控粉末的粒径、形貌和分布。得到的粉末主体成分为 W 和 Ti，同时存在一些低含量的杂质：C（5.8%～6.4%）、O（0.60%～0.65%）、N（0.036%～0.049%）和 H（0.98%～1.14%）。较低的含氧量表明主要产物是以金属合金的形式存在，同时伴有一些高级有机物作为杂质。而在 XPS 中（图 3-8）也可发现，粉末中分别存在对应单质钨的 31.6 eV（W $4f_{7/2}$）和 33.2 eV（W $4f_{5/2}$）的双特征峰，以及对应单质钛的 453.8 eV（Ti $2p_{3/2}$）和 459.6 eV（Ti $2p_{1/2}$）的双特征峰。这都表明，通过该方法制备的合金粉末极大地减少了金属元素氧化物的生成。

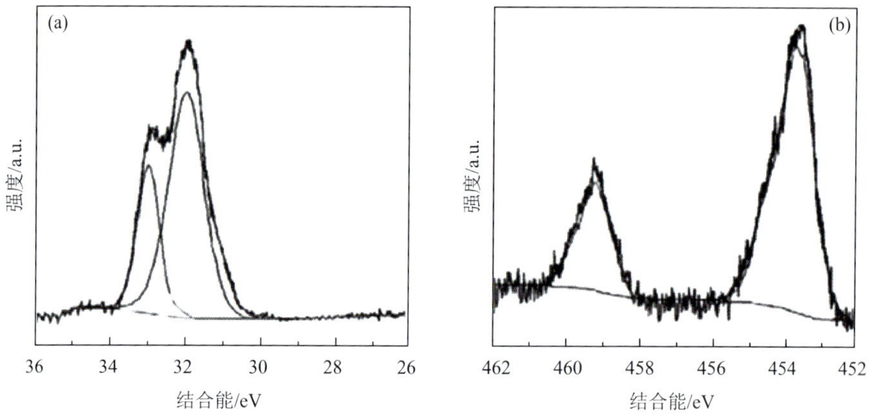

图 3-8 W-Ti 合金粉末的 XPS 图

（a）W 4f；（b）Ti 2p

合金粉末的形貌与粒径分布如图 3-9 所示。可以看出，通过该方法制备的 W-Ti 合金粉末随着 Ti 含量的增加，平均粒径分别为（38±5）nm、（37±4）nm 和（40±4）nm，这些纳米粉末不仅有极细的粒径，且在较窄的尺寸内均匀分布。

由于金属元素的配合物种类非常庞大，因而对于有机软化学法而言，可以根据不同的需求调整原料和溶剂，使得在设计材料时的可控性更强。同时，温和的反应条件也使得在反应的各个阶段都能对其进行很好的检测与表征，能更方便地理解其反应机理，从而进一步回馈反应设计。但较高的材料成本和较低的生产效率是制约使用该方法进行大规模生产的主要因素。

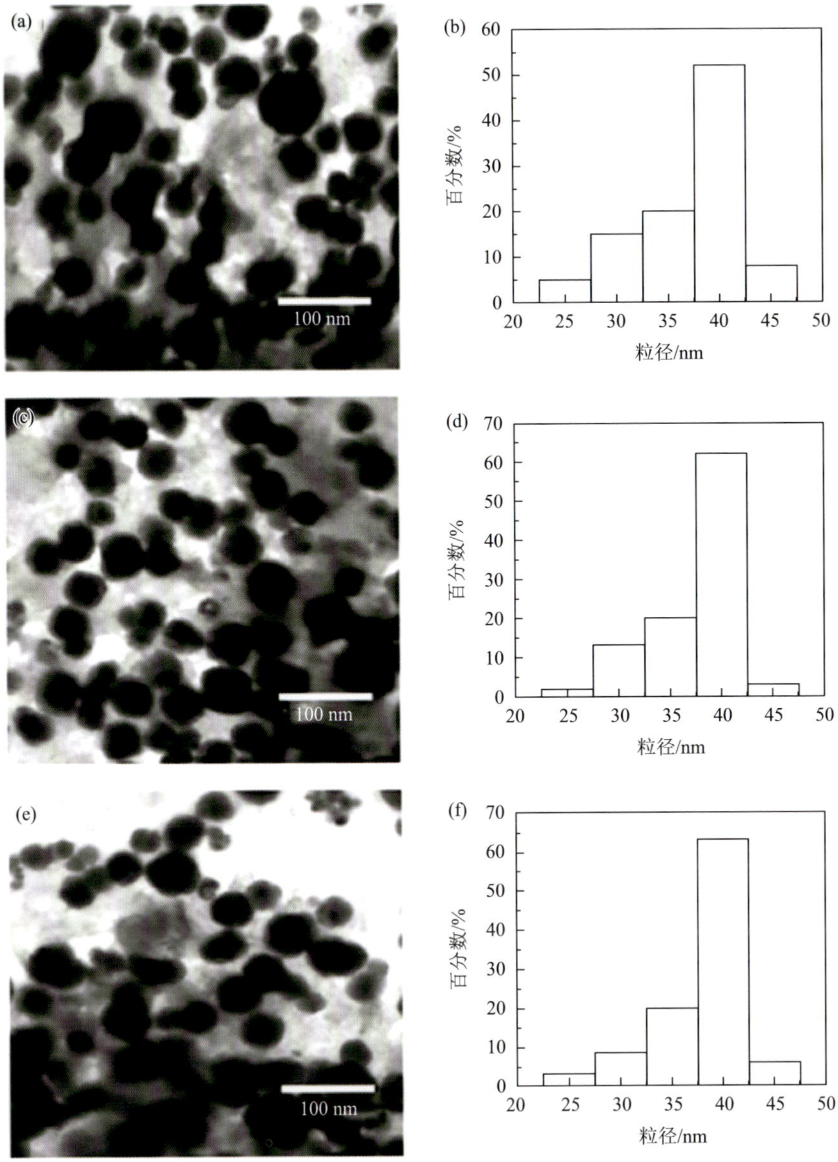

图 3-9　W-Ti 合金粉末的 TEM 图和粒径分布统计

（a）、（b）W-9.7wt%Ti；（c）、（d）W-14.9wt%Ti；（e）、（f）W-19.9wt%Ti

3.2.4　溶胶-凝胶法

溶胶-凝胶法的基本原理是用含高化学活性组分的化合物或者金属醇盐作为前驱体，在液相下将这些原料均匀混合，并进行水解、缩合化学反应，在溶液中形成稳定的透明溶胶体系，溶胶经陈化胶粒间缓慢聚合，形成三维空间网络结构的凝胶，凝胶网络间充满了失去流动性的溶剂，形成凝胶。其基本反应有水解和聚合反应，经过干燥、烧结固化制备出纯度高、化学活性高的分子乃至纳米亚结构的材料。

国外学者 Raghunathan 等[37]用溶胶-凝胶法制备了多种纳米 W 基合金复合粉末，如 W-Mo、W-Cu、WC-Co 复合粉末。以制取纯 W 粉为例，首先将 $Na_2WO_4·2H_2O$ 晶体加入到 0.1 mol/L 的盐酸中，然后在 11.3 mol/L 的盐酸中进一步酸化并加热到 298～333 K，控制化学合成条件如 pH 等，便可得到凝胶状的钨酸前驱体，干燥后进行氢还原即可得到钨粉。采用这种方法，可以制取 2～5 nm 的钨酸凝胶前驱体和 10～30 nm 的钨颗粒。制备多种元素的 W 基复合纳米粉末的方法与此类似，所不同的是，该方法是将多种金属盐溶液进行混合。用这种方法制得的 W-Mo 固溶体凝胶颗粒的尺寸为 50～100 nm，制取表层涂 Ni 的 W 凝胶颗粒的尺寸为 30～100 nm，制取表层涂 Cu 的 W 颗粒的尺寸为 25～75 nm。国内程继贵等采用此方法开发出纳米 W-Cu 复合粉末，通过将 $CuCl_2·2H_2O$ 溶液加入稀氨水溶液，加入 $Na_2WO_4·2H_2O$ 溶液形成络合物，将络合物溶液在室温下析出沉淀，沉淀物粉体为颗粒状和针状结晶的混合物，具有良好的分散性，如图 3-10 所示，可见其粒度分布较均匀。再将沉淀物加热得到前驱体粉末 WO_3-CuO，最后通过氢气还原得到分散均匀、粒度较细的粉末。

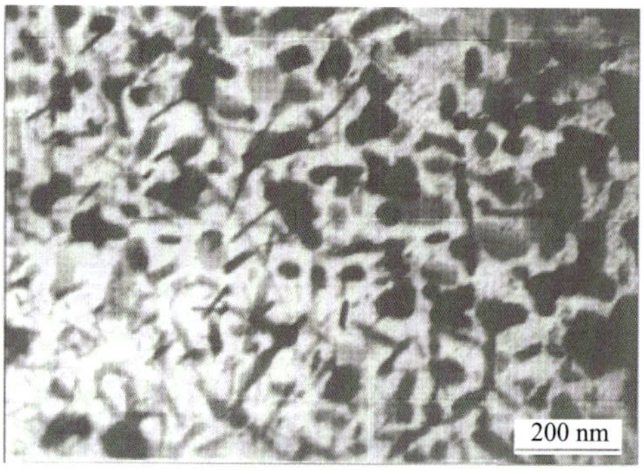

图 3-10 蒸氨均匀共沉淀物粉的 TEM 形貌特征

Zhou 等以仲钼酸铵（APT）和 $Cu(NO_3)_2·3H_2O$ 为原料，合成出 100～400 nm 的 W-Cu 粉末[38]。将原料 APT（99.95%）和 $Cu(NO_3)_2·3H_2O$（99.5%）以及螯合剂酒石酸和柠檬酸按比例加入蒸馏水中，并在 65℃下剧烈搅拌直至形成透明凝胶。将凝胶在 120℃下加热 12 h，然后在 550℃下煅烧 5 h 以获得多组分氧化物前驱体粉末。将前驱体粉末在 50% H_2 和 50% Ar 的混合气体中，于 750℃下还原 2 h，得到 W-Cu 粉末。

图 3-11 所示为还原后的合金粉末形貌。图 3-11（a）表明，还原后的粉末粒径为 100～400 nm，形状接近球形；图 3-11（b）说明这些颗粒并非由一些细小的未还原的颗粒组合而成。

图 3-11　W-15%Cu 合金粉末的 SEM 图

（a）低分辨率；（b）高分辨率

对图 3-12（a）中的区域 1 和区域 2 进行 EDS 分析，显示两区域 W/Cu 的分布相似，且接近设计值，说明在这一尺度上 W 和 Cu 是均匀分布的。进一步调高分辨率，如图 3-12（b）所示，在直径约为 200 nm 的颗粒中，存在大量尺寸约为几纳米的小晶粒，如图中 0.181 nm 的晶格条纹之间的距离接近 Cu(200)面的间距（0.18088 nm），而 0.227 nm 的晶格条纹之间的距离接近 W(110)面的间距（0.2238 nm），可以判断这些小晶粒要么是 W 要么是 Cu，且两相在纳米尺度上相互混合。W 和 Cu 的均匀分布使得烧结后的复合材料的相对密度达到 97%，维氏硬度（HV）达到 347，导热系数高达 187 W/(m·K)。

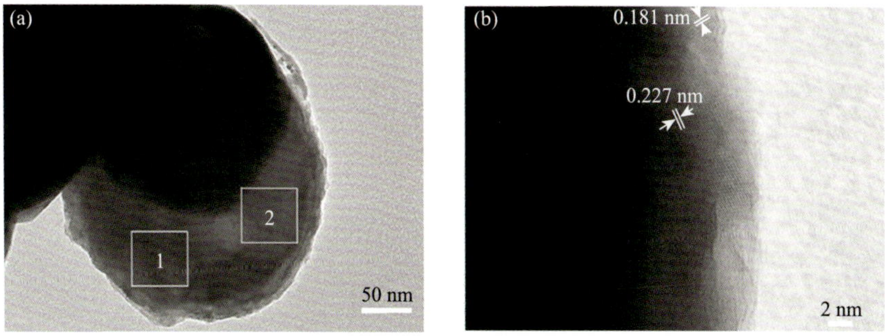

图 3-12　W-15%Cu 合金粉末的 FETEM 图

（a）低分辨率；（b）高分辨率

另一项研究中，Guo 等[39]以偏钨酸铵（AMT）和 $Cu(NO_3)_2·3H_2O$ 为溶质，乙二醇和柠檬酸为螯合剂合成出平均粒径为 150 nm 的 W-Cu 粉末。以 W-30%Cu 确定各原料成分，将 AMT、$Cu(NO_3)_2·3H_2O$ 和柠檬酸加入水中，搅拌至完全溶解，然后加入乙二醇得到溶胶。将溶胶加热到 130℃得到湿凝胶，然后在 150℃加热 24 h 得到干凝胶。将干凝胶在 450℃的空气氛围中煅烧 2 h 得到复合氧化物前驱体，然后以 250 r/min 的转速和 10∶1 的球料比对前驱体粉末进行球磨。将球磨后的前驱体粉末在 100℃下干燥 24 h 后，在氢气氛围中，750℃下还原 2 h 以得到目标粉末。

如图 3-13（a）和（b）所示，煅烧前的前驱体粉末由纳米氧化物混合团聚而成，且团聚程度严重；球磨后，如图 3-13（c）所示，这些大的团聚块体被有效地破碎成更细且更均匀的粉末。还原后的复合粉末，并未出现严重的团聚，如图 3-13（d）所示，在高清晰度下，可以看到粉末是由一些不规则形状的超细颗粒（约 150 nm）组成的，如图 3-13（e）所示。EDS 的分析也表明，这些颗粒是由纯的 W 相和 Cu 相组成的。

由于纳米粉末是由 W 和 Cu 两相在纳米尺度上混合形成的，因此很难通过 SEM 图像确定其平均粒径。图 3-14 显示了 W-Cu 纳米粉末的典型 TEM 图。其中黑色粒子和灰色粒子分别是 W 和 Cu，可以看出，大部分颗粒的粒径小于 150 nm，且

图 3-13　不同阶段下的颗粒 SEM 形貌

（a）、（b）低分辨率和高分辨率下的煅烧后前驱体粉末；（c）球磨后的氧化物粉末；（d）、（e）低分辨率和高分辨率下的还原粉末；（f）还原粉末的 EDS 图

两相颗粒均匀混合，每个颗粒又由几个较小的微晶组成。得益于均匀混合的纳米粉末，最终得到的 W-Cu 合金相对密度达到 97.3%，热导率高达 235.48 W/(m·K)，CTE 为 9.27×10^{-6} K^{-1}。

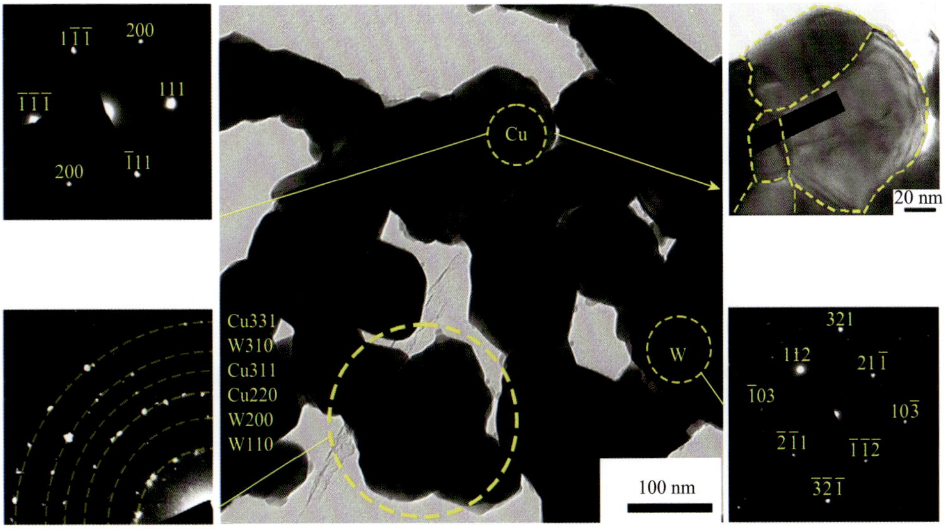

图 3-14　W-Cu 纳米粉末的 TEM 图

溶胶状态下，反应物之间均相分布，在形成凝胶时，通过选择不同的螯合剂，可以有效控制凝胶的结构，从而达到控制粉体形貌的效果。但整个过程周期较长，且凝胶并不是非常稳定的形态，因而在合成粉末的过程中，有些结构会发生变化。

如何控制溶胶-凝胶法的反应周期，并使各体系结构能够稳定遗传，还有待进一步研究。

3.2.5 高温自蔓延合成法

高温自蔓延合成法，又称燃烧合成法，是通过反应本身释放出的大量热使得反应进一步发生，即反应一旦发生，反应热会迅速在整个体系传导，使整个体系迅速参与反应，直至反应完全。由于整个体系迅速在高温下参与反应，且反应完全，因此此法制备的粉末均匀性非常好[40]。

Aydinyan 等以 CuO、WO_3、C 和 Mg 为原料在 2.0 MPa 的氮气氛围中以该方法合成 W-Cu 纳米粉末，得到 30～50 nm 的超细粉末，并烧结得到了接近完全致密的块体材料[41]。将 CuO（99.8%，<40 μm）、WO_3（99.99%，<40 μm）、C（99.5%，<1 μm）和 Mg（99.9%，150～300 μm）按比例混合后，通过单轴压制（$P = 1$ kN）制备圆柱形样品，并置于 CPR-3I 反应器中。将反应器充满氮气，升压至 2.0 MPa，反应由钨线圈迅速退火引发。反应后的样品溶于 40℃的 5%～10%盐酸，以去除反应生成的 MgO。

该方法最重要的是在根据所需要的 W-Cu 合金确定 CuO 和 WO_3 的用量后，通过热力学计算确定 C 和 Mg 的含量，在确保固相杂质仅为可以用盐酸去除的 MgO 的情况下，尽可能地降低反应体系所需要的能量。

作者通过计算得出，在钨铜摩尔比为 1∶1、2∶1 和 1∶3 时，不仅能使唯一固体杂质为 MgO，同时能接近热力学预测的低温反应区域（1150～1300℃）。通过图 3-15 中酸洗后混合粉末的 SEM 与 XRD 图结合可以看出，除杂后的粉末为 W-Cu 复合粉末，且粒径为 30～50 nm，呈雪花状。

相比球磨得到复合粉末制备的块体，以该方法合成的粉末为原料制备的块体显微硬度提升了约 85%，且块体接近全致密。

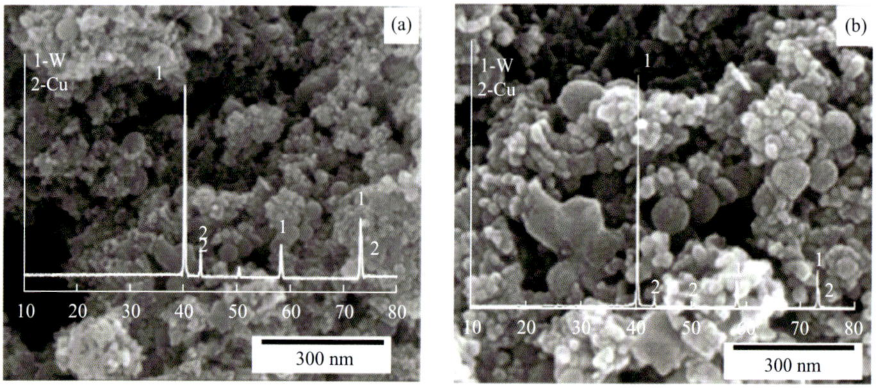

图 3-15　酸洗后混合粉末的 SEM 和 XRD 图

（a）W-Cu；（b）2W-Cu；（c）W-3Cu

近年来，通过 SHS 合成钨合金粉末的研究越来越多，并且集中于引燃金属和 C 添加量方向。这是因为尽管该方法能效高、流程短、反应充分，但依然难以避免固相反应中容易出现的副反应，尤其是保护气体与第二相金属的结合以及引燃金属的残余，因此如何提高 SHS 合成粉末的纯度是进一步研究的主要方向。

3.2.6　水热法和溶剂热法

溶剂热法是在水热法的基础上发展起来的，除了不再将溶剂局限于水之外，本质都是将反应物与溶剂加入反应釜中，在高温高压的环境下进行反应，并通过粉体的溶解和重结晶制备粉末的方法。溶剂热法从机理上避免了高温下的固相反应，因而不需要考虑高温下可能发生的晶型变化，可用于晶粒发育完整且分布均匀的粉末。

Li 等以 $Na_2WO_4 \cdot 2H_2O$ 和 $Cu(NO_3)_2 \cdot 3H_2O$ 为原料，通过水热法合成氧化前驱体粉末后，还原得到以 Cu 为核、以 W 为壳的核壳结构纳米 W-Cu 粉末，平均粒径为 60 nm[42]。

以 W-30wt%Cu 为目标产物，按化学当量将 $Na_2WO_4 \cdot 2H_2O$（99.5%）和 $Cu(NO_3)_2 \cdot 3H_2O$（99.5%）溶于水中，加入氨水调节 pH 至 5.2。将反应釜置于 180℃下反应 25 h，而后在 550℃下煅烧 2 h，得复合氧化物前驱体粉末。将前驱体粉末置于 H_2/N_2 氛围下，进行两步还原：在 450℃还原 0.5 h，然后在 800℃还原 1 h，气流流速为 1 m^3/h。

图 3-16（a）所示的水热反应后的前驱体粉末是由具有良好分散性的约 10 nm 粒径的纳米颗粒组成的。进一步观测可以发现［图 3-16（b）］，这些颗粒多为有不同取向的非晶相，其分布既不均匀也不规则。这说明这些沉淀出来的 $CuWO_4 \cdot 2H_2O$ 和 $Cu_2WO_4(OH)_2$ 在水热反应的过程中，没有完全结晶。

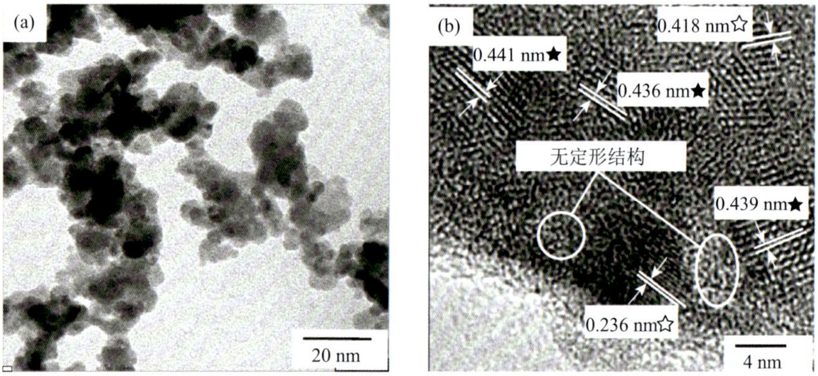

图 3-16 水热反应后的前驱体粉末的 HRTEM 图

将水热反应产物进行煅烧后，如图 3-17（a）、（b）所示，大颗粒发生分解，形成大量近似规则的多面体或球体，由一些尺寸为 40～60 的颗粒组成。随着结晶水的脱去，如图 3-17（c）所示，颗粒的成分也变为 $CuWO_{4-x}$、CuO 和 WO_3。更令人惊讶的是，这些颗粒呈现出核壳结构，即以 $CuWO_{4-x}$ 和 WO_3 组成的核心被 CuO 形成的壳包裹。

如图 3-18（a）所示，还原后的复合粉末分布均匀，形状为近球形，粒径为 10～60 nm。而由图 3-18（b）～（d）不难发现，还原粉末依然呈现核壳结构，但以 Cu 为核、W 为壳，这表明在还原过程中钨相和铜相发生了原位共还原。进一步观测还可以发现，W 和 Cu 的界面处呈现出半共格界面，即(110)Cu||(110)W 的晶格取向。这种结构的形成可能是由于非均匀成核现象。即在两步还原的过程中，外壳的 CuO 在较低的第一步还原温度下被完全还原为 Cu；而随着还原温度升高，内部的 $CuWO_{4-x}$ 和 WO_3 开始逐渐被还原。W 被还原时，铜相已经生成，

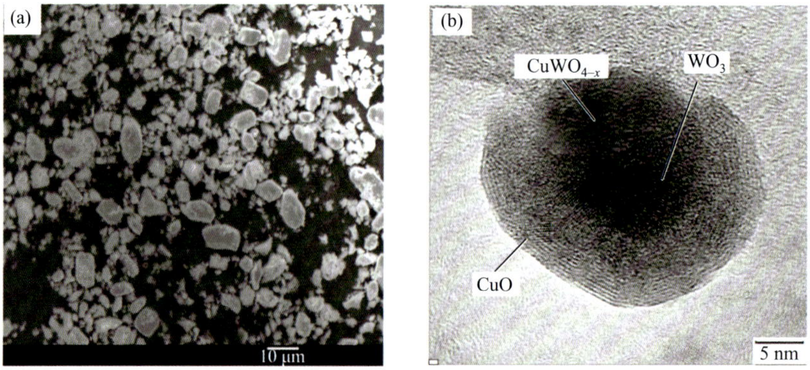

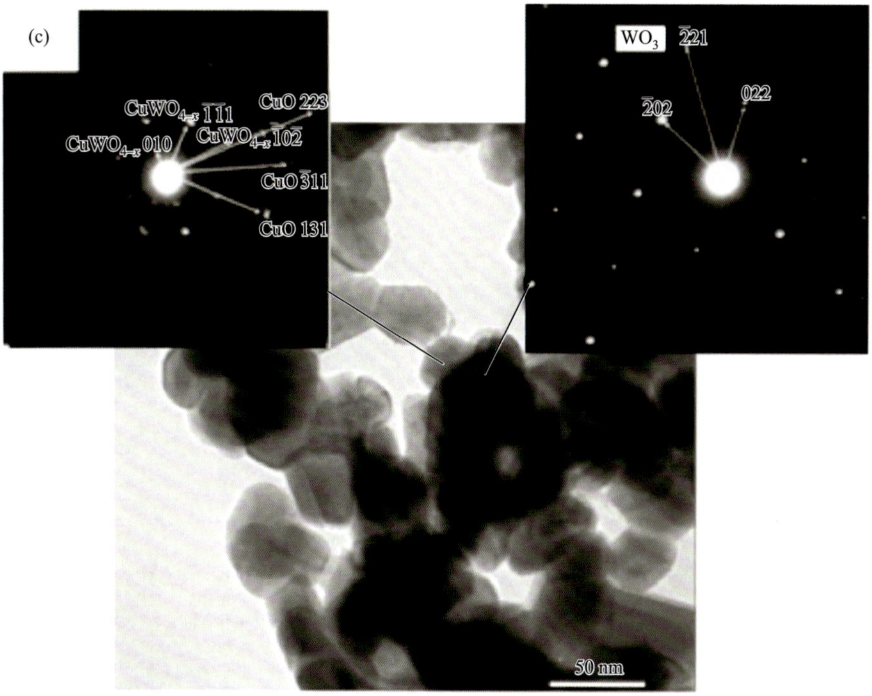

图 3-17　煅烧后的氧化物前驱体粉末的 FESEM 图（a）和 HRTEM 图（b、c）

因此被还原生成的 W 以 Cu 为核生长，最终形成还原粉末所呈现的核壳结构。以此独特结构粉末制备的 W-Cu 合金，其密度和电导率分别为 14.2 g/cm^3 和 43.3% IACS，具有较为优秀的性能。

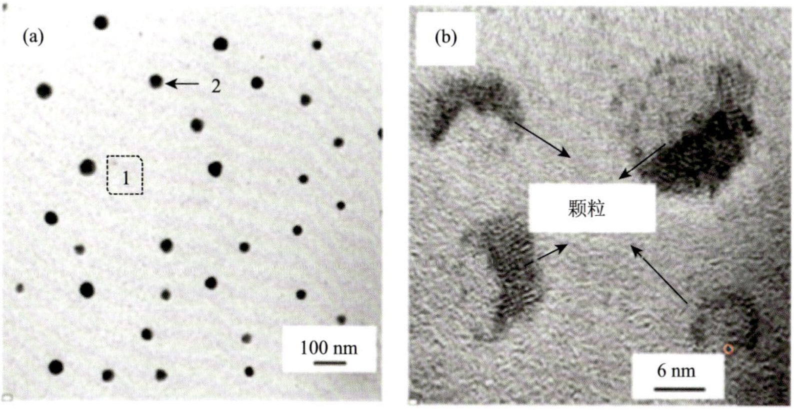

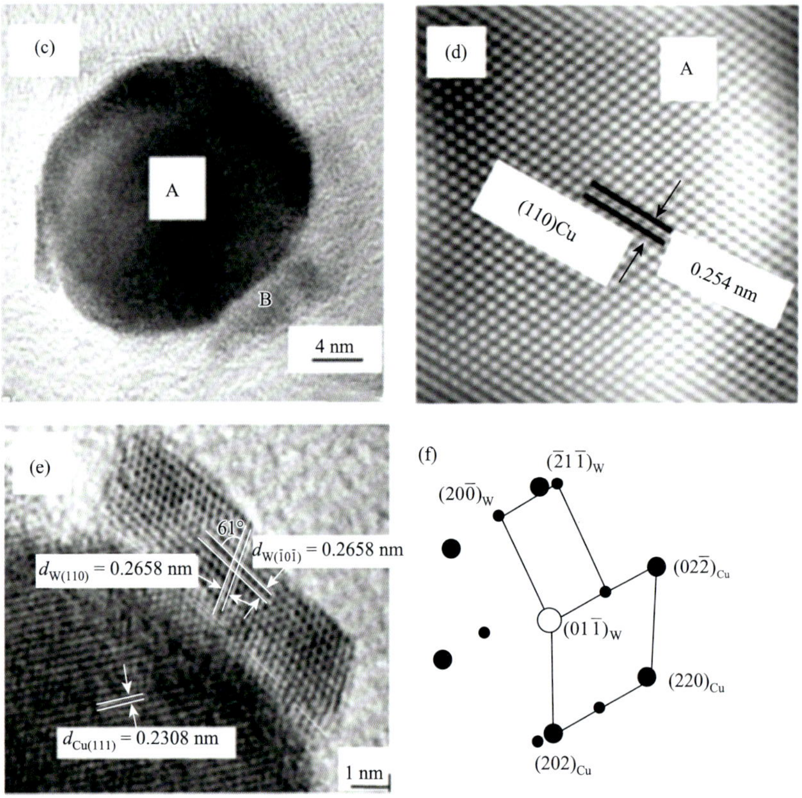

图 3-18 还原后的 W-Cu 复合粉末的 HRTEM 图和 FFT 图

水热法和溶剂热法有利于生长缺陷少、取向好的晶体，得到的粉末均匀且形状可控。但一方面，由于这一方法的反应在密闭的反应釜中进行，因此对于反应的中间态机理缺乏深入研究；另一方面，得到的产物多为前驱体粉末，需要进一步还原才能得到所需的最终产物，所以如何保留通过本方法合成的结构也需要进一步研究。

3.2.7 熔盐法

熔盐法是指以熔融态的低熔点盐作为溶剂，将反应物溶于其中合成粉末的方法，也可视为液相中的机械合金化。合金中的大部分元素在传统的极性和非极性溶剂中均不具备良好的溶解度，但可溶于熔融盐中，这使得各合金元素可以实现原子尺度的混合，合成的粉末化学成分均匀。且产物与溶质的分离也较简单，溶质也可重复利用。

Yang 等以 NaCl 和 KCl 的混合熔融盐为溶剂，W 和 C 为溶质，合成出平均粒径为 500 nm 的 W-C 粉末[43]。将 7 g W-C 混合粉末（99.9%，200 目）以 5∶1 的球料比和 1200 r/min 的转速在氩气氛围中进行球磨。球磨后的混合粉末与 10 g 等摩尔比的 NaCl（99.5%）和 KCl（99.5%）混合，冷压制成厚度 3 mm、直径 5 mm 的预反应样品。使用石英坩埚作为熔融盐的容器，在 1000℃将预反应样品加入熔融盐中，充分反应，然后冷却至室温，用蒸馏水洗涤除去盐，得到目标产物粉末。在室温下，W 与 C 反应生成 WC 和 W_2C 的 ΔG 均小于 0（–40.04 kJ/mol 和 –26.36 kJ/mol），因而在球磨过程中，两种反应均会发生。通过 XRD 检测，作者发现球磨 10 h 后，W 和 C 充分活化，因而将球磨时间统一定为 10 h。

如图 3-19 所示，当反应时间超过 2 h 时，几乎所有 W 和 C 均形成了碳化物。而随着反应时间的增加，WC 的量增加而 W_2C 的量减少。这表明当 C 足量时，一开始两种碳化物均会生成，而随着碳化完成，剩余的 C 会进一步与 W_2C 反应，生成 WC。

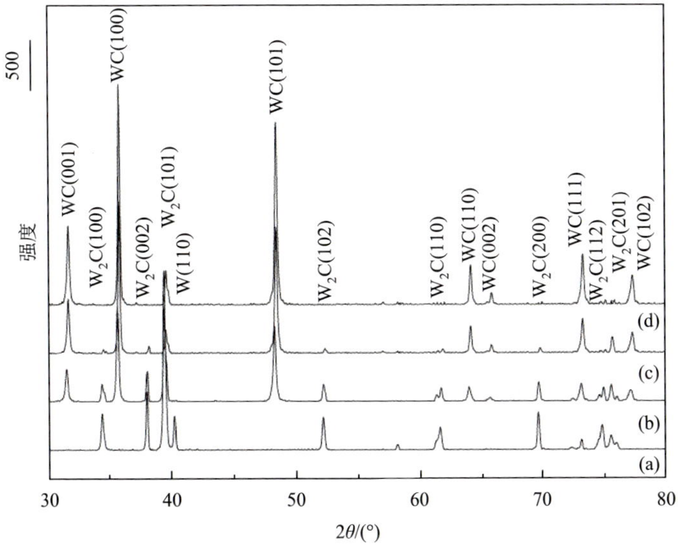

图 3-19 不同反应时间制备的 W-C 粉末 XRD

（a）1 h；（b）2 h；（c）5 h；（d）10 h

图 3-20 分别显示了反应 1 h 生成的 W_2C 粉末和反应 10 h 生成的 WC 的形貌，粒径均为 300～500 nm，且形貌并没有明显差异。这是由于如前文所述，WC 是由 W_2C 进一步反应形成的，而其形貌主要取决于成形与高能球磨过程。另外值得注意的是，尽管是在空气中进行的高温反应，熔融盐的存在依然可以防止反应物被氧化。

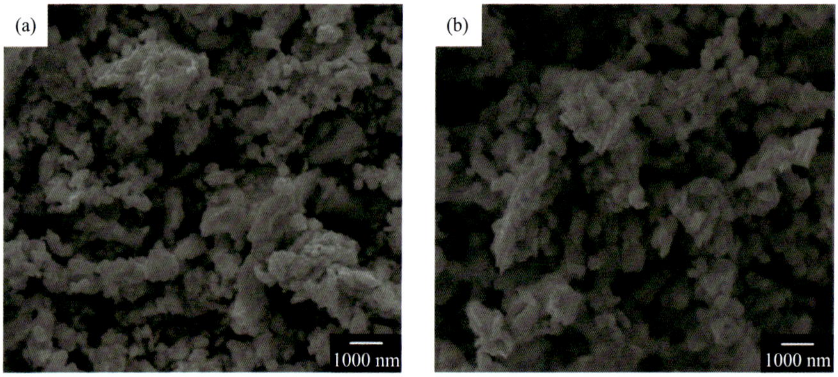

图 3-20 不同反应时间的熔盐法制备 W-C 粉末的 SEM 图
（a）1 h；（b）10 h

熔盐法提供的液相反应环境有效解决了固相反应所面临的势垒问题，可以降低反应温度，缩短反应时间，且得到的产物成分均匀。目前熔盐法的研究主要集中在碳化物方面，其他方向的研究还较少。

3.2.8 化学气相沉积法

化学气相沉积法是以金属氯化物如 WCl_6、$FeCl_3$、$NiCl_2$ 为原料，在气相中进行化学反应，经还原化合沉积制取难熔金属化合物、各种金属复合粉末和涂层的方法。其特点是工艺过程可控制，粉末纯度高。美国军方[44]采用这种方法成功地制备了 Ni、Fe 涂层厚度均匀、粒度分布范围较窄的 W-Ni-Fe。在此基础上发展的等离子体化学气相沉积技术[45]，也可用于制备纳米 WC 粉末。

Magnusson 等[46]采用这种方法成功地制备了纳米 W 颗粒单晶。该方法以 $W(CO)_6$ 为原料，在 1000℃的温度下将其热分解：$W(CO)_6 \longrightarrow W + 6CO$，生成的 W 颗粒以气溶胶（aerosol）的形式存在。在整个过程中，以纯 N_2 为气流载体，W 颗粒气溶胶在 N_2 的载流下进行后续反应。用这种方法制备的单晶粒度可控制在 15～60 nm。此粉末经过高温烧结后仍然保持单晶结构。

其工艺流程图如图 3-21 所示。

3.2.9 喷雾干燥法

喷雾干燥法是近年来出现的制备超细/纳米钨铜复合粉末的一种新方法。其基本原理是将溶液、乳浊液或悬浮液通过物理手段进行雾化，在短时间内蒸发获得超微粒子（图 3-22）。用该方法制备钨铜复合粉末的基本过程是：首先将偏钨酸氨

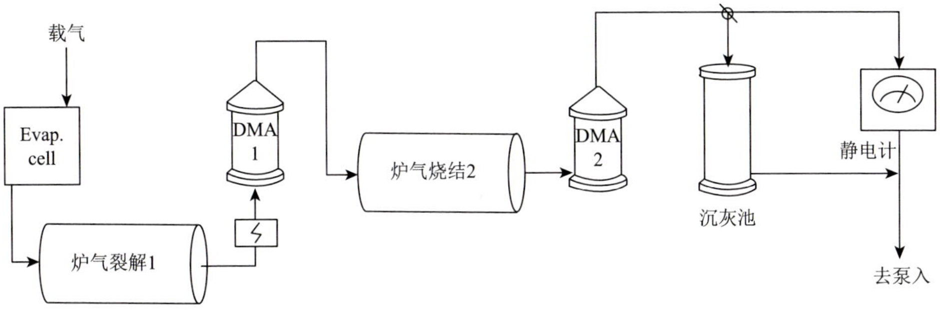

图 3-21　Magnusson 等制备纳米钨单晶的设备装置[46]

或仲钨酸铵晶体与铜的金属盐溶液（如硝酸铜）混合后溶解得混合溶液，再将此混合溶液通过雾化器进行处理，获得钨铜前驱体粉末，再将前驱体焙烧后通过 H_2 还原即可得到超细钨铜复合粉末。该法是由 McCandlish 和 Kear 等[47, 48]发明的，他们用此法成功地获得了 WC-Co 的复合粉末，其粒度小于 50 nm。

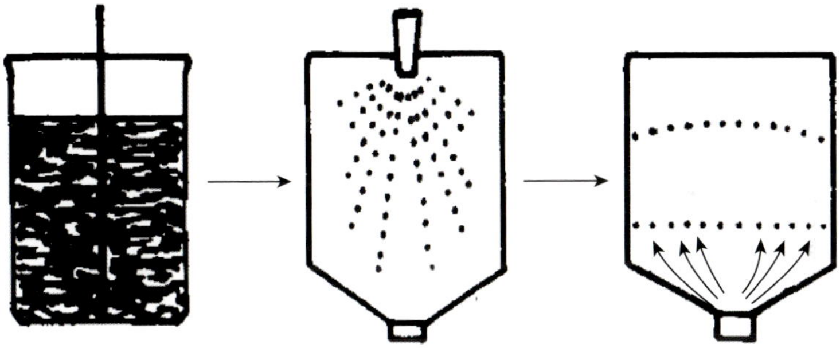

图 3-22　喷雾干燥原理

国外 Lee 等采用此方法制备了纳米 W-20Cu 复合粉末。该方法是以偏钨酸铵和硝酸铜为原料，制备混合溶液，然后将混合溶液采用喷雾干燥，通过旋转雾化和其后的干燥工艺得到金属盐混合粉末的前驱体，将前驱体煅烧，形成 W-Cu 氧化物复合粉末，再将氧化物粉末球磨和采用两步氢还原，从而制备出纳米复合粉末。此粉末具有很好的烧结活性，在 1050～1200℃烧结后具有晶粒度为 1 μm 左右的细晶显微组织的 W-Cu 合金[49]。Shi 等[50, 51]采用喷雾干燥法，并在 H_2 气氛中，在 800℃下连续焙烧还原 2 h 获得了 W-20wt%Cu 复合粉末，粒度约为 500 nm。将此法联合离子烧结法，烧结压力为 30 MPa，烧结温度为 1200℃，烧结时间为 10 min，获得了维氏硬度（HV）为 379、热导率为 189 W/(m·K)、抗弯强度为 1259 MPa、晶粒度为 0.8 μm 的 W-15wt%Cu 合金。

国内范景莲等[52]以偏钨酸铵[$(NH_4)_6(H_2W_{12}O_{40})\cdot 4H_2O$]、硝酸铜[$Cu(NO_3)_2\cdot 3H_2O$]结晶体为原料，按 W-50%Cu 的比例称取相应的偏钨酸铵和硝酸铜结晶体并配制成水溶液，然后加入表面活化物质并调节酸碱度以获得类胶物。将在不同温度下煅烧通过喷雾干燥得到的粉末前驱体，然后在 H_2 气氛下还原煅烧后的粉末。经过实验，研究者发现，通过喷雾干燥方式得到的前驱体粉末是球形、非晶态的，它经过煅烧后，可以生成 Cu_3WO_6、$CuWO_4$ 这些复合的氧化物。上面经过煅烧后的复合粉末如果再经几次相转变，就可以生成颗粒极其细小（约 200 nm，如图 3-23 所示）的纳米级别的复合粉末，并且一些过饱和新相可能会在这些粉末中产生，它们的晶粒尺寸约为 33 nm。

图 3-23 喷雾干燥-热还原粉末的 SEM 图

由于喷雾干燥法生产过程简单易控，生产效率高，操作人员少，而且不易引入其他杂质，目前已被大量应用于钨合金及陶瓷纳米复合粉末的制备[53]。但是，混合溶液直接喷雾干燥法制备复合粉末时容易产生粉末成分和粒度的不均匀，从而影响烧结后材料的组织与性能。

3.3 超细/纳米钨基复合粉末的烧结技术研究

纳米粉末能否发挥很大的优势，关键取决于烧结工艺。烧结中晶粒的长大问题是整个烧结工艺研究中最关键的问题[54-57]，由于纳米晶粒活性很大，在烧结中极易长大。纳米粉末由于具有非常多的晶界和很高的表面活性，烧结驱动力非常大，烧结时一方面致密化较通常的微米级粉末的致密化快，但同时晶粒聚集、合并和粗化速度很快，因而晶粒发生异常的长大，难以保持原始纳米粉末的纳米晶结构。尤其对于液相烧结的钨合金而言，情况更是如此。采用通常的传统液相烧结时，钨合金烧结温度较高，在液相烧结时发生加倍的颗粒重排、聚集、合并与长大，烧结制备的合金仍然为微米级结构，难以充分发挥该材料的特性，尤其是对于力学性能要求高的 W-Ni-Fe 合金，在固相烧结时可以得到晶粒尺寸为 3～5 μm 的钨晶粒，但是在液相烧结时，晶粒又长大为 20～30 μm。例如，纳米结构 WC-Co 复合粉末在 1400℃保温 30 s 便可获得高致密合金结构，其 WC 晶粒尺寸为 200 nm，但若将保温时间延长一倍即保温 60 s，则晶粒迅速增大到 2.0 μm[58]。因此，纳米粉末烧结技术的主要目的就是采用在得到全致密合金的同时，保持材料的细晶结构。

3.3.1　晶粒抑制烧结技术

纳米粉末晶粒度很小，界面多，活性大，在烧结中极易长大。在较短时间的液相烧结时，其晶粒即可长大到接近传统合金水平，从而失去了纳米晶粒的优点[58, 59]。很显然，纳米粉末的烧结将与采用常规的烧结有很大区别。为了抑制晶粒长大，一般采用两种措施[60]：①添加晶粒长大抑制剂，改变烧结中晶粒的能量状态，抑制晶粒长大。②采用特殊的烧结技术，如微波烧结、活化烧结、等离子烧结、电火花烧结等强化烧结和快速烧结技术。

为了抑制晶粒的长大，提高材料的性能，目前国内外研究人员常在材料中添加抑制剂。

最为典型的应用即是在硬质合金中，如添加 VC、Mo_2C、Cr_3C_2、NbC、TaC、TiC 等抑制剂对细化 WC 晶粒，提高硬质合金性能是非常有效的。其中，VC、Cr_3C_2 是最有效的晶粒长大抑制剂。例如，添加 VC、Cr_3C_2 可以使晶粒尺寸减小到 0.5 μm[61]、0.3 μm[62]至 0.15 μm[63, 64]。Sadangi 等[64]采用联合添加晶粒长大抑制剂，在 WC-Co 中同时添加 0.4wt%的 VC 和 0.8wt%的 CrC，可以将 WC 晶粒降低至 0.15 μm 左右，接近纳米晶（100 nm 以下）组织结构。

在钨合金中添加的晶粒长大抑制剂主要是稀土及其氧化物如 Y_2O_3、La_2O_3、CeO_2 等。添加 0.5% La_2O_3 和 0.5% Y_2O_3 的混合稀土氧化物能强烈地抑制垂熔过程中钨晶粒的长大，而且比单独添加 1.0% Y_2O_3 的抑制作用更为显著[65]。Ryu 等[66]研究了 Y_2O_3 对 93W-5.6Ni-1.4Fe 力学性能和显微组织的影响。将金属粉末与稀土氧化物粉末混合后球磨 72 h 得到平均尺寸为 3 μm 的复合粉末，粉末成形后在 1300℃固相预烧 1 h，然后在 1470～1485℃液相烧结 4～90 min。研究表明 Y_2O_3 弥散地分布于 W 晶粒周围，起到弥散强化和细化 W 晶粒的作用，并且 Y_2O_3 含量越高，晶粒细化越显著，如图 3-24 和图 3-25 所示（烧结条件：1485℃液相烧结 1 h）。

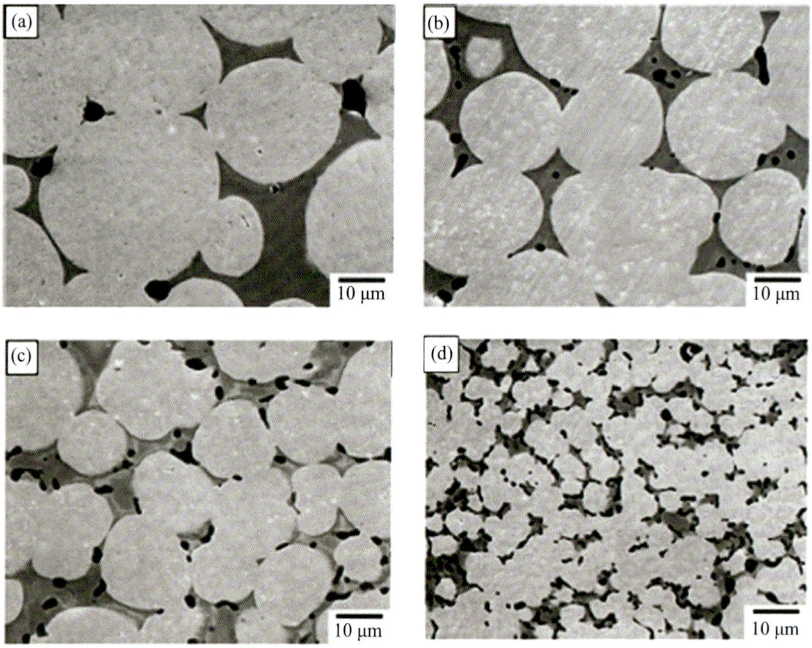

图 3-24 93W-5.6Ni-1.4Fe 合金显微组织

（a）0.1wt% Y_2O_3；（b）0.5wt% Y_2O_3；（c）1.0wt% Y_2O_3；（d）5.0wt% Y_2O_3

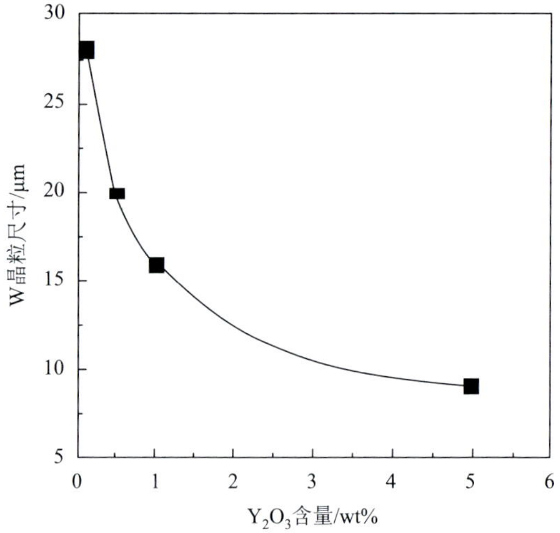

图 3-25 1485℃液相烧结 1 h 后平均 W 晶粒尺寸随 Y_2O_3 含量的变化图

添加 Y_2O_3 后合金的晶粒虽然得到了细化，但是室温下的力学性能却有所降低。添加 0.1wt% Y_2O_3 的合金在 1485℃烧结 1 h 后拉伸强度和延伸率分别为 828 MPa 和 14.6%，在同样的条件下烧结得到的不加 Y_2O_3 的合金性能是拉伸强度 940 MPa、延伸率 30%。主要原因是添加 Y_2O_3 后 W 晶粒长大受到抑制，因此致密度变低，影响了室温力学性能。但是在 800℃的高温压缩试验表明，其高温抗压强度随 Y_2O_3 含量的增加而增加，并且 Y_2O_3 的加入改变了钨合金在高应变率下的断裂方式，其以 W-W 界面分离为主，很少产生 W 晶粒的解理断裂，且大多数 W 晶粒不发生变形，使其更趋向于形成永久性断裂而非局部变形，由于 W-W 界面分离，材料发生局部断裂，因此更容易在不形成绝热剪切带的条件下使合金在浸彻时产生“自锐化”的效果，Park 等[67]的研究也证明了这一点，这对于钨合金的穿甲性能的提高是十分有好处的。

稀土元素对材料的力学性能提高与它在合金中的添加含量和它的添加形态有很大的关系。稀土的添加形态主要有纯金属粉末、氢化物、氮化物、硫化物、氧化物、盐以及稀土-金属（RE-Me）中间合金粉末如 RE-Fe、RE-Ni 等，但以后三种为主。

关于晶粒长大抑制剂的作用机理，有多种不同的解释。对 WC-Co 硬质合金其作用机理有以下几种观点[68]：一是吸附说，认为抑制剂吸附在碳化物颗粒的表面，降低了 WC 的表面能，从而降低了 WC 在液相中的溶解度；二是溶解度说，认为抑制剂在液相 Co 中的溶解减缓 WC 通过液相重结晶长大；三是抑制剂沿 WC/WC 界面偏聚，阻碍 WC 界面的迁移，防止 WC 颗粒发生聚集长大。而对于不溶性第二相粒子对液相烧结中晶粒长大的抑制作用机理也有多种不同的看法：Bock 等认为是抑制剂阻碍晶粒粗化，降低溶解-析出速率所致；Kang 等认为是由于第二相粒子的存在使得晶粒的曲率增加阻碍溶解原子的析出所致；Annavarapu 等认为是第二相粒子的存在使得原子扩散距离增加所致。

3.3.2 特殊强化烧结技术

强化烧结，如加压烧结、等离子体活化烧结、热压、热等净压、低压热等净压、超高压烧结、烧结热锻、微波烧结、电磁场烧结、冲击波烧结、高能高速烧结、电-固结等烧结技术可望较有效地控制纳米结构[69]。对于采用强化烧结和快速烧结技术来烧结细晶钨合金的报道很少，但是采用这些方法烧结其他材料如硬质合金等均有报道。目前常用的快速烧结技术有微波烧结和等离子体活化烧结（plasma activated sintering，PAS）等。

1. 等离子体活化烧结工艺

等离子体活化烧结是最近发展起来的一种新型的致密化工艺。由于其将等离子体活化、热压、电阻加热融为一体，具有烧结时间短、温度控制准确、易工业化等优点，仅在几分钟内就使烧结产品的相对密度接近 100%，而且能抑制样品晶粒的长大，因此已逐渐引起人们的关注。该工艺分为两个阶段：首先将粉末压成压坯后施加脉冲电流使粉末带电，得到具有清洁表面、很大烧结驱动力的高活性表面以促进其后的致密化，即所谓早期活化阶段，在此阶段，烧结在等离子体环境下进行；然后将经过以上工艺处理的粉末体在真空状态下采用加压和绝缘加热以使其致密。在等离子体活化烧结过程中，粉末中不必添加任何黏结剂，也无需预先进行压制成形处理，粉末可直接置于石墨烧结模中，然后对粉末施加同轴向的压力，并用脉冲电压产生等离子体活化颗粒表面，最后用直流电进行电阻加热，固化产品。采用此方法烧结时间短，致密化速度快，因此可以有效抑制晶粒的长大[70, 71]。对纳米 WC-Co 粉末采用 PAS 工艺可以在 10 min 内烧结近全致密，WC 晶粒度达到 0.3～0.4 μm[72, 73]。Tracy 等[74]采用此工艺研究了钨粉的致密化工艺。研究结果表明，采用纳米粉末可使烧结温度降低约 200 K 以上。晶粒尺寸为 280 nm 的钨粉经烧结致密后可以得到 1 μm 的晶粒。

2. **微波烧结**

微波烧结与常规加热方式有显著不同。常规烧结依靠发热体通过对流、传导、辐射传热，材料受热从外向内，烧结时间相对较长，晶粒较易长大。微波烧结则依靠材料本身吸收微波能转化为内部分子动能、势能，受热均匀，可将内部热应力减小到最低程度，同时又具备气压烧结的优点，可在特定的气氛保护下进行高温烧结。微波加热能使工件加热均匀，加热速度可以高达 1500℃/min，高效节能。在微波电磁能的作用下，材料内部分子、离子动能增加，降低了烧结活化能，扩散系数提高，可进行低温快速烧结，使细粉末来不及长大就被烧结。其主要优点是：①微波烧结材料在降低烧结温度的同时，可大幅度缩短烧结时间，实现高效节能；②微波烧结制品平均晶粒度降低 1/2 左右，同时，由于微波的均匀加热特性使晶粒更加均匀，制品的综合性能从而获得提高。因此，微波烧结无疑是制备细晶材料的有效手段[75, 76]。与常规烧结相比，微波烧结具有快速加热、快速烧结、高效节能以及改善材料组织、提高材料性能等一系列优点，随着 21 世纪人们对纳米材料的研究重视，该技术向制备纳米块体金属材料和纳米陶瓷方向具有很大的潜力，该技术被誉为“21 世纪新一代烧结技术”。国内外有人采用微波烧结已经制备出晶粒度小于 100 nm 的硬质合金。

3.3.3 超细/纳米钨基复合粉末的烧结

1. **固相烧结**

固相烧结是生产高密度钨合金的一个很重要的技术步骤[77]。钨合金是一种由 γ 相和 W 相组成的两相合金。液相烧结时产生很大的两相密度差，液相烧结过程中所产生的坍塌与变形可以通过固相烧结而控制。普通混合粉末不能通过固相烧结而达到近全致密，必须采用传统的液相烧结而成。采用纳米级、亚微米级预合金粉由于缩短了粉末颗粒之间的原子扩散距离，而且粉末粒度细，粉末比表面和界面多，比表面能高，使原子的扩散性大大增加。此外，大部分的原子、电子位于纳米颗粒表面存在很大的电子不饱和性，悬空键密度很大，这些处于极端不稳定的电子和悬空键非常容易结合和发生反应[78-82]。以上这些因素必然会使粉末的烧结活性大大增加，从而将烧结温度降低到液相温度以下和得到非常细小的晶粒。

范景莲以纳米（W, Ni, Fe）复合粉末为对象，详细研究了其固相烧结行为及其影响机理。图 3-26 是机械合金化纳米晶 90W-7Ni-3Fe 复合粉末压坯的相对密度随烧结温度和密度随球磨时间的变化曲线。随烧结温度升高，相对密度提高，致密化加快。对未球磨的 90W-7Ni-3Fe 粉末而言，发生显著致密化的温度在 1300℃以上，发生全致密化温度在 1500℃以上，而当粉末经过球磨后，发生显著致密化的温度降低在 1200℃以下，近全致密化温度降低在 1350～1450℃。当烧结温度为 1480℃，烧结致密度大大下降。这说明球磨大大提高了致密化速度。液相烧结所引起的坍塌和变形可以通过固相强化烧结而完成消除。

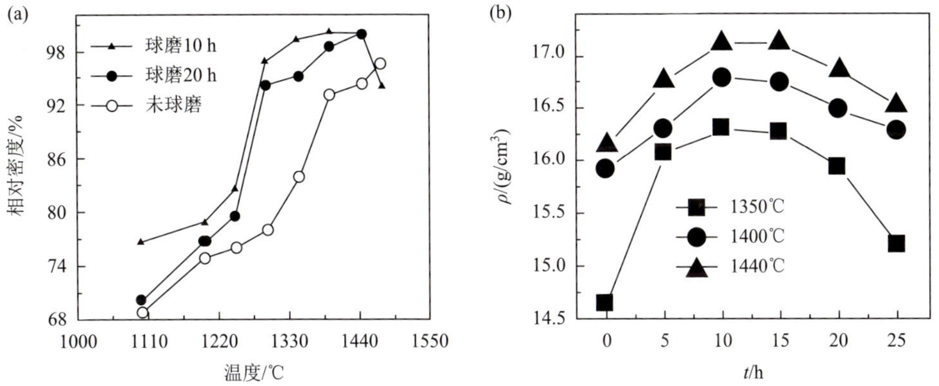

图 3-26　MA 粉末压坯的相对密度随烧结温度的变化及密度随球磨时间的变化

（a）烧结温度-相对密度；（b）球磨时间-密度

球磨时间和球磨介质对致密化有较大的影响。随球磨时间增加，致密化加快，如图 3-26（b）所示。在相同的球磨时间（10 h）下，采用钨球（TB）或硬质合金球（CCB）球磨所得的合金粉末合金比采用不锈钢球（SSB）所得合金粉末的致密化速度快。这主要是由于 W 球或硬质合金使晶块变得更细和晶格畸变更严重，因而致密化与晶粒长大和晶格畸变有关。孔隙消除与晶粒尺寸有很大的关系：

$$\frac{\mathrm{d}\varepsilon}{\mathrm{d}t}=\frac{g\exp[-Q/(RT)]}{\varepsilon^{1/2}G^{3}} \tag{3-1}$$

其中，ε 为孔隙度；G 为晶粒尺寸；Q 为活化能；R 为摩尔气体常量；T 为热力学温度。

致密化活化能定量地反映了发生致密化的快慢，根据公式：

$$\ln[(\rho-\rho_0)/(1-\rho_0)] = \ln[C/(1-\rho_0)]-Qd/RT \tag{3-2}$$

$\ln[(\rho-\rho_0)/(1-\rho_0)]$对$\dfrac{1}{T}$作图，对各实验点进行线性回归，所得直线关系如图 3-27 所示。

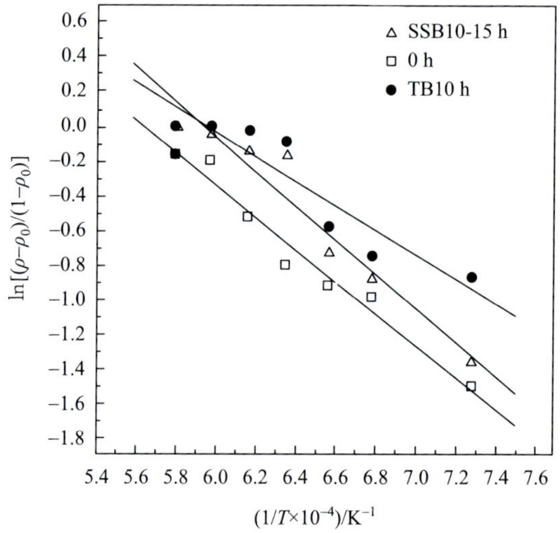

图 3-27 $\ln[(\rho-\rho_0)/(1-\rho_0)]$与$\dfrac{1}{T}$的关系曲线

根据图 3-27 可知，对于未球磨粉末体和采用 SSB、TB 分别球磨 10 h 的粉末体，其致密化活化能分别为 Qd（0 h）= 119 kJ/mol、Qd（SSB10 h）= 81.6 kJ/mol、Qd（TB10 h）= 58.4 kJ/mol。球磨使致密化活化能大大降低，尤其是采用 TB 球磨，效果更加明显。

图 3-28 为采用溶胶-喷雾干燥法制备的纳米级 90W-7Ni-3Fe 复合粉末压坯在 1300℃、1330℃、1390℃和 1420℃下保温 2 h 所测得试样的相对密度的变化曲线。从图 3-28 中结果可以看出，在 1300℃时，烧结坯的相对密度可以达到 97%以上。随着温度从 1300℃升到 1390℃，试样相对密度稳步上升，从 97.8%到 99.0%；当烧结温度大于 1390℃时，随着烧结温度的提高，试样相对密度急剧下降，温度为 1420℃时，试样有明显的过烧现象，试样表面出现许多气泡，内部也有大量的孔洞，试样的相对密度已降至 89.5%左右[83]。

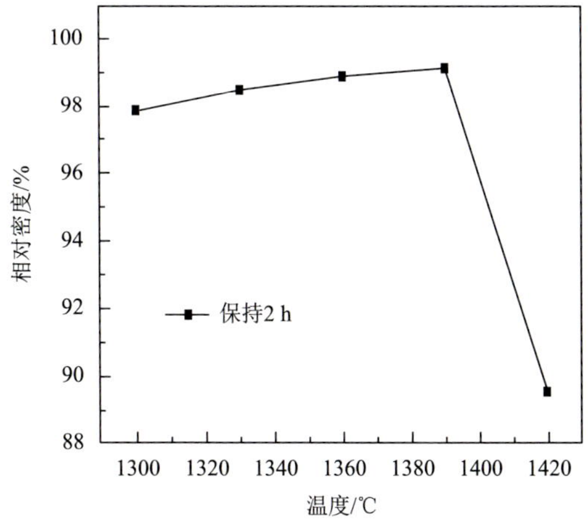

图 3-28　溶胶-喷雾干燥粉末压坯随烧结温度变化曲线

比较机械合金化法和溶胶-喷雾干燥法两种方法所制备的粉末烧结特点，可以发现，两种粉末的致密化趋势和致密化程度都非常相似。在 1300℃时两者都可以实现很大程度的致密化，从图 3-29 可以发现采用钨球（TB）作为研磨介质所制备的粉末在 1300℃时的致密度也达到 97%左右，与溶胶-喷雾干燥粉末的相近。两者在一定温度范围内都随温度的升高而增加，致密度可以达到 99%以上。当超过某一温度点时，密度反而大大下降。但有一点不同的是：溶胶-喷雾干燥粉末在比较低的温度下发生致密度下降的现象。

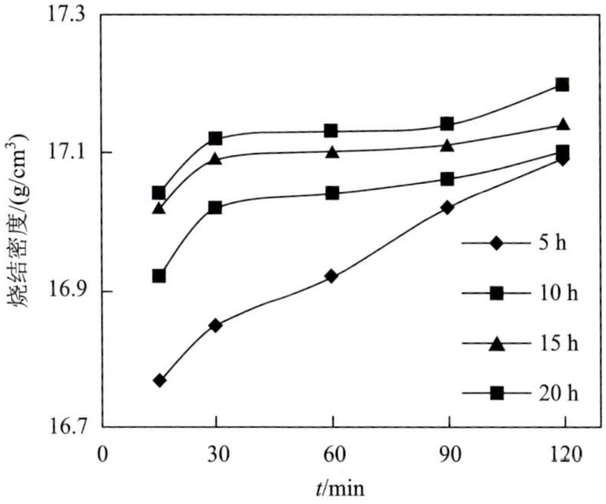

图 3-29　几种 MA 粉末在 1400℃时烧结密度随保温时间的变化曲线

图 3-29 为几种球磨的粉末坯在 1400℃时烧结密度随保温时间的变化曲线。由图 3-29 可知，随保温时间增加，致密化增加。随球磨时间增加，在相同时间下

烧结密度高，在达到同样的密度下，所需的烧结时间短，如对球磨 5 h、10 h、20 h 的粉末压坯，在达到同样的密度 17.04 g/cm^3 时，其所需的保温时间分别为 90 min、30 min、15 min。这再次说明了球磨时间的改变而引起晶粒尺寸的变化对烧结速度和致密化有很大的影响。

图 3-30 为机械合金化对固相烧结合金的金相组织影响的照片，其中：(a) 为采用普通粉末混合后直接在 1400℃烧结的金相组织；(b) 为粉末采用 TB 球机械合金化后在 1400℃烧结的金相组织；(c) 为粉末采用 SSB 球机械合金化后在 1450℃烧结的金相组织；(d) 为粉末采用 TB 球机械合金化后在 1450℃烧结的金相组织。根据图 3-30 可知，对普通粉末进行机械合金化得到纳米晶结构的复合粉末这一特点对烧结后合金的金相组织有很大的影响。(a) 中普通微米级粉末由于其原始粉末粒度粗大，烧结后合金的组织结构也较粗大。机械合金化使微米级粉末细化成纳米晶，虽然其烧结活性大，但在普通固相烧结工艺下其晶粒组织仍然要细很多，为 5～8 倍。球磨时间和研磨球对合金的显微组织有很大的影响。烧结态的 W 晶粒取决于原始晶块大小。随球磨时间增加，W 晶块变细。因而晶块随球磨时间的增加而减小。在相同的球磨时间下，采用钨球可提供更高更有效的冲击力而将 W 晶块进一步细化，因而烧结态合金的 W 晶粒变细，如图 3-30 所示。

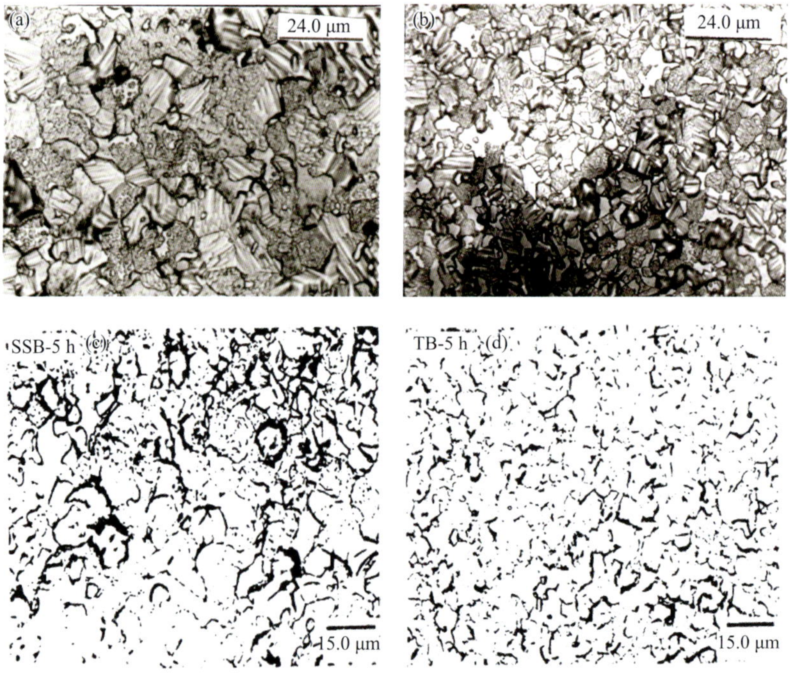

图 3-30　金相显微组织变化

(a) 未 MA，1400℃；(b) MA (TB)，1400℃；(c) MA (SSB-5 h)，1450℃；(d) MA (TB-5 h)，1450℃

将机械合金化的粉末压坯经过 1400℃固相烧结后的合金（球磨 5 h）采用线切割切取 $\Phi3\times0.4$ mm 厚的小圆片，然后采用机械减薄的方式将圆片磨至 50 μm 左右，再采用离子减薄以进行最终减薄，离子减薄时所用的电压为 5 kV，双面电流为 1 mA/cm^2，离子轰击角度为 9°～17°。然后采用 JEOL 分析电镜观察 TEM 形貌特征。TEM 观察表明，由于球磨过程中超饱和固溶体相的热力学不稳定性，不断发生相的析出和反应，从而导致在原来的 γ 相处形成层状片的 W 相与 γ-(Ni, Fe, W)的双相组织（图 3-31），以及在 W 相与黏结相的界面形成富 Fe 的新相（图 3-32）和富 Ni 的新相（图 3-33），其成分分别为（51.1at%～55.9at%）Fe-（6.1at%～11.8at%）Ni-（32.3at%～42.8at%）W 和（18.7at%～22.2at%）Fe-（40.2at%～52.0at%）Ni-（25.9at%～41.2at%）W（at%表示原子百分数）。

图 3-31　超饱和 Ni 相中析出的层片状双相组织

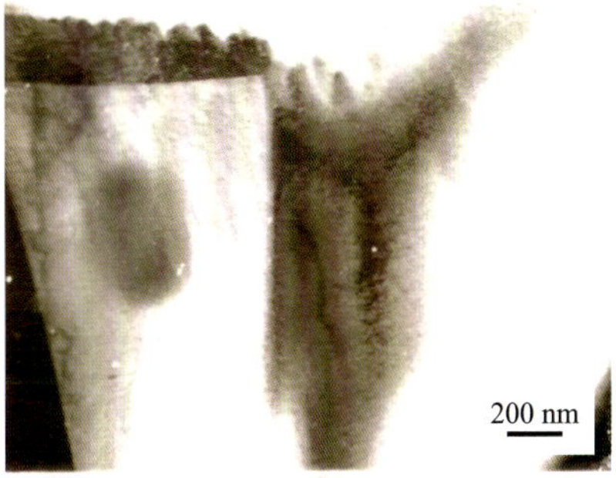

图 3-32　W 相和 γ 相界面形成的富 Fe 中间相

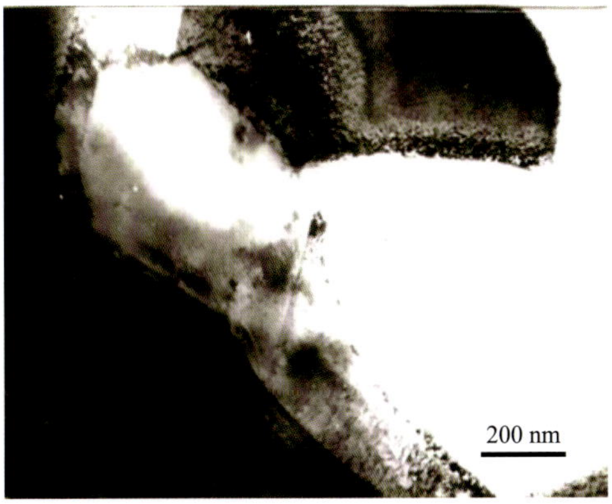

图 3-33　W 相和 γ 相界面形成的富 Ni 中间相

在这些中间相中，W 的含量远大于黏结相中的含量，失去了黏结相的延性的作用，相的脆性大大增加。W 相颗粒内部仍然存在大量的位错，如图 3-34 所示，这是球磨造成的，位错的存在可使 W 相强化。

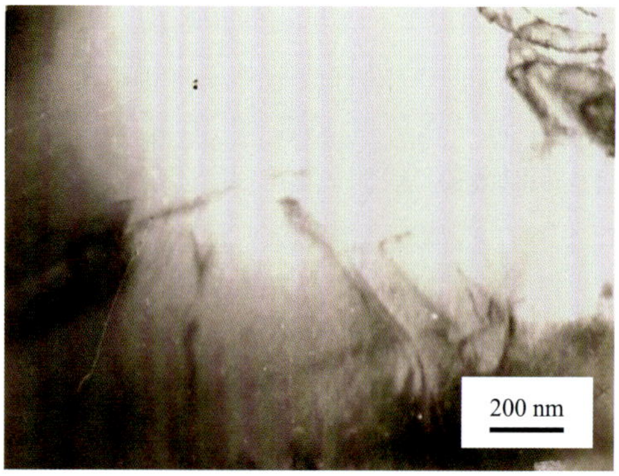

图 3-34　W 相内的位错分布

本书作者研究了钨合金粉末固相烧结的致密化机理，获得了粉末纳米化对扩散活性的影响规律，原子扩散系数 D 的表达式为

$$D = D_0 \exp\left(-\frac{Q}{RT}\right) \tag{3-3}$$

其中，D_0 为频率系数，cm^2/s；Q 为扩散活化能，J/mol 或 kJ/mol；R 为摩尔气体常量；T 为热力学温度，K。

纳米颗粒的扩散活化能比传统粉末的低得多，粒度为 40 nm 的 W 粉的扩散活化能为 134 kJ/mol，普通 W 粉末的扩散活化能为 587.9 kJ/mol，从而使纳米的扩散、反应速率大大提高，致密化过程加快。如上所述，采用溶胶-喷雾干燥法所制备的纳米级 90W-Ni-Fe 复合粉末颗粒细小、分散性高，其颗粒表面具有很高的比表面能及高密度的悬空键，使得扩散活化能 Q 大大降低，即大大降低了原子扩散的能垒，致使 W 原子在基体相中扩散加剧，使得烧结坯在 1300℃作用的固相烧结时，其相对密度已高达 98%以上；另外，当温度达 1390℃时，试样已完全进入液相烧结阶段。

同时，本书作者还对纳米复合钨合金的 W 晶粒长大进行了研究，图 3-35 和图 3-36 为用机械合金化工艺制备的纳米晶 90W-7Ni-3Fe 粉末在加热过程中其晶粒尺寸和晶格畸变随退火温度的变化。

W 晶粒长大可以分为两个明显的阶段：（a）≤1200℃；（b）≥1200℃。在第一阶段（≤1200℃），在较低的温度下（＜500℃）晶粒长大和晶格畸变的消除并

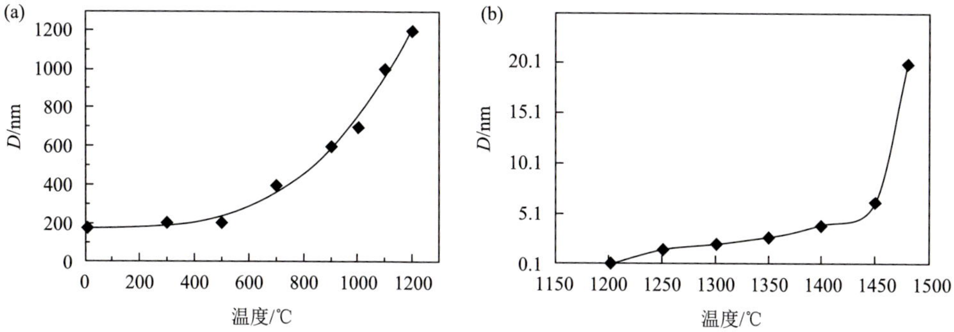

图 3-35 W 晶粒尺寸随退火温度的变化

（a）≤1200℃；（b）≥1200℃

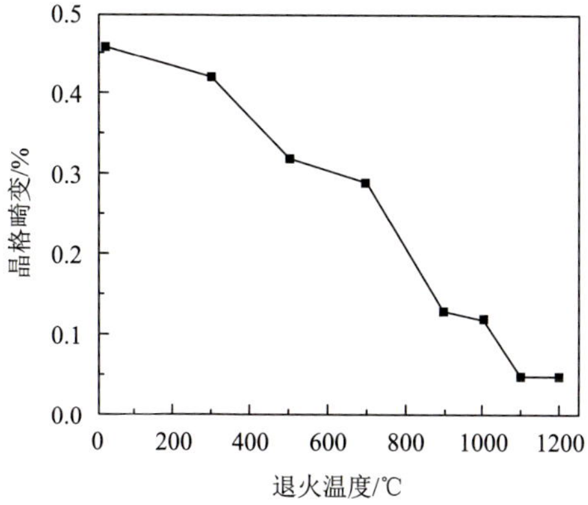

图 3-36 晶格畸变随退火温度的变化

不十分明显。随温度逐渐升高，晶粒发生长大，晶格畸变降低。在 1000℃以下，主要是从 W 的超饱和固溶体中析出 Ni、Fe 相，阻碍了 W 晶粒长大，因而 W 晶粒长大较慢。当温度超过 1100℃时，由于过饱和的 γ-(Ni, Fe, W)晶化和 γ 相超饱和固溶体的分解和析出等，球磨过程中产生的大的晶格畸变在 1200℃以前基本消除，但此时晶粒还未发生明显长大。在第二阶段（≥1200℃），晶粒发生明显长大。当温度达到再结晶温度以上时，W 晶粒迅速发生聚集、合并与长大，W 晶粒发生急剧长大。图 3-35（b）为在 1200℃以上保温时间为 2 h 时当压坯发生显著致密化后的 W 晶粒尺寸随烧结温度的变化。在 1300～1400℃时，W 晶粒长大至原来的 10～30 倍，W 晶粒尺寸可达到 3～5 μm。图 3-36 为与图 3-35（a）相对应的晶格畸变随退火温度的变化。在晶粒长大的第一阶段，W 晶粒长大缓慢的同时晶格畸变降低也并不明显。当 W 晶粒发生显著长大时，粉末体内的晶格畸变迅速消失。

范景莲通过研究纳米化对扩散活性和钨晶粒长大的影响，获得了致密化纳米复合钨合金的致密化机理。对于 MA 粉末，粉末内部发生非常复杂的性质变化。

为此，这里以机械合金化工艺为例，分析了纳米晶粉末的致密化机理。W-Ni-Fe原始混合粉末经高能球磨后，粉末的性质发生了很大的变化：①球磨过程中晶粒发生纳米晶化，形成高体积分数的晶界；②发生严重的塑性变形，形成高密度的位错、孪晶、反向晶界、晶格和发生严重的畸变；③球磨过程中反复的冷焊、撕裂与重焊导致生成原子级表面，W、Ni、Fe 粉末达到原子级的混合，实现合金化；④形成超饱和固溶体和非晶化。在烧结过程中，这些都对快的致密化有影响。固相烧结可分为三个阶段：早期阶段、中期阶段、后期阶段。在中期阶段，压坯发生显著收缩和烧结致密化。球磨降低了发生显著致密化的温度和全致密化温度。根据密度随烧结温度的变化曲线可知，未球磨粉末在 1300℃以上发生显著收缩，在 1500～1530℃才达到近全致密。而球磨的粉末在 1200℃左右就开始发生显著收缩，在 1350～1400℃可达到近全致密。同时球磨提高了早期阶段的致密化。这是由于在早期阶段球磨粉末内仍存在很高的位错等缺陷和很大的晶格应变能。烧结早期阶段粉末体内的晶格畸变消除、应力释放[84, 85]和位错滑移对烧结的早期阶段的致密化起作用。同时，W 超饱和固溶体的析出和 W 晶粒的缓慢长大对提高早期阶段的致密化也起了作用。晶格畸变大、晶粒细会使早期阶段的致密化加快[86]。

当温度在 1200℃以上，即在烧结中期阶段，非晶晶化和超饱和固溶 γ 相析出和 W 晶粒发生迅速长大。在早期阶段，位错通过滑移而减少，剩下的不可动位错必须在较高温度下通过攀移而消除，早期阶段从超饱和固溶体中析出的新相和不可动位错阻碍了 W 晶粒长大。与烧结态合金中的 W 晶粒相比，此时 W 晶粒长大几乎可以忽略不计。因而在中期阶段，仍存在大量的晶界。

大量晶界的引入使整个系统能量提高[87]。假设晶界能为 γ，晶界面积为 A，晶粒为等径球形，晶粒尺寸为 d，则总的自由能变化为

$$\Delta G(T, d) = \gamma \cdot A \tag{3-4}$$

假设粉末为球形，原始晶粒尺寸为 D，经球磨纳米化后变成 n 个尺寸为 d 的纳米晶。根据球磨前后体积不变的原理，则有

$$n = \frac{V_0}{V} = \left(\frac{D}{d}\right)^3 \tag{3-5}$$

因此球磨后晶界面积变为

$$A = \left(\frac{D}{d}\right)^3 \pi d l \tag{3-6}$$

其中，l 为晶界厚度。

因此，球磨前后系统自由能变化

$$\Delta G(T, d) = \gamma \cdot (A - \gamma) \cdot A_0 \tag{3-7}$$

$$\Delta G(T,d)=\gamma\cdot\pi\cdot l\left[\left(\frac{D}{d}\right)^3 d-D\right] \tag{3-8}$$

在本实验中，W 的原始晶粒 $D = 3322$ Å，采用 TB 球磨 20 h 时的晶粒尺寸为 174 Å，则 $D/d \doteq 20$。

$$\Delta G(T,d)=1388678\pi\gamma L=418\Delta G_0 \tag{3-9}$$

即系统自由能呈 400 多倍地增加。

因此，由于晶粒尺寸效应和界面效应，在显著致密化阶段，随温度升高，非晶发生晶化、γ 相超饱和固溶体的析出和位错发生攀移激发了晶界迁移和扩散，在大的系统晶界自由能的驱动下，晶粒迅速迁移和发生晶粒长大，从而导致致密化大大增加。球磨后的 W 晶粒大小对致密化有很大的影响。晶界扩散引起物质迁移是导致显著致密化的主要机理。

合金性能与显微组织（包括孔隙度和 W 晶粒大小）有着很大的关系，如[88]：

$$\sigma=\sigma_0 G^{-\alpha}\exp(-\beta\varepsilon) \tag{3-10}$$

其中，σ 为强度；G 为晶粒尺寸；ε 为孔隙度。

晶粒尺寸越大，孔隙度越高，合金的强度 σ 越低。

图 3-37 为由 MA 粉末在固相烧结后的合金抗拉强度随烧结温度的变化曲线。随烧结温度升高，合金的强度也提高，合金性能大大提升。当烧结温度超过液相烧结温度时，拉伸强度降低而延性增加。随球磨时间延长，合金的性能提高，如图 3-38 所示。这主要与球磨时间越长所生成的晶粒越细、致密化越快有关。但当球磨时间太长时，由于球和球磨筒的磨损，以及氧化严重，反而使合金性能降低。球磨介质对合金性能有很大的影响。采用钨球球磨时，由于晶粒更细，而且球磨磨损所带来的异类杂质较小，因而在 1300～1450℃合金具有更高的性能。在实验条件下，最高拉伸强度可达 1130 MPa。比传统液相烧结合金性能高出 200 MPa 以上。

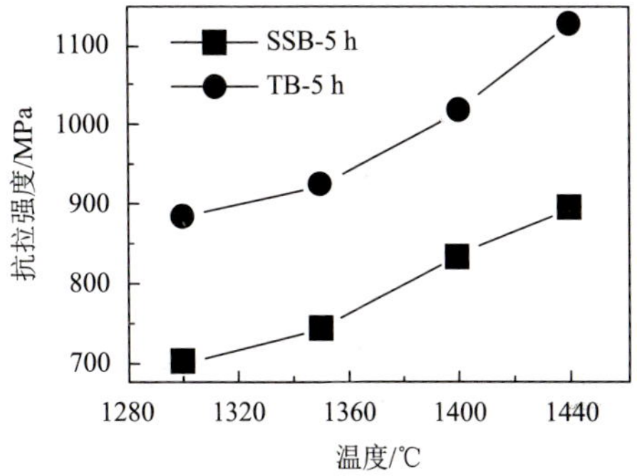

图 3-37　抗拉强度随烧结温度的变化

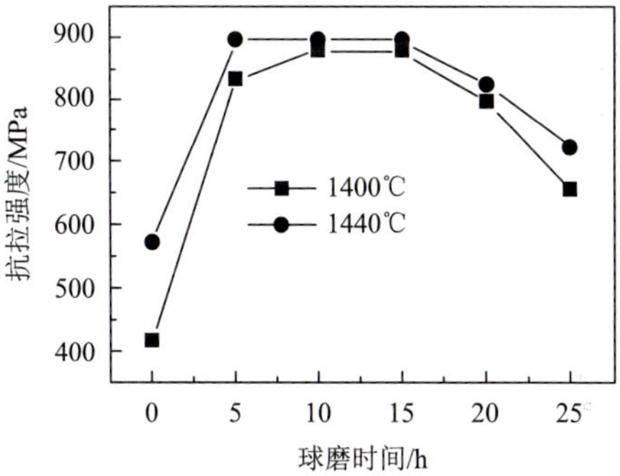

图 3-38　抗拉强度随球磨时间的变化

图 3-39 为采用 SSB 在 1450℃烧结合金的拉伸断口形貌。从图中结果可以看出，断口形貌表现为 W-W 沿晶断裂，有小的韧窝存在。而且在 W-W 界面和 W 颗粒内部有小的孔隙存在。孔隙对性能有很大的影响。如果孔隙得到控制和消除，这种合金将具有非常高的性能。随球磨时间增加和烧结温度提高，孔隙增加。采用 TB 比采用 SSB 产生的孔隙少。

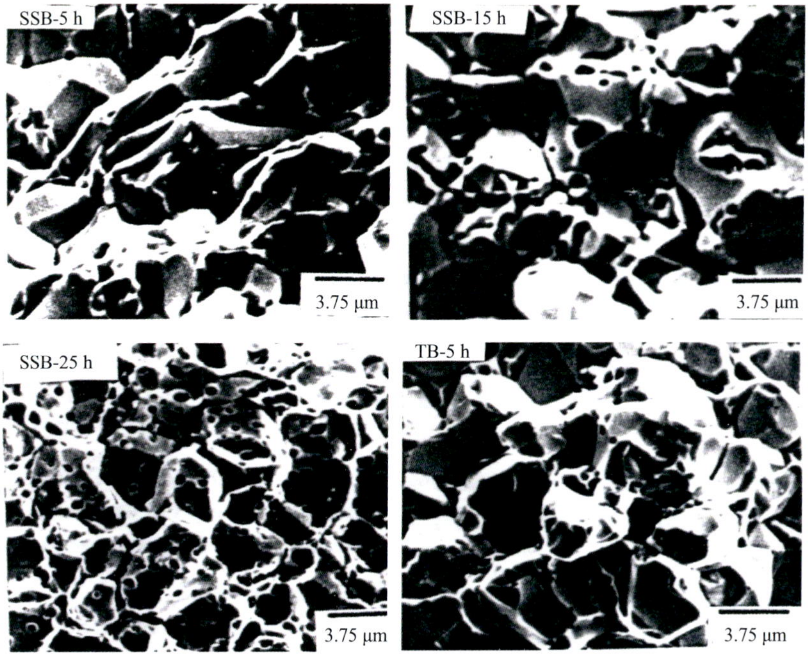

图 3-39 固相烧结合金的拉伸断口形貌

2. 液相烧结

纳米 W-Ni-Fe 粉末采用固相烧结可以得到晶粒较细的钨合金，但由于 W 晶粒呈多角形，W 晶粒互相接触，W 颗粒连接度非常高，因而虽然合金的强度高，但合金的延性很差。在液相烧结时，W 晶粒发生急剧粗化、长大、球化，W 晶粒大小又接受传统粉末冶金（P/M）合金的组织，而且此时发生明显的鼓泡现象，合金使密度和延性大大下降。因此，纳米 W-Ni-Fe 粉末的液相烧结及组织控制是一个至关重要的问题。范景莲研究了纳米 W-Ni-Fe 液相烧结过程中的致密化行为、液相烧结特征及其性能与组织特征。

图 3-40 是机械合金化纳米 90W-7Ni-3Fe 复合粉末液相烧结时烧结坯样品的密度随保温时间的变化。在较短的时间内，可以发生全致密化，密度可接近 100%。随保温时间延长，密度降低。密度降低，说明孔隙度增加。其原因主要是在液相

烧结时发生相变化即产生鼓泡和膨胀使内部出现孔洞。这说明了纳米 W-Ni-Fe 粉末的烧结特性与传统液相烧结存在显著的区别。纳米粉末在液相烧结过程中的近全致密化只需在很短的时间内完成。烧结时间延长对致密化不利。

图 3-41 为用溶胶-喷雾干燥还原法制备的纳米级 90W-7Ni-3Fe 复合粉末在 1390℃液相烧结时样品的相对密度随保温时间的关系。在一定保温时间范围内，随保温时间延长，试样的相对密度稳定上升，保温时间从 30 min 延长到 120 min 时，相对密度从 97.5%提高到 99.0%左右。这一特征与 MA 粉末的致密化行为完全相反。当保温时间超过 120 min 时，试样的相对密度急剧下降，烧结时间为 150 min 时，相对密度降为 79%左右，试样表面出现大量的气泡，这一点与 MA 粉末有相似之处。产生以上现象的原因还不太清楚，有待进一步探讨。

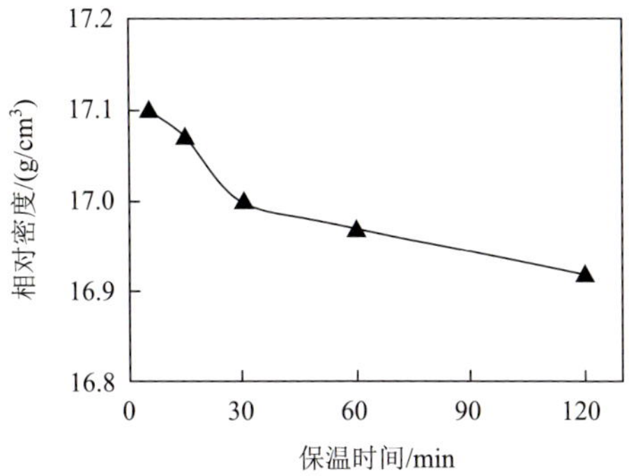

图 3-40 MA 粉末烧结时相对密度随保温时间的变化

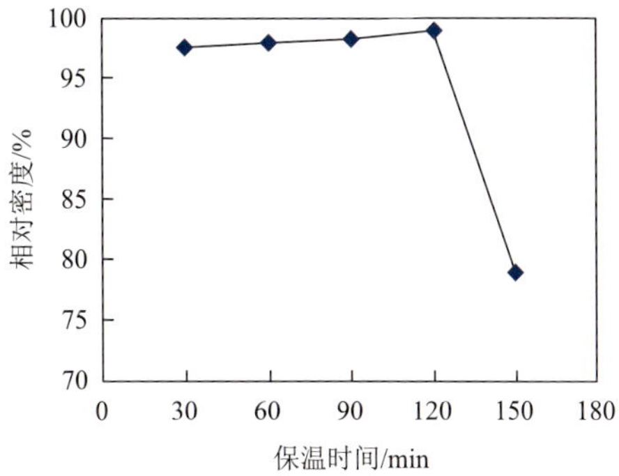

图 3-41 溶胶-喷雾干燥粉末液相烧结时相对密度随保温时间的变化

1）MA 粉末的液相烧结特征

对机械合金化的 90W-7Ni-3Fe 纳米晶复合粉末按照常规粉末的液相烧结工艺在 1500～1530℃液相烧结 2 h 时，合金内部出现大量的气泡和孔隙，晶粒发生严重长大，如图 3-42 所示。在此温度下，即使采用较短时间烧结也容易发生鼓泡，致密度下降。当烧结温度降低至 1480℃时，这个问题得到缓解。图 3-43 和图 3-44 分别为 MA 粉末在 1480℃烧结 30 min 和 120 min 的拉伸试样断口形貌和金相组织照片。随保温时间增加，由于相析出与相反应，产生柯肯达尔效应，合金组织中表现为在晶界和晶内的孔隙大大增加，同时显微组织发生长大，在 1480℃保温 30 min 和 120 min 时合金的致密度分别为 99%和 98.5%，拉伸强度由 880 MPa 降低到 800 MPa。孔隙增加和晶粒度增大是导致拉伸断裂强度下降的主要原因。而且组织中的孔隙增加也说明合金的密度降低。在拉伸断口上表现出黏结相延性断裂，因而合金仍具有较好的延性，其拉伸强度和延伸率性能结果如表 3-1 所示。尽管孔隙度增加，致密度较低，延性继续提高，这可能是第二相黏结相在液相烧

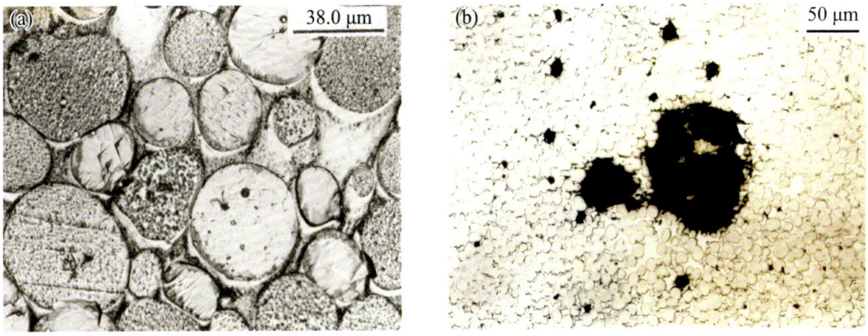

图 3-42　在 1530℃液相烧结的金相组织照片

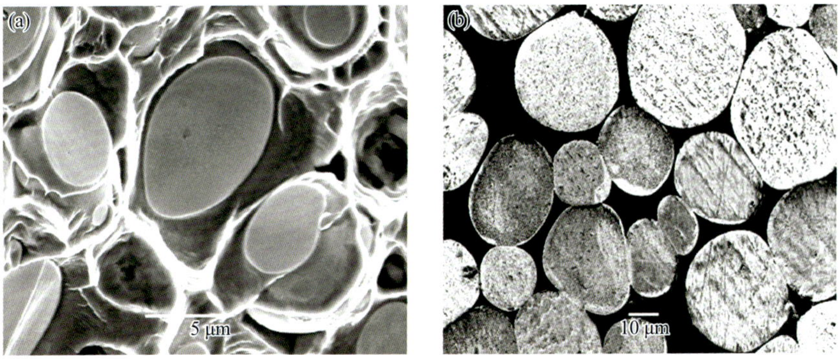

图 3-43　液相烧结 30 min 的显微组织

（a）拉伸断口形貌；（b）金相组织

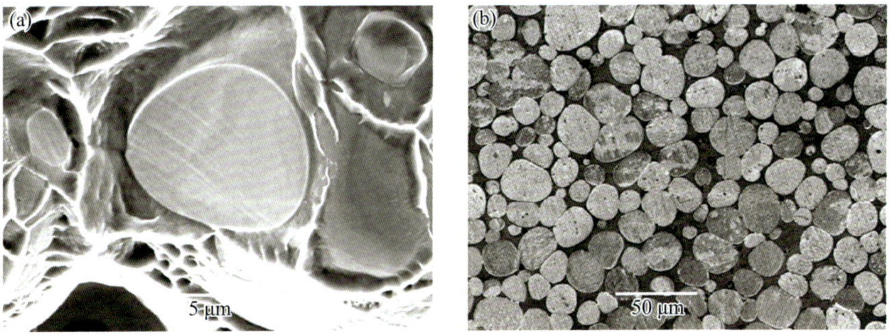

图 3-44　液相烧结 120 min 的显微组织

（a）拉伸断口形貌；（b）金相组织

结温度下从含 W 量高的非稳定态 γ-(Ni, Fe, W)相向较低 W 含量的平衡态 γ-(Ni, Fe, W)转变而使黏结相呈现较好的延性撕裂的原因。对于传统钨合金，当孔隙度大于 1%时，合金延伸率较差，此时 W 晶粒虽然与瞬时液相烧结钨合金的晶粒相比大了许多，但与传统钨合金相比，钨晶粒仍然得到细化，W 晶粒尺寸一般为 10～25 μm，因此长时间液相烧结后，尽管有较大孔隙度而仍然具有好的延伸率，这在某种程度上反映了细化晶粒的作用所在。

表 3-1　合金的力学性能

<table>
<tr><th colspan="2">烧结温度</th><th>抗拉强度/MPa</th><th>屈服强度/MPa</th><th>延伸率/%</th></tr>
<tr><td colspan="2">1400℃</td><td>915</td><td>710</td><td>1.8</td></tr>
<tr><td colspan="2">1450℃</td><td>910</td><td>685</td><td>2.3</td></tr>
<tr><td rowspan="6">液相烧结温度 T_0</td><td>3～5 min</td><td>910</td><td>550</td><td>10.8</td></tr>
<tr><td>15 min</td><td>890</td><td>546</td><td>11.3</td></tr>
<tr><td>30 min</td><td>880</td><td>535</td><td>18</td></tr>
<tr><td>60 min</td><td>860</td><td>515</td><td>18.2</td></tr>
<tr><td>120 min</td><td>800</td><td>475</td><td>17.8</td></tr>
<tr><td>添加微量稀土瞬时液相烧结 3～5 min</td><td>1055</td><td>575</td><td>16.3</td></tr>
</table>

2）喷雾干燥粉末的液相烧结特征

图 3-45 是溶胶-喷雾干燥粉末在液相烧结温度 1390℃保温 60 min 的试样断口形貌及金相组织照片。图 3-46 为在 1390℃保温 120 min 的试样拉伸断口形貌及金相组织照片。对试样断口形貌及金相组织分析表明，当在液相烧结温度下保温 60 min 时，虽然 W 晶粒长大并已经球化，但烧结并不够充分，W 晶粒与黏结相的结合强度不高，拉伸试样基本上表现为沿晶断裂及 W 晶粒与黏结相的界面剥离，试样的强度和延伸率都不高。当保温时间为 120 min 时，W 晶粒已经完全球化，W 晶粒的平均晶粒度为 20～25 μm，拉伸断口表现为多数 W 晶粒穿晶解理断裂和黏结相的延性撕裂。试样的拉伸强度和延伸率出现极大值（分别为 900 MPa 和 13%左右）。

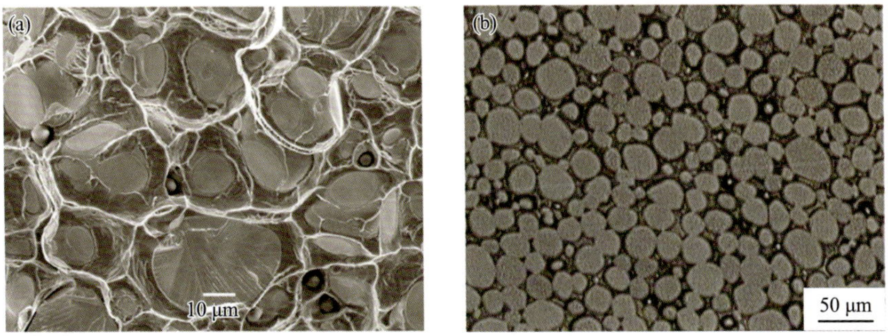

图 3-45　1390℃保温 60 min 试样的显微形貌

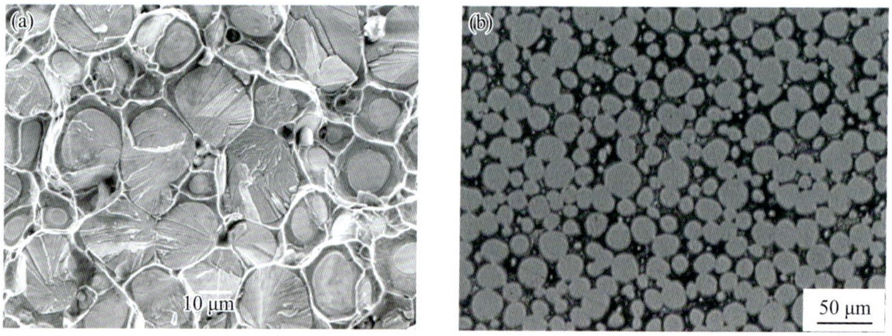

图 3-46 1390℃保温 120 min 试样的显微形貌

3）固-液两步烧结

根据 MA 粉末的液相烧结致密化规律和传统液相烧结特征，对 MA 纳米粉末在 1480℃进行 3～5 min 的瞬时液相烧结，使其迅速达到近全致密化，此时致密度接近 100%。图 3-47 为瞬时液相烧结制备的合金的拉伸断口形貌和金相显微组织特征。

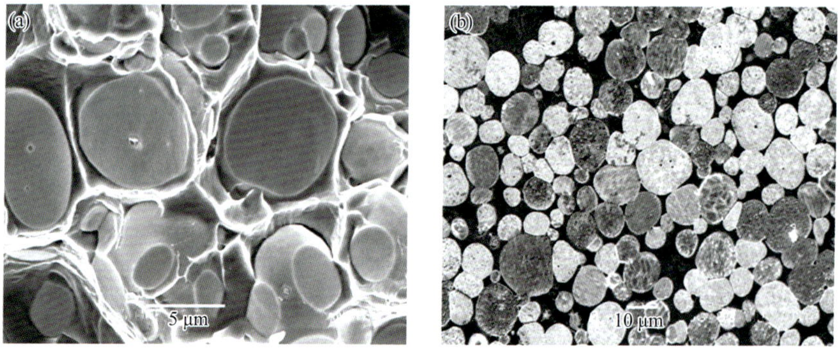

图 3-47 瞬时液相烧结 3～5 min 的显微组织

（a）拉伸断口形貌；（b）金相组织

合金密度和性能的微小变化可以从其显微组织的变化上得到反映。在 1400℃烧结 2 h 时，拉伸断口形貌表现为 W 晶粒沿晶断裂。金相组织表现为 W 晶粒呈多角形，因而合金的延性较低。此时在晶界和晶内的孔隙较多，在瞬时液相烧结（烧结时间为 3～5 min）时，拉伸断口形貌表现为 W 的沿晶断裂、穿晶断裂和黏结相的延性撕裂，出现黏结相撕裂的韧窝状，如图 3-47（a）所示。而且与固相烧结相比，未发生明显的晶粒长大，晶粒大小几乎保持一致，断口上孔隙较少。在瞬时液相烧结时，由于细晶的烧结活性大，W 晶粒迅速发生球化，如图 3-47（b）所示。显微组织表现为球形 W 晶粒和连续分布的黏结相组成，此时 W 晶粒尺寸为 5 μm 左右。因而此时仍保持与固相烧结同样高的强度，并具有高的延性。

在 MA 中添加微量稀土氧化物 Y_2O_3 对合金性能与显微性能有很大影响，尤其表现在合金的拉伸强度方面得到大大提高。

表 3-1 中列出了添加微量 Y_2O_3 的 MA 粉末经 3～5 min 瞬时液相烧结钨合金的力学性能。结果表明，与未加稀土相比，添加稀土后烧结态合金的拉伸强度和延伸率大大增加，拉伸强度为 1055 MPa，延伸率为 16.3%，增加幅度也较大。这说明添加稀土对 MA 粉末起到了很好的晶界净化作用，提高了界面结合强度，图 3-48 为添加稀土的拉伸样的拉伸断口形貌。图 3-48 中结果表明，添加稀土 Y_2O_3 后 W 晶粒略有细化，W 晶粒大小变得更均匀，拉伸断口上呈现较好的黏结相延性撕裂，W 晶粒沿晶断裂，与传统钨合金相比，W 晶粒穿晶解理断裂较少。这说明晶粒细化改变了钨合金的延性断裂方式。

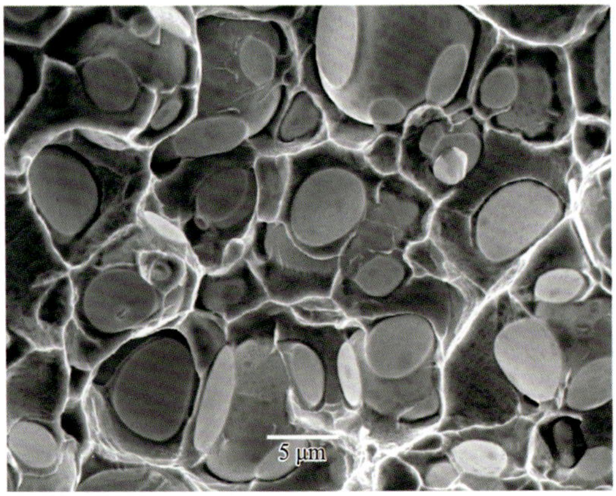

图 3-48 添加微量 Y_2O_3 的瞬时液相烧结钨合金的拉伸断口形貌

参 考 文 献

[1] 赵慕岳，范景莲，王伏生. 我国钨基高密度合金的发展现状与展望[J]. 中国钨业，1999，14（5/6）：38-43.

[2] German R M，Bourguignon L L，Rabin B H. Microstructure limitations of high tungsten content heavy alloys[J]. Jom，1985，37（8）：36-39.

[3] Rabin B H，Bose A，German R M. Characteristics of liquid phase sintered tungsten heavy alloys[J]. The International Journal of Powder Metallurgy，1989，25（1）：21-26.

[4] Lars B E. Tungsten heavy metals[J]. Scandinavian Journal of Metallurgy，1991，20（3）：190-197.

[5] 赵慕岳，王伏生，梁容海. 高比重合金在国防工业和民用工业中的应用[J]. 粉末冶金技术，1983，1（6）：20-23.

[6] 黄伯云，范景莲. 纳米钨合金材料的研究与应用[J]. 中国钨业，2001，16（5）：38-44.

[7] Qakes J J. 钨基高比重合金技术的进展[J]. 四川有色金属，1995，3：22-29.

[8] 张宝生，康志君. 高密度钨合金的穿甲特性及其应用[J]. 中国钨业，1999，14（5/6）：178-181.

[9] 范爱国，师一华. 国外弹用高性能钨重合金研究进展[J]. 兵器材料科学与工程，1999，22（1）：45-48.

[10] 祝修盛. 我国钨产业现状与发展前景[J]. 中国钨业，2004，19（5）：23-32.

[11] Kemp R B，German R M. Mechanical properties of molybdenum alloyed liquid phase-sintered tungsten-based composites[J]. Metallurgical Transactions A，1995，26（8）：2187-2189.

[12] Seegopaul P，McCandlish L E，Shinneman F M. Production capability and powder processing methods for nanostructured WC-Co powder[J]. International Journal of Refractory Metals and Hard Materials，1997，15（1/2/3）：133-138.

[13] Zhang Z，et al. Extraordinary mechanical properties of ultrafine-grained tungsten processed by severe plastic deformation[J]. Materials Science and Engineering：A，2015，（636）：289-296.

[14] Hogwood M C，Bentley A R. The development of high strength and toughness fibrous microstructures in tungsten-nickel-iron alloys for kinetic energy penetrator applications[C]//Metal Powder Industries Federation. Princeton：Proceedings of the 1994 International Conference on Tungsten and Refractory Metals，1995：37-45.

[15] Ryu H J，Hong S H，Baek W H. Mechanical alloying process of 93W-5.6Ni-1.4Fe tungsten heavy alloy[J]. Journal of Matericals processing Technohegy，1997，63（1/2/3）：292-297.

[16] Lu L，Lai M O，Zhang S. Diffusion in mechanical alloying[J]. Journal of Materials Processing Technology，1997，67（1/2/3）：100-104.

[17] Fan J L，Huang B Y，Qu X H. Influences of mechanical alloying on properties and microstructure of injection molded tungsten heavy alloy[J]. P/M Science &Technology Briefs，2000，2（3）：13-16.

[18] 范景莲，汪登龙，黄伯云，等. MA 制备 W-Ni-Fe 纳米复合粉末的工艺优化[J]. 中国有色金属学报，2004，14（1）：6-12.

[19] 范景莲，黄伯云，汪登龙. PCA 对机械合金化纳米粉末的 SEM 结构与成分分布均匀性的影响[J]. 中国有色金属学报，2003，13（1）：116-121.

[20] 范景莲，黄伯云，汪登龙. 过程控制剂对机械合金化过程与粉末特征的影响[J]. 粉末冶金工业，2002，12（2）：7-12.

[21] 范景莲，黄伯云，汪登龙，等. 纳米钨合金粉末的制备技术[J]. 稀有金属材料与工程，2001，30（6）：401-405.

[22] 范景莲，刘军，严德剑，等. 细晶钨铜复合材料制备工艺的研究[J]. 粉末冶金技术，2004，22（2）：83-86.

[23] 范景莲，严德剑，黄伯云，等. 国内外钨铜复合材料的研究现状[J]. 粉末冶金工业，2003，13（2）：9-14.

[24] Kim J C，Moon I H. Sintering of nanostuctured W-Cu alloys prepared by mechanical alloying[J]. Nanostructured Materials，1998，10（2）：283-290.

[25] Hong S H，Kim B K，Munir Z A. Synthesis and consolidation of nanostructured W-10-40%Cu powders[J]. Materials Science and Engineering A，2005，405（1-2）：325-332.

[26] Moon I H，Ryn S S，Kim J C. Sintering behavior of mechanical alloyed W-Cu composite powder[C]. Reute：Proceedings of the 14th International planes Seminar，1997.

[27] 王正云，栾道成，冯威，等. 高能球磨法制备钨铜复合材料研究[J]. 硬质合金，2007，24（3）：148-152.

[28] 范景莲，刘军，严德剑，等. 细晶钨铜复合材料制备工艺的研究[J]. 粉末冶金技术，2004，22（2）：83-86.

[29] Li Y P，Qu X H，Zheng Z S，et al. Properties of W-Cu composite powder produced by a thermo-mechanical method[J]. International Journal of Refractory Metals and Hard Materials，2003，21（5/6）：259-264.

[30] Shi X L，Yang H，Wang S，et al. Characterization of W-20Cu ultrafine composite powder prepared by spray drying and calcining-continuous reduction technology[J]. Materials Chemistry and Physics，2007，104（2/3）：235-239.

[31] Dolatmoradi A，Raygan S，Abdizadeh H. Mechanochemical synthesis of W-Cu nanocomposites via *in-situ* co-

reduction of the oxides[J]. Powder Technology，2013，233：208-214.

[32] Dang T A，Lunk H J. Freeze drying：a novel method for preparation of solid analytical tungsten and molybdenum standards[J]. Chemtexts，2018，4（3）：11.

[33] Zhang X H，Zhang Y，Tian B H，et al. Graphene oxide effects on the properties of Al_2O_3-Cu/35W5Cr composite[J]. Journal of Materials Science & Technology，2020，37：185-199.

[34] Hu W Q，Dong Z，Wang H，et al. Microstructure refinement and mechanical properties improvement in the W-Y_2O_3 alloys via optimized freeze-drying[J]. International Journal of Refractory Metals & Hard Materials，2021，95：105453.

[35] Sahoo P K，Srivastava S K，Kamal S S K，et al. Consolidation behavior of W-20-40 wt% Mo nanoalloys synthesized by thermal decomposition method[J]. International Journal of Refractory Metals & Hard Materials，2015，51：124-129.

[36] Sahoo P K，Srivastava S K，Kamal S S K，et al. Microstructure and sintering behavior of nanostructured W-10-20 wt% Ti alloys synthesized by a soft chemical approach[J]. International Journal of Refractory Metals & Hard Materials，2015，51：282-288.

[37] Raghunathan S，Bowrell D L. Synthesis and evaluation of advanced nanocrystalline tungsten-based materials[J]. P/M Science &Technology Briefs，1999，1（1）：9-14

[38] Zhou Y，Sun Q X，Liu R，et al. Microstructure and properties of fine grained W-15 wt% Cu composite sintered by microwave from the sol-gel prepared powders[J]. Journal of Alloys and Compounds，2013，547：18-22.

[39] Guo Y L，Guo H T，Gao B X，et al. Rapid consolidation of ultrafine grained W-30 wt% Cu composites by field assisted sintering from the sol-gel prepared nanopowders[J]. Journal of Alloys and Compounds，2017，724：155-162.

[40] Lee S C，Cho M Y，Lee D W，et al. Influence of the W content on the characteristics of $Mo_xW_{1-x}Si_2$ heating elements fabricated by self-propagating high-temperature synthesis[J]. Electronic Materials Letters，2019，15（3）：383-390.

[41] Aydinyan S V，Kirakosyan H V，Zakaryan M K，et al. Fabrication of Cu-W nanocomposites by integration of self-propagating high-temperature synthesis and hot explosive consolidation technologies[J]. Eurasian Chemico-Technological Journal，2018，20（4）：301-309.

[42] Li J W，Ma D Q，Xie J P，et al. A novel high density W-30Cu alloy prepared via hydrothermal synthesis-co-reduction and canned hot extrusion methods[J]. Metallurgical Research & Technology，2018，116（1）：113.

[43] Yang R S，Xing T Y，Xu R B，et al. Molten salt synthesis of tungsten carbide powder using a mechanically activated powder[J]. International Journal of Refractory Metals & Hard Materials，2011，29（1）：138-140.

[44] Mulligan S，Dowding R J. Sinterability of tungsten powder CVD coated with nickel and iron[J]. Order：MTL-TR-90-56，1990.

[45] Magnusson M H，Deppert K，Malm J O. Single-crystalline tungsten nanoparticles produced by thermal decomposition of tungsten hexacarbonyl[J]. Journal of Materials Research，2000，15：1564-1569.

[46] Magnusson M H，Deppert K，Malm J O. Single-crystalline tungsten nanoparticles produced by thermal decomposition of tungsten hexacarbonyal[J]. Journal of Materials Research，2000，15（7）：1564-1569.

[47] Seegopaul P，McCandlish L E，Shinnerman F M. Production capability and powder processing methods for nanostructured WC-Co powder[J]. International Journal of Refractory Metals and Hard Materials，1997，15（1/2/3）：133-138.

[48] Sadangi R K，McCandlish L E，Kear B H，et al. Grain growth inhibilition in liquid phase sintered nanophase WC/Co alloys[J]. The International Journal of Powder Metallurgy，1999，35（1）：27-33.

[49] Lee G G，Ha G H，Kim B K. Synthesis of high density ulfrafine W/Cu composite alloy by mechano-thermochemical process[J]. Powder Melallurgy，2000，43（1）：79-82.

[50] Shi X L，Yang H，Wang S，et al. Characterization of W-20Cu ultrafine composite powder prepared by spray drying and calcining-continuous reduction technology[J]. Materials Chemistry and Physics，2007，104（2/3）：235-239.

[51] Shi X L，Yang H，Wang S. Spark plasma sintering of W-15Cu alloy from ultrafine composite powder prepared by spray drying and calcining-continuous reduction technology[J]. Materials Characterization，2009，60（2）：133-137.

[52] 范景莲，刘涛，成会朝. 一种超细钨铜复合粉末的制备方法[P]. ZL200510031446.1. 2006-10-18.

[53] 范景莲. 钨合金及其制备新技术[M]. 北京：冶金工业出版社，2006.

[54] Fan J L，Huang B Y. Densification and microstructure characteristics of mechanically alloyed W-Ni-Fe composite powder[J]. Journal of Advanced Materials，2004，36（4）：48-52.

[55] Fan J L，Huang B Y，Qu X H. Microstructure evolution during densification of the nanostructured W-Ni-Fe composite powders[C]//Hanada S，Zhang Z，Nam S W，et al. The Fourth Pacific Rim International Conference on Advanced Materials and processing（PRICM4），The Japan Institute of Metals，2001，Vol. Ⅱ：2301-2304.

[56] 范景莲，黄伯云，张传福，等. 纳米钨合金粉末的制备技术与烧结技术[J]. 硬质合金，2001，18（4）：225-231.

[57] 范景莲，黄伯云，张传福，等. 机械合金化纳米钨合金粉末在常压烧结下致密化与晶粒长大[J]. 中南工业大学学报，2001，32（4）：390-394.

[58] 高荣根. 纳米结构 WC-Co 复合粉末的制备与应用[J]. 稀有金属与硬质合金，1999（137）：49-54.

[59] Rittner M N，Abraham T. Nanostructured material，an overview and commerical analysis[J]. Inter Powder Metallurgy，1998，34：33-36.

[60] 黄伯云，范景莲. 纳米钨合金材料的研究与应用[J]. 中国钨业，2001，16（5）：38-44.

[61] Imasato S，Tokumoto K，Kitada T，et al. Properties of ultra-fine grain binderless cemented carbide ‘RCCFN’[J]. International Journal of Refractory Metals and Hard Materials，1995，13（5）：305-312.

[62] Xue M A，Gang J I，Ling Z，et al. Structure and properties of bulk nano-structured WC-Co alloy by mechanical alloying[J]. Journal of Alloys and Compounds，1998，264（1/2）：267-270.

[63] Seegopaul P，McCandlish L E，Shinnerman F M. Production capability and powder processing methods for nanostructured WC-Co powder[J]. International Journal of Refractory Metals and Hard Materials，1997，15（1/2/3）：133-138.

[64] Sadangi R K，McCandlish L E，Kear B H，et al. Grain growth inhibilition in liquid phase sintered nanophase WC/Co alloys[J]. The International of Powder Metallurgy，1999，35（1）：27-33.

[65] 杨扬，周美玲，李汉广. 稀土元素 La，Y 对钨材显微组织和性能的影响[J]. 中南矿冶学院学报，1993，24（1）：69-76.

[66] Ryu H J，Hong S H. Fabrication and properties of mechanically alloyed oxide-dispersed tungsten heavy alloys[J]. Materials Science & Engineering A，2003，363（1/2）：179-184.

[67] Park S，Kim D K，Lee S，et al. Dynamic deformation behavior of an oxide-dispersed tungsten heavy alloy fabricated by mechanical alloying[J]. Metallurgical and Materials Transactions A，2001，32（8）：2011-2020.

[68] 吴恩熙，雷贻文. 超细硬质合金中晶粒生长抑制剂的作用[J]. 硬质合金，2002，19（3）：136-140.

[69] Groza J R. Sintering of nanocrystalline powders[J]. The International of Powder Metallmgy，1999，35（7）：59-66.

[70] 彭金辉，马骏骑，杨显万，等. 等离子体活化烧结纳米材料[J]. 稀有金属，1997，21（6）：444-446.

[71] 范景莲，李志希，缪群，等. 超细/纳米硬质合金及晶粒长大抑制剂的研究[J]. 粉末冶金技术，2004，22（5）：

259-265.

[72]　范景莲，艾宪平，马运柱. 高能球磨和放电等离子体烧结制备超细 WC-8Co 硬质合金[J]. 稀有金属，2005，29（2）：129-132.

[73]　解迎芳，王兴庆，陈立东，等. 放电等离子体烧结微晶硬质合金的研究[J]. 硬质合金，2003，20（3）：138-141.

[74]　Tracy M，Groza J R，Yamazaki K，et al. Preliminary studies on the densification of fine tungsten powders by plasma activated sintering（PAS）process[J]. Tungsten and Refractory Metals，1994，1995：291-297.

[75]　周健，程吉平，袁润章，等. 微波烧结 WC-Co 细晶硬质合金的工艺与性能[J]. 中国有色金属学报，1999，9（3）：465-468.

[76]　彭金辉. 微波烧结纳米材料[J]. 云南冶金，1997，26（3）：50-52.

[77]　Gurwell W E. Solid-state sintering of tungsten heavy alloys[J]. Tungsten Refract Metals，1994，1995：65-75.

[78]　刘志国，张宝生，庄育智. 高比重钨合金的低温烧结[J]. 稀有金属，1995，19（3）：168-172.

[79]　张立德，牟季美. 纳米材料学[M]. 沈阳：辽宁科学技术出版社，1994.

[80]　Groza J R. Nanosintering[J]. Nanostructured Materials，1999，12：284-286.

[81]　范景莲，曲选辉，李益民，等. 高比重钨合金的固相烧结[J]. 中国有色金属学报，1999，9（2）：327-329.

[82]　范景莲，曲选辉，黄伯云，等. 高密度合金强化烧结工艺的研究[J]. 稀有金属材料与工程，1999，28（5）：313-316.

[83]　马运柱. 纳米级钨基复合粉末的制备及其合金特性研究[D]. 长沙：中南大学，2004.

[84]　German R M. Diffusional activated sintering densification microstructure and mechanical properties[J]. International Journal of Powder Metallurgy and Powder Technology，1983，19（4）：277-287.

[85]　Schatt W. Dislocation-activated Process//Kuczynski G C. Sintering’85[M]. Berlin：Springer，1985.

[86]　范景莲，曲选辉，黄伯云，等. 高能球磨纳米晶高比重合金粉末的烧结[J]. 中南工业大学学报，1998，29（5）：450-453.

[87]　卢柯，刘学东，张皓月，等. 纯镍纳米晶体的晶格膨胀[J]. 金属学报，1995，31（2）：74-78.

[88]　Johnson J L，German R M. Chemically activated liquid phase sintering of tungsten-copper[J]. International Journal of Powder Metallurgy，1994，30（1）：91-102.

第4章

氧化物、碳化物陶瓷增强难熔钨钼金属基复合材料

4.1 引言

钨钼难熔金属及其合金具有高熔点、高导热、高导电、低膨胀、低溅射和高温高强度等一系列突出性能优势，是国民经济和国防建设极为重要的战略物质，在航空航天、国防军工、核能、新能源、微电子信息、冶金矿山、轨道交通、机械加工、钢铁行业、高端装备、医疗行业等领域具有不可替代的作用[1, 2]。近年来，随着航空、航天、兵器、核能、微电子信息等尖端科学技术领域的快速发展，对高性能难熔钨钼材料提出更大的需求，同时其极端服役环境对材料性能提出极限挑战，要求难熔金属高温材料具有耐高温、超高性能、多功能复合等结构功能一体化的特性。主要体现在：①航天、航空领域：新型高速飞行器以超高声速在大气层内长时间飞行时，面临十分苛刻的气动加热环境，前缘、翼、舵、段间连接等高温结构所面临的热环境往往超过1000℃，对热防护系统提出了严重挑战[3]。同时在航空发动机领域，钨钼难熔金属材料作为喷管、机闸等高温部件应用，要求具有良好的室温强韧、高温强韧性，并且可耐更高温长时间抗冲击、抗冲刷等抗烧蚀性能。②兵器领域，穿甲材料要求具有细晶、高强韧性，同时具有高穿甲自锐性；破甲材料要求具有细晶、均匀组织结构、良好的延展性、超声速连续破甲射流形成能力。③微电子信息等领域应用要求具有良好的热物理性能，尤其是重点要求具有高致密、超细晶、良好的强韧性。④核能领域，作为聚变堆托卡马克装置中的面向等离子体材料（PFM），工作温度最高达到1400℃，并且由于托卡马克装置等离子体运行中可能发生的瞬态效应如垂直位移事件、等离子体破裂或边缘局域模，材料表面的温度在瞬态时会达到更高的温度，其苛刻的服役环境

对钨材料提出了高的要求[4-6]：要求具有优异的高温强度、低的韧脆转变温度（DBTT）、耐高热负荷冲击和离子辐照损伤等特性。然而，现有的难熔钨钼材料由于晶粒粗大、组织均匀性差等不足，难以满足核能和航空航天等尖端技术领域发展中对高综合性能难熔钨钼材料的需求。

为了改善难熔金属材料的微结构，进一步提高材料的高温强度、抗高热负荷冲击和抗等离子体辐照等综合性能，国内外在固溶强化[7-9]、细晶强化[10, 11]、第二相粒子强化[12-14]和形变强化[15, 16]等方面开展了大量的研究并取得了一系列进展。然而，固溶合金化强化仅能提高单一性能且室温脆性改善不明显；变形强化会造成材料性能各向异性，并降低材料再结晶温度，导致材料高温性能下降。相比之下，采用碳化物/稀土氧化物等第二相粒子强化难熔金属在抑制晶粒的长大、提高钨材料力学性能、降低 DBTT 和提高再结晶温度、提高热稳定性、改善抗高热负荷性能等方面具有显著效果，从而成为偏滤器钨材料非常有前途的发展方向。

目前主要采用机械合金化 +（SPS、热压或热等静压）的方法添加稀土氧化物（Y_2O_3、La_2O_3）或碳化物（TiC、ZrC、TaC、NbC、HfC）的方法进行第二相强化，烧结时第二相粒子能阻碍晶界迁移达到细晶作用，进而提高材料强度和抗高热负荷冲击的性能。然而，元素混合法 MA + 热压、热等静压/SPS 等方法，易引入杂质元素，同时第二相颗粒易团聚、分散不均匀，所制备的材料存在密度低，性能存在一定的差距；其次，碳化物/稀土氧化物陶瓷相与难熔金属基体存在界面相容性难题，使其强化效果不能完全发挥；此外，SPS/热压/热等静压方法只适合于小批量、小尺寸实验，从而无法满足未来聚变堆苛刻服役环境以及工程应用的高优良综合性能和工程化制备的要求。因此，如何解决碳化物/稀土氧化物与难熔金属基体界面相容性、均匀弥散分布性难题，从而进一步提高材料强韧性、降低 DBTT、提高再结晶温度和改善抗高热负荷性能，是高性能难熔金属基复合材料研究乃至工程应用的关键。

为此，本章以碳化物/氧化物陶瓷增强难熔金属钨为研究对象，围绕界面调控强化设计，国内外创新提出一种“纳米原位复合”新型设计制备陶瓷增强难熔金属基复合材料制备方法，使碳化物/氧化物陶瓷增强相与难熔金属基体在分子级形成复合，改善两者界面，从而实现陶瓷增强相的均匀分布与高性能复合。通过“纳米原位复合”制备第二相均匀分布的低氧高性能超细/纳米复合粉末，研究第二相成分的影响和复合粉末制备工艺优化控制。经成形与常规低温强化烧结，实现添加第二相粒子的均匀分布与细晶组织控制，研究烧结工艺与成分微结构调控，同时，分析烧结致密化行为和强化机理，实现复合材料性能和晶粒组织细化。最后，在此基础上开展增强细晶钨复合材料性能检测与表征，研究其服役应用中组织性能演变和损伤行为，揭示其服役应用失效损伤机制，建立材料成分-制备工艺-组织性能-服役响应相互关系，最终获得优化细晶复合材料成分及其制备技术，实现室温、高温高强韧和耐高温、抗辐照、抗热冲击于一体，从而为满足未来空天飞行器、航空发动机、核能等尖端技术领域重大工程超高温难熔金属基复合材料设计研发提供设计思路与全新制备技术途径。

4.2 TiC 增强难熔金属钨基复合材料制备及组织性能与强化机制

陶瓷第二相碳化物（如 TiC、ZrC 等）具有熔点高、硬度高、抗热烧蚀性强等特点[17-20]，作为添加相弥散分布于基体中，变形时会阻碍位错的运动，提高材料的强度。同时，第二相粒子能够抑制晶界的迁移起到细化晶粒的作用。此外，碳化物由于其原子间高的键能结合，能够有效净化钨材料晶界面氧元素，与钨有较为接近的热膨胀系数，在制备弥散增强细晶钨材料是最佳选择之一，因此，国内外学者对陶瓷作为第二相增强钨合金进行了广泛的研究。表 4-1 为钨和碳化物的物理特性[21-23]。

表 4-1　钨与几种碳化物的特性

性质	W	ZrC	TiC	HfC	TaC	NbC
密度/(g/cm^3)	19.3	6.73	4.93	12.70	14.50	7.79
熔点/℃	3420	3540	3150	3890	3880	3500
沸点/℃	—	5100	4820	5400	5500	—
热膨胀系数/(m/K)	4.1	7.3	7.74	6.8	6.6	6.9
导热系数/[W/(m·K)]	153	20	21	22	22	30
比热/[J/(g·℃)]	—	0.37	—	0.20	0.19	0.35
显微硬度（HV）	2207	2600	—	—	—	—

4.2.1　纳米复合 TiC 增强钨基复合粉末的制备与性能调控

采用“喷雾干燥-煅烧-氢还原”的方法制备纳米 W-1TiC 复合粉末。选用偏钨酸铵[$(NH_4)_6 \cdot H_2W_{12}O_{40} \cdot 4H_2O$，AMT]、纳米 TiC、分散剂羧甲基纤维素钠（CMC）、聚乙二醇 1000（PEG1000）[分子式为 $HO(CH_2CH_2O)_nH$，PEG]为原料，首先称取一定质量的偏钨酸铵并将其溶于去离子水中，配制成浓度为 45 mmol/L 的偏钨酸铵溶液，然后向其中加入一定量的分散剂，水浴溶解后加入纳米 TiC 粉，经超声振荡后配制成纳米 TiC 均匀分散的前驱体母液。然后将母液送入喷雾干燥塔中，以一定的温度和进料速度进行喷雾干燥制备前驱体粉末。随后将前驱体粉末在推舟式还原炉、氢气气氛中进行煅烧及还原，制备 W-TiC 复合粉末。

1. 前驱体母液制备与性能调控

纳米 TiC 颗粒因表面能高而处于热力学不稳定状态，容易团聚成较大颗粒，而喷雾干燥过程是一个快速失水的过程，TiC 颗粒在溶液中的团聚将直接导致复合粉末成分不均匀、烧结体中 TiC 颗粒团聚，团聚的第二相粒子内部结构松散，是裂纹产生的根源，对材料的性能极其不利。因此，改善 TiC 颗粒的均匀分散性，不仅可以起到细晶强化和弥散强化的效果，提高材料的塑性及韧性，同时纳米 TiC 粒子可以发挥其独特的纳米效应，有望大幅度提高钨材料的性能，提高纳米 TiC 在溶液中的分散性极为关键。

设计通过添加分散剂，将纳米 TiC 粒子均匀分散于偏钨酸铵溶液中，制备纳米 TiC 均匀、弥散分布的母液，以保证复合粉末的成分均匀性。

1）表面活性剂对前驱体母液特性的影响

纳米颗粒在电解质溶液中易吸附电荷而形成双电层，双电层中的紧密外层界面与溶液之间的电位差被称为 Zeta 电位。Zeta 电位绝对值越大，表明纳米颗粒表面吸附的电荷数量越多，体系越稳定；相反，Zeta 电位绝对值越小，纳米颗粒越易发生团聚、聚沉。因而对纳米颗粒在电解质中的 Zeta 电位进行表征具有重要意义。

图 4-1 为在浓度为 45 mol/L 的偏钨酸铵溶液中 TiC 颗粒表面的 Zeta 电位与 pH 的关系，其中 pH 的改变首先通过向偏钨酸铵溶液中滴加过量稀盐酸再利用 $NH_3 \cdot H_2O$ 反滴定进行调节。由图 4-1 可知，在 pH 为 1.5～10 时，TiC 颗粒表面的 Zeta 电位均为负值，根据电解质溶液组成判断，吸附在 TiC 颗粒表面的阴离子主要为偏钨酸根离子（WO_4^{2-}）。同时可以看出，随 pH 增加，其 Zeta 电位绝对值呈先增加后降低的趋势，这与溶液酸碱度发生变化时体系中发生的化学反应有

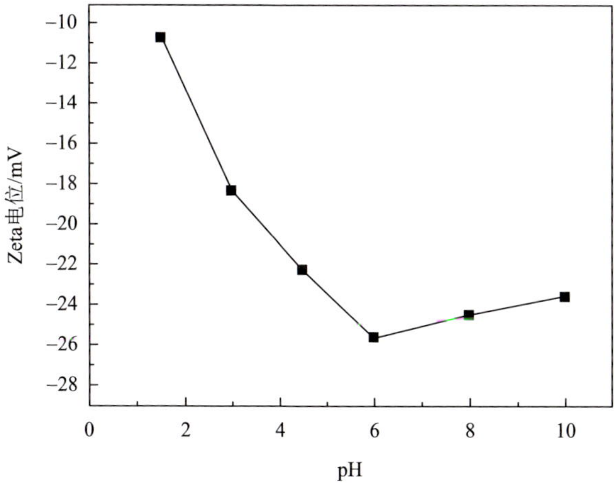

图 4-1　TiC 颗粒的 Zeta 电位与 pH 的关系

关。当 pH 小于 3.2 时，溶液中的 H^+与偏钨酸根离子反应生成钨酸（H_2WO_4）胶粒，吸附在 TiC 颗粒表面的 WO_4^{2-} 数量较少，Zeta 电位绝对值小。向溶液中滴加氨水，随着溶液 pH 增加，钨酸胶粒逐渐发生溶解，

$$H_2WO_4 + 2NH_3 \cdot H_2O \longrightarrow (NH_4)_2WO_4 \longrightarrow 2NH_4^+ + WO_4^{2-} \tag{4-1}$$

这些新产生的偏钨酸根离子吸附在 TiC 颗粒的表面，使 TiC 上带更多负电，颗粒间的静电斥力增加，Zeta 电位绝对值变大，并在 pH = 6 时达到最大值 25.6 mV，但体系此时仍处于不稳定状态（体系 Zeta 电位绝对值在 10～30 mV 为不稳定状态）。继续向溶液中滴加氨水时，Zeta 电位有略微降低的趋势，当溶液的 pH 大于 10 时，偏钨酸根离子与氢氧根离子反应生成仲钨酸铵（微溶于水），TiC 颗粒表面吸附的偏钨酸根离子减少，其 Zeta 电位降低较为显著。

提高纳米 TiC 颗粒在偏钨酸铵溶液体系的稳定性可通过以下两种方法实现：增加颗粒间的静电斥力；提高颗粒间的空间位阻效应。

本实验通过引入分散剂来提高纳米 TiC 颗粒的分散性。纳米 TiC 在偏钨酸铵溶液中的 Zeta 电位小于零，说明颗粒表面吸附了大量阴离子，为避免引入反电离子压缩双电层厚度，宜选用非离子型的 PEG1000 和阴离子型的 CMC 作为分散剂。聚乙二醇中存在大量的羟基及氧醚基，有利于其吸附于 TiC 颗粒表面形成高分子保护膜，同时 PEG 在水溶液中呈蛇形，可使高分子膜具有一定的厚度，增加颗粒间的空间位阻效应，起到分散作用。CMC 是一种阴离子线型聚合物，具有分散、保胶、耐盐、悬浊性等特点，在水中部分解离而带负电，可增加颗粒表面的阴离子浓度；同时，CMC 中含有大量羧基、羟基等活性基团，可以以平卧或直立的方式吸附在颗粒表面，增加颗粒间的空间位阻作用[24]。图 4-2 为 PEG1000 和 CMC 的分子式。

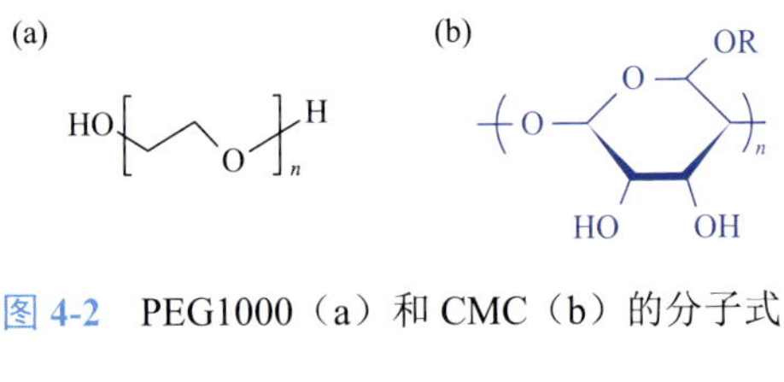

图 4-2　PEG1000（a）和 CMC（b）的分子式

图 4-3 为添加了表面活性剂 PEG1000 与 CMC Zeta 电位与 pH 的关系曲线。可见，二者的 Zeta 电位绝对值均呈先增加后降低的趋势，且在 pH 为 6 时绝对值最大，分别为 28.7 mV 和 45.6 mV。对比图 4-3（a）和（b），在较低 pH 范围内，非离子型表面活性剂 PEG1000 的分散效果比阴离子型表面活性剂 CMC 好，这是因为当溶液 pH 小于 3 时，CMC 的电离平衡左移，产生沉淀，CMC 失去活

性，而 H^+对 PEG1000 的影响不大，具有高分子链的 PEG1000 在氢键的作用下吸附在 TiC 颗粒表面，增加双电层的厚度，起到空间位阻的作用，提高纳米 TiC 的分散性。但由于 TiC 颗粒表面 Zeta 电位的绝对值小于 30，前驱体母液仍处于不稳定状态，TiC 粒子仍易发生团聚。而当溶液的 pH 大于 6 时，CMC 的分散效果较 PEG1000 好。这是因为，一方面，CMC 为阴离子型线型聚合物，在水中溶解后分子式中的—COONa 基团解离为—COO^-和 Na^+，这些—COO^-吸附在 TiC 颗粒的表面，增加其表面负电荷浓度[25]，颗粒间的静电排斥力随之增加；另一方面，CMC 的高分子链以平卧方式吸附在 TiC 颗粒表面，增加空间位阻效应。可见，阴离子型分散剂 CMC 对于提高纳米 TiC 在偏钨酸铵溶液中的分散性作用较为显著。

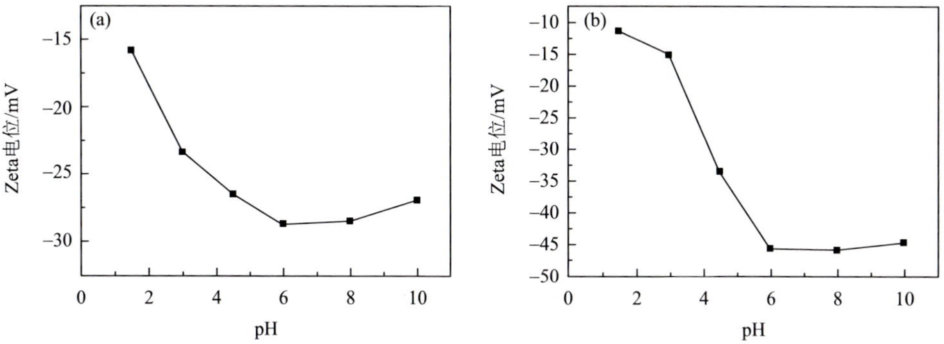

图 4-3 TiC 表面 Zeta 电位随 pH 的变化曲线

图 4-4 为以 CMC 为分散剂、添加量为 0.1 g/L 时，沉降时间对 TiC 悬浊液体系在不同 pH 时悬浊高度的影响。可以看出，当体系 pH≤3 时，体系的沉降速度较快。结合前文分析，一方面，分散剂 CMC 在该 pH 环境下分解失效，纳米 TiC 颗粒在巨大的比表面能作用下发生团聚继而沉降；另一方面，在强酸环境下，溶液中的偏钨酸根与氢离子发生化学反应生成钨酸胶粒，吸附在 TiC 颗粒表面的钨酸根离子数量减少，其 Zeta 电位低，体系稳定性降低。同理，当体系 pH≥10 时，溶液中的偏钨酸根离子与氢氧根离子发生化学反应生成不溶于水的仲钨酸铵，TiC 表面 Zeta 电位降低，纳米粒子因易发生团聚而沉降。当体系 pH 为 6 时，沉降量最少，说明体系最稳定，故将 pH = 6 设定为最佳分散环境。

值得一提的是，以 PEG1000 为分散剂，在完全相同的实验条件下配制母液、做沉降实验，发现 6 组样品均在 5 h 以内完全沉降。综上所述，本实验选用阴离子型 CMC 作为分散剂，溶液的最佳 pH 为 6。

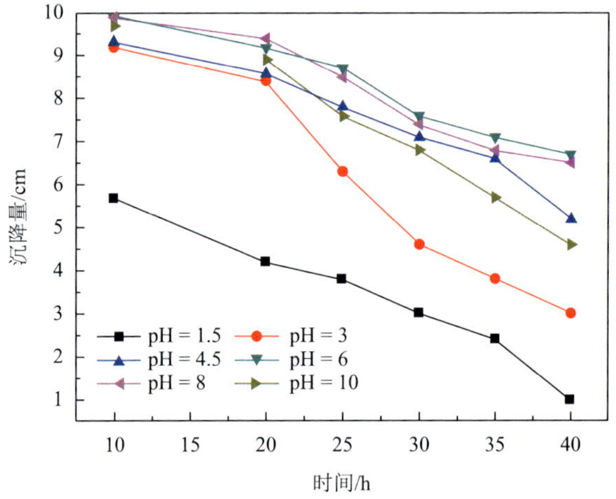

图 4-4 沉降时间对 TiC 悬浊液沉降量的影响

2）分散剂含量对前驱体母液特性的影响

图 4-5 为分散剂 CMC 含量对 TiC 颗粒表面 Zeta 电位的影响。可以看出，随分散剂含量增加，Zeta 电位绝对值呈变大趋势且逐渐趋于稳定。这是因为，开始时随 CMC 含量增加，吸附于 TiC 颗粒表面的—CH_2COO^-数量随之增加，静电排斥力增大，Zeta 电位提高。继续增加 CMC 浓度，TiC 颗粒表面的—CH_2COO^-量趋近于饱和，Zeta 电位不再发生明显变化。

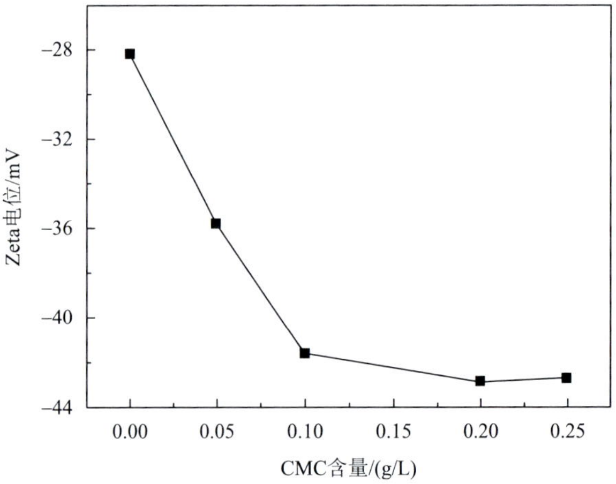

图 4-5 分散剂 CMC 含量对 Zeta 电位的影响

溶液中悬浊颗粒的尺寸也是反映体系分散性的重要指标之一，颗粒的平均粒度越小，其分散性越好。图 4-6 为添加不同含量的分散剂时体系中 TiC 平均粒度的变化曲线。随分散剂含量的增加，TiC 粒子尺寸呈先减小后增加的趋势。

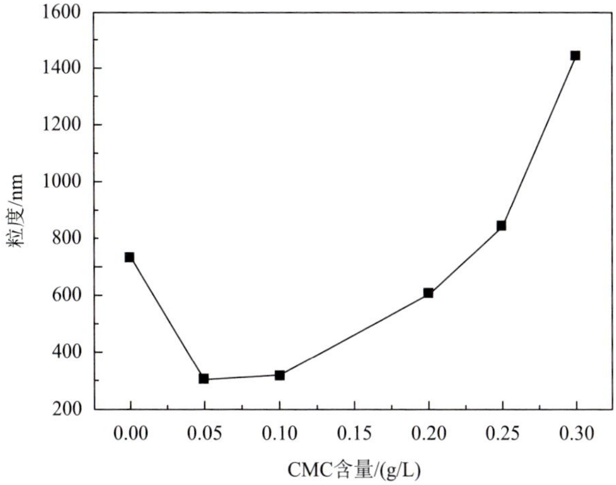

图 4-6　分散剂含量对 TiC 粒度的影响

分散剂含量低时，CMC 吸附在 TiC 颗粒表面，使其表面电荷数量增加，同时吸附层可有效起到空间位阻的作用，在电-空间位阻双重作用下，TiC 颗粒分散性得到提高，颗粒粒径较小。而当分散剂浓度较高时，TiC 粒子粒径显著增加，体系稳定性变差。这是由于，一方面，溶液中过剩的—CH_2COO^-压缩颗粒表面的双电层，减小颗粒间的静电斥力；另一方面，当分散剂浓度大时，悬浮 TiC 粒子被亲液的聚合物包裹、拉扯到一起形成大的聚集体，这些聚集体沉降成松散的沉积物。由图 4-6 可以看出，当 CMC 浓度大于 0.25 g/L 时，团聚体粒子粒径远大于不添加分散剂时 TiC 的粒子粒径。

图 4-7（a）、（b）、（c）分别为未添加分散剂、CMC 添加量为 0.1 g/L、CMC 添加量为 0.3 g/L 时 TiC 粒子的 TEM 图。从图 4-7（a）中可以看出，未添加分散剂时，纳米 TiC 粒子由于存在较强的分子间结合力而发生了明显的团聚，颗粒与颗粒之间相互连接，紧密堆积在一起。而向悬浊液中添加 0.1 g/L 的 CMC 后［图 4-7（b）］，TiC 颗粒的团聚程度明显降低，颗粒尺寸减小，粒子边界清晰且大多单独存在。图 4-7（c）为添加过量 CMC 时 TiC 粒子的 TEM 图。可以看出，团聚体颗粒较大，呈絮状，由于被有机物黏结而不能有效辨别 TiC 粒子的位置和形貌。

图 4-8 为添加不同含量分散剂时悬浊液黏度随剪切速率的变化曲线。可以看出，在较低的剪切速率下，当分散剂含量为 0.1 g/L 和 0.2 g/L 时，悬浊液的黏度

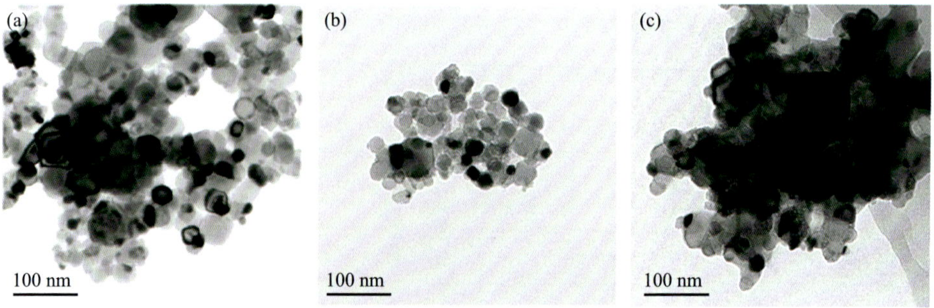

图 4-7 TiC 颗粒的 TEM 图

较低，流动性好；而分散剂含量过低、过高时悬浊液的黏度高，流动性差。在较高的剪切速率下，分散剂含量高（0.25 g/L 和 0.3 g/L）的悬浊液的黏度明显降低。分析其原因，当分散剂含量低时，TiC 颗粒表面的电荷浓度低，颗粒间的排斥力较弱，悬浊液的流动性差，黏度高；而当分散剂含量较高时，具有长链结构的羧甲基纤维素钠与颗粒之间发生桥连絮凝，形成网状结构，阻止液体流动。在低剪切速率下，由于网状结构稳定，TiC 粒子移动困难，悬浊液黏度较大；而随着剪切速率增加，网状结构遭到破坏，体系流动性变好，黏度降低。

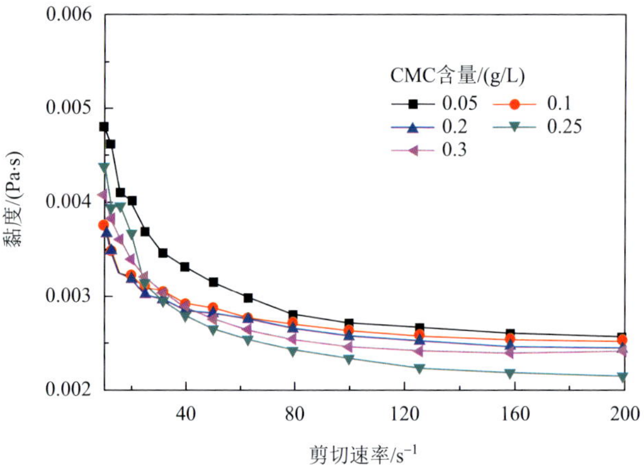

图 4-8 添加不同含量分散剂时悬浊液黏度随剪切速率的变化曲线

3）纳米 TiC 分散效果表征与机理分析

为进一步研究分散剂对纳米 TiC 颗粒的分散机理，将按最佳工艺条件配制好的溶剂离心、干燥，将得到的膜状混合物与原始 TiC 粉末、分散剂 CMC 进行红外光谱分析。图 4-9 为添加分散剂前后 TiC 粉末以及分散剂 CMC 的红外光谱图。

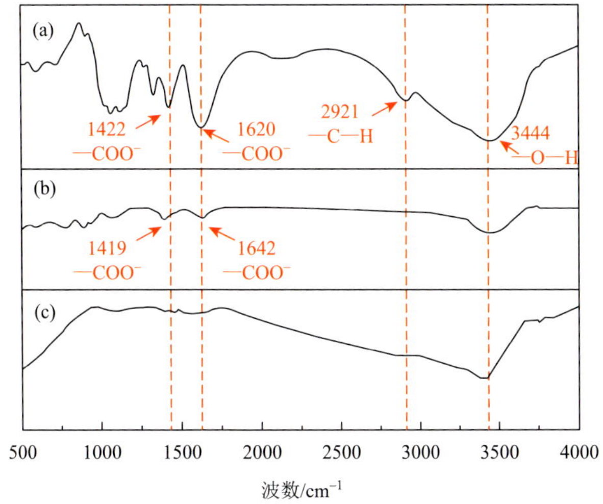

图 4-9　添加分散剂前后 TiC 粉末以及分散剂 CMC 的红外光谱图

观察图 4-9（c）可以看出，原始 TiC 粉末的红外吸收峰不明显，但在 3419 cm^{-1} 处出现—OH 伸缩振动特征峰，说明原始 TiC 表面存在大量羟基和水分。这是由于纳米 TiC 颗粒表面的原子晶格不连续，极易吸收空气中的水分并发生反应生成羟基以降低其表面能，羟基可以继续以物理吸附的方式继续吸收空气中的水分，使其结构趋向于稳定。观察图 4-9（a）与（b），可以发现二者红外光谱的吸收峰频率及谱带形状基本相同，但吸收峰的相对强度发生变化，说明两者中存在的有机官能团没有发生性质变化。在 1400～2000 cm^{-1} 的区域为—COO^-的特征峰，与原始 CMC 的吸收峰相比，添加分散剂后 TiC 粉末中—COO^-的反对称伸缩振动峰由 1620 cm^{-1} 增大至 1642 cm^{-1}，且其对称伸缩振动峰由 1422 cm^{-1} 减小至 1419 cm^{-1}，表明羧酸根离子在 TiC 颗粒表面发生了吸附作用。

图 4-10（a）、（b）分别为未添加分散剂以及添加 0.1 g/L 分散剂后 TiC 表面的 HRTEM 图。可以看出，未添加分散剂时，TiC 颗粒表面光滑，而添加表面活性剂后，TiC 颗粒表面存在一层约 2 nm 厚的高分子吸附层。这层吸附层能够有效阻止纳米 TiC 颗粒间的团聚，起到空间位阻的作用。因此 CMC 的分散机制为电-空间稳定机制。

2. 纳米复合 W-TiC 粉末制备工艺研究

采用粉末冶金法制备样品时，原始粉末的性能，如粉末粒度、氧含量、成分混合均匀程度等对于最终烧结制品的性能有重要影响。一般来讲，粉末的粒度越细，其烧结活性越高，所得样品晶粒尺寸越细小，产品性能越高；氧含量越低，烧结样内部气孔等缺陷越少；而成分分布越均匀，材料的组织均匀性越高，性能

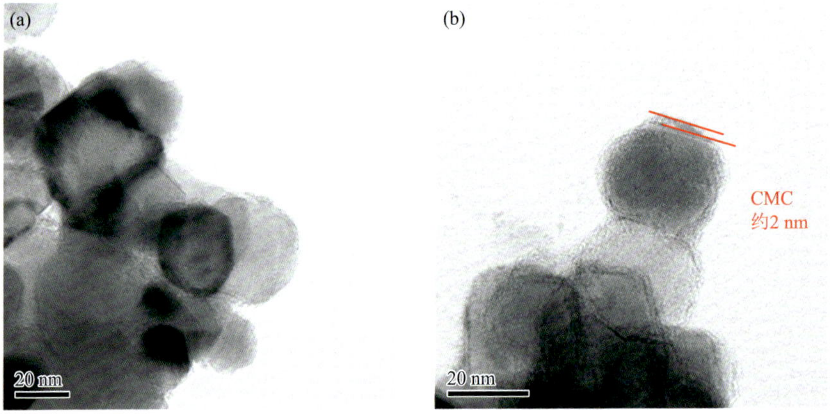

图 4-10 TiC 颗粒表面的 HRTEM 图

越稳定。因而制备超细粒度、高纯度、高均匀性的钨基复合粉末是得到高性能钨材料极为关键的一步。

本章以制备纯度高、粒度细的 W-TiC 复合粉末为目的，对喷雾干燥法制备的前驱体粉末进行煅烧及氢还原，研究了煅烧及还原过程中前驱体粉末的物相转变及形貌变化，并就还原温度对粉末粒度及氧含量的影响进行了探讨。对最佳工艺条件下制备的复合粉末的物相、形貌及成分分布进行了表征，最终获得优化的复合粉末成分和制备工艺。

1）前驱体粉末的形貌及物相组成

将前驱体母液送入喷雾干燥器，在 270℃下喷雾干燥制粉。对所得前驱体粉末进行物相及形貌分析，如图 4-11 所示。图 4-11（a）为前驱体粉末的 SEM 形貌图，前驱体粉末呈球形，表面光滑，少部分球形颗粒发生碎裂，呈不规则的片状。分析前驱体形成的原因，前驱体母液进入喷雾干燥塔后，在离心雾化器的作用下

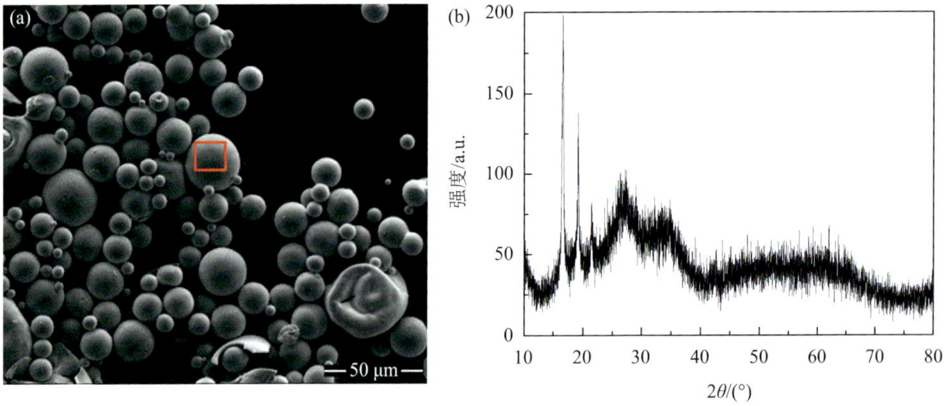

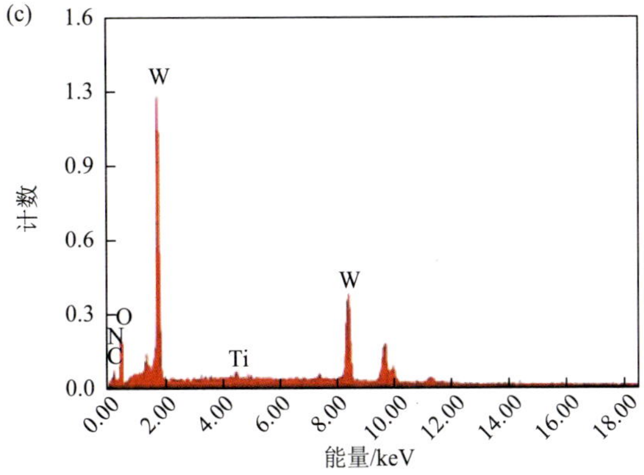

图 4-11　前驱体粉末特征

形成小液滴；由于喷雾干燥塔中的温度较高，塔中的热量从液滴表层向内部传递，当温度达到液滴中水的沸点时，表层的水分首先蒸发，溶剂析出；与此同时，液滴内部的水分不断向表层迁移，继而蒸发，溶剂不断在表层沉积，最终形成致密的球壳状结构[26]。但有一部分会因与喷雾干燥器器壁发生碰撞或内部水分蒸发过快，应力过大，使外表层发生破裂，形成不规则碎片。

图 4-11（b）为前驱体粉末的 XRD 图，可以看出前驱体粉末为非晶态，主要由钨酸盐组成，而 TiC 由于含量较低未被检出。非晶的形成主要是因为喷雾干燥过程中水分蒸发极快，溶液中的原子来不及移动或移动距离过小[27]。图 4-11（c）为图（a）选取中的 EDX 能谱图，结果显示，前驱体粉末主要由 W、Ti、C、N、O 五种元素组成，说明 TiC 粒子镶嵌在前驱体的球壳结构中。由于喷雾干燥过程是一个快速失水的过程，TiC 颗粒在此过程中来不及发生团聚。故可以判断，TiC 颗粒在前驱体粉末中均匀分布。

2）前驱体煅烧及还原过程相转变

为避免粉末中的纳米 TiC 颗粒在空气中发生氧化，同时尽量除去前驱体粉末中的水分，实验将前驱体粉末在氢气气氛中进行煅烧。煅烧过程中，偏钨酸铵会发生水解生成氧化钨，钨的氧化物主要有 WO_3、$WO_{2.9}$、$WO_{2.72}$、WO_2，其颜色分别为黄色、蓝色、紫色、褐色。

图 4-12 为前驱体粉末在不同温度下煅烧后的实物照片。可以看出，不同温度煅烧后粉末的颜色依次为灰色、蓝色、蓝紫色、浅紫色。这表明 290℃煅烧后的粉末中存在 $WO_{2.9}$，而 320℃及以上温度煅烧时出现了 $WO_{2.72}$ 相。但由于煅烧过程中，料舟中不同部位的粉末与氢气接触的机会不同，故煅烧后的产物应为两种或两种以上氧化钨的混合粉末。值得注意的是，前驱体及 250℃煅烧后的粉末为灰色，是因为粉末中有黑色 TiC，加重了粉末颜色。

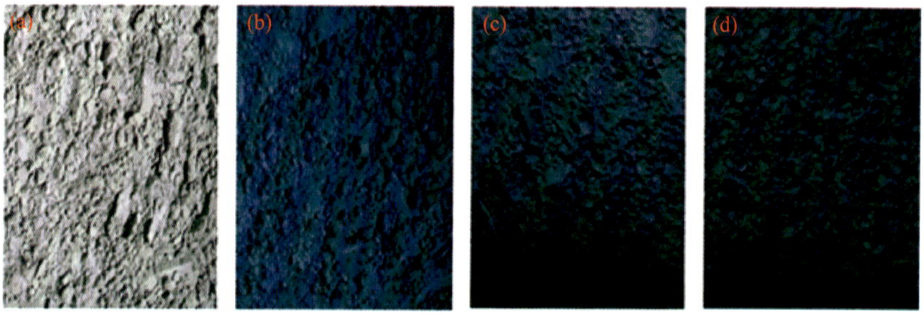

图 4-12 经不同温度煅烧后的粉末

图 4-13 为前驱体及其在不同温度下煅烧后粉末的拉曼光谱图。图 4-13 中，拉曼频移为 1594 cm^{-1} 的是结晶水中 O—H 的伸缩振动峰；1363 cm^{-1} 为 NH_4^+ 中 N—H 键的特征峰；频移为 964 cm^{-1}、880 cm^{-1}、201 cm^{-1}、89 cm^{-1} 代表偏钨酸根中 W—O 键的特征峰；频移为 800 cm^{-1}、690 cm^{-1}、251 cm^{-1}、129 cm^{-1}、66 cm^{-1} 处代表 WO_3 中 W═O 的特征峰[28, 29]。

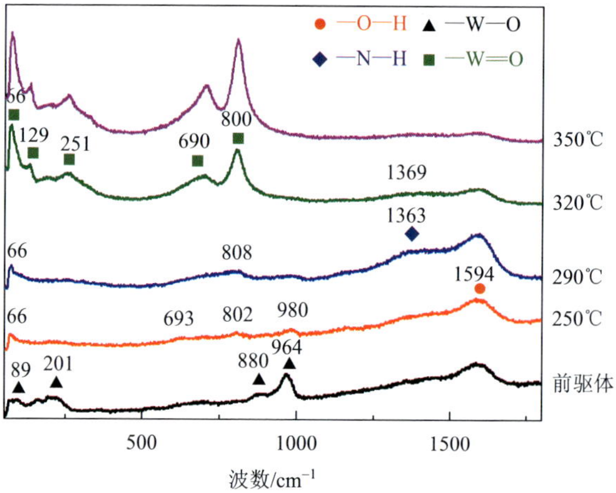

图 4-13 前驱体粉末及其在不同温度下煅烧后的拉曼光谱

从图 4-13 中可以看出，前驱体粉末中主要存在结晶水及偏钨酸盐的特征峰，且这些特征峰的谱带较宽、峰形平缓，进一步说明前驱体粉末为非晶态。将前驱体粉末在 250℃下进行煅烧，可以看出，1594 cm^{-1}、980 cm^{-1} 处的峰强减弱，同时在 802 cm^{-1} 及 693 cm^{-1} 处出现了 WO_3 的平缓峰峰强较弱，说明少量前驱体粉末发生了由偏钨酸盐向三氧化钨的转变。继续升高煅烧温度至 320℃，发现结晶水的特征峰基本消失，而 WO_3 的特征峰峰强增加，峰形变得尖锐，说明粉末已基本完成脱水脱氨过程，大部分偏钨酸盐已转化为氧化钨。将煅烧温度提高至 350℃，发现其峰形与 320℃煅烧时基本相似，但是特征峰变得更加尖锐，说明粉末的结晶度有所提高。

综上所述，前驱体粉末在 320℃时已基本完成了脱水脱氨过程，故将其定为最佳煅烧温度。

由于钨的氧化物种类较多，挥发程度也不尽相同，而氧化钨的挥发-沉积机制是导致钨粉颗粒长大的主要原因，故研究氧化钨粉末在还原过程中的物相转变对于制备超细/纳米钨基复合粉末有指导性意义。图 4-14 为不同还原温度（500～820℃）下粉末的 XRD 图。

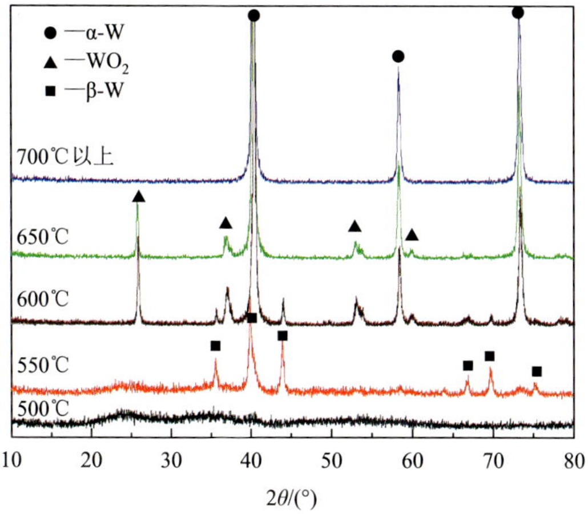

图 4-14　不同还原温度下粉末的 XRD 图

可以看出，500℃还原后，粉末的 XRD 图谱显示为非晶峰，说明在该温度下粉末仍处于非晶态。在该条件下很难对粉末的物相及其含量进行定量分析，但根据非晶峰的位置及粉末的颜色分析，可判断，该温度还原后的粉末为不同氧化钨及碳化钛的混合物。当还原温度升高至 550℃时，XRD 图谱中出现 β-W 及 α-W（少量）的特征峰，峰宽较宽，同时在 20°～30°扫描范围内仍存在峰形平缓的非晶峰，说明在该还原温度下非晶粉末与晶体粉末共存，且晶体的颗粒尺寸十分细小，这是因为粉末中存在大量 β-W 相，而该相一般为非稳相，其颗粒尺寸小于 100 nm[30]。当还原温度为 600℃时，粉末中主要存在 WO_2 和 α-W 两相，同时含有少量 β-W，说明氧化物到 β-W 的反应主要在 600℃以下发生。继续升高还原温度，粉末中 WO_2 的含量减少而 α-W 的含量增加，直至 700℃时，粉末全部转化为 α-W 相。

表 4-2 为粉末的氧含量及比表面积随还原温度的变化。观察可知，随还原温度升高，粉末的氧含量呈降低趋势，但在 600℃时氧含量有大幅降低，随后降低趋势较为平缓。结合还原过程中物相转变可知，在 600℃还原时，大部分氧化钨

被还原成钨，故其氧含量降低较为明显。同时，从表 4-2 中可以看出，随还原温度升高，粉末的比表面积呈现先升高后降低的趋势，在 550℃还原时比表面积达到最大值。推测比表面积增大的原因，一方面，可能是由 β-W 相的出现引起的，因为 β-W 相颗粒尺寸一般在 100 nm 以下；另一方面，可能是当还原温度增加到一定值时，体系中由化学变化产生的应力急剧增加，导致大颗粒裂解成小颗粒，增加体系比表面积。后续比表面积增加表面在较高的还原温度下钨粉颗粒发生了长大。

表 4-2 不同还原温度下粉末的性能

还原温度/℃	氧含量/wt%	比表面积/(m^2/g)	粒径/nm
500	12.66	5.13	62.2
550	8.64	14.8	21.5
600	3.26	12.95	24.6
650	2.62	8.29	38.5
700	1.01	4.02	79.4
740	0.52	3.45	92.5
780	0.44	1.89	168.9
820	0.38	0.93	343.2

3）前驱体煅烧及还原过程中的形貌变化

图 4-15 为将前驱体粉末在不同温度下煅烧后粉末 SEM 图，可以看出，煅烧后，粉末仍保持着前驱体的球体形状，且颗粒表面较为光滑。在 250℃下煅烧时［图 4-15（a）］，颗粒表面的裂纹较为粗大，结合前文拉曼光谱分析，推测这些裂纹的产生是由钨酸铵少量的失水、脱氨及微量晶体结构变化时产生的应力引起的，但以上三个过程均较为微弱。当煅烧温度升高至 320℃时，颗粒表面裂纹数量增加。观察颗粒内部形貌［图 4-15（c）］，可以看出，球壳内部表面粗糙，沿球体直径方向的球壁上存在许多微裂纹，这是由于粉末在煅烧过程中大量失水，

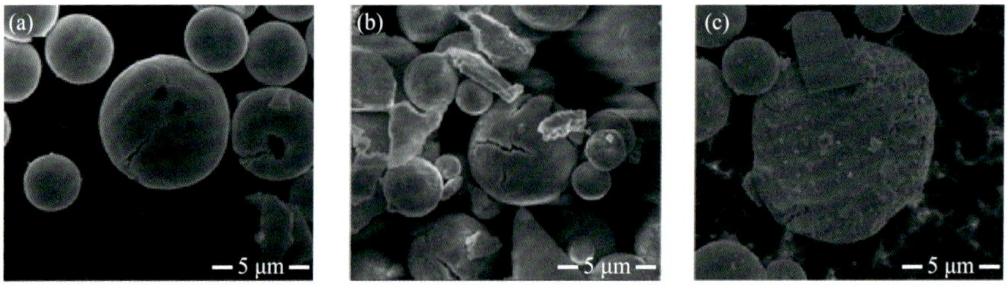

图 4-15 煅烧粉末的形貌

球体内的裂纹为水分及气体排出时留下的“通道”。另外，在此煅烧温度下，大量粉末转化为氧化物，此时晶体结构发生转变，由此引起的应力也加剧了球体的碎裂。球体上的裂纹不仅有利于后续还原过程中生成的水分的排出，也增加了氢气进入颗粒内部进行还原反应的机会，对制备超细晶、低氧含量的钨粉十分有利。

4）还原温度对粉末性能的影响

为制备超细、高纯的 W-TiC 复合粉末，实验采用两步还原法制备粉末。当还原温度为 600℃时，粉末的氧含量急剧降低，说明其中的氧化物含量有所减少；同时其比表面积较高，有利于后续还原过程充分进行。故将 600℃设置为第一步氢还原温度。由于高温还原对粉末粒度影响较大，本节主要研究第二步还原温度对复合粉末氧含量及粒度的影响。

图 4-16 为复合粉末比表面积及氧含量随还原温度的变化曲线。由图 4-16（a）可以看出，随还原温度的增加，粉末的比表面积呈现降低趋势，当还原温度超过 780℃时，粉末的比表面积急剧降低，说明其颗粒发生明显长大。计算得粉末在 780℃还原时 BET 粒径为 56.1 nm，而在 820℃还原时 BET 粒径为 92.8 nm。纳米粉末的长大与前述氧化钨的“挥发-沉积”机制有关，且还原温度越高，粉末的挥发性增加，钨颗粒长大的趋势越大；另一方面，在较高的还原温度下，氧化钨还原过程进行速率较快，从而产生更多的 H_2O，水分的蒸汽压增加，不利于钨的形核，粉末因“挥发-沉积”长大的趋势增加，所得的复合粉末颗粒较粗大。

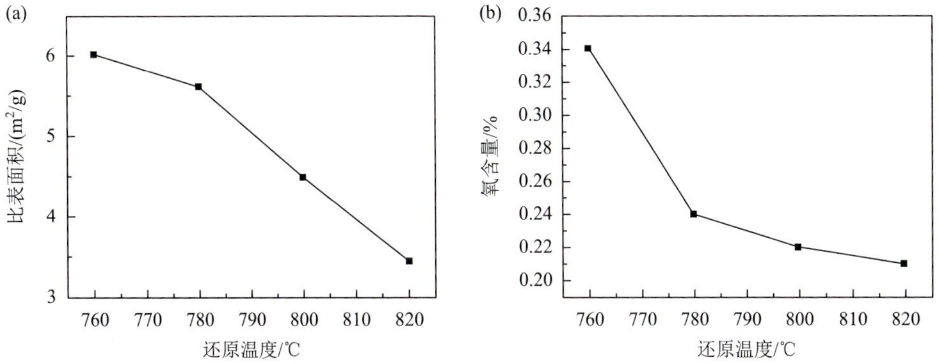

图 4-16　还原温度对粉末性能的影响

另外，对比表 4-2 中一步还原时粉末的 BET 粒径，发现采用两步还原法可有效降低复合粉末粒度。这是由于采用一步还原法时，直接将煅烧后的粉末加热到较高的温度，煅烧后的粉末中存在大量的 WO_3，而 WO_3 的挥发性强，在较高的还原温度下引起钨颗粒严重长大；而采用两步还原法时，在较低温度下（600℃）

大部分氧化钨转化为 WO_2 及 α-W，WO_2 的挥发性比 WO_3 小，颗粒长大趋势较小，因而能得到粒度细的粉末。

进一步观察图 4-16（b），可以看出，随还原温度增加，复合粉末的氧含量先急剧降低，在 780℃还原时，其氧含量为 0.24%；而后增加还原温度，粉末的氧含量有所降低，但变化不明显。由以上分析可知，当还原温度为 780℃时，复合粉末的性能，包括比表面积、氧含量都处于较为良好的状态，故将 780℃设置为纳米 W-TiC 复合粉末的还原温度。

3. 纳米 W-TiC 复合粉末的表征

图 4-17 为 W-TiC 纳米复合粉末的 XRD 图，从图 4-17 中只观察到了 W 的特征峰而无 TiC 的特征峰，这可能是由于 TiC 在复合粉末中含量较少。

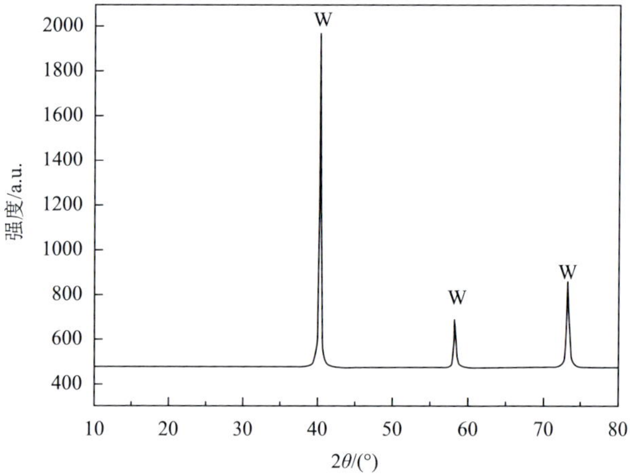

图 4-17　W-TiC 复合粉末的 XRD 图

图 4-18 所示为 W-TiC 复合粉末的 TEM 图及 HRTEM 图。由图 4-18（a）可

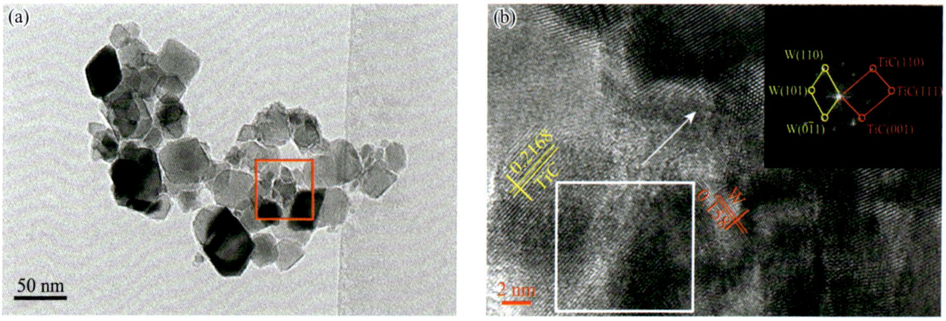

图 4-18　W-TiC 复合粉末 TEM 图（a）和 HRTEM 图（b）以及快速傅里叶变换衍射斑（插图）

见该粉末具有较好的分散性，平均颗粒尺寸约为 50 nm，TiC 未发生团聚。这是因为在前驱体母液制备过程中，分散剂的加入可有效提高纳米 TiC 粒子之间的静电斥力，阻止 TiC 颗粒在溶液中的聚集。图 4-18（b）为图（a）中红色方框选区的高分辨二维晶格像，图 4-18（b）中插图为白色选取快速傅里叶变换（fast Fourier transform，FFT）衍射斑。对衍射花样进行标定，该粉末为钨（体心立方结构，晶面间距为 0.316 nm）及 TiC（体心立方结构，晶面间距为 0.436 nm）两相组成的复合粉末。

TiC 在 W 粉中的分散性对后续制备的 W-TiC 合金的性能有重要影响。分散性良好的 TiC 可有效阻止位错移动，起到弥散强化的作用。为观察 TiC 粒子在复合粉末中的分布情况，实验对粉末进行了 EDX 面扫描，如图 4-19 所示。由图 4-19 可见，Ti 元素及 C 元素分布均匀，这表明本研究采用喷雾干燥方法得到 TiC 均匀弥散分布的 W-TiC 复合粉末。

图 4-19　W-1wt%TiC 复合粉末的 SEM 图（a）及其 EDX 谱（b、c）

4. 小结

首先制备了纳米 TiC 均匀、弥散分布于偏钨酸铵溶液中稳定的 TiC/偏钨酸铵前驱体母液，研究了 pH、分散剂种类及含量对 TiC 颗粒尺寸及体系稳定性的影响。同时，采用快速喷雾干燥-氢还原法制备 W-TiC 复合粉末，通过控制还原温度制备纳米级钨粉，实现纳米 W 粉和纳米 TiC 粉的均匀混合，得到以下主要结论。

（1）纳米 TiC 在偏钨酸铵溶液中带负电，随溶液 pH 增加，TiC 颗粒表面的 Zeta 电位绝对值呈先增加后降低的趋势，在 pH 为 6 时达到最大值 25.6 mV。添加两种表面活性剂后，体系 Zeta 电位变化趋势与未添加分散剂时相同，但绝对值增加且添加 CMC 后增加较为显著，在 pH = 6 时获得最大值 45 mV。

（2）随分散剂 CMC 含量增加，TiC 颗粒表面 Zeta 电位绝对值先增加后趋于稳定，TiC 的激光粒度呈先降低后增加的趋势，当 CMC 的添加量为 0.1 g/L 时，粒度最小，为 302 nm。CMC 含量过高时，CMC 与颗粒之间发生桥连作用，形成团聚体，体系稳定性下降。

对表面修饰后的纳米 TiC 粒子进行红外光谱和透射电镜表征，发现其表面吸附了一层厚度约为 2 nm 的高分子吸附层，可有效阻止纳米颗粒的团聚。CMC 的稳定机理为电-空间位阻稳定机制。

（3）喷雾干燥后的前驱体粉末为非晶态，呈现球壳状形貌，TiC 粒子均匀镶嵌其中。随煅烧温度增加，粉末失水、脱氨过程加剧，煅烧温度为 320℃时，前驱体粉末基本完成脱水、脱氨过程，粉末成分为氧化钨的非晶态混合物。对煅烧后的粉末进行还原，当还原温度为 550℃时，粉末中出现 β-W 及 α-W（少量）的特征峰，同时存在部分非晶峰；还原温度为 600℃时，粉末完全转化为晶态，由 WO_2、α-W 和少量 β-W 相组成，粉末的氧含量降低较为显著；还原温度高于 700℃时，粉末全部转变为 α-W 相。

（4）前驱体粉末经煅烧后形貌未发生明显改变，但球壳状表面的微裂纹增加，有利于水分的排出及 H_2 进入球体内部。还原过程中，当还原温度为 550℃时，粉末裂解成纳米级小颗粒，随着还原温度升高，颗粒粒径变大，还原温度高于 700℃时发生明显长大。综合考虑还原温度对粉末性能的影响，优化出最佳还原工艺为 600℃、2 h 与 780℃、2 h。以此工艺制备的复合粉末氧含量为 0.24%，比表面积为 5.61 g/cm^2。粉末成分分布均匀，近球形，无团聚。

4.2.2 高强细晶 W-TiC 复合材料烧结行为与组织性能及其强化机理研究

前文采用喷雾干燥-氢还原法制备了纳米 W-TiC 复合粉末，粉末的粒度为纳米级，成分均匀，性能优良。本章采用模压成形 + 预烧 + 高温烧结制备了 W-TiC 材料，研究了烧结致密化行为及其显微组织、力学性能随烧结温度的变化，对 TiC 的强化机制进行了深入探讨，以期获得性能优异的细晶钨材料，为 TiC 增强难熔金属材料的工程化应用提供实验数据。

1. 烧结致密化行为

为研究烧结致密化过程，采用模压成形的方式，将不同 TiC 含量的 W-TiC 粉末（记为 W1、W2 和 W3）压制成形，随后在真空烧结炉内采用连续烧结的方式烧结模压压坯，共经 1000℃、1300℃、1400℃、1500℃、1600℃、1700℃、1800℃等七个温度点，每个温度点烧结 1 h。同时，为制备高致密度 W-TiC 材料，通过冷等静压成形棒状压坯，压坯尺寸为 Φ50 mm×140 mm，并在 1950℃烧结 2 h 以实现最终致密化。

图 4-20 为模压压坯在 1000～1800℃烧结过程中的烧结致密化曲线。复合粉末烧结致密度在 1300℃以上时明显增强，即纳米 W-TiC 粉末的烧结起始温度点约为 1300℃，这与纳米纯钨的烧结起始温度一致，明显低于常规钨粉[31]。

同时，可以看出，在 1000～1800℃范围内，随着碳化钛含量的增加，同温度下纳米 W-TiC 粉末能达到的烧结致密度升高，这表明在烧结未完成前，增加碳化

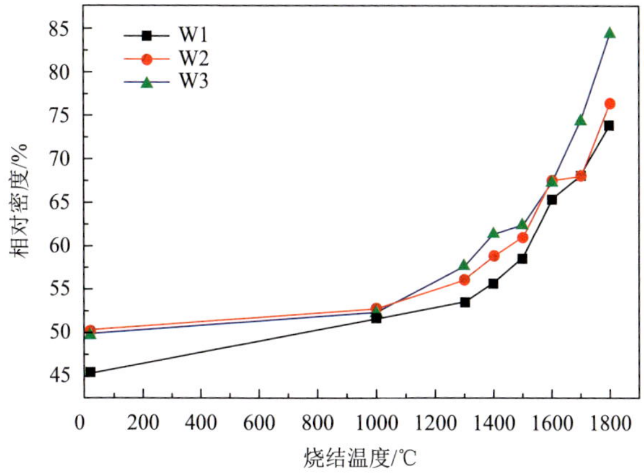

图 4-20　等温烧结 1 h 后烧结坯相对密度与烧结温度的关系

钛含量有利于烧结致密化。但最终烧结致密度结果表明，如图 4-21 所示，烧结致密度最高的为碳化钛含量最少的 W1，也就是说，碳化钛含量升高不利于提高烧结致密度。这可从以下方面理解：首先，由于 W-TiC 的共晶温度仅约为 2750℃，远低于钨的熔点，因此，提高碳化钛含量有利于烧结致密化过程；但碳化钛含量较多，不可避免地会导致碳化钛的聚集，而碳化钛由于共价键特点，原子扩散所需激活能很高导致难以致密，因而当碳化钛含量较高时反而会降低 W-TiC 材料的最终致密度。

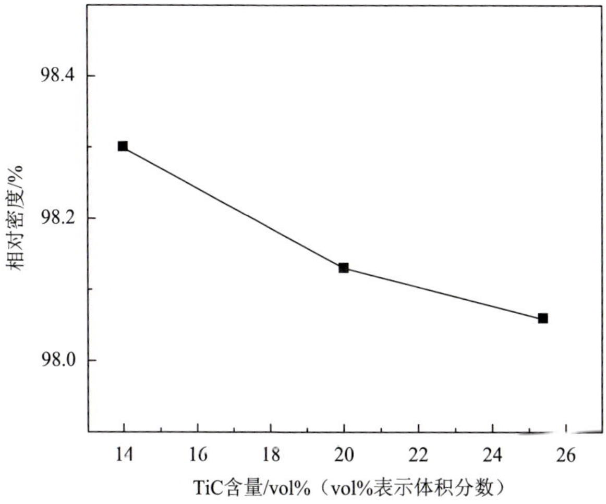

图 4-21　不同碳化钛含量 W-TiC 1900℃烧结 2 h 的致密度

根据图 4-20 所示的烧结致密化曲线，纳米 W-TiC 的起始烧结温度约为 1300℃，这主要是由于纳米 W-TiC 粉末具备的极高表面能引起的。由于烧结致密化过程是一个物质迁移的过程，可认为是一个扩散过程。基于经典的扩散理论，原子的扩散都是由化学势驱动，这在原子尺度就是一个长程的电磁力导致的势能差。该长程力是非常弱的，很难驱使原子运动。这是因为晶体中的原子通常都处于一个周期性的强势场中，这种周期性势场将会造成一个很高的势垒（对碳化钛晶体中的碳原子而言，该势垒与碳-钛键的强度相当）。原子扩散需要克服这个势垒，而化学势导致的长程力是不足以促使原子越过势垒的，这能解释化学势通常与扩散速率没有直接关系。要克服该势垒，原子需要足够动能，这就意味着只有具有特定速率的原子才能跨过势垒，发生扩散。原子的扩散系数为[32]

$$D = D_0 \exp\left(-\frac{Q}{kT}\right) \tag{4-2}$$

其中，D 为温度 T 下的扩散系数；D_0 为一个与原子种类、晶格类型等相关的常量；k 为玻尔兹曼常量；Q 为激活能。烧结的起始温度与烧结激活能密切相关。由于碳化钛与钨的熔点均很高，这意味着其内部原子键很强，原子扩散所需激活能很高，因此烧结起始温度很高。但由于颗粒表面原子大部分处于高能态，因此，表面原子在扩散时就获得了额外的势能 Q_s，在这种情况下，其扩散激活能可表示为 $Q-Q_s$。基于式（4-2），这意味着表面原子的扩散起始温度会明显降低。以上分析表明，由于纳米 W-TiC 粉末具有高的比表面积，意味着其大量原子处于高能态，从而降低了原子的扩散激活能，进而使得烧结起始温度大幅降低。

图 4-22 和图 4-23 给出了烧结后 W-TiC 材料的 EBSD 扫描图及其不同相晶粒尺寸分布统计。可以看出，采用本研究方法制备的 W-TiC 材料，其晶粒尺寸远小于采用常规方法制备的高体积比碳化钛强化钨[33]，且在未添加其他合金元素的情况下，晶粒尺寸和致密度与采用压力烧结后的低含量体积比碳化钛强化钨材料相当。这主要是由于以下两个方面的原因：第一，由于钨粉与碳化钛粉末尺寸均为纳米级，初始颗粒尺寸细小，这为细晶组织的形成提供了初始结构条件；第二，纳米二次相颗粒高的比表面积可以有效阻碍晶界的迁移，即对二次相颗粒而言，当体积分数一定时，颗粒越小对晶界迁移阻碍越强烈。

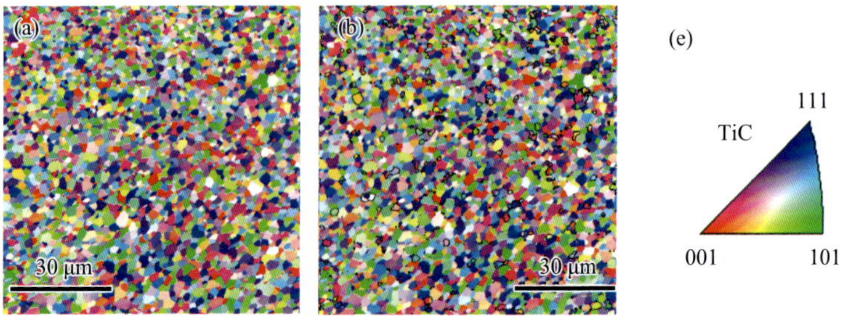

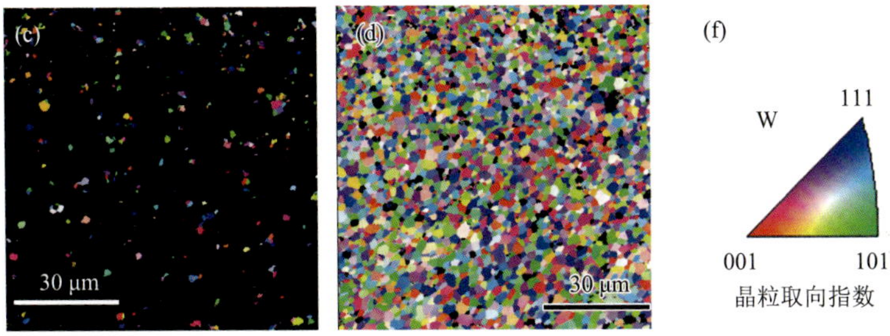

图 4-22　通过 EBSD 技术获得的 W1 复合材料中的晶粒信息

（a）整体的 EBSD 扫描图；（b）钨与碳化钛的相界，由图中黑线标出；（c）碳化钛相的 EBSD 扫描图；（d）钨相的 EBSD 扫描图；（e）TiC 晶粒取向；（f）W 晶粒取向

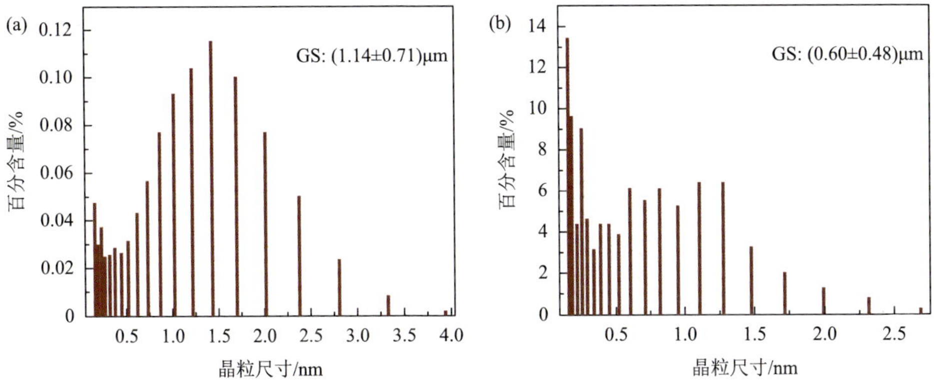

图 4-23　W1 复合材料中的晶粒尺寸分布

（a）W 相；（b）TiC 相

对纳米 W-TiC 粉末而言，纳米碳化钛与纳米钨颗粒可互为二次相颗粒，因而其均能有效抑制对方晶粒长大。在这两方面共同作用下，最终使得 W-TiC 在烧结过程中晶粒长大被有效抑制，最终获得细晶组织。

图 4-24 为经不同温度烧结后的压坯断口组织，可以看出，在烧结过程中，钨

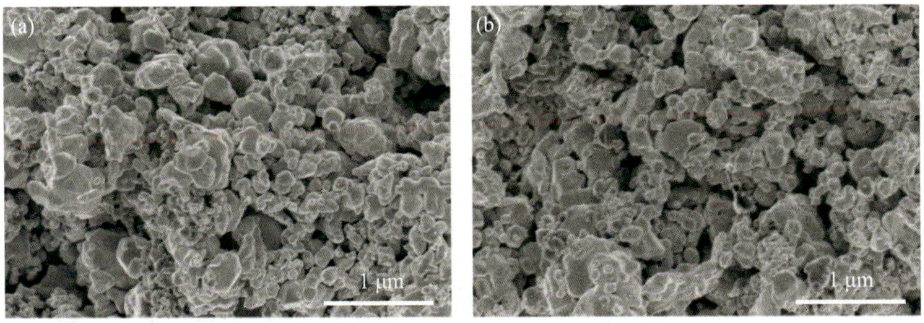

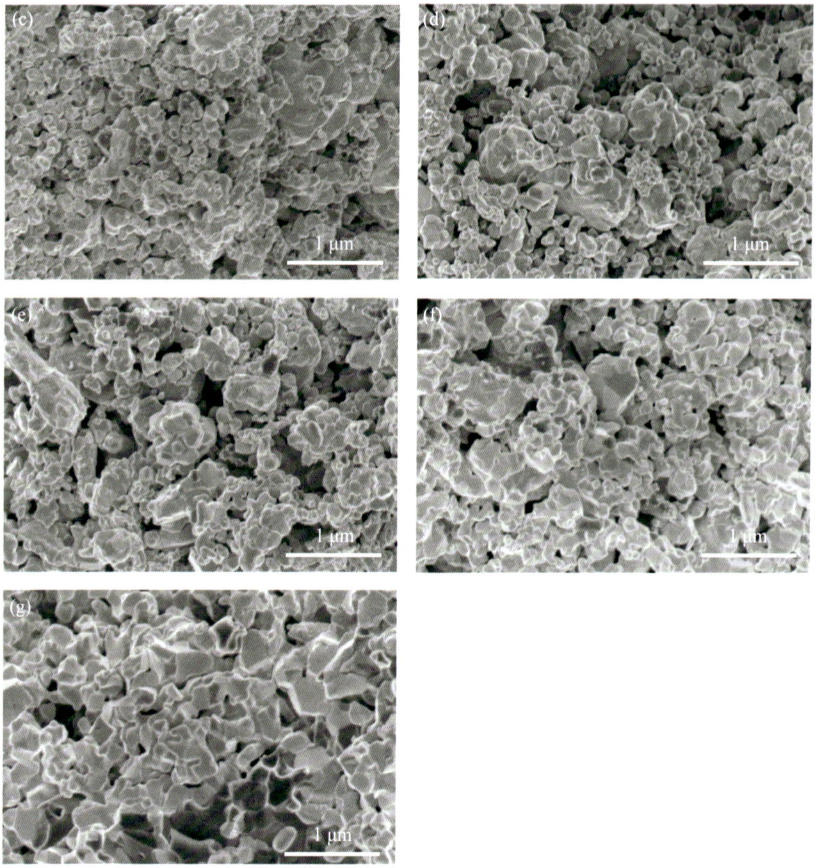

图 4-24 W1 粉末经 1000～1800℃等温烧结 1 h 后，扫描电镜二次电子观察下，压坯断口形貌

（a）1000℃；（b）1300℃；（c）1400℃；（d）1500℃；（e）1600℃；（f）1700℃；（g）1800℃

晶粒的长大非常缓慢：当烧结温度达到 1700℃时其材料内部平均晶粒尺寸仅约为 200 nm，到 1800℃时其内部平均晶粒尺寸也仅为 300～500 nm。这进一步表明高体积比例纳米碳化钛的加入，能有效钉扎钨的晶界，强烈阻止钨晶粒的长大。

同时，随着碳化钛含量的增加，其钨相晶粒尺寸和碳化钛相晶粒尺寸均有所增加，如图 4-25 所示。这主要是随着碳化钛含量的增加，W-TiC 的共晶效应加强导致钨与碳化钛在烧结过程中原子与晶界扩散加速，晶粒长大程度随之提高造成的，该结果显然与烧结致密化曲线一致。

以上分析表明，利用纳米 W-TiC 粉末，通过常压烧结且无需后续变形处理，即可制备出晶粒细小、致密度高的 W-TiC 复合材料。由于 W-TiC 具备晶粒细小的特点，因而其单位体积内的界面密度相比常规 W-TiC 复合材料（晶粒直径 5～

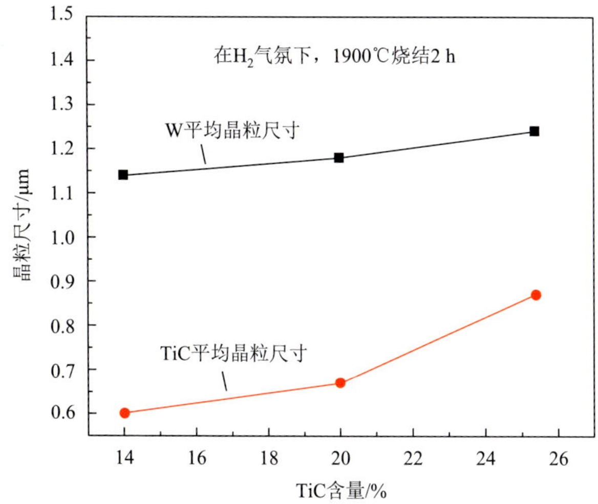

图 4-25　TiC 含量对 W-TiC 复合材料晶粒尺寸的影响

10 μm）而言要高得多，从而可以有效降低单位晶界上的杂质聚集，这显然有助于强化晶界。同时，碳化钛含量提升将导致晶粒变粗，将导致材料晶粒尺寸明显变大，这显然不利于材料性能。

2. 细晶 W-TiC 的物相分析

图 4-26 给出了三种 W-TiC 材料的 XRD 图。为便于结构分析，已对 XRD

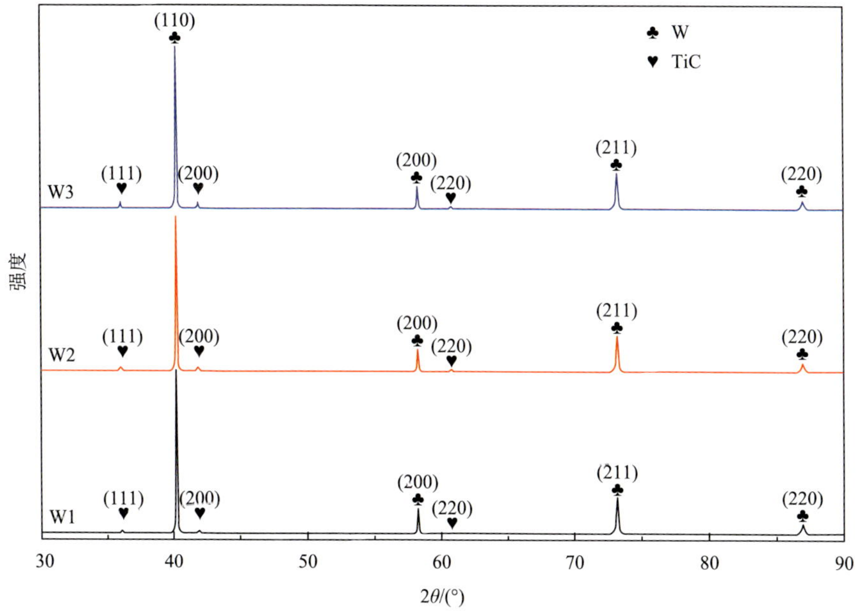

图 4-26　三种 W-TiC 材料的 XRD 图

谱中 Cu-$K_{\alpha2}$ 峰及背底进行扣除，仅保留 Cu-$K_{\alpha1}$ 的峰。XRD 分析结果显示，三种 W-TiC 材料主要由体心立方 W 相和面心立方 TiC 相组成，这与纳米钨粉和纳米碳化钛粉末中的钨以及碳化钛结构一致，这表明钨与碳化钛在 1900℃烧结后，二者基本不发生反应。这可从键结构理解，因碳化钛中的 Ti—C 键是一种非常强的共价键，因而其稳定性非常高。这对高碳化钛含量的钨-碳化钛轻质复合材料非常重要：一方面，如果碳化钛固溶进入钨基体，将使得材料所谓的颗粒弥散强化减弱，对强化效果不利；另一方面，如果碳化钛与钨基体发生反应，生成的钨的碳化物（W_xC_y）其结构对称度差，存在大量方向性很强的共价键，具有硬脆的特点，这对材料的韧性不利。

图 4-27 为 W-TiC 复合材料的能谱分析结果。从能谱分析结果可知，W-TiC 复合材料中元素主要为钨、钛、碳，考虑到碳元素的定量分析不准，钨和钛元素的定量分析结果与其烧结前三种 W-TiCH 的成分高度一致。通过 XRD 图谱与 EDS 能谱分析结果表明，通过采用纳米碳化钛和纳米钨粉为原料，降低球磨输入的能量可以很好地控制球磨中杂质元素（如铁等）的含量。

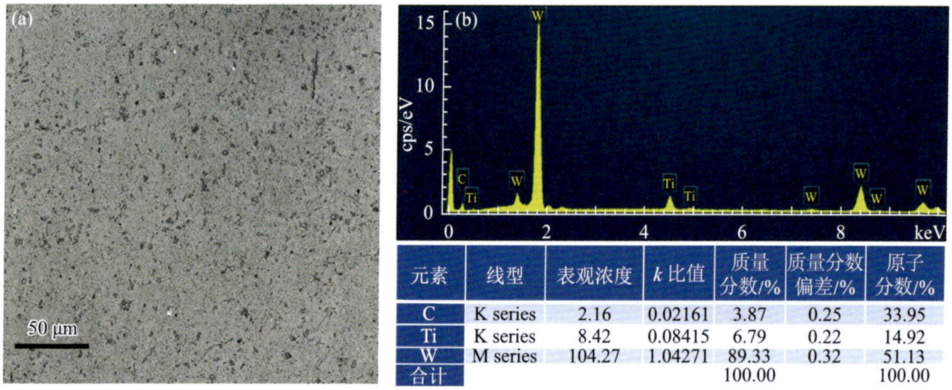

元素	线型	表观浓度	k 比值	质量分数/%	质量分数偏差/%	原子分数/%
C	K series	2.16	0.02161	3.87	0.25	33.95
Ti	K series	8.42	0.08415	6.79	0.22	14.92
W	M series	104.27	1.04271	89.33	0.32	51.13
合计				100.00		100.00

图 4-27 W1 复合材料扫描电镜二次电子像与其对应区域的能谱分析结果

（a）二次电子像；（b）能谱分析结果

采用扫描电子显微镜的二次电子成像，观察了 W-TiC 复合材料烧结后块体中的物相分布，如图 4-28 所示。从上述 XRD 谱图数据可知，W-TiC 材料中的相主要由碳化钛与钨相组成，由于钨元素原子序数大，二次电子产率高，因而呈现亮白色；而碳化钛则相应呈现灰暗色。从图 4-28 中可以看出，碳化钛相在钨基体中的分布是比较均匀的，其最大聚集区直径不超过 5 μm。

3. W-TiC 材料的力学性能

为全面评价 W-TiC 的室温力学性能，分别对其进行了室温抗弯测试、维氏硬度测试、室温抗拉测试以及断裂韧性测试（表 4-3）。

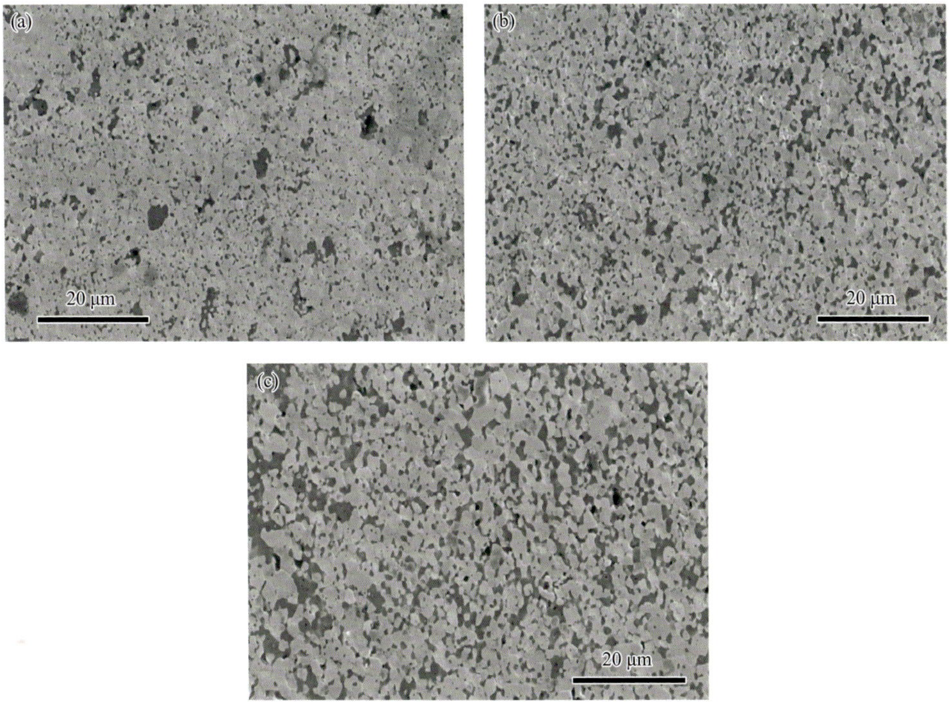

图 4-28　W-TiC 材料二次电子像

（a）W1；（b）W2；（c）W3

表 4-3　W-TiC 的室温性能及对比

抗弯强度/MPa	抗拉强度/MPa	杨氏模量/GPa	维氏硬度/GPa	断裂韧性/$(MPa \cdot m^{1/2})$	数据来源
993	632	354	6.72	9.9	本研究
843	—	330	—	10.1	[34]
—	464	—	—	—	[33]
—	141～353	—	4.36～7.00	—	[35]

对抗弯测试，为保证结果可靠，每种材料都测试了三个样品。图 4-29 给出了三种 W-TiC 材料中最大加载力与加载位移的曲线，需要注意的是，为避免混乱，每种材料仅选择性地给出了一个代表性样品的曲线。对每种材料而言，最终的结果为三个样品所测数据的平均值。根据测试结果，W1、W2 和 W3 的室温抗弯强度分别为（939±12）MPa、（993±22）MPa 和（927±16）MPa，杨氏模量分别为（341±7）GPa、（354±6）GPa 和（346±7）GPa。从结果来看，W2 的室温抗弯强度和杨氏模量最高，分别达到 993 MPa 和 354 GPa。

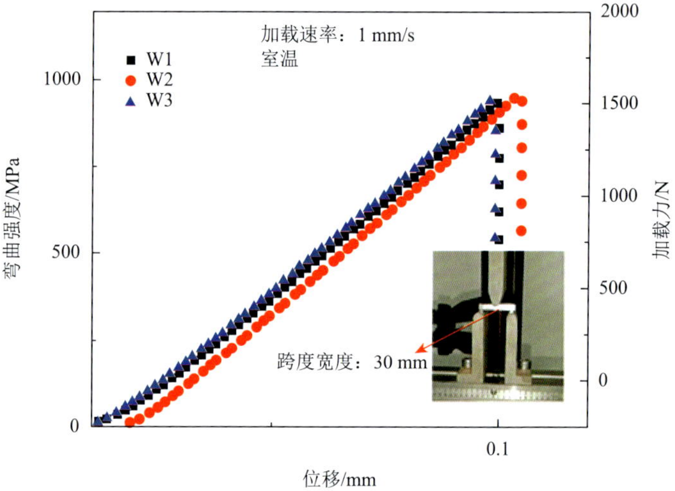

图 4-29 W-TiC 材料抗弯测试的加载力-下压量曲线

对硬度测试，主要采用维氏硬度测试法表征复合材料的硬度。为保证测试结果能尽可能地真实反映材料的性能，对每种材料测试都取 5 个点，最终结果取 5 个数据点的平均值以尽可能消除误差。同时，为消除加工应力的影响，所有样品待测试的表面都经过晶面抛光。在加载压力选择方面，为尽可能反映材料宏观性能以及考虑到样品厚度，加载压力选为 5 kg，保压时间为 15 s，其金刚石顶头角度为 136°。经测试，W1、W2 和 W3 三种材料的维氏硬度分别为（6.32±0.20）GPa、（6.72±0.12）GPa 和（6.09±0.13）GPa。从结果来看，W2 硬度最高，达到 6.72 GPa。

根据室温抗弯和硬度测试的结果，显然 W2 表现出更佳的性能。在这里对 W2 进行了室温抗拉测试，其拉伸应力-应变曲线如图 4-30 所示，可得到最大抗拉强度和杨氏模量。

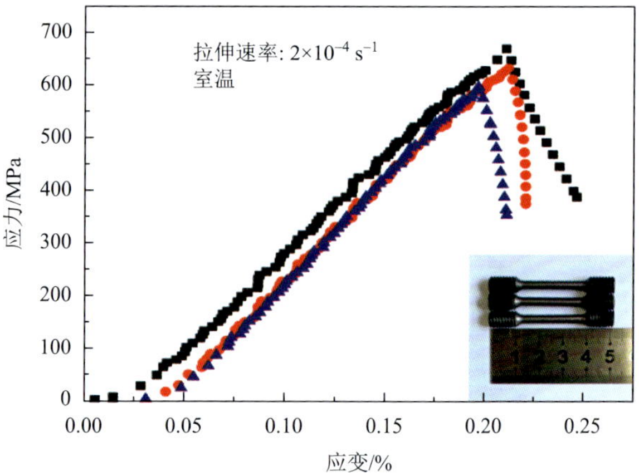

图 4-30 W2 拉伸应力-应变曲线图

W2 材料表现出明显的脆性材料特征。这是可以预料的，因为钨在室温下呈脆性。根据测试结果，其极限拉伸强度达到了（630±30）MPa，杨氏模量为（356±12）GPa。

同时，对 W2 基于压痕法，评价其室温断裂韧性，如图 4-31 所示。W2 的断裂韧性为（9.9±1.8）$MPa{\cdot}m^{1/2}$，断裂韧性的标准差较大，因为脆性断裂对裂纹扩展方向高度敏感，在不同方向扩展的裂纹，其需要的能量是不一样的，因而断裂韧性值一般会有比较大的标准差。

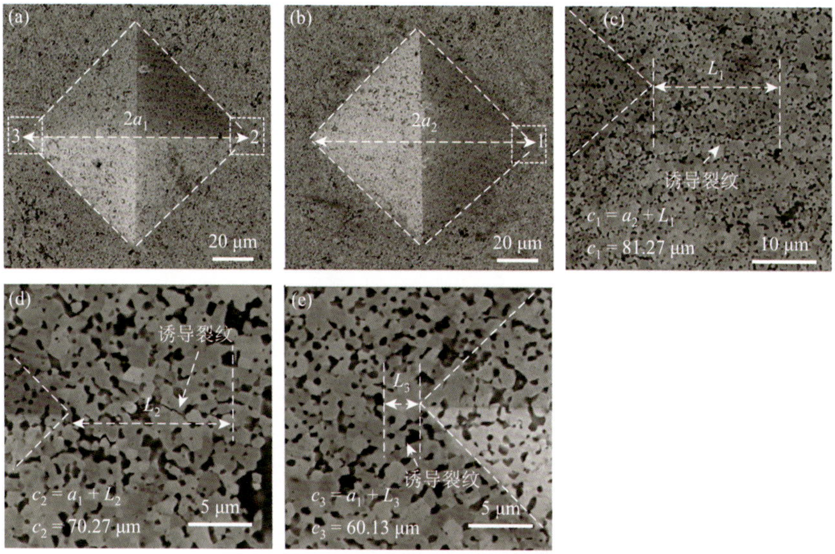

图 4-31　W2 硬度测试后的压痕和扩展裂纹 SEM 图

（a）、（b）扩展裂纹压痕；（c）区域 1 放大像；（d）区域 2 放大像；（e）区域 3 放大像

从上述结果可以看出，本研究制备出的 W-TiC 材料，展现出了良好的性能优势，相比同成分的其他方法，力学性能均有所提高。

4. 细晶 W-TiC 材料的微结构表征与强化机理研究

1）微结构特性与 W/TiC 界面表征

对 W-TiC 复合材料而言，相界将是影响其强韧性的一个非常重要的因素，对材料性能产生重大影响，因此非常有必要仔细研究其微结构。图 4-32 为 W-TiC 复合材料的 TEM 图。

从图 4-32（d）和（e）的选区电子衍射可以看出，界面处钨和碳化钛存在晶体学位向关系：$(1\bar{1}0)_W//(1\bar{1}1)_{TiC}$ 与 $[110]_{TiC}//[111]_W$，这与体心立方和面心立方两相界面常见的平行取向 $\{110\}_b//\{111\}_f$ 是一致的[36]，即体心立方最密排面与面心立方密排面平行。

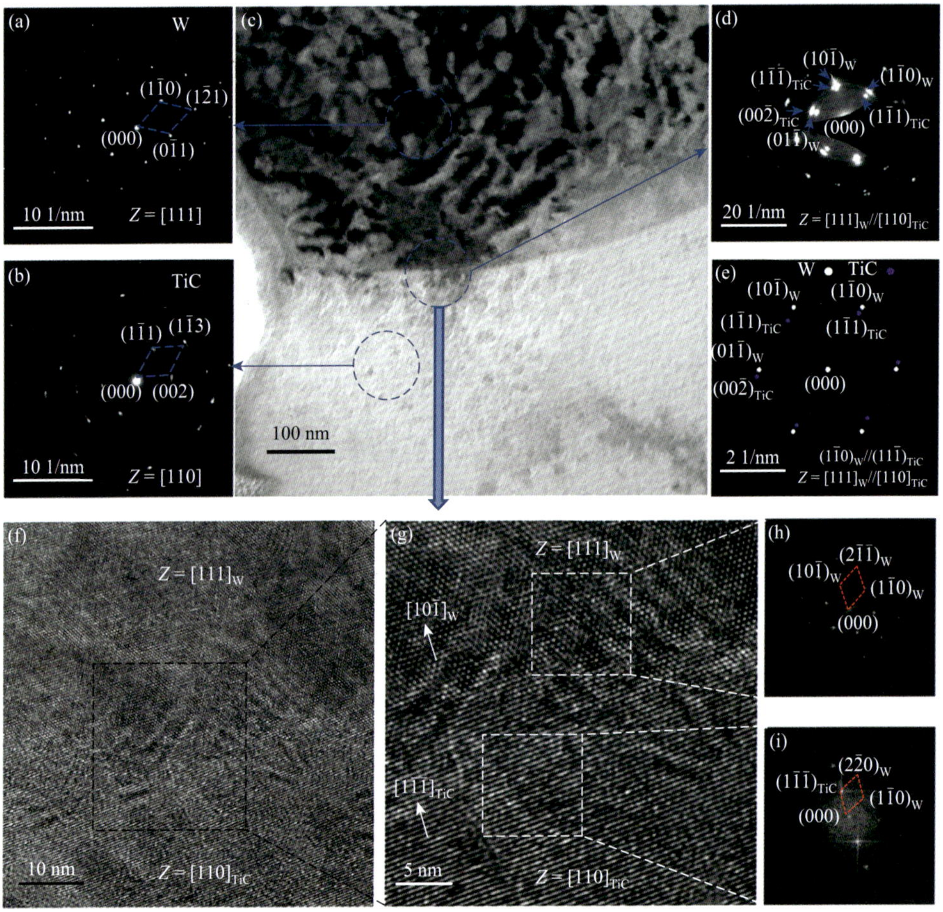

图 4-32 W-TiC 材料 TEM 图

（c）明场相；（a）、（b）和（d）是（c）中对应区域的选区电子衍射；（e）是$(111)_W$倒易面和$(110)_{TiC}$倒易面的叠加，其位相关系已在图中标出；（f）和（g）是高分辨像；（h）和（i）分别是（g）中对应区域的快速傅里叶变换（FFT）图

要说明的是，图 4-32（d）和（e）是存在差异的，这主要是因为对实际晶体而言，其三维结构不是无限大的（由于透射制样的特点，一般都是薄片状），因此其在选区衍射成像中的倒易点阵“阵点”并非严格意义上的点，而是具备三维结构（实际的倒易点阵的“点”被拉长成为“棒状”）；同时，对透射电镜而言，由于电子波长振荡，其埃瓦尔德球面也并非几何意义上的球面，而是具有一定厚度的“球壳”，这些因素共同作用，会造成实际选区衍射斑点与理想的倒易平面阵点存在差异；最后，制样导致的晶体畸变，也会进一步加剧其偏离，但结合其他手段（如 XRD）获得的结构信息，这种差距是不至于产生重大困扰的。

根据上述位向关系，可计算 W-TiC 中的 W$(1\bar{1}0)$与 TiC$(1\bar{1}1)$界面的错配度δ：

$$\delta = \frac{2|d_\alpha - d_\beta|}{d_\alpha + d_\beta} \tag{4-3}$$

其中，d_α 和 d_β 分别为钨-碳化钛界面处$(1\bar{1}0)_W$与$(1\bar{1}1)_{TiC}$的晶面间距。计算可知，界面处的点阵错配度仅为 2.52%，表明其界面是完全共格的，这从图 4-32（f）、(g）也可以明显看出钨-碳化钛界面是完全共格的，其相界能量较低，即结合能相比非共格相界有较大程度的提高，这有利于提高其界面强度。

首先，钨的(110)面与碳化钛的(111)面的晶面间距非常接近，差距在 3%以内，这给二者共格界面的形成提供了结构基础。其次，由于 W-TiC 共格时，其界面能量远比非共格时的低，即共格界面对应界面的能量最低状态[37, 38]，因此 W-TiC 共格界面的形成是一种热力学自发行为。最后，从动力学角度来看，由于纳米 W-TiC 粉末中颗粒尺寸均为纳米级，其在 W-TiC 界面形成过程中晶体学角度调整所需的能量远比微米或以上级别的颗粒所需能量低，因此也利于共格界面的形成。因此，对满足晶体结构条件下的二次相颗粒，当其晶粒尺寸为纳米级时，一般都能获得共格界面[39-41]。

为进一步分析 W/TiC 界面处的元素分布，采用 STEM 模式对界面处进行高角度环形暗场成像（HAADF），如图 4-33（a）所示；并对 HAADF 成像区域采用能谱仪进行能谱分析，如图 4-33（b）～（e）所示，为更好地分辨钛元素的空间分布，将钛元素的分布图与 HAADF 图进行合并，如图 4-33（c）所示。

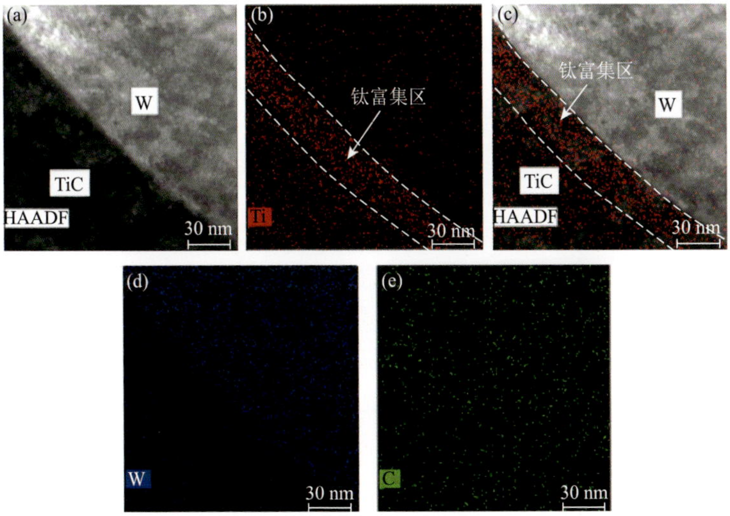

图 4-33　W-TiC 界面处的高角度环形暗场成像（HAADF）以及对应的能谱面扫-元素分布图

（a）界面与其邻近区域的 HAADF 图；（b）、（d）和（e）分别为钛元素、钨元素和碳元素的空间分布图；（c）是（a）和（b）的结合从 HAADF 和能谱分析结果来看，在碳化钛相中靠近界面处，存在宽度约为 30 nm 的钛富集区（Ti-concentration zone，TCZ）。需要特别说明的是，从能谱扫描结果来看，碳元素的分布看起来相当均匀。在钨-碳化钛界面处的碳化钛晶体中存在富钛区，能够进一步降低相界处碳化钛(111)晶面的间距，从而可以进一步降低钨-碳化钛界面的错配度，即进一步降低钨-碳化钛界面的能量，强化界面，这显然有利于整体改善 W-TiC 材料中的界面。

2）W-TiC 材料的强韧化机理

由上述讨论可知，W-TiC 材料展现出良好的组织与力学性能。为进一步理解其组织与性能的关系，有必要对其强韧化机理进行深入分析。对钨材料而言，强韧化机理主要可从断裂机制方面入手，理解决定其强韧性的关键因素，并分析其强化机制等。

从拉伸与抗弯测试曲线来看，W-TiC 在室温下表现出明显的脆断特征。图 4-34 给出了材料的拉伸断口形貌，很显然，其表现出典型的穿晶-沿晶混合断裂的特征。对断口的统计分析表明（通过 ImageJ 软件对断口中穿晶面积所占比例进行统计计算），其穿晶断裂占比在 20%左右，与纯钨等沿晶断裂占 96%左右相比[42]，穿晶断裂占比有明显上升。这表明对界面改善后的 W-TiC 材料而言，界面强度有明显提高，展现出了界面强化特点。

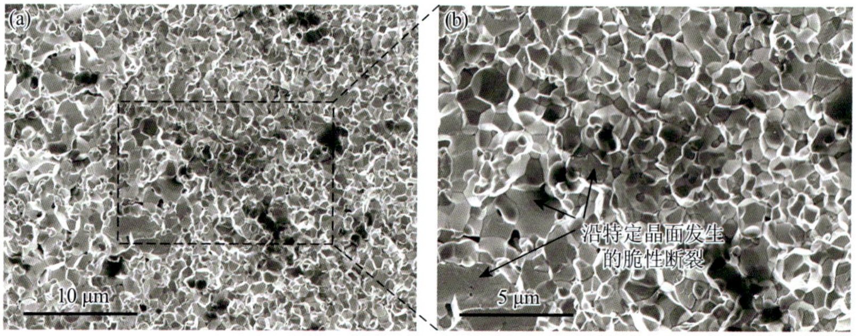

图 4-34 不同放大倍数下的拉伸断口扫描电镜二次电子像

对脆性断裂而言，根据 Griffith 断裂理论对材料断裂的判据，材料内部存在大量微裂纹，设其长度为 c，其微裂纹扩展所需的应力，即此时材料的强度 σ_f 可由式（4-4）表示：

$$\sigma_f = \sqrt{\frac{2\gamma E}{\pi c}} \tag{4-4}$$

其中，E 为材料的杨氏模量；γ 为裂纹扩展方向上的界面结合能。材料的界面结

合能 γ 和初始裂纹长度 c，对材料的性能起主导作用。对 W-TiC 材料而言，根据上述相分析结果可知，其内部共有三种界面，即钨-钨晶界、碳化钛-碳化钛晶界和钨-碳化钛相界。显然，W-TiC 的界面结合能主要由这三种界面的类型与数量等决定。定性来说，界面结合能可表示为表面自由能与界面能的差值。一般可认为表面自由能是一个与材料种类有关的常量，因而提高界面结合能的关键在于降低界面能。

本研究所制备的细晶 W-TiC 性能有明显改善，这主要是由于晶粒细化的效应：晶粒尺寸仅为 1.14 μm。常规金属的细晶强化机制可用位错塞积机制来理解，但这对钨显然不合适。这主要是因为钨在室温下加载时，其滑移机制很难启动，往往还未发生明显塑性变形就已经发生脆性断裂，此时位错还来不及增值，也就是说，对室温下的钨材料而言，其强化机制是很难从位错塞积角度来理解的。结合 W-TiC 复合材料脆性断裂特征，其细晶强化机制可从 Griffith 断裂理论来理解，具体如下。

首先，根据式（4-4）可知，裂纹的初始长度以及界面结合能对材料脆断时的强度起决定作用。对晶粒内部的裂纹的初始长度 c 而言，其强度与晶粒尺寸 $d^{1/2}$ 成反比，这与经典的 Hall-Petch 关系一致。从这个角度出发，可以很好地理解晶粒细化对提高 W-TiC 复合材料的强化。另一方面，可从界面杂质浓度角度来理解。对同体积的材料而言，其内部晶粒尺寸越小，所含的晶界/相界面积就将更大。这意味着减小晶粒尺寸，可以大幅提高材料内部的界面密度。随着界面密度的提高，界面处的杂质浓度就将因单位体积内部界面面积的大幅提高而降低，也就意味着单位界面上的杂质含量降低了，这显然有助于界面结合能的提高，因而能提高界面强度。因此，细化晶粒能够一方面降低其内部的初始裂纹长度，另一方面可以降低界面的杂质密度来提高界面结合能，从而最终提高 W-TiC 复合材料的强度。

相界能量通常较高，因此对 W-TiC 这种相界占比较高的材料，W-TiC 相界的结合能将给材料性能带来重大影响。根据相界的类型，可分为共格与非共格两大类。对共格相界而言，由于其界面处原子排列更为有序，因此界面自由能远低于非共格相界，这有利于材料性能的提高；另一方面，碳化钛相中靠近相界处存在 TCZ 区，进一步降低共格 W-TiC 相面的错配度，从而可以进一步降低 W-TiC 界面能，提高其结合强度。综上可以看出，由于 W-TiC 材料晶粒细小，且界面中存在较多比例的小角晶界，从而其晶界强度能有效提高；对 W-TiC 相界而言，由于其处于共格状态，且碳化钛相中的 TCZ 区又能进一步降低相界的错配度，提高相界结合能，这些强化因素共同起作用，最终使得 W-TiC 获得了优良的综合力学性能。

5. 小结

利用纳米 W-TiC 复合粉末，通过常压烧结的方式直接制备细晶 W-TiC 材料，系统分析了 W-TiC 的组织与力学性能特点，通过研究组织结构与力学性能的关系，分析并研究了材料制备过程中的界面改善机制和强韧化机理。总结如下：

（1）采用纳米 W-TiC 粉末通过常压烧结可以直接制备出晶粒细小的 W-TiCH 材料，其碳化钛相晶粒尺寸为 0.60～0.87 μm，钨相晶粒尺寸为 1.14～1.24 μm，且致密度可达到 98.0%～98.3%。由于晶粒尺寸细小，其界面密度大幅提高，有利于降低界面杂质浓度，从而改善界面。

（2）采用的纳米 W-TiC 粉末初始晶粒细小，且在烧结过程中晶粒长大被强烈抑制，导致烧结过程中 W 与 TiC 容易发生调整从而有利于 W-TiC 共格相界的形成，最终使得 W-TiC 相界为共格界面。进一步分析表明，在 W-TiC 相界处的碳化钛相中存在 TCZ 区，其形成的主要驱动力来源于纳米粉末的高表面能，该 TCZ 的形成可以进一步降低钨与碳化钛的错配度，降低界面能从而提高相界强度。

（3）由于晶粒细化以及界面改善等，W-TiC 材料强韧性有所提高，其室温最高抗弯强度达 927～993 MPa，维氏硬度达 6.09～6.72 GPa，对 W2 而言，其断裂韧性可达 9.9 $MPa \cdot m^{1/2}$。

4.2.3 纳米 ZrC 增强细晶钨材料的致密化及其强韧化机理研究

在碳化物中，ZrC 具有高熔点、良好的高温强度，并且其热膨胀系数与 W 相近。因此作为第二相粒子阻碍烧结中晶界迁移，阻碍材料形变时位错滑移，ZrC 粒子的高硬度和熔点是理想选择。现有 W-ZrC 材料较多采用反应融渗烧结、反应烧结、机械合金化 + SPS 或热压/热等静压方法进行制备，其粉末制备过程碳化物容易发生团聚，且易于引入杂质。采用“微纳复合”设计思想：利用湿化学法制备出纳米的 W-ZrC 复合粉末，有效提高 ZrC 粉末在钨中分布的均匀性，解决碳化物易团聚、制备过程易引入杂质等问题；利用纳米 W-ZrC 复合粉末的高烧结活性和分散性，实现 W-ZrC 材料较低温度下常规烧结达到细晶和近全致密，实现纳米的第二相粒子弥散分布在微米级的晶粒中，达到弥散强化和细晶强化的作用。采用“溶胶-非均相沉淀-喷雾干燥”湿化学的微纳复合方法制备纳米 W-ZrC 复合粉末，重点研究 ZrC 在钨中的分布均匀性。然后，采用常规烧结方法研究 W-ZrC 增强 W 材料中第二相粒子对材料组织结构演变和热力性能影响的规律，建立第二相粒子对细晶钨的强韧化机制。最后，通过高热负荷冲击和 He 等离子体辐照损伤等性能表征，研究 ZrC 对钨材料提升服役性能的作用机理。

因此，本小节将主要开展：①湿化学法 W-ZrC 复合粉末的制备方法研究。研究偏钨酸铵（AMT）、pH 和分散剂等对纳米 ZrC 粒子悬浮液稳定性和均匀性的影响，获得 ZrC 粒子稳定和均匀分散的制备方法；研究喷雾干燥后-煅烧和还原工艺对 W-ZrC 复合粉末粒度、氧含量等粉末特性影响，形成了纳米 W-ZrC 复合粉末的优化的制备方法。②研究纳米 ZrC 增强细晶钨的致密化行为和组织演变规律；研究不同 ZrC 添加量对材料组织和性能的影响，优化烧结工艺，获得晶粒细化、近全致密的 W-ZrC 材料制备方法。③探讨纳米 ZrC 含量对增强细晶钨的组织、性能演变规律及其强韧化机理，为材料服役提供必要数据支撑。

1. 纳米 W-ZrC 复合粉末的制备与性能调控

1）纳米 ZrC 粉末均匀悬浮液的制备

图 4-35 为分别以 CMC（0.1 g/L）和 PEG 为分散剂时，不同 pH 下 ZrC 悬浮液体系随沉降时间悬浮液高度变化。可以看出，PEG 在酸性条件下对悬浮液的稳定较 CMC 好，但在碱性环境下，CMC 能够更好地增强悬浮液的稳定性，同样静置 40 h 时，添加 CMC 体系的悬浮液没有出现沉降，而 PEG 体系发现有一定的沉降。其原因如下：酸性环境下，CMC 中的—COONa 不易发生解离，易产生沉淀而失去与纳米 ZrC 粒子的包覆效应；而酸性环境对 PEG1000 的影响没有 CMC 的大，PEG 在氢键等作用下仍可吸附在 ZrC 粉末表面，形成空间位阻层，提高了纳米 ZrC 粉末的分散性。弱碱性环境下时，溶解后分子式中的—COONa 基团解离为—COO^-和 Na^+，这些—COO^-吸附在纳米 ZrC 粒子的表面，形成了双电层结构和空间位阻层，而弱碱性环境对 PEG 影响不大。

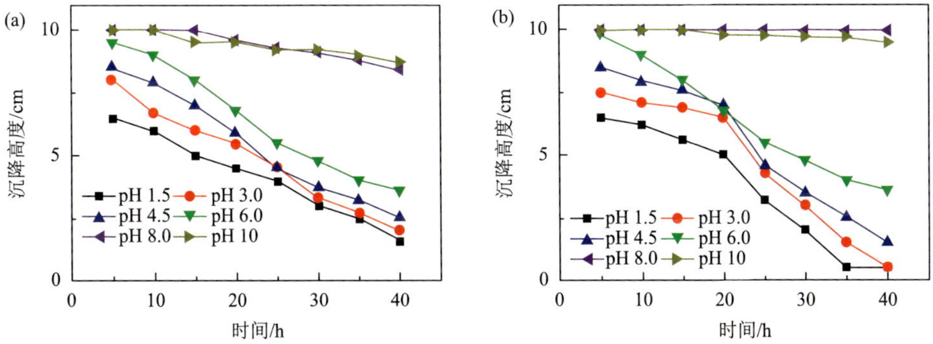

图 4-35　不同分散剂和 pH 对 ZrC 悬浮液沉降情况的影响

（a）PEG；（b）CMC

通过对比 ZrC 在悬浮液的沉降情况，可形成如下结果：对于悬浮液体系，当 pH 小于 6 时，体系的沉降速度较快，并随 pH 减小沉降速度加快。其原因为：弱

图 4-38 W-ZrC 前驱体粉末粒度及形貌

（a）球壳状；（b）内部组织；（c）背散射

图 4-39 为前驱体粉末的 XRD 分析，其结果显示为峰值基本为偏钨酸铵（AMT）和仲钨酸铵（APT），没有发现添加的 ZrC 粉末粒子的峰，一方面是由于 ZrC 含量较少，另一方面说明偏钨酸铵前驱体对 ZrC 的粉末形成了均匀的包裹，形成了良好的复合作用。

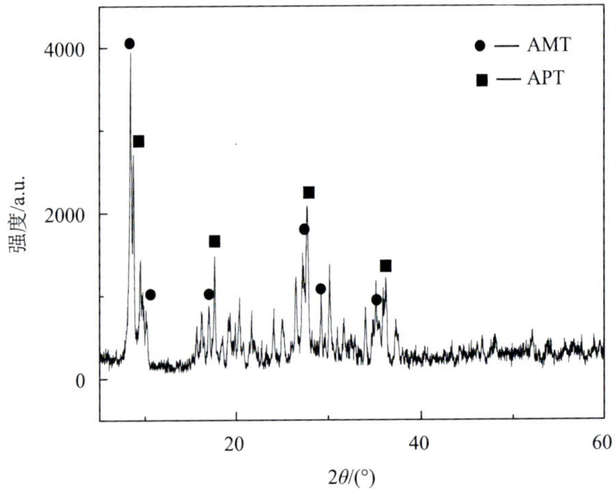

图 4-39 前驱体粉末 XRD 分析

ZrC 表面活性很大，在还原过程中容易与 H_2O 或 WO_3 等发生反应，导致在还原过程中被氧化，可能发生的反应如式（4-5）～式（4-9）所示。

$$ZrC + 2H_2O(g) = ZrO_2 + CH_4(g) \quad (4\text{-}5)$$

$$ZrC + 2H_2(g) = Zr + CH_4(g) \quad (4\text{-}6)$$

$$WO_3 + 3H_2(g) = W + 3H_2O(g) \quad (4\text{-}7)$$

$$ZrC + WO_3 = ZrO_2 + W + CO(g) \quad (4\text{-}8)$$

$$W + 3ZrC + 2WO_3 = 3ZrO_2 + 3WC \quad (4\text{-}9)$$

通过热力学计算，氢气和 ZrC 基本不发生反应，所以可在氢气下还原含有 ZrC 纳米粒子的复合粉末；而由于偏钨酸铵或者还原中存在的 H_2O 将对粉末有一定的氧化效果，因此需在低温下尽量将前驱体粉末中的 H_2O 脱除。标准状态下 WO_3 直接还原成 W 的温度点为 800℃左右，特别是 WO_3 在还原中可与 ZrC 的相发生反应，所以 WO_3 应尽量控制其在低温下形成 W 氧化物的中间相，同时减少还原中生成的 H_2O 分压或钨氧化物本身与 ZrC 发生反应的可能性。

据此，对于制备纳米级的复合粉末前驱体，一方面采用低温下去除偏钨酸铵中的 H_2O，并保持低的 H_2O 分压，使式（4-5）尽量减少或避免发生，保持 ZrC 粉末不被氧化；另一方面高温下控制物相，促进复合粉末形成近球形、低氧含量复合粉末。

图 4-40 为 W-0.5ZrC 粉末在不同还原温度下的氧含量和粒径变化趋势曲线。还原温度升高能有效地降低粉末中的氧含量，粉末粒径则呈现先降低后升高的趋势。随温度升高，粉末中的 WO_3 与 W 氧化物的中间相与氢气发生反应的动力逐渐增加，使得反应更加彻底，所以 W-ZrC 复合粉末表现出氧含量降低的趋势，值得注意的是，在 600℃以后氧含量继续降低但下降得不明显。随还原温度升高，粉末粒径呈现先减小后增大的趋势，在 550℃还原时达到相对较小值 50 nm，结合 WO_3 还原过程热力学分析中的物相转变，其粒径逐渐降低的主要原因是：当还原温度

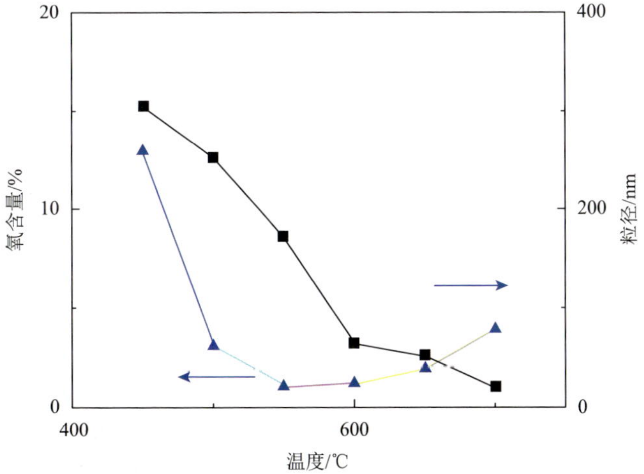

图 4-40　W-0.5ZrC 粉末在不同还原温度下的氧含量和粒径变化趋势曲线

增加到一定值时，球壳状的前驱体粉末内部粒子间的结合不是很紧密，随着还原温度升高，体系中由 AMT 或 APT 变化为 WO_3，由 WO_3 还原为 WO_2 和 W 化学反应过程中将产生大的内部应力，使得球壳状的大颗粒逐步破碎、裂解成小颗粒，减小了复合粉末的粒径，另一方面是还原可能形成了 β-W 相引起的，因为 β-W 相颗粒尺寸一般在 100 nm 以下。后续随温度升高粒径增大，主要是还原过程中 WO_3 挥发沉积导致钨粉颗粒发生了长大。

采用多步还原制备纳米级的 W-ZrC 复合粉末，将复合粉末煅烧温度定为 320℃，第一步还原温度定为 550℃，然后研究最终还原温度和还原时间最终对复合粉末特性的影响。图 4-41 为最终还原温度对粉末氧含量和粒径的影响，随着还原温度升高，粉末逐渐粗化，特别是 820℃以上时显著粗化；粉末氧含量随温度升高呈降低趋势，在 800℃以上氧含量降低不明显，800℃时氧含量为 0.22%。

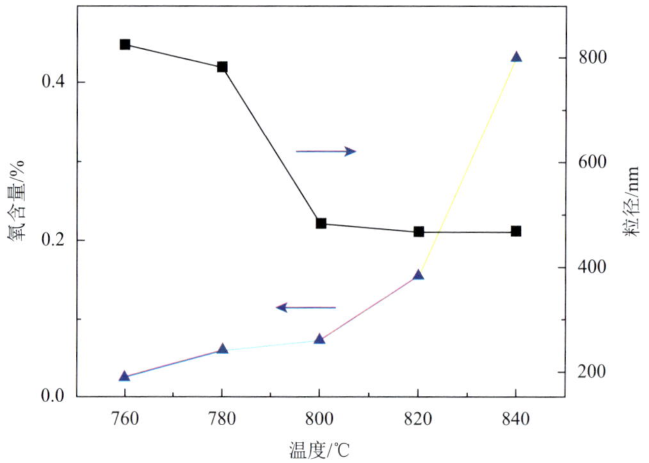

图 4-41 两步还原温度下 W-0.5ZrC 粉末的氧含量和粒径

通过还原温度的研究，以 800℃作为还原温度，同时进一步研究还原时间对粉末粒径和氧含量的影响，如图 4-42 所示。还原时间延长，粉末氧含量呈现逐渐降低的趋势，而粒径逐渐增加，综合粒度和氧含量，第二阶段的还原工艺确定为在 800℃下还原 2 h。综上所述，确定了 W-ZrC 复合粉末制备方法，首先在 320℃下对前驱体粉末进行煅烧，然后经过第一阶段 550℃还原，最后经 800℃还原制备得到 W-ZrC 的复合粉末。

图 4-43 所示为 W-0.5ZrC 复合粉末的形貌和元素分布，粉末呈现近球形，粒径在 150～300 nm，分散性良好，说明前驱体粉末在煅烧和还原过程中粒径进行了有效的控制；同时通过面扫描 W 和 Zr 元素的分布可以看出，Zr 元素和 W 元

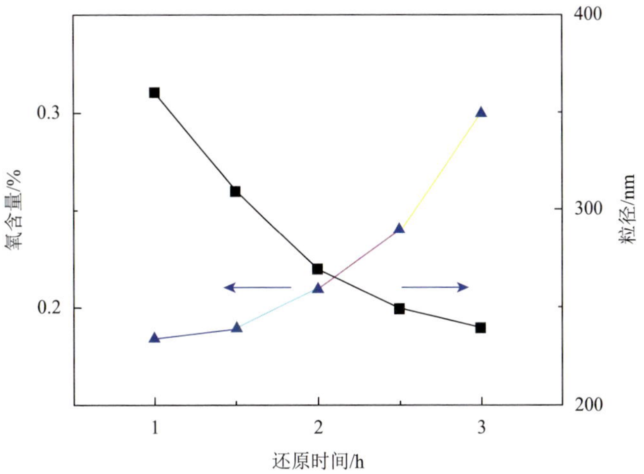

图 4-42　800℃下不同还原时间时 W-0.5ZrC 粉末的氧含量和粒径

图 4-43　W-0.5ZrC 复合粉末的形貌和元素分布

（a）SEM 图；（b）W 元素分布；（c）Zr 元素分布

素中均匀分布在整个面扫描上，说明 ZrC 第二相没有团聚，这是因为在溶胶制备过程中，分散剂的加入可有效提高纳米碳化物粒子之间的静电斥力，阻止碳化物粒子在溶液中的聚集。

图 4-44 为 W-0.5ZrC 复合粉末的 TEM 图和选区衍射花样，可以看出，粉末呈近球形，通过对 A 区域进行选区衍射，其形成 W 的衍射花样，结合形貌和面扫描说明复合粉末为纳米 W 颗粒相组成。

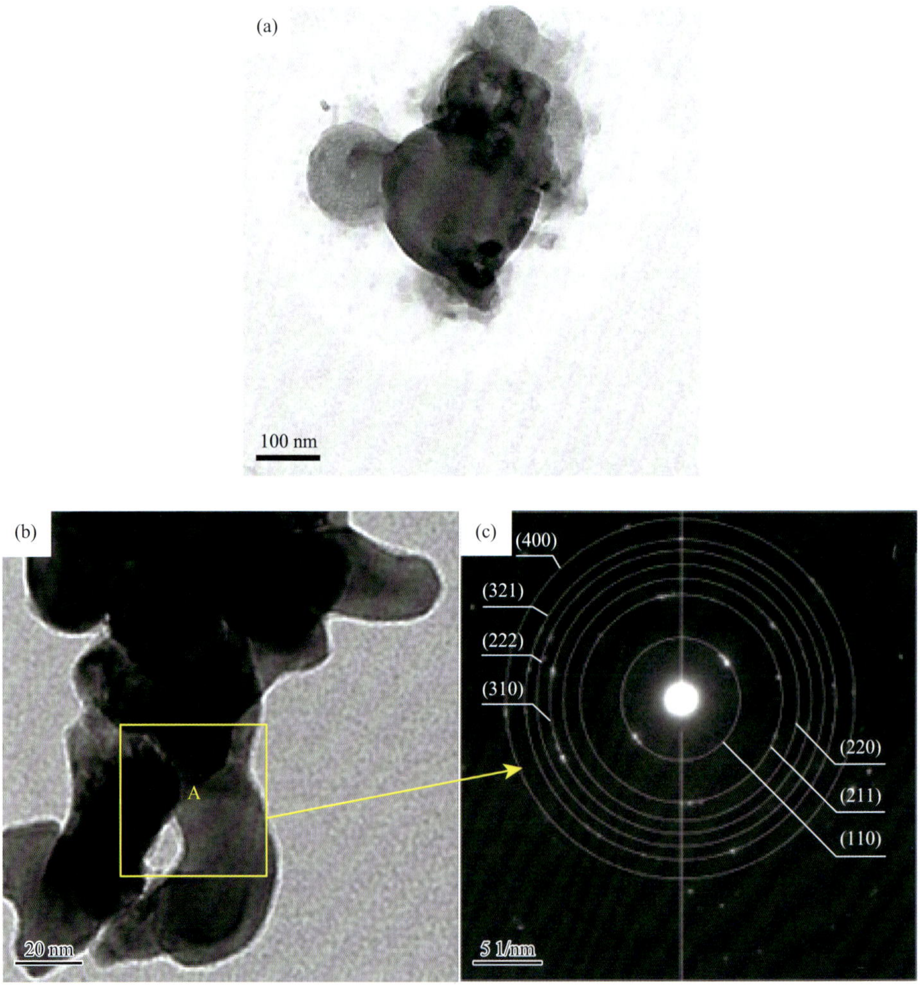

图 4-44 W-0.5ZrC 复合粉末的 TEM 图和选区衍射花样

（a）TEM 图；（b）A 处选区衍射；（c）（b）图放大像

通过研究分散剂、pH 等因素，制备出纳米 ZrC 粉末粒子均匀分布于偏钨酸铵溶液中的前驱体悬浮液，并通过煅烧和两步还原最终制备出平均粒径 280 nm、氧含量 0.22%的 W-ZrC 的复合粉末，小结如下。

纳米 ZrC 在去离子水溶液中具有相对较高的 Zeta 电位绝对值，随含量增加，团聚情况加剧；偏钨酸铵溶液呈现酸性，Zeta 电位绝对值较去离子水中 ZrC 悬浮液显著下降。

分散剂 CMC 比 PEG 具有更好的分散性和稳定性，在 pH 为 8 的 CMC 悬浮液中，基本观测不到纳米碳化物粒子相的沉降；随 CMC 含量的增加，体系沉降特性呈现先增加后降低的特性，而纳米碳化物的激光粒径呈先降低后增加的趋势。纳米 ZrC 粒子悬浮液进行透射电镜表征，其表面吸附了一层厚度为 1～2 nm 的 CMC 吸附层，形成双电层-空间位阻复合稳定机制，有效阻止了纳米颗粒的团聚。

综合考虑还原温度对粉末性能的影响，形成 W-ZrC 最佳制备工艺，前驱体采用 CMC 和 pH 调控形成均匀、稳定的悬浮液，然后喷雾后的前驱体在 320℃下煅烧进行去水，最后经 550℃和 800℃还原制备出 W-ZrC 的复合粉末，其粉末氧含量为 0.22%，粒径为 280 nm 左右，近球形，无团聚。

2. ZrC 增强细晶钨的致密化行为及其机理研究

利用 W-ZrC 复合粉末良好的烧结活性和分散性，实现材料在较低温度下常规烧结的近全致密化，获得材料致密化机理，主要包括：①开展 PW、W-0.5ZrC、W-3ZrC 的烧结致密化过程样品收缩率的变化，研究纳米 ZrC 粉末粒子添加对粉末烧结激活能的影响；②致密化过程 W-ZrC 材料的致密度和强度等随温度变化的趋势与原因；③通过不同烧结温度下材料组织形貌的分析研究，获得晶粒组织和第二相粒子在烧结过程中形貌、尺寸的变化规律，分析第二相粒子与钨界面结合与长大机理；④从材料组元在不同温度下相结构和烧结机理进行研究，结合热力学分析了第二相粒子与钨基体在烧结过程中可能发生的反应来揭示烧结过程致密过程的机理。

1）ZrC 增强钨的烧结致密化行为

表 4-4 列出了采用湿化学法制备的 PW、W-0.5ZrC 和 W-3ZrC 三种粉末在烧结初期阶段（1200～1700℃时）的收缩率，可以看出 W-ZrC 复合粉末的烧结收缩率显著高于 W 粉末的。

表 4-4　三种粉末在 1200～1700℃下的烧结收缩率

样品	收缩率/%					
	1200℃	1300℃	1400℃	1500℃	1600℃	1700℃
W	6.3	8.9	10.1	12.8	14.9	15.2
W-0.5ZrC	6.9	9.1	12.1	14.2	15.7	15.8
W-3ZrC	6.8	8.8	12.1	14.5	15.5	16.1

粉末坯体的烧结收缩是烧结过程中粉末烧结颈发生长大引起颗粒间位置改变的样品宏观形状变化结果，粉末粒子间相互靠近导致粉末压坯收缩，其动力学方程为

$$(\Delta L / L)^{0.5n} = Bt(2^n D^m) \quad (4\text{-}10)$$

其中，$\Delta L/L$ 为线收缩率；$0.5n$ 的典型值为 2.5～3；D 为颗粒直径；t 为等温烧结时间；参数 m、n 取决于物质的迁移机制；参数 B 与温度有关：

$$B = B_0\exp(-Q/RT) \quad (4\text{-}11)$$

B_0 为材料参数的集合（表面能、原子大小、原子振动频率、系统几何形状），活化能 Q 衡量原子迁移运动时的难易程度。可以看出，W-0.5ZrC 材料和 W-3ZrC 材料的烧结收缩率明显高于同等条件下制备的超细纯钨材料，说明 ZrC 的添加促进了材料的烧结致密化。

为进一步研究材料在不同温度下的致密化机理，以 W-0.5ZrC 材料为代表，其在 1150℃、1200℃、1300℃、1400℃、1500℃、1600℃和 1700℃下各保温 1 h 时，烧结的相对密度对应关系如图 4-45 所示，同时将其与 1860～1980℃最终烧结时的强度与相对密度进行对比。可以看出，随温度的升高，样品相对密度逐渐提高，值得注意的是，W-0.5ZrC 材料烧结相对密度随温度变化的斜率明显不同。

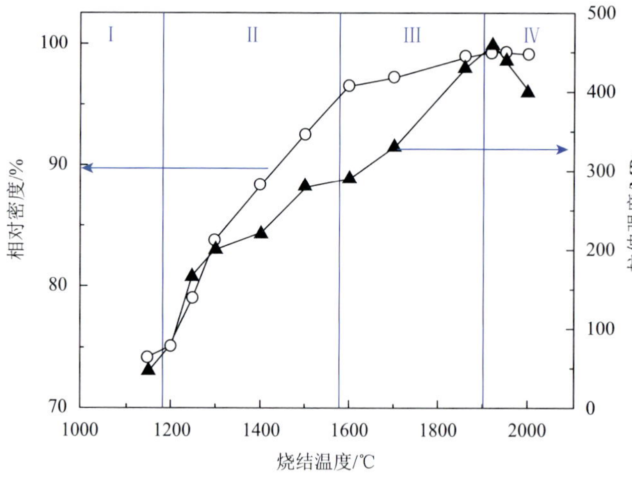

图 4-45　W-0.5ZrC 材料的相对密度与烧结温度对应关系

可将致密化过程大致分为四个阶段：第 I 阶段为室温～1200℃的温度区间，样品的致密度增加较为缓慢，样品坯体强度也逐渐增加，主要是发生了粉末的回复，粉末之间出现黏结；第 II 阶段为 1200～1600℃的烧结温度区间，特征是粉末坯体发生显著再结晶、晶粒长大，坯体中的孔隙进一步消失，材料的致密

度显著提高；第Ⅲ阶段为 1600～1920℃的温度区间，材料的致密度缓慢增加，1600℃烧结时材料的致密度已经达到 94%，说明此时已形成了封闭的孔隙，随着温度继续升高，根据固相烧结的致密化理论，该阶段主要是发生孔隙的球化和缩小，由于孔隙的缩小和消失主要靠晶界扩散和体积扩散，因此过程比较缓慢，材料的致密度增加变得更加缓慢。第Ⅳ阶段为 1920～2000℃的温度区间，样品致密度基本不增加或略有降低，其主要原因是温度继续升高，钨晶界迁移的速率将增大，而当晶界移动速率大于气孔的排出速率时，气孔会被包入晶粒内部，生成含有封闭气孔的晶粒，而晶粒内的气孔难以排出，造成烧结后相对密度的降低。

2）ZrC 增强钨致密化过程的组织演变

W-0.5ZrC 的烧结致密化过程中的密度、强度的变化与材料的组织形貌密切相关，其在 1150℃、1300℃、1400℃、1500℃、1600℃和 1700℃烧结后的金相组织照片如图 4-46 所示。

可以看出，随烧结温度升高，材料晶粒逐渐粗化，1150℃烧结时，金相照片呈现模糊态，观测不到晶粒形成；1300℃时，形成了非常明显的细小晶粒。而在 1400℃、1500℃和 1600℃时，晶粒明显粗化，其中温度直接升高至 1700℃时材料

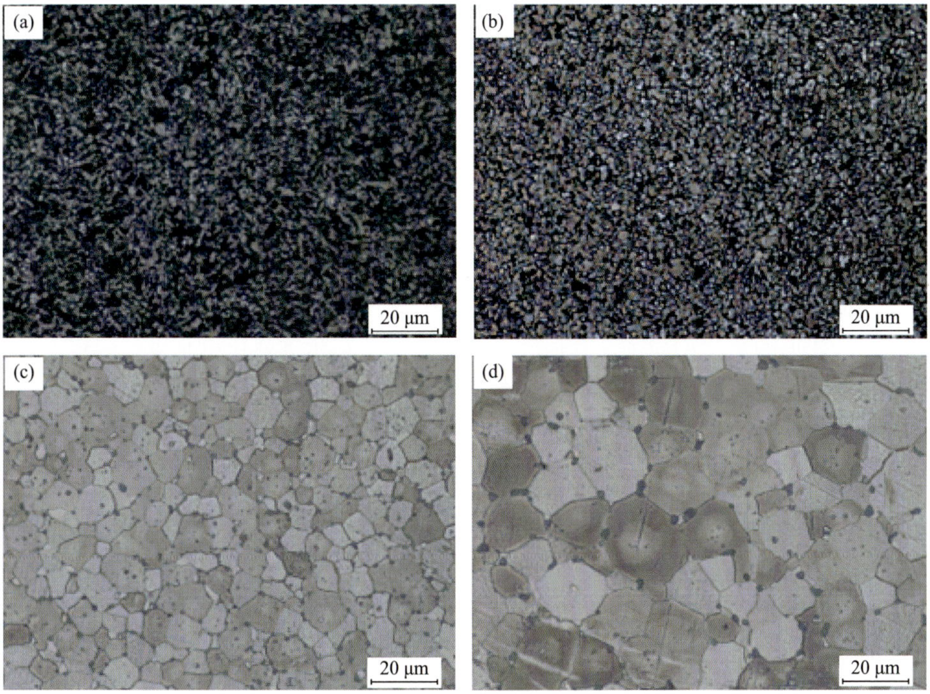

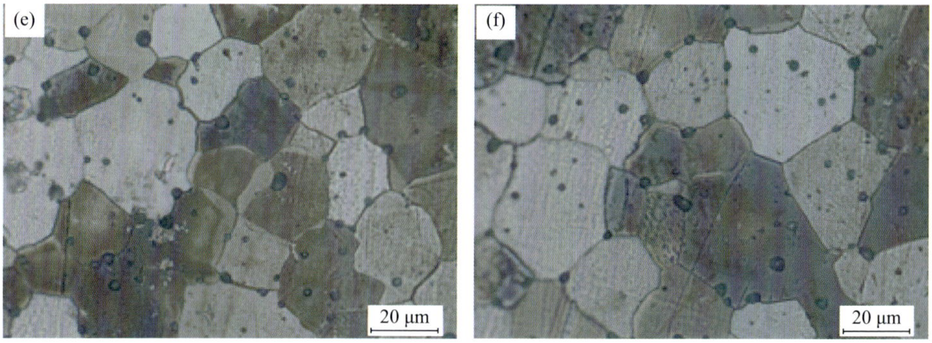

图 4-46 W-0.5ZrC1150～1700℃烧结金相组织照片

（a）1150℃；（b）1300℃；（c）1400℃；（d）1500℃；（e）1600℃；（f）1700℃

晶粒度达到了 20～30 μm，显然显著粗化，并且材料的致密度基本不变或略微降低，其原因可以从材料在烧结致密化过程中孔隙缩小的机理进行分析。

烧结过程中的平均晶粒尺寸 G 随时间的增加，可以用式（4-12）表示：

$$G^3 = G_0^3 + \kappa t \tag{4-12}$$

其中，G_0 为原始晶粒尺寸；κ 为热活化参数；t 为烧结时间。烧结中期致密化伴随着体积和晶界的扩散，位于晶界的孔隙比孤立孔隙消失得更快，原子表面迁移很活跃，当晶粒长大时，孔隙球化和沿着晶界移动明显。W-ZrC 烧结时，其晶粒长大明显依赖于烧结温度，随温度升高晶粒明显粗化，1400℃晶粒粒径 10～15 μm，1600℃时达到 20～30 μm，需要对工艺进行优化，控制致密化过程晶粒长大。

图 4-47 为 W-0.5ZrC 材料第二相粒子在 1150～1700℃烧结时的形态变化，添加的 ZrC 第二相粒子在 1300℃以前随温度升高变化不明显，而 1300℃以后随温度升高而出现逐渐球化并且发生长大，1600℃时形成近椭圆形，1700℃时基本都形成了近球形的第二相粒子，其原因可以由奥斯特瓦尔德熟化机制进行解释[43, 44]。ZrC 第二相粒子与钨基体之间存在界面，小尺寸 ZrC 粒子界面能远高于大粒子处，其周围的第二相组元浓度高于大粒子周围的第二相组元浓度，两处的组元浓度梯度导致了组元向低浓度区扩散，从而导致大粒子继续吸收过饱和组元而发生长大，该过程使得第二相的小粒子溶解消失，组元转移到了较大尺寸的第二相粒子中，而非 ZrC 的小粒子直接被较大尺寸的粒子吸收合并。同理，当 ZrC 的第二相颗粒存在较多棱角时，棱角处的曲率半径较小，与小粒径的 ZrC 一样，棱角处的 ZrC 易于向曲率半径较大区域溶解扩散，使得 ZrC 第二相粒子向减小系统界面能的趋势发展。随着烧结温度的提高，原子间的扩散能力大大增加，因此 ZrC 第二相粒子的球化现象变得更加明显。

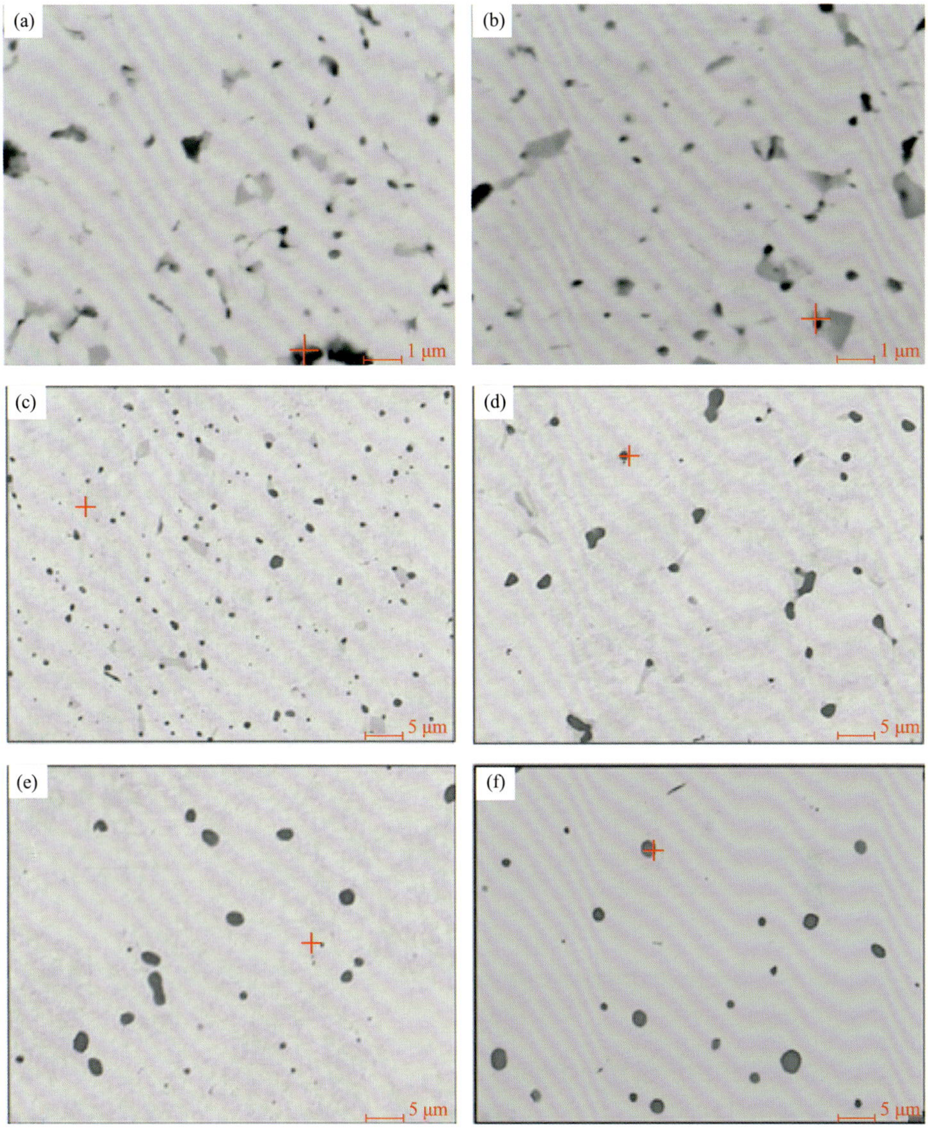

图 4-47 W-0.5ZrC 材料第二相粒子在 1150～1700℃烧结时形态变化

（a）1150℃；（b）1300℃；（c）1400℃；（d）1500℃；（e）1600℃；（f）1700℃

为了进一步研究 ZrC 第二相粒子随着温度升高与钨体发生的扩散与长大行为。通过对不同温度下 W-0.5ZrC 材料中 ZrC 颗粒形状进行线扫描分析，如图 4-48 所示。第二相颗粒中的 Zr、C、O、W 四个元素均呈现平滑的过渡，值得注意的是，随温度升高，ZrC 粒子相的粒子半径普遍增加，并经过线扫描 Zr、C、W 元素的分布对比，发现在不同温度下烧结时，ZrC 的第二相粒子与钨之间过渡区域的厚度基本一样，而高的 Zr、C 呈稳定比例的区域明显增加。以上结果证实了 ZrC 粒子随着温度升高更容易发生扩散而导致长大形成较大尺寸的 ZrC 粒子。

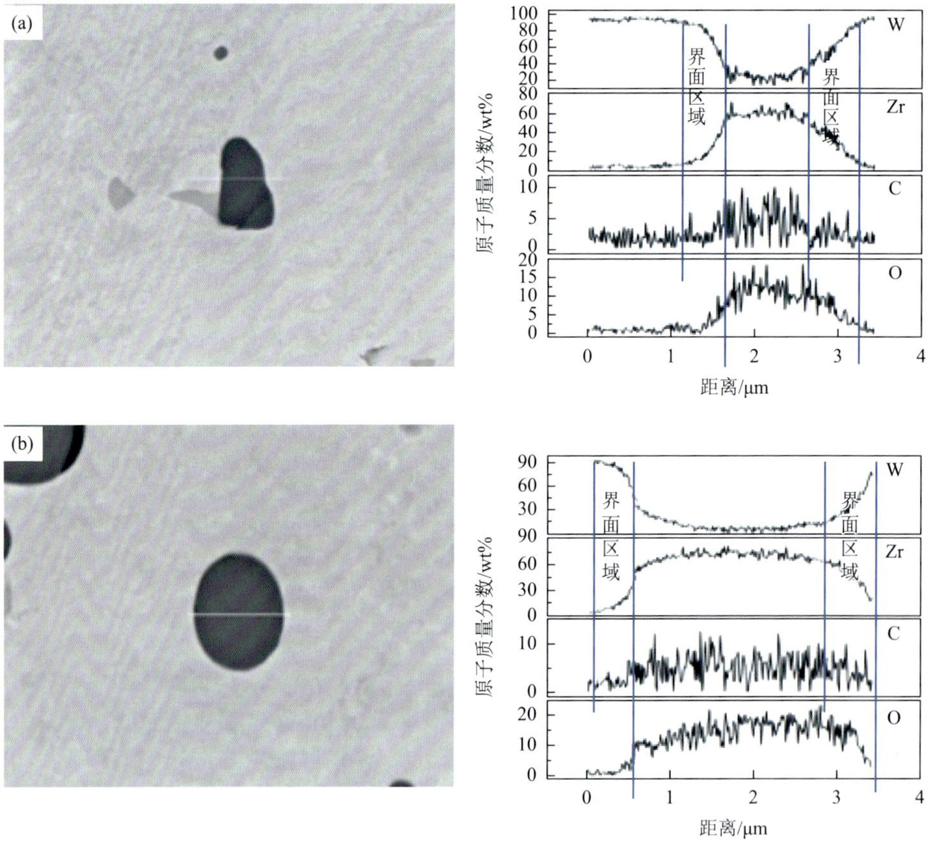

图 4-48 不同烧结温度时第二相颗粒线扫描中各元素占比

（a）1400℃；（b）1700℃

3）ZrC 增强钨的烧结致密化机理

（1）致密化过程的热力学分析。

粉末烧结致密化的热力学过程是粉末系统中自由能减小的过程，即烧结态的材料与粉末相比在一定条件下是处于能量较低的状态。烧结温度（T）时，烧结体的自由能、焓和熵的变化分别用 ΔG、ΔH 和 ΔS 表示，有热力学计算公式：

$$\Delta G = \Delta H - T\Delta S \tag{4-13}$$

由于烧结过程是系统自由能的降低过程，烧结系统自由能的降低是烧结过程的驱动力，粉末体自由能的降低主要包括[45]：由于颗粒结合面的增大和颗粒表面的平直化，粉末的总比表面积和总表面自由能减小；烧结体内孔隙的总体积和总表面积减小；粉末颗粒内晶格畸变的消除。

烧结前存在于粉末或粉末坯块内的过剩自由能包括表面能和晶格畸变能，表面能比晶格畸变能小，结合本研究，对于制备的纳米 W-ZrC 复合粉末，晶格畸变能较表面能大，然而特别烧结过程的早期阶段，作用较大的主要是表面能。本研究中的 1150℃和 1200℃存在明显的颗粒黏结，形成烧结颈，降低了体系的表面能，说明 1200℃以前烧结表面能降低是其主要的驱动力。在烧结后期颗粒的界面转变为晶界面，由于晶界能更低，故总的能量仍然是降低的。结合本研究中 W-ZrC 体系，在 1300℃时粉末粒子开始发生结晶和长大，并且随温度升高晶粒组织显著长大，说明总晶界面减少，所以在 1300～1600℃之间界面能降低是 W-ZrC 烧结的主要动力，在 1600℃及以上时，材料致密度达到 94%左右，晶粒仍然长大但变得不明显，而第二相粒子出现显著球化，孔隙也球化、收缩和消失，说明最终烧结的驱动力是晶界面的减少和表面自由能的降低。

此外，多元系的烧结过程还取决于组元间反应的热力学。对于本研究的 W-ZrC 材料体系烧结过程，对其组元间及组元与气氛可能发生如下化学反应：

$$ZrC + 2H_2 = Zr + CH_4(g) \tag{4-14}$$

$$W + ZrC = WC + Zr \tag{4-15}$$

反应式（4-14）和反应式（4-15）在标准状态下不能发生，说明 ZrC 在烧结时不会与保护气氛氢气发生反应而造成碳的损耗，高温下 W 与 ZrC 也不发生化学反应，添加 ZrC 可以达到设计中要求的对材料起到第二相的作用。由于添加的纳米 ZrC 粒子，其表现出纳米特性，可能在烧结过程中与 W 发生扩散，下面通过相图研究 W-ZrC 材料体系中可能存在的相分析。

（2）烧结致密化中的组元间扩散分析。

虽然 ZrC 和 W 及烧结气氛不发生反应，然而 ZrC 与 W 的界面结合处发生相互扩散会引起系统中的熵增，所以其扩散过程是体系自由能降低的过程。W 与 ZrC 之间的扩散是由 Zr 在 ZrC 中向外扩散所控制，扩散过程分析如下：元素 Zr 和 C 在其形成的化合物 $ZrC_{0.97}$ 中扩散系数极低，分别为 $1\times10^{-9}\ cm^2/s$、$8\times10^{-15}\ cm^2/s$（1930℃），钨在 1700℃时有一个高的自扩散系数（$3\times10^{-9}\ cm^2/s$），因此，(Zr_x, W_{1-x}) C 是在粉末烧结熵增效应的驱动下产生的，其由 Zr 向 ZrC 粒子外扩散的界面控制机制生成，而 Zr 扩散进入 W 中时可形成 W_2Zr 的低熔点相，如图 4-49 所示，其能提高烧结活性，降低烧结温度，促进烧结的致密化过程。

如上所述，在烧结过程中通过扩散能够形成 W_2Zr 与(Zr, W)C 固溶相，进一步采用三元体系相图进行分析如图 4-50 所示。从 W-Zr-C 三元体系可以看出，形成固溶相后，能够生成微量的低熔点固溶相，促进烧结致密化，而(Zr, W)C 相的存在能够有效地提高材料的力学性能，增加材料的强韧性[46]。

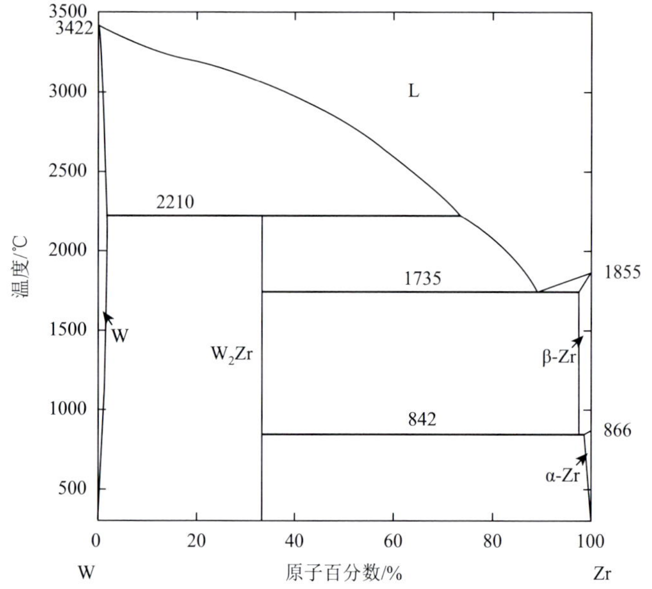

图 4-49　W-Zr 二元相图

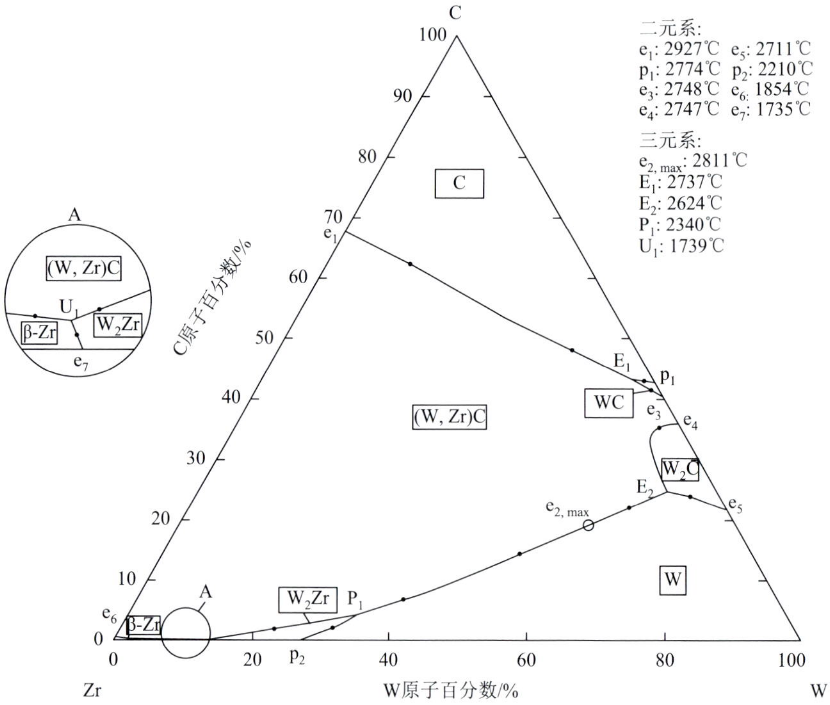

图 4-50　C-W-Zr 三元系在反应温度范围下液相线的投影[47]

结合本研究，W-0.5ZrC 复合粉末烧结试样的晶粒在 1500～1600℃时发生了剧烈的长大，通过 W-ZrC 的三元相图进行分析，这可能是 ZrC 与 W 相互扩散形成微量低熔点的固溶相，导致质量传输和晶界迁移加速，进而加快了元素迁移使得晶粒快速长大。所以，直接在 1600℃或 1700℃烧结 1 h 时材料的晶粒长大显著。结合粉末冶金的原理，当粉末压坯致密度改变时，应使烧结时间长一些。扩散速率、晶粒长大和孔隙移动都需要热激活过程，所以确立了粉末烧结致密化的改进方向。

（3）致密化过程的机理分析。

粉末烧结致密化速率可用下式描述：

$$\partial\rho / \partial t = DB / G^3 kT \tag{4-16}$$

其中，D 为扩散系数；B 为材料和几何常数项；k 为玻尔兹曼常量；G 为晶粒尺寸；T 为温度。ZrC 的加入，形成(Zr, W)C 相对熔点较低的复合相，进而提高了扩散系数，从而提高了致密化速率。碳化物的含量对致密化也有较大的影响，随碳化物含量的增加，致密化加快。这主要是由于随碳化物含量的增加，W 与碳化物的接触界面增加，形成相对熔点较低的固溶相，在 1500～1600℃烧结期间促进了晶界扩散的进一步发生，促进界面原子扩散，进而加快致密化。所以，粉末烧结的致密化公式很好地解释了添加 ZrC 和增加含量对提高钨粉末烧结致密化速率的原理。

结合 W（3420℃）和 ZrC（3540℃）的熔点，W-ZrC 材料在 1300～1700℃烧结是处于烧结中期，其特征是孔隙形状趋于球形、致密化程度显著提高和晶粒长大。假定位于晶界边缘的圆柱孔在几何学上近似为图 4-51 中的理想孔[47]，晶粒形状假定为十四面体，致密化速率取决于远离孔隙的空位扩散。随着孔隙的“坍塌”，假设孔隙消失过程是原子沿着晶界的体积扩散所致，结合扩散第一定理，根据烧结体密度随时间变化方程式，可进一步表述致密度与烧结时间，以及烧结体晶粒大小的关系：

$$\rho_{\mathrm{s}} = \rho_{\mathrm{i}} + B_{\mathrm{i}}\ln(t/t_{\mathrm{i}}) \tag{4-17}$$

其中，ρ_{s} 为烧结体密度；ρ_{i} 为烧结第二阶段开始时烧结体的密度；t_{i} 为烧结中期某一点的时间；t 为等温烧结时间；B_{i} 为反应烧结中晶界参数的重要性，其与晶粒大小的立方成反比。

结合以上公式，对于 W-ZrC 材料，提高材料的致密化程度可采用两种方法：阻止晶粒长大和增加扩散。因此，通过分析，下文将通过调控烧结工艺对烧结致密化过程的制备工艺进行优化：通过控制温度和保温时间，调控第二相粒子形貌和粒径，进一步达到对材料高致密化的要求。

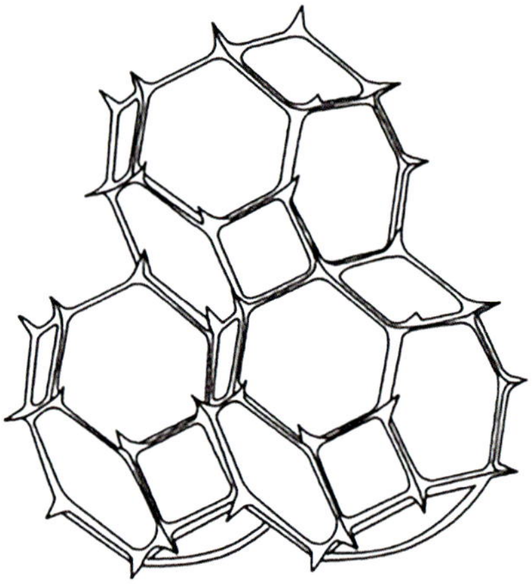

图 4-51 烧结中期位于晶界边界的圆柱孔

（4）小结。

纳米 W-ZrC 复合粉末能降低纯钨的烧结激活能，在 1300℃开始形成非常细小的钨晶粒，在 1300～1600℃之间晶粒发生快速长大，在 1600～1920℃之后速率变缓并逐渐达到强度和密度的最大值，直接升高至 1920℃以上时晶界迁移过快，材料内部封闭孔隙的存在导致致密度较 1920℃烧结时略微降低。

纳米的 W-0.5ZrC 复合粉末中的 ZrC 在烧结致密化过程中，在 1400℃及以上温度时发生球化和长大现象，在 1700℃时能够形成近球形第二相粒子。通过对 W-ZrC 粒子烧结致密化过程热力学和组元间的扩散过程分析，ZrC 能够作为第二相粒子不与 W 和氢气气氛发生化学反应；然而 ZrC 可能与 W 发生扩散，产生微量的 W_2Zr 相和(W, Zr)C 固溶相，有利于材料界面强韧性和材料的强度提升。

3. ZrC 增强细晶钨组织、力学性能及强韧化机理研究

通过上文 W-ZrC 材料的烧结致密行为及其机理的研究，获得了不同成分粉末烧结时的激活能，获得 W-ZrC 在 1150～1700℃时烧结过程中的晶粒组织演变和第二相晶粒度和形貌演变的规律，并通过热力学分析了添加的 ZrC 粒子相与 W 在烧结过程中的扩散情况。然而，ZrC 增强细晶钨材料的力学性能变化以及材料热膨胀和热传导特性仍然不明确，在核聚变堆高温服役环境下时不利于材料服役环境下对材料损伤行为进行研究。

因此，此处重点开展材料高温力学性能与热物理性能的研究，获得 ZrC 的高温和热物性能，为服役环境下材料损伤行为提供基础数据支撑；同时开展 ZrC 对材料强韧化机理的研究，为该材料以后的工程稳定制备提供支撑。

1）ZrC 含量对细晶钨组织与性能的影响

图 4-52 为纯 W 和不同 ZrC 含量的细晶钨材料在 1860～1980℃烧结时的拉伸

强度，拉伸强度随 ZrC 含量增加拉伸强度增大，与相对密度的变化趋势基本一致。值得注意的是，通过结合 ZrC 含量对拉伸强度的影响规律，可以看出 ZrC 含量为 0.5wt%～2wt%范围时，材料在 1920℃时具有相对较大的相对密度和较高的强度，W-0.5ZrC 具有最大的拉伸强度 460 MPa。随 ZrC 含量继续增加至 2wt%～4wt%范围时，材料在 1890℃时具有相对较高的强度，以 W-3ZrC 为例，在 1890℃烧结时拉伸强度为 543 MPa，与同温度下烧结的纯钨材料相比，拉伸强度提高了约一倍，相对密度也显著增大。

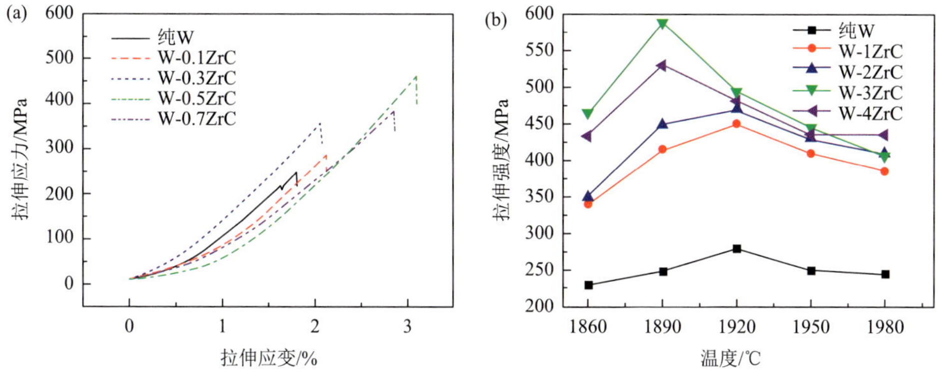

图 4-52　不同 ZrC 含量对细晶钨在 1860～1980℃烧结时拉伸强度的影响

（a）W-(0～0.7)wt%ZrC；（b）W-(1～4)wt% ZrC

通过上文致密化机理的分析可知，ZrC 作为第二相在高温烧结过程中，存在与 W 发生相互扩散形成少量的(Zr, W)C 相和 W_2Zr 相，结合 W-Zr-C 的相图，其均为低熔点相，利于烧结过程中原子的扩散迁移，能够促进 W-ZrC 材料的烧结致密化过程，利于 W-ZrC 材料的烧结致密化，减少钨晶粒内部气孔的数量。然而随着 ZrC 含量的增加，加大了 ZrC 颗粒烧结过程中发生团聚的可能性，而 ZrC 化学性质相对稳定，其较纯 W 烧结中更难烧结致密化，所以在 ZrC 团聚区域中容易出现孔洞、裂纹等缺陷，这将导致随 ZrC 继续升高后，材料致密度可能降低。

图 4-53 是不同 ZrC 含量增强细晶钨的拉伸的应力-应变曲线。可以看出，钨材料在拉伸变形过程中基本上没有塑性变形阶段，然而，拉伸强度和应力应变随着微量 ZrC 的添加得到较大提高，由粉末烧结态纯钨材料强度 290 MPa、应变 1.7%增大至 W-3ZrC 材料强度 543 MPa、应变 3.5%，均分别增加了一倍左右。随 ZrC 含量增加其强度和拉伸应变增加，原因如下：钨为体心立方晶体结构，在变形过程中的滑移系统较面心立方少，在室温下一般沿着(100)面进行解理，呈现脆性的断裂；添加碳化物后，ZrC 作为第二相粒子对钨材料起到了增韧作用：研究

发现[48]，当裂纹遇到第二相粒子时，会避开粒子而偏转，在弥散粒子间走“之”字；裂纹的形状和长度发生改变，新的断裂表面形成都会消耗变形中的能量，从而提高材料的韧性。

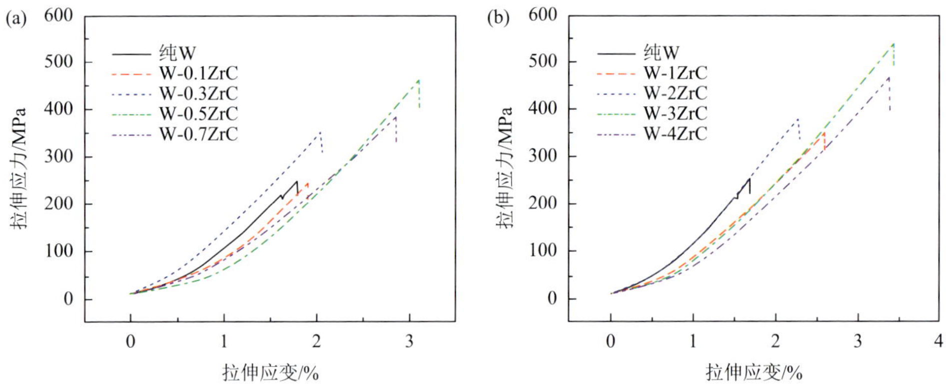

图 4-53 不同 ZrC 含量增强细晶钨的拉伸的应力-应变曲线

（a）W-(0～0.7)wt%ZrC 在 1920℃烧结；（b）W-(1～4)wt%ZrC 在 1890℃烧结

总体来说，随着 ZrC 含量的增加，材料达到最佳的拉伸强度时的烧结温度呈现降低趋势，其印证了致密化机理研究中 ZrC 与 W 发生相互扩散形成少量的(Zr, W)C 相和 W_2Zr 相，促进了致密化过程；同时，ZrC 对材料起到良好的强化和韧化作用，当 W-ZrC 材料受到外力时，晶粒内部能激发一个位错源，并将一系列位错输送到相邻的晶界，相邻晶粒对所加外力而言，其位向比较不利于滑移，因此位错会在晶界处塞积，位错塞积引起应力集中；应力超过某一值能触发晶界另一侧的晶粒发生滑移；ZrC 第二相粒子的添加，能有效地细化晶粒使晶界面积增加，裂纹扩展中方向容易被晶界改变，将消耗更多的扩展能量。所以随着 ZrC 有效地细化了钨晶粒，材料的拉伸强度得到提高，与粉末烧结态 W-3ZrC 材料性能较纯钨提高近一倍的结果吻合；当 ZrC 含量继续增加时，细化晶粒的作用不明显，而此时 ZrC 发生团聚的可能性增加，并且样品的致密度出现一定降低，导致了材料性能有一定的下降。

不同 ZrC 含量的细晶钨晶粒组织的烧结金相组织如图 4-54 所示。可以看出，随着 ZrC 含量增加，材料中钨晶粒尺寸随着碳化物含量增加而细化。纯钨晶粒尺寸为 140～200 μm；在添加 0.5wt%ZrC 的第二相粒子后，晶粒被细化至 50～60 μm；进一步添加 ZrC，晶粒进一步细化，W-3ZrC 材料的晶粒为 10～15 μm；ZrC 含量继续增加至 4%时，晶粒细化作用变得不明显，值得注意的是，ZrC 第二相粒子均匀分布在钨晶粒内部和晶界处，根据细晶强化理论，这与材料随 ZrC 含量增加而呈现增强趋势的结果相一致。

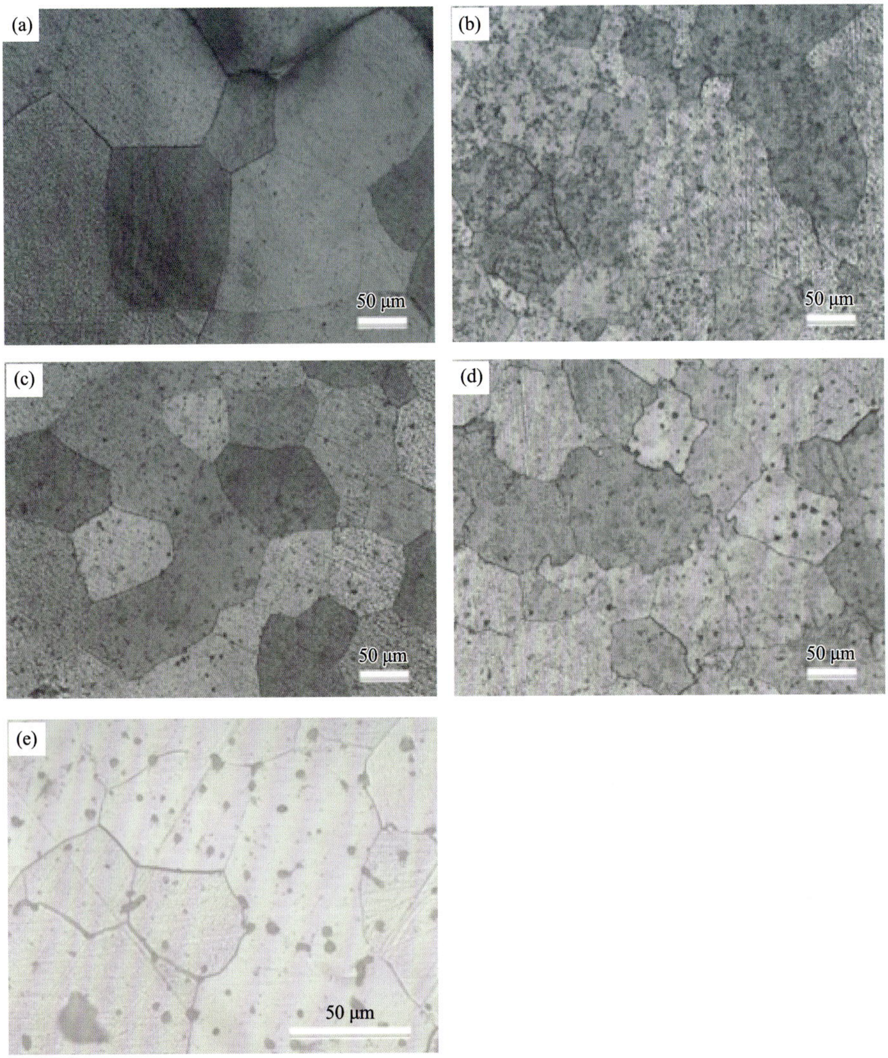

图 4-54　W-(0～0.7)wt%ZrC 在 1920℃烧结时的金相组织

（a）纯 W；（b）W-0.1ZrC；（c）W-0.3ZrC；（d）W-0.5ZrC；（e）W-0.7ZrC

以上结果显示 ZrC 粒子能够阻碍晶界迁移，并且在高温烧结过程中对晶粒细化过程起到积极作用。在高温下烧结时，不同的钨颗粒发生聚集再结晶，当晶界遇到第二相质点时，晶界线将会拉长，由于第二相的原始界面本身也是晶界，系统总的相界面和能量维持不变；而当晶界越过第二相时，钨基体与 ZrC 第二相的界面得以恢复，系统又需增加一部分能量，因此晶界遇到 ZrC 第二相粒子时不易挣脱质点的障碍向前移动，使得 ZrC 第二相对钨材料起到了有效的细化晶粒作用。

不同 ZrC 含量的细晶钨晶粒组织的拉伸断口形貌如图 4-55 所示。可以看出，纯 W 的断口为典型脆性穿晶解理断裂，随碳化物含量增加，一方面钨晶粒明显细化，另一方面由纯钨沿晶断裂逐步发展为沿晶断裂和穿晶断裂的混合断裂模式。

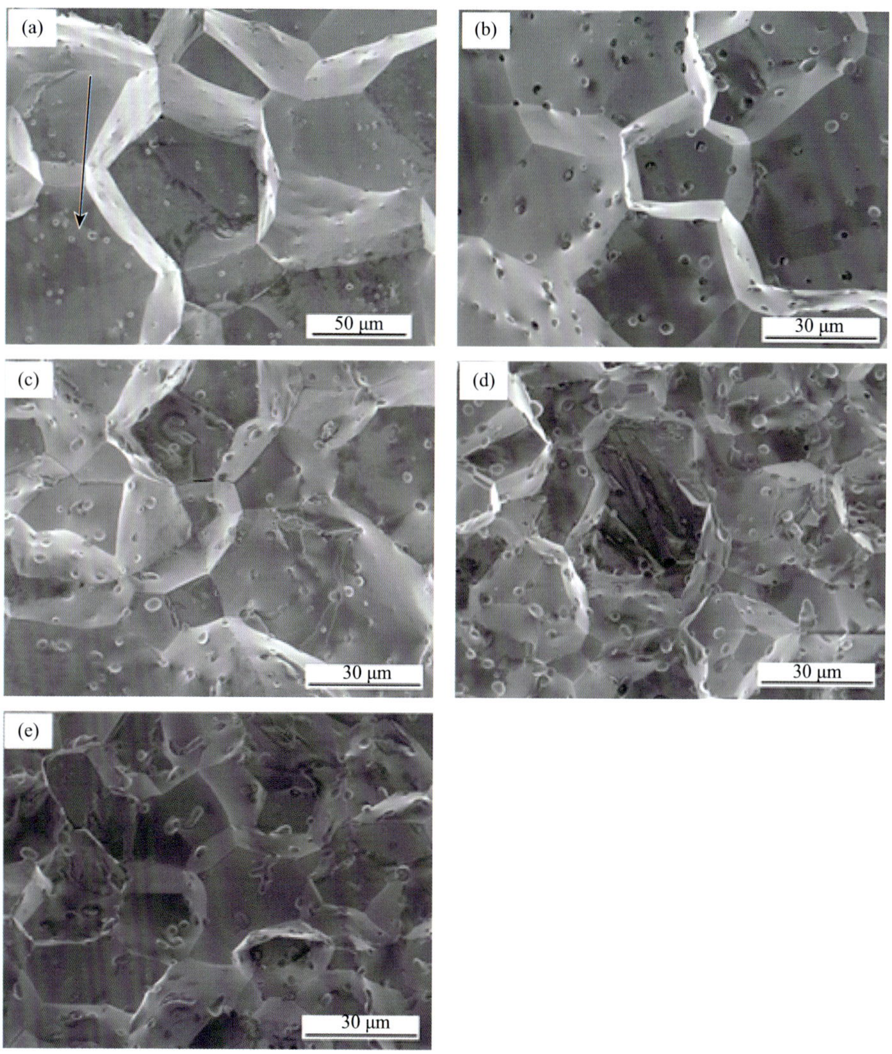

图 4-55 W-(0.1～0.7)wt%ZrC 在 1920℃烧结后拉伸断口的形貌

（a）纯 W；（b）W-0.1ZrC；（c）W-0.3ZrC；（d）W-0.5ZrC；（e）W-0.7ZrC

图 4-56 为 W-ZrC 材料断口形貌中穿晶区域的进一步放大及第二相粒子的 EDX

分析。通过 EDX 分析发现，第二相粒子由 W、Zr、C、O 元素组成，说明第二相粒子基本以 ZrC 相存在于钨基体内，其在高温烧结过程中可能与 W 发生一定的固溶，形成(W, Zr)C 的强化相，并与烧结时未能及时排出坯体内部的氧发生反应，减弱氧对基体材料的不利影响。根据 Fleischer-Friedel 的点-障碍物近似理论，位错在滑移平面运动遇到第二相粒子时，不能穿过非共格界面的颗粒，位错在应力作用下，发生奥罗万机制（Orowan mechanism）绕过颗粒，提高了材料的强度。ZrC 第二相粒子在钨的晶粒内部、晶界处均有分布，这说明 ZrC 第二相颗粒形成了较好的弥散分布，对钨材料起到较好的弥散强化作用，与 W-ZrC 材料较粉末烧结态的纯钨材料具有较高的力学性能相一致。

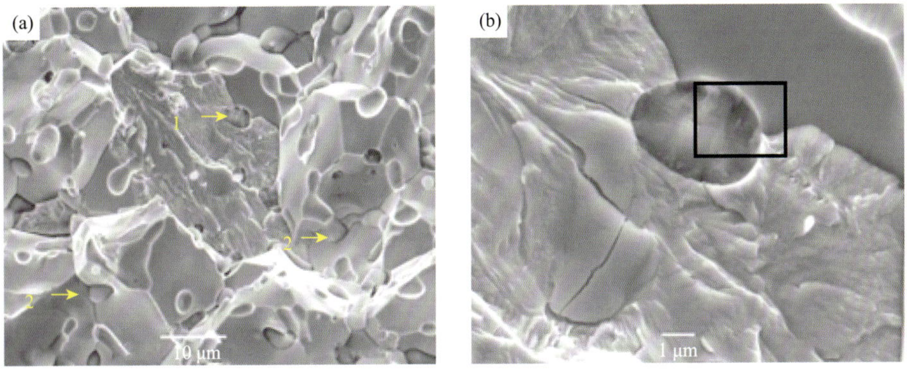

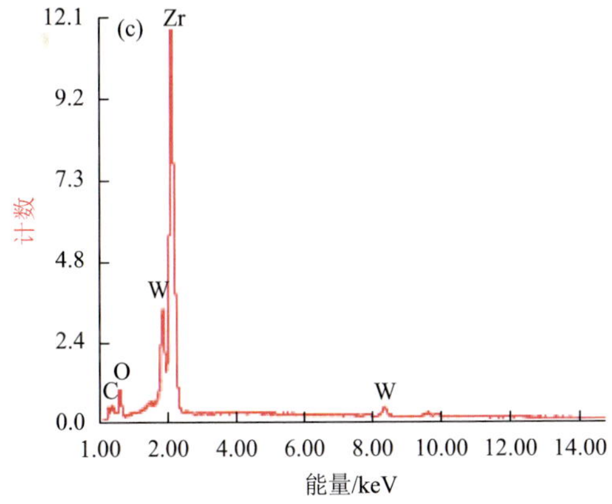

元素	质量分数%	原子百分数%
CK	11.61	40.59
OK	10.12	26.57
ZrL	64.52	29.70
WL	13.74	03.14

图 4-56 W-ZrC 材料的断口形貌

（a）断口形貌；（b）（a）图中 1 处放大；（c）方框内的 EDS 能谱分析

图 4-57 为 W-3ZrC 材料的 XRD 分析，可能由于 ZrC 相含量较少，在 XRD 图谱中没有显示出 ZrC 的衍射峰。W-3ZrC 在(110)和(211)面的 2θ 角分别为 40.25°

和 73.15°，与 W 标准图谱卡片（04-0806）中(100)和(211)面的 2θ 角 40.26°和 73.19°较好地吻合。并且由此计算的晶格常数 3.1669 与标准卡片中的 3.165 也具有较好的符合性。

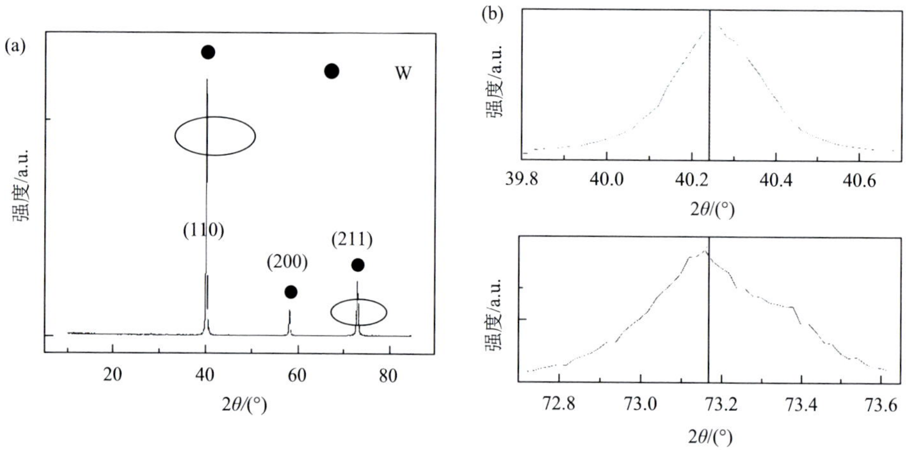

图 4-57 W-ZrC 材料 XRD 分析

（a）XRD 图；（b）XRD 图与 W 标准峰的对比

2）W-ZrC 材料高温热物理性能的表征与分析

图 4-58 为室温～1000℃下 W-3ZrC 材料的拉伸强度和应力-应变曲线。随温度升高至 1000℃、1100℃材料拉伸强度下降不明显，在 420 MPa 左右，其原因一方面是由于钨本身的熔点为 3410℃，材料拉伸测试时的温度远低于其熔点；另一方面由于 ZrC 颗粒为陶瓷相，能够在 400～1000℃下对位错的运动起到良好的钉扎作用。烧结态 W-3ZrC 的室温拉伸应变为 3.5%，400～1000℃

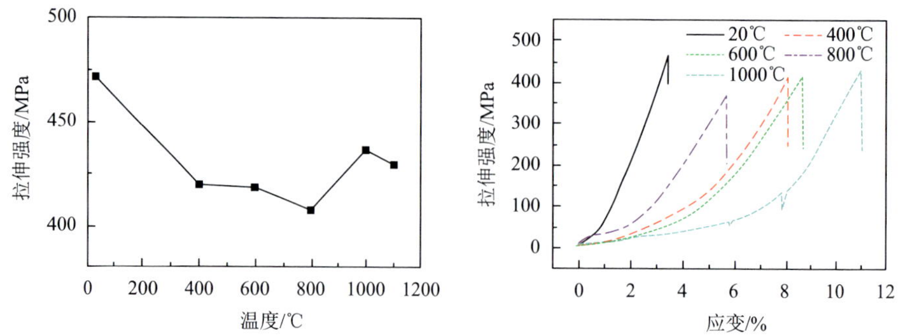

图 4-58 不同温度下 W-ZrC 材料的高温力学性能和拉伸应力-应变曲线

的拉伸应变较室温下应变有大幅度提高，在 400℃下拉伸应变达到 8%左右，特别是温度提高至 1000℃时，材料拉伸应变达到 11%左右，较室温提高 2 倍以上。

图 4-59 为室温～1100℃时样品的拉伸断口的组织形貌。室温下材料的断口组织为冰糖状晶粒形貌，呈现的沿晶断裂特征，存在部分的穿晶解理断裂［图 4-59

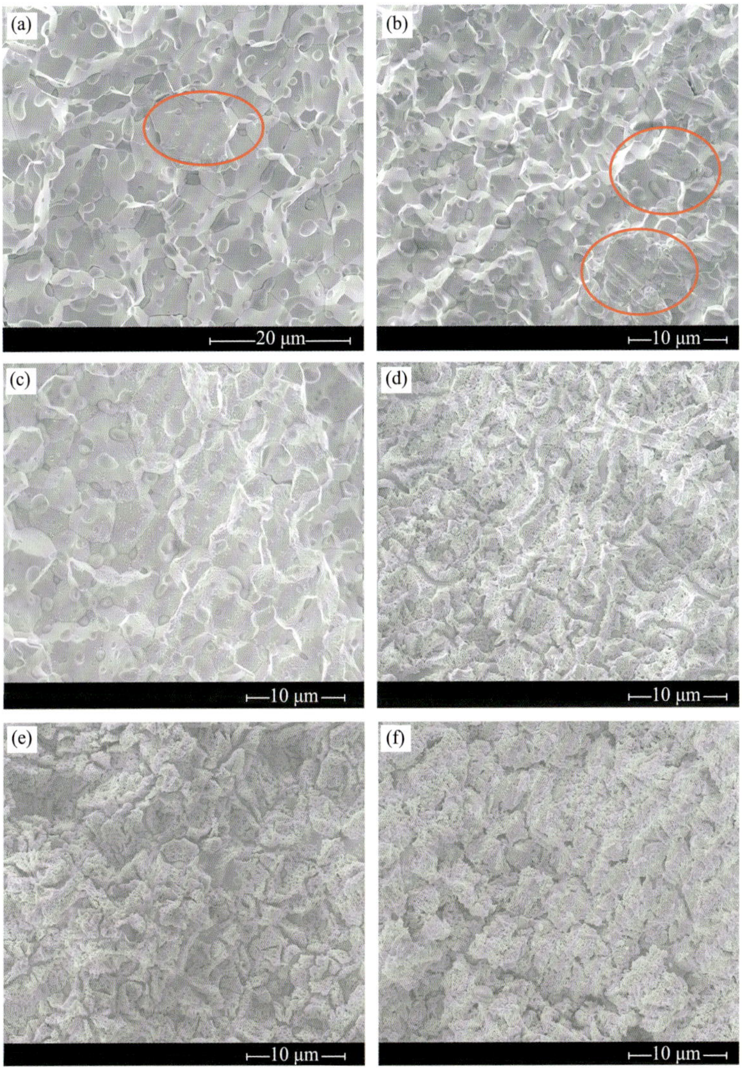

图 4-59　W-ZrC 材料高温拉伸断口

（a）室温；（b）400℃；（c）600℃；（d）800℃；（e）1000℃；（f）1100℃

(a)、(b) 中红色圈中所示]，ZrC 颗粒均匀细小地分布在晶粒之间。温度升高至 1000℃的过程中，材料断口中的穿晶解理断裂增加不明显。

结合材料的拉伸应力-应变曲线和材料断口组织形貌，室温下由于 W 变形能力很小难以产生滑移变形，而 ZrC 颗粒本身也是硬脆性的，因此在较小应变下材料产生较大应力，而一旦出现裂纹会迅速发生扩展，呈现典型脆性断裂特征；随温度升高，钨的塑性增加，受力时 W 将易产生塑性变形，ZrC 在 1000℃以下时属于硬脆性 ZrC 颗粒，ZrC 颗粒将阻止 W 中位错滑移和晶界滑移，所以材料的高温强度与室温强度相当，应变较室温下提高了 2 倍左右。高温断裂与室温断裂的不同之处在于裂纹在材料中扩展时，高温下钨塑性提高材料的应变能力，在一定程度上阻碍裂纹快速扩展。

3）W-ZrC 材料导热系数和热膨胀的表征与分析

作为核聚变面向等离子体的第一壁或偏滤器用钨材料，其工作时稳态温度在 1000℃以上，需要依靠热传导将表面热量输送出去，来降低表面温度[49]，因此，钨材料的导热系数非常关键。

导热系数能够有效地反映物质的热传导能力。傅里叶定律是指单位温度梯度在 1 m 长度内温度降低 1 K，在单位时间内经单位导热面所传递的热量。在钨材料中，导热主要由电子和晶格振动等完成，因为钨具有良好的导电性能，其存在大量的自由电子，在不停地做无规则的热运动，而晶格的振动能量相对较低，所以电子在钨材料中对热传导起主要作用；材料中存在的晶界、缺陷及两相间的界面等会对热传导有一定的阻碍作用。

图 4-60 为纯钨和 W-ZrC 材料在室温～800℃时的导热系数，可以看出：①纯钨在室温下热导率明显高于 ZrC 增强的细晶钨：结合材料的组织，添加碳化物钨或合金化元素后，晶粒尺寸明显细化，材料中的界面面积大幅度增加，并且引入 W 与碳化物的第二相粒子非共格界面，使得晶界对热导的阻碍作用增强，导致材料的导热系数明显降低。②随温度升高，材料的导热系数均呈现降低趋势，随温度升高，热载流子的运动和材料中的原位振动频率加快，导致原子对热载流子的散射作用增加，导热系数也因此随温度的升高而下降。③特别值得注意的是，添加碳化物后材料的热扩散系数虽然随温度升高呈现降低趋势，但下降非常缓慢，特别是在 800℃下时，添加碳化物后 W-ZrC 材料的导热系数较纯钨高，W 的热导率随温度升高而减小，但 ZrC 的热导率随温度升高而增大，所以对于 W-ZrC 材料其二者加和作用结果导致 W-ZrC 材料的导热系数随温度升高而降低的趋势变缓，同时在 800℃高温下时热载流子的运动加快，晶界作为缺陷相对原子运动对载流子的阻碍作用减弱，W 相和 ZrC 相在冷却过程中的晶格畸变能也能部分释放，所以使得 W-ZrC 样品导热系数随温度升高而降低得缓慢。

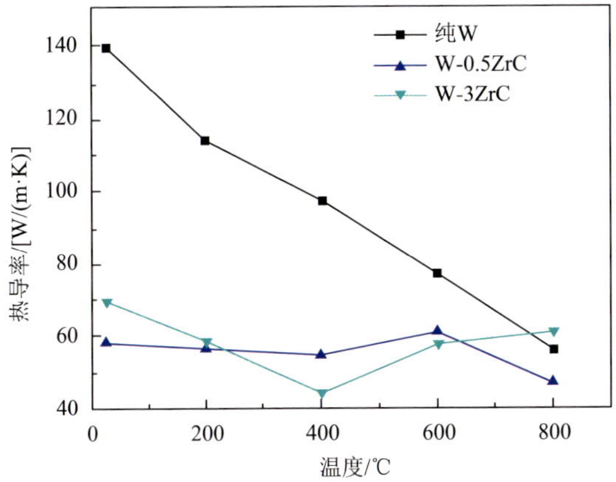

图 4-60　细晶钨材料在室温～800℃时的热导率

热膨胀系数是与材料抗热高热负荷冲击能力相关的热物理性能之一，从微观角度讲，热膨胀系数反映物质中原子间距离的变化。W-ZrC 材料的热膨胀系数如表 4-5 所示，随温度升高，其热膨胀系数略微降低，随后基本不变，说明材料在室温～400℃区间具有较低和稳定的热膨胀系数。

表 4-5　W-3ZrC 材料的热膨胀系数

线膨胀参数	结果/K^{-1}	测试温度/℃
T.α（dL）	5.5467×10^{-6}	100
T.α（dL）	5.0883×10^{-6}	200
T.α（dL）	4.9975×10^{-6}	300
T.α（dL）	5.0034×10^{-6}	400

4）ZrC 增强细晶钨的强韧化机理

通过 ZrC 增强细晶钨组织与性能的研究发现，添加 ZrC 后烧结态材料的致密度、强度和延伸率均较纯钨有较大的提升，然而，ZrC 粒子第二相对细晶钨的强韧化机制目前仍然不明晰，因此，此处通过对添加 ZrC 后材料组织和性能变化的研究及通过热力学分析，建立 ZrC 第二相粒子在变形中对细晶钨材料强韧化机理，为后续材料的工程制备提供理论指导。

细晶强化作用：

如上文中添加不同 ZrC 含量的组织照片（图 4-54）所示，ZrC 均匀分布在钨晶粒内部和晶界处，ZrC 作为第二相粒子能有效地阻碍晶界的移动，并且当 ZrC

添加量增加时，根据 Glandman 晶界钉扎理论[50]，临界晶粒尺寸 D_c 与第二相粒子的直径和体积分数存在如下关系：

$$D_c = \pi d/[6f(3/2-2/z)] \tag{4-18}$$

其中，d 为第二相粒子直径；f 为第二相粒子的体积分数；z 为晶粒不均匀性因子，视为常数，因此可以简化为

$$D_c = Ad/f \tag{4-19}$$

即添加材料的晶粒平均尺寸与第二相粒子直径呈正比关系，与第二相粒子体积含量呈反比关系。ZrC 第二相粒子均匀分布在钨材料晶界和晶内，特别是分布在晶界处的第二相粒子将对钨晶界的迁移起钉扎作用，显著抑制了 W 的晶粒长大，细化 W-ZrC 材料的晶粒组织。

晶界强化作用：

第二相粒子与钨的结合情况和在形变中第二相粒子与位错的交互作用采用透射电镜（TEM）进行表征，图 4-61 为 W-ZrC 样品的 TEM 图。

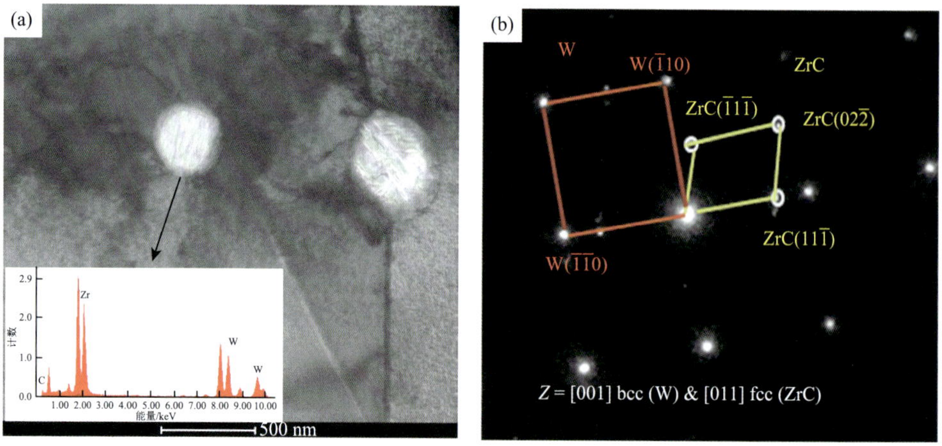

图 4-61　W-ZrC 的透射电镜分析

（a）A 处粒子的 EDS 分析；（b）A 处的衍射花样

首先，能谱分析图 4-61（a）中白色颗粒为 ZrC 粒子，灰色区域为钨基体；ZrC 颗粒分布在晶粒内部（A 颗粒）和晶界（B 颗粒），尺寸在 200～400 nm，细小的 ZrC 颗粒可以阻碍烧结过程晶界的迁移，通过 B 颗粒可以看出，在 B 粒子旁边发现部分的位错塞积；在图 4-61 中钨与颗粒 A 的结合处进行选区电子衍射花样，如图 4-61（b）所示，白色颗粒包含 ZrC 相和 W 相，其中 ZrC 相为面心立方

结构（FCC）晶带轴[011]，钨相为体心立方结构（BCC）晶带轴[001]。通过以上分析可以看出，W 与 ZrC 相具有[001]W||[011]ZrC、$(\bar{1}\bar{1}0)$W||$(11\bar{1})$ZrC 的取向关系，说明 W 与 ZrC 相形成了比较良好的界面结合。

为了进一步证实 W 和 ZrC 粒子之间存在过渡区域，采用纳米压痕硬度测试 ZrC 至钨基体之间的显微硬度。图 4-62 显示了连续从 ZrC 至钨基体的八个点的显微硬度值。结果显示，硬度呈现逐渐降低然后变得平滑。结合 W-ZrC 材料中已报道的(W, Zr)C、W 和 ZrC 三种相中，ZrC 具有最高的硬度值，W 的硬度相对较低，所以硬度值为 12 GPa、22 GPa 和 18 GPa 的区域分别是 W 基体、ZrC 粒子和界面结合处。这也说明过渡区域由 W 和 ZrC 相互扩散形成了(W, Zr)C 相。

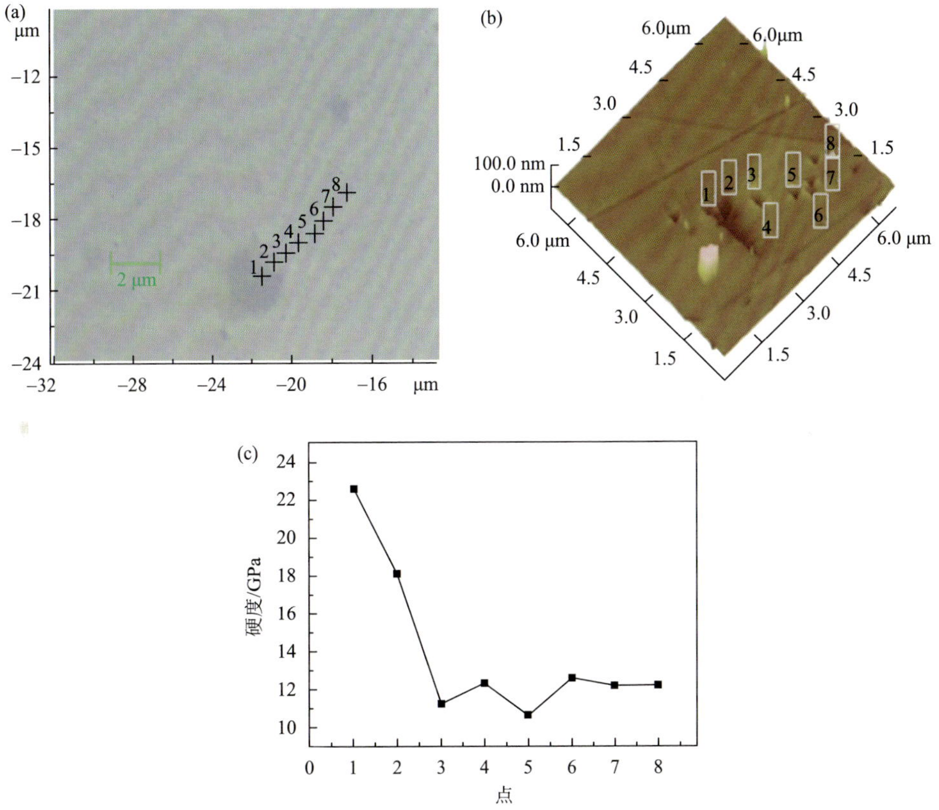

图 4-62　W-ZrC 材料在烧结后的纳米压痕值

（a）T 纳米压痕测试点；（b）纳米压痕后的原子力显微镜图像；（c）不同点的硬度值

同时，ZrC 第二相粒子在高温烧结过程中，能够与晶界处微量氧发生反应，其主要反应为式（4-20）～式（4-23）。这表明 ZrC 能够净化钨材料中的氧元素，起到提高材料性能的作用；同时，ZrC 与钨粉中存在的少量氧元素反应更易形成 WC，而 WC 与 ZrC 在高温下能够形成(W, Zr)C 固溶体，该固溶体较钨及 ZrC 具有更好的力学性能，提高钨与 ZrC 结合处的强度。

$$WO_2 + \frac{2}{3}ZrC = W + \frac{2}{3}ZrO_2 + \frac{2}{3}CO \tag{4-20}$$

$$WO_2 + ZrC = WC + ZrO_2 \tag{4-21}$$

$$WO_3 + ZrC(g) = W + ZrO_2 + CO(g) \tag{4-22}$$

$$WO_3 + \frac{3}{2}ZrC + \frac{1}{2}W = \frac{3}{2}WC + \frac{3}{2}ZrO_2 \tag{4-23}$$

弥散强化作用：

W-ZrC 材料断口形貌区域和第二相粒子放大以及 EDX 分析如图 4-63 所示，图（b）是图（a）区域 D 进一步放大的照片。断口形貌呈现典型的河流状的位错解离台阶，并且 ZrC 粒子均匀弥散分布在晶界和晶内，碳化物尺寸在 0.1～1.0 μm。当粒子相分散均匀，位错线在切应力的作用下滑移，当遇到坚硬的弥散粒子时，位错运动受到阻碍，在粒子之间发生弯曲，当位错弯成半圆形时，位错变得不稳定，粒子两边的异号螺型位错相互吸引和抵消，并在每个粒子周围留下一个位错环，然后位错绕过弥散粒子在滑移面上移动，能够对材料起到良好的弥散强化作用。

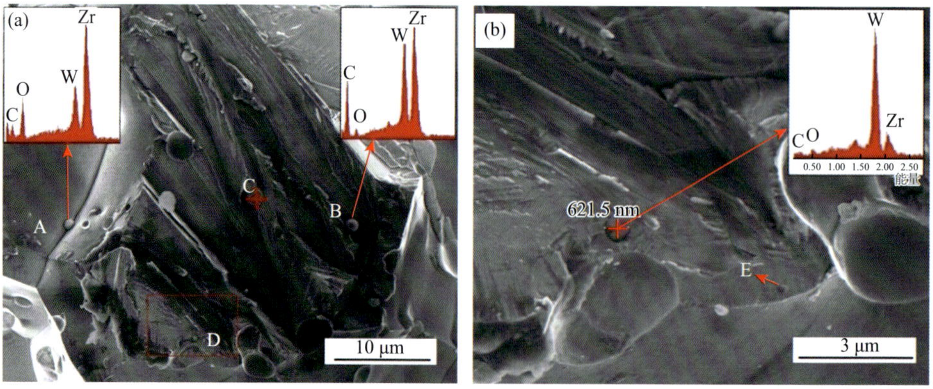

图 4-63 （a）W-ZrC 材料断口形貌；（b）D 处区域的放大及 EDX 分析

这种机制要求弥散粒子具有足够高的强度（如非共格的第二相粒子），在位错绕过时不被切开或破坏。奥罗万假设线张力 T 近似值为 $0.5Gb^2$（G 为切变模量），则临界切应力 τ_c 为

$$\tau_c = Gb / l \tag{4-24}$$

上式表明，材料的屈服应力与粒子的平均间距 l 成反比，平面颗粒间距越小，材料的屈服强度越大。结合图 4-63，存在部分的 ZrC 粒子在材料形变断裂变形过程中发生断裂。其原因是，与钨材料（310 GPa）相比，ZrC 粒子（470 GPa）存在更高的弹性模量。根据等应变模型，当材料发生形变时，ZrC 粒子承受了更大的应力。所以，当位错遇到第二相粒子时，其阻力将大大增加。随后，对第二相粒子进行 EDX 分析，其组成元素主要有 W、Zr、C、O 等，证明黑色的断裂点是由添加的 ZrC 粒子组成。所以 W-ZrC 材料的拉伸强度和拉伸应变约为同等条件下烧结纯钨的 2 倍左右。

ZrC 增强细晶钨的失效行为研究：目前关于碳化物增强细晶钨材料瞬态的抗高热负荷考核数据并不充分，特别是在不同功率密度下热冲击后的样品沿表面及深度方向的损伤行为及机理需要更充分的研究，同时国内外研究者针对钨材料的辐照损伤过程开展了大量的实验和模拟工作，但是钨材料的辐照损伤过程是非常复杂的，特别是低能 He 等离子体辐照损伤过程中的损伤机理与抵抗纳米丝化和辐照损伤的工作需要进一步补充完善，并详细研究了钨材料表面形态、内部损伤行为与微观结构演变之间的关联性，对进一步认识钨材料的辐照损伤机制，促进新型钨材料在核聚变面向等离子体材料的发展上具有重要意义。

为此，选用高能电子束对材料表面进行高热负荷冲击研究，并利用 He 等离子体，选择在低能（80 eV）、800℃对材料进行辐照损伤研究。模拟面向等离子体材料在工程应用中受到的高热负荷冲击和等离子体辐照损伤行为，以期优化出性能优异的细晶钨材料，为未来核聚变堆面向等离子体偏滤器材料的研发提供基础的数据支撑。

ZrC 增强细晶钨在高热负荷考核中的状态：在高热负荷过程中，样品表面温度及电流的变化规律如图 4-64 所示，电子束与样品作用的时间为 5 ms，通过样品表面的电流和样品表面的温度，随着时间的延长，先逐渐增大，再急剧下降。电流值大致维持在 14.3 mA，温度幅值大致在 545℃左右，电流在 60 mA 时样品表面温度幅值大致维持在 1250℃左右，电流幅值大致在 28 mA 左右，在 300 WM 时表面温度达到 1700℃，400 MW 时表面温度达到 2100℃，600 MW 时表面温度达到 2900℃。值得说明的是，EMS-60 装置的温度测量系统包括红外热像仪、高速单/双色高温机、热电偶等，由于电子束加热是瞬间，测量温度可能与瞬态点的温度有一定误差。

4. ZrC 增强细晶钨的高热负荷冲击损伤行为

1）ZrC 增强细晶钨高热负荷冲击后表面微观组织演变

图 4-65 为 100 MW/m^2 下不同样品高热负荷冲击的 SEM 图。样品表面均无裂纹产生，其中 W-0.5ZrC 样品表面出现轻微的晶粒剥落，W-3ZrC 样品表面完好，

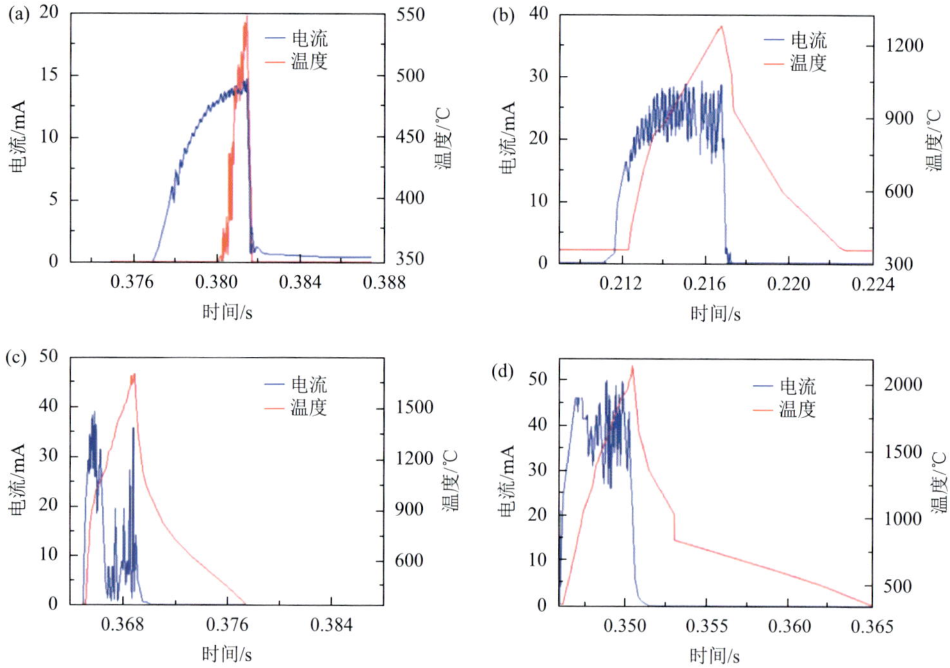

图 4-64　W-ZrC 材料不同能流密度考核时样品的表面温度和电流值

（a）100 MW/m^2；（b）200 MW/m^2；（c）300 MW/m^2；（d）400 MW/m^2

基本无缺陷产生。W-3ZrC 材料的拉伸强度较同成分体系其他样品性能高，在同样的高热负荷冲击下，虽然样品表面的温度相近，具有相似的表面热应力，然而对材料内部原子具有更强的束缚能力，因而 W-3ZrC 样品，较 W-0.5ZrC 材料在 100 MW/m^2 的高热负荷下具有更好的抗热负荷能力。

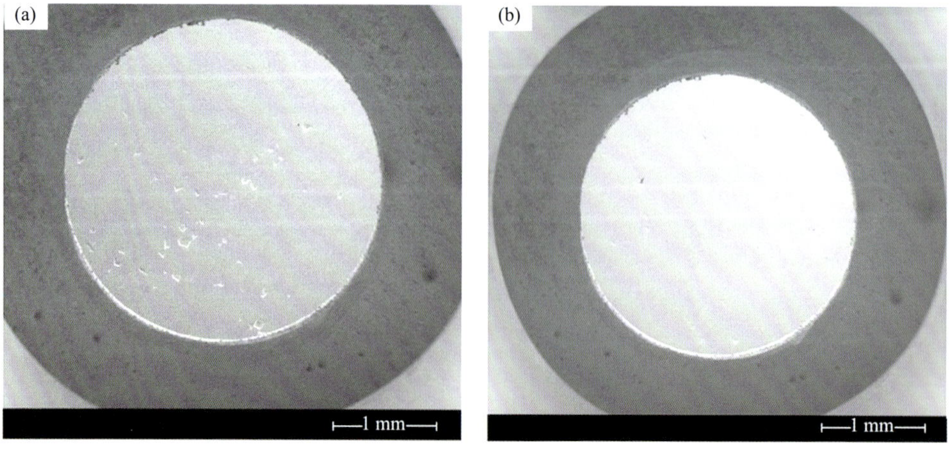

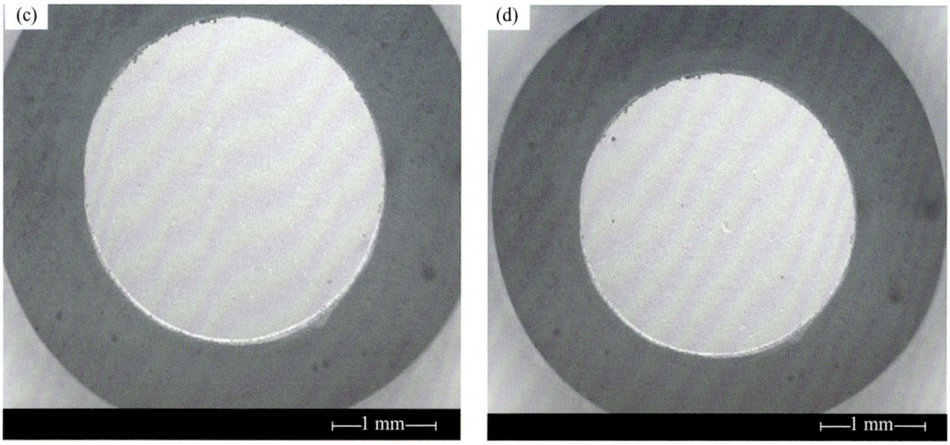

图 4-65　W-ZrC 材料 100 MW/m^2 高热负荷冲击下表面损伤情况

图 4-66 为 W-ZrC 经受 400 MW/m^2 高热负荷冲击后的表面损伤情况，随 ZrC 含量增加，表面裂纹网格变大；然而 W-3ZrC 材料表面出现了一些熔融现象。根

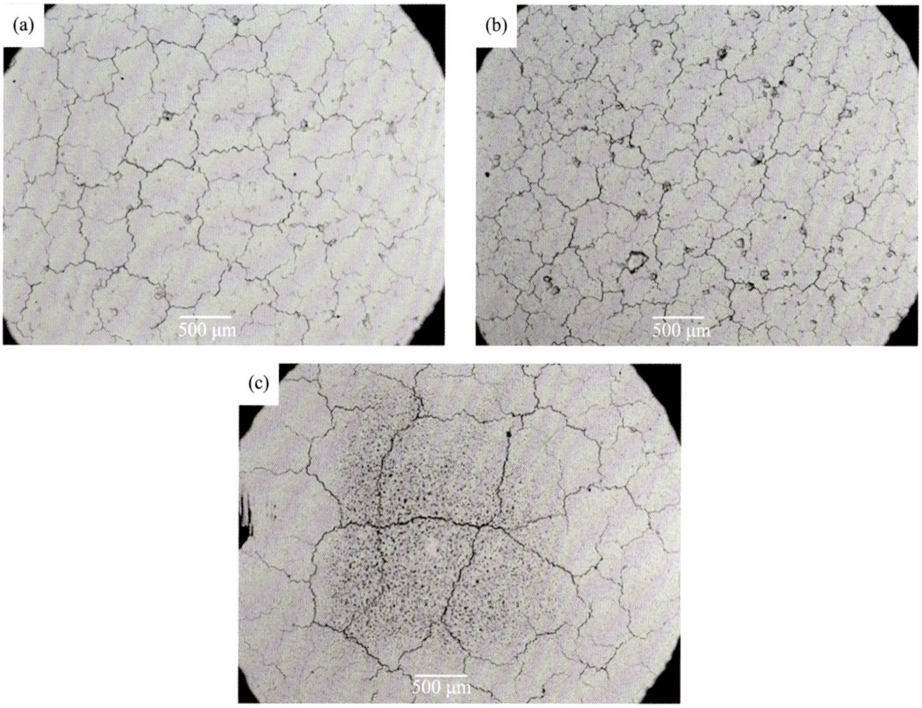

图 4-66　400 MW/m^2 下的 SEM 图

（a）W-0.5ZrC；（b）W-0.7ZrC；（c）W-3ZrC

据材料在 400 MW/m^2 下高热负荷冲击时的表面温度，W-3ZrC 时材料的表面温度最高，为 2700℃。材料表面出现熔融与材料的导热系数和相组成有关，W-4ZrC 的导热系数为 65 W/(m·K)，而 W-0.5ZrC 材料的导热系数为 130 W/(m·K)，具有较好的导热系数，所以表面温度较低。同时，如材料性能研究过程中所述，高温烧结过程中 W 与 ZrC 相互之间产生了固溶效应，形成(W, Zr)C 的固溶相，该固溶相的熔点为 2350℃左右，所以在高热负荷冲击下，表面温度达到了 2500℃，在形成固溶相的区域出现了熔融现象，而 W-0.5ZrC，其形成固溶区域要小，表面没有明显熔融点。

图 4-67 为 W-ZrC 经受 600 MW/m^2 高热负荷冲击后的表面损伤情况，随 ZrC 含量增加，表面裂纹网格变大；不仅 W-3ZrC 材料表面出现了一些熔融，W-0.7ZrC 也出现了熔融现象，说明在 600 MW/m^2 的高热流密度能量冲击下，其较好的导热系数呈现出更好的抗高热负荷冲击，主要是其具有较为优异的导热系数，将表面能量有效地传导，使得表面温度较低。

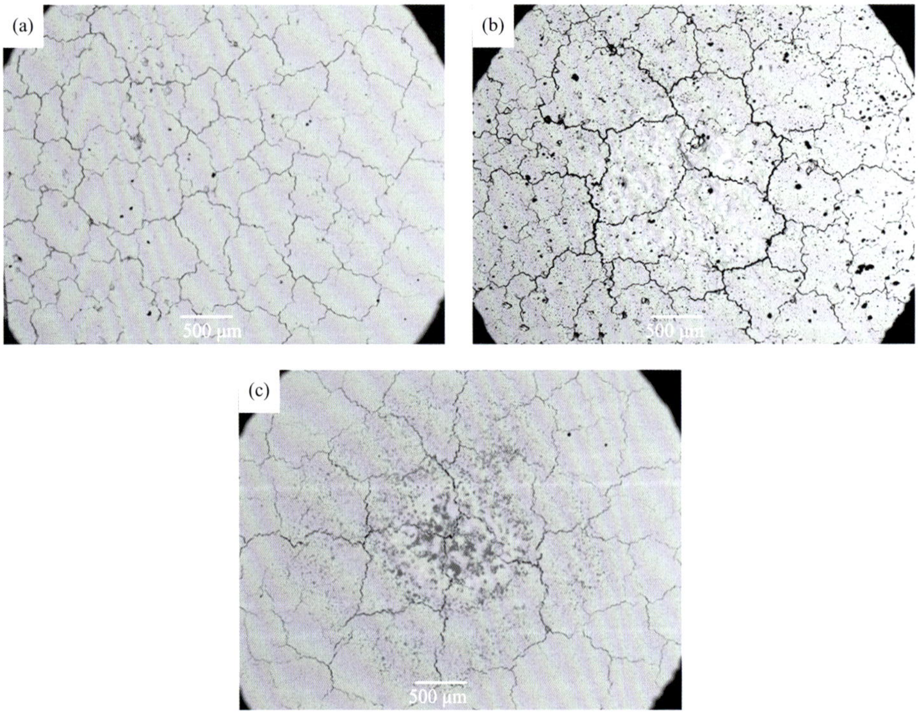

图 4-67 600 MW/m^2 下的 SEM 图

（a）W-0.5ZrC；（b）W-0.7ZrC；（c）W-3ZrC

图 4-68 为 W-3ZrC 经受 200～600 MW 的高热负荷冲击后样品表面的裂纹扩展情况。

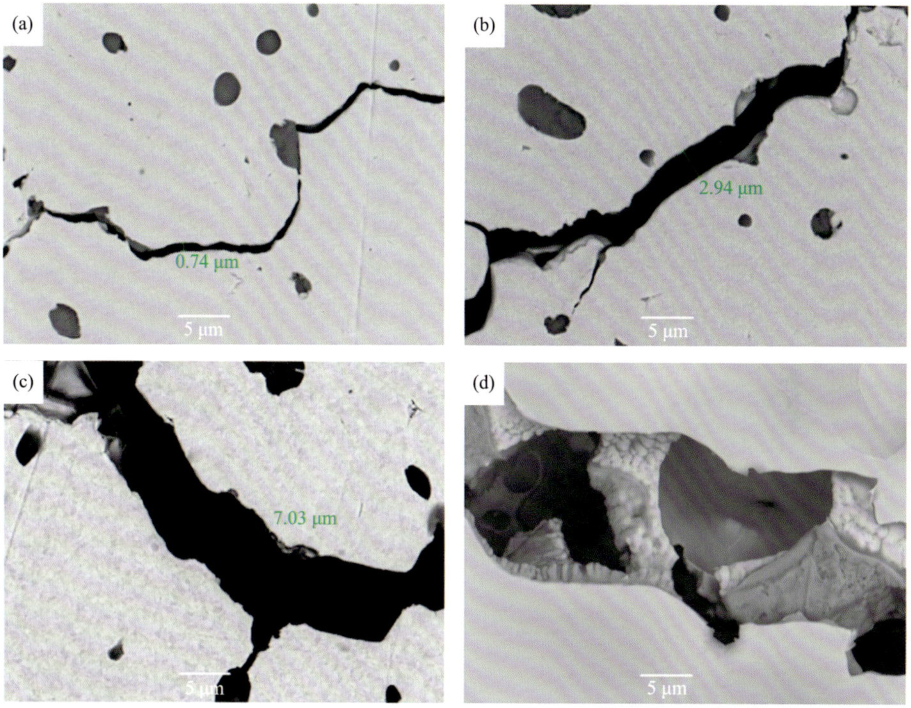

图 4-68　W-3ZrC 在不同高热负荷冲击下表面的裂纹扩展

从图 4-68 中可以看出，随着辐照功率的增加，主裂纹宽度变宽。随着高热负荷冲击能量的增强，表面温度逐渐升高，其热应力变大，所以表面裂纹宽度逐渐增大。热应力是晶粒间裂纹产生的主要原因，从材料微观内部组织结构考虑，一方面是由于少量杂质及氧元素在晶界上的富集。W 的热膨胀系数相对较低，并且随温度升高的变化不大，约 $5\times10^{-6}\ K^{-1}$，而 ZrC 虽然在第二相粒子中热膨胀系数相对较低，随温度升高热膨胀系数急剧变化，其室温下为 $7.2\times10^{-6}\ K^{-1}$，而在约为 $27\times10^{-6}\ K^{-1}$ 时具有不同的热膨胀系数和弹性模量，在高热负荷冲击过程中，温度瞬态升高至 1000℃以上，热膨胀系数的相差较大，W 与 ZrC 二者界面结合处强度小于热应力时将导致裂纹的形成。

钨材料在高热负荷冲击下，表面产生裂纹的原因是受热时表面产生热应力，样品电子束的作用区域温度迅速上升，瞬态下无法热传导至周围区域，受热区域热膨胀的量高，而周边区域由于温度相对较低，热膨胀无法匹配，在电子束区域将产生压应力，当压应力大于屈服强度时，电子束区域产生塑性变形，出现表面粗糙，随着瞬态电子束的结束，电子束区域温度逐渐降低，塑性变形无法回复，将在电子束表面产生拉应力，当拉应力大于材料本身强度时，裂纹开始萌生，表面压应力使得纵向裂纹产生。如表面形貌的分析，随着高热负荷冲击能量增加，作用时间保持不变，电子束作用区域面积不变，使得温度升高，将引起更大的塑性变形和冷却时的应力，所以随着高热负荷冲击能量提高，表面裂纹逐渐变宽，而晶界是材料中缺陷聚集区域，容易成为裂纹源[51, 52]。值得注意的是，裂纹遇到 ZrC 第二相粒子后，裂纹扩展路径发生了一定程度的偏转，但是这种能量的释放并未能阻止裂纹的扩展。

2）ZrC 增强细晶钨高热负荷冲击后纵向裂纹扩展行为

图 4-69 为 W-3ZrC 材料在 100～400 MW/m^2 高热负荷冲击下样品裂纹纵深方向扩展情况，同样在能量密度较低时，没有裂纹出现；随着能量密度的增加，样

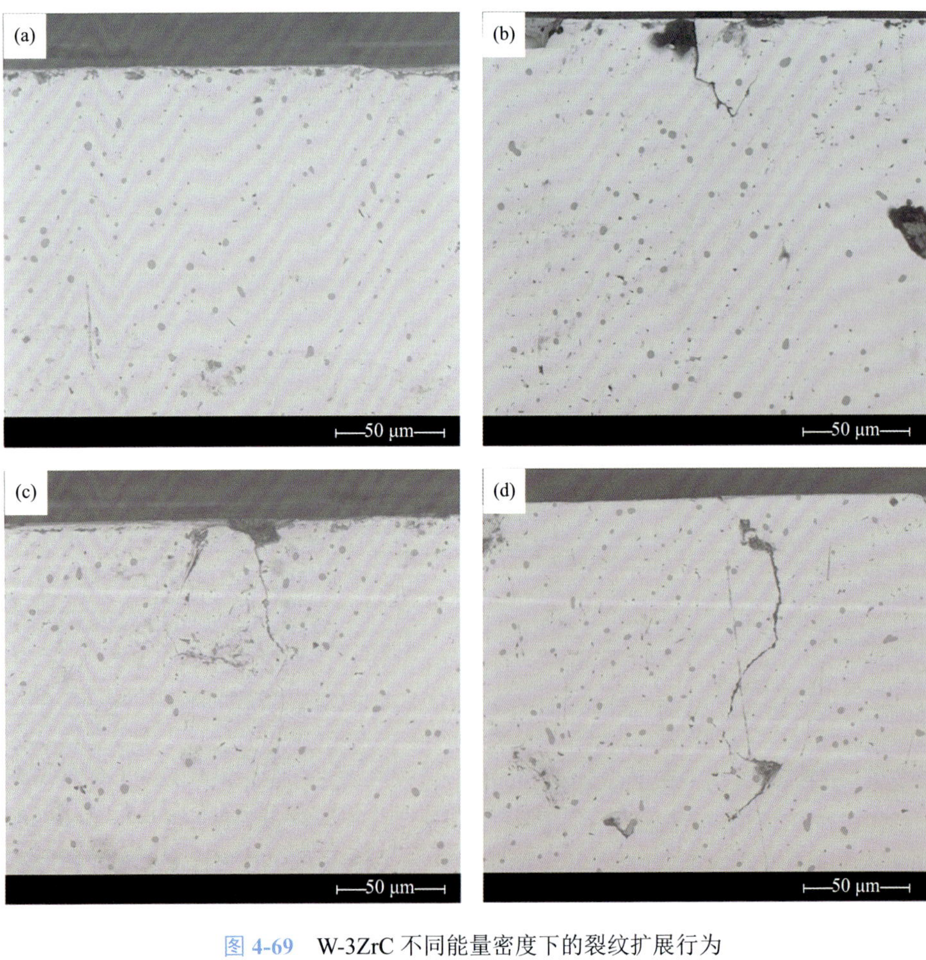

图 4-69 W-3ZrC 不同能量密度下的裂纹扩展行为

品截面裂纹逐渐向深度方向扩展，并且裂纹宽度增加，与 W-0.7ZrC 相比，其裂纹扩展深度和宽度明显减少，说明高材料强度能一定程度对裂纹扩展进行抑制。

为进一步研究第二相粒子在裂纹扩展中的作用，选取在裂纹扩展路径有第二相粒子的截面如图 4-70 所示，当裂纹扩展遇到第二相粒子时会发生两种情况：裂纹扩展终止于第二相粒子和裂纹扩展穿过第二相粒子；而当裂纹穿过第二相粒子时，由于 ZrC 颗粒较钨具有更高的硬度和弹性模量，会引起裂纹扩展路径的偏转［图 4-70（c）和（d）］。ZrC 颗粒相能够与裂纹发生交互作用，改变裂纹扩展方向；当裂纹切过颗粒时，由于其高模量（460 GPa），能够消耗扩展能力，并阻碍裂纹的扩展。通过高热负荷截面的分析，材料中基本为纵向裂纹，横向裂纹相对较少，纵向裂纹主要是样品表面在高热负荷冲击中受压应力和冷却中受拉应力过程产生，但其处于周边均匀受力情况，所以较表面横向裂纹不明显。综上所述，通过

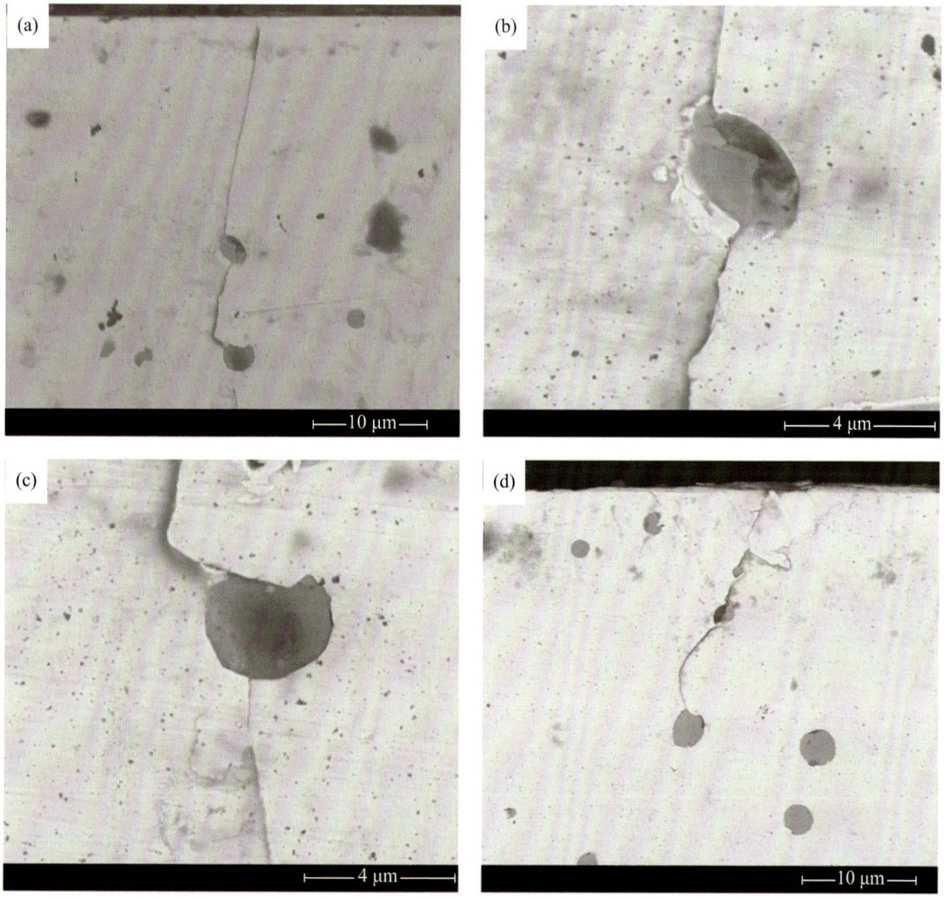

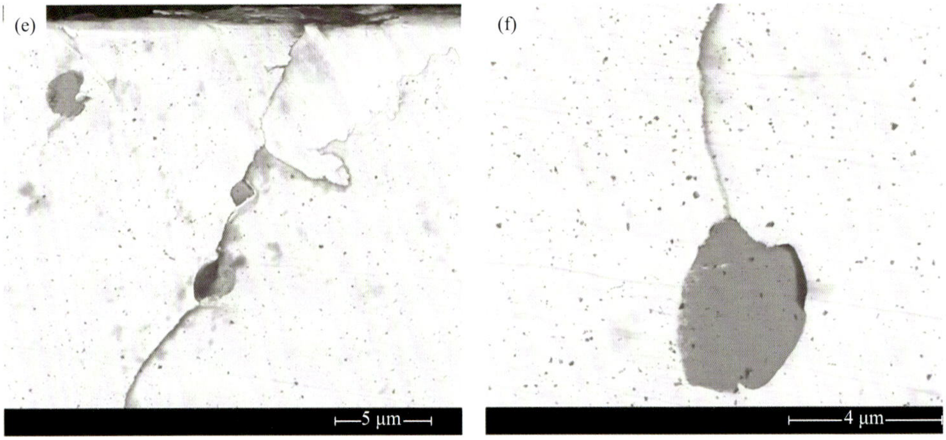

图 4-70 裂纹扩展与第二相粒子的相互作用

（a）～（c）裂纹穿过第二相粒子的情况；（d）～（f）裂纹终止于第二相粒子

优化材料的制备方法与控制材料组织，进而提高材料的导热性能和力学性能，是改善面向等离子体材料抗热冲击行为的重要途径之一。

5. He 辐照细晶 W-ZrC 微结构演变及其损伤行为

1）ZrC 增强细晶钨材料表面微结构演变及损伤行为

图 4-71 为 1073 K 下纯钨材料经 He 等离子体辐照前后的样品表面形貌。可以看出纯钨样品考核前样品表面光滑，而 He 等离子体辐照 4 h 后表面形成明显的晶界刻蚀，进一步放大表面，形成了较多的泡状突出物。

图 4-72 为在 1073 K 下 W-0.5ZrC 材料经 He 粒子辐照前后的样品表面形貌。样品辐照前组织致密，表面光滑，无孔隙等缺陷，第二相粒子均匀；经 He 等离

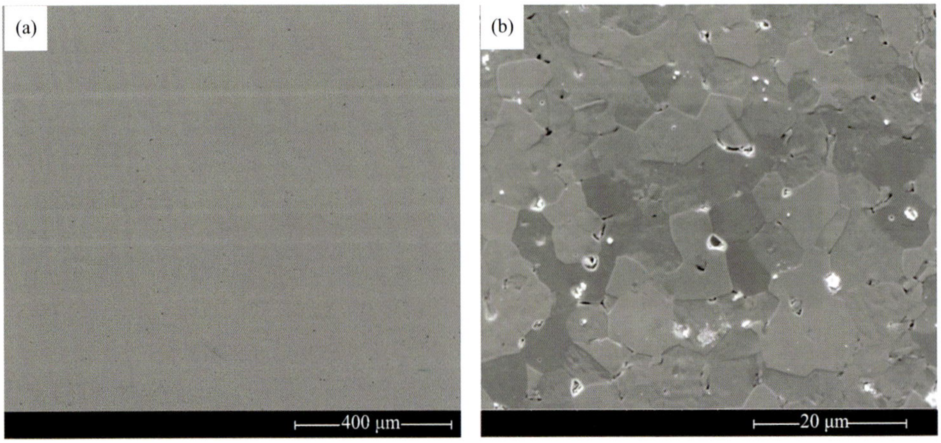

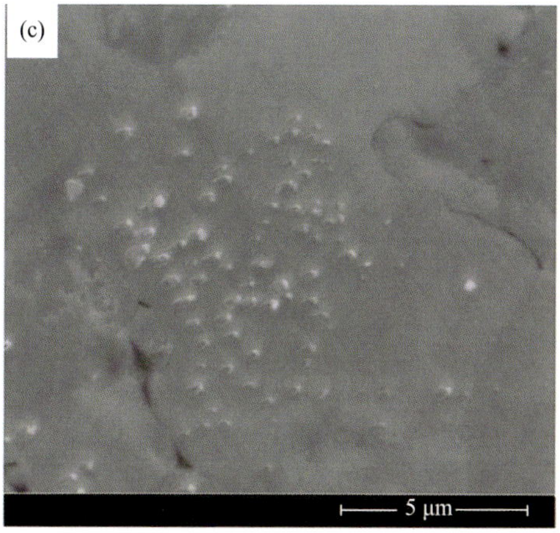

图 4-71　纯钨材料辐照前后样品表面形貌的变化

（a）辐照前；（b）、（c）辐照 4 h 后

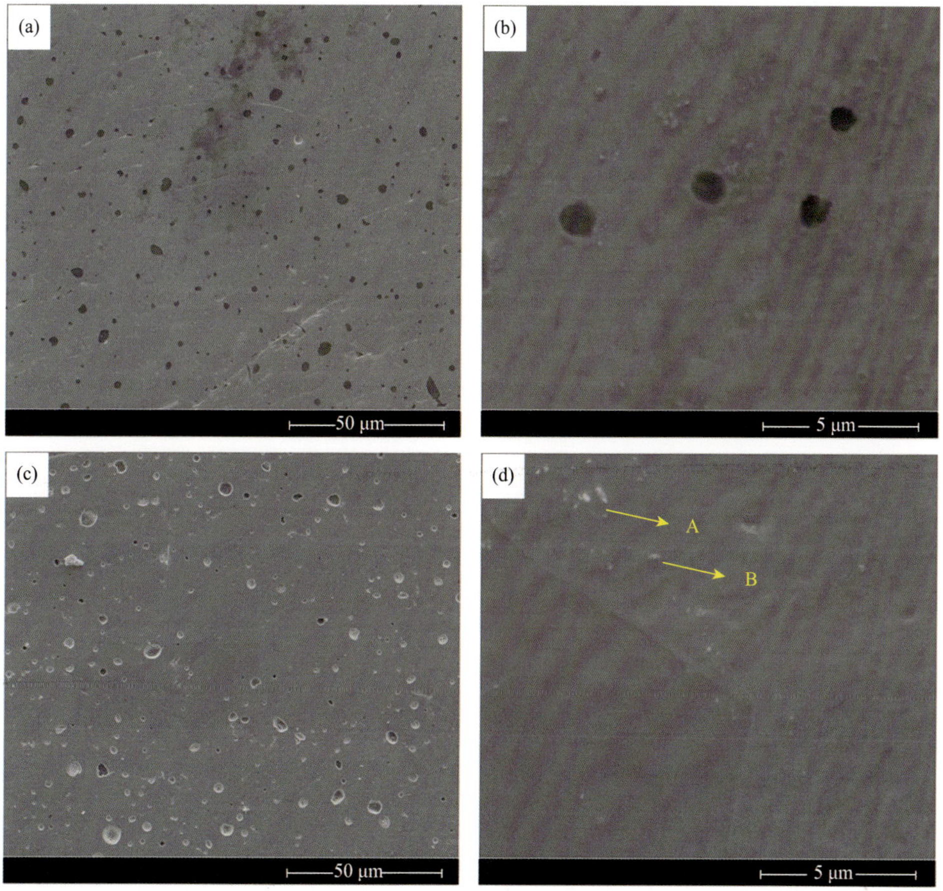

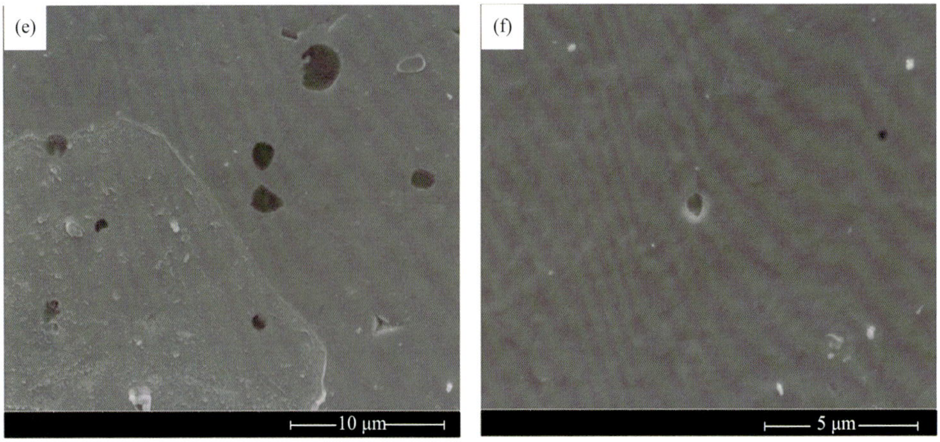

图 4-72 W-0.5ZrC 材料辐照前后样品表面形貌的变化

(a)、(b) 辐照前；(c) ～ (f) 辐照 4 h 后

子体辐照（入射能量 80 eV）4 h 后，辐照剂量达到约 $1.4\times10^{27}\ m^{-2}$，样品表面能观察到的晶界表面光洁，无 He 泡与丝化等现象发生，经面扫描分析，成分分布均匀，图 4-72 中黑色点为添加的 ZrC 粉末形成的第二相粒子。

图 4-73 为 W-3ZrC 材料在 1073 K 下经 He 粒子辐照前后的样品表面形貌。样品辐照前组织致密，表面光滑，无孔隙等缺陷；经 He 等离子体辐照（入射能量 80 eV）4 h 后，辐照剂量达到约 $1.4\times10^{27}\ m^{-2}$，样品表面能观察到的晶界表面光洁，碳化物粒子相均匀分布在晶内和晶界，无 He 泡与丝化等现象发生。继续延长辐照时间至 6 h，辐照剂量达到约 $2.1\times10^{27}\ m^{-2}$ 时，表面刻蚀程度仍变化不明显，但样品表面开始出现较小的类似泡状凸起。

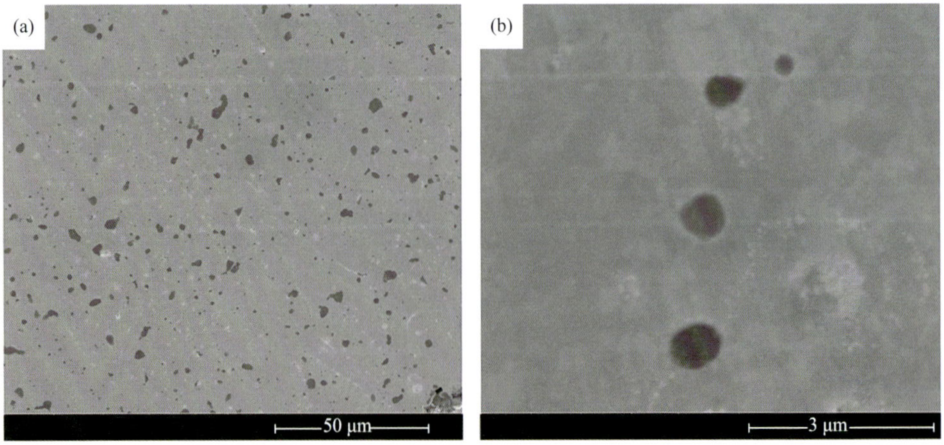

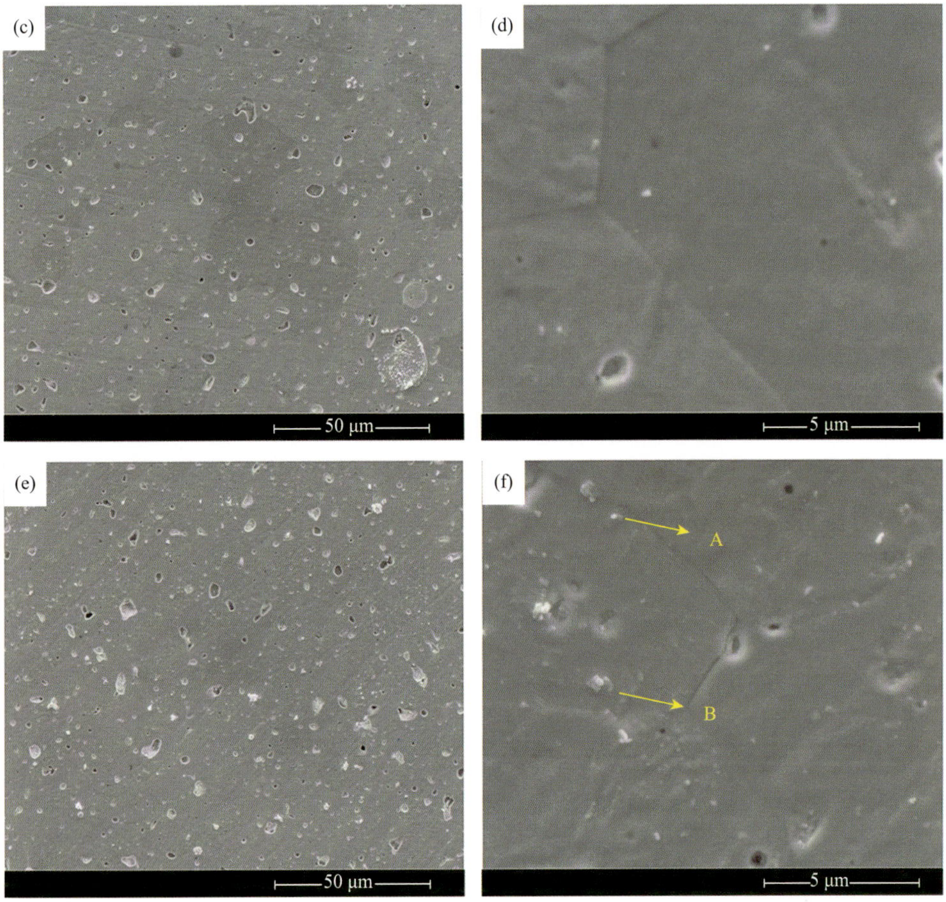

图 4-73　W-3ZrC 材料辐照前后样品表面形貌的变化

（a）、（b）辐照前；（c）、（d）辐照 4 h 后；（e）、（f）辐照 6 h 后

W-ZrC 材料在约 1.4×10^{27} m^{-2} 的辐照通量下，表面与纯钨相比，其刻蚀作用明显减弱，说明添加 ZrC 后可以提升材料的抗 He 等离子体辐照作用；W-3ZrC 表现出比 W-0.5ZrC 更好的耐 He 等离子体辐照特性，其在约 2.1×10^{27} m^{-2} 的辐照通量出现轻微的凸起，与文献[53-55]中表现的纳米丝化作用相比，能够在一定程度上抑制表面纳米丝化的产生。

2）ZrC 增强细晶钨材料纵向微结构演变及损伤行为

为进一步表征材料表面在 He 等离子体辐照条件下的损伤行为，采用 FBI、TEM、纳米压痕以及 XRD 对材料 He 等离子体辐照损伤行为进行研究。

图 4-74 为 W-3ZrC 材料样品 6 h 辐照后的表面进一步放大和 FIB 切片后深度方向损伤行为。选择存在 He 泡破裂和条纹状辐照损伤表面，如图 4-74（a）、（b）

所示。通过表面和切片，深度方向达到500～700 nm，说明He泡是金属表层下位置形成，由于He原子在金属表层下面形成聚集，首先形成了He泡，随着浓度和压力进一步增大，当突破金属本身性能束缚时发生破裂。没有He泡形成区，表层原子出现与内层明显区别的两个区域。

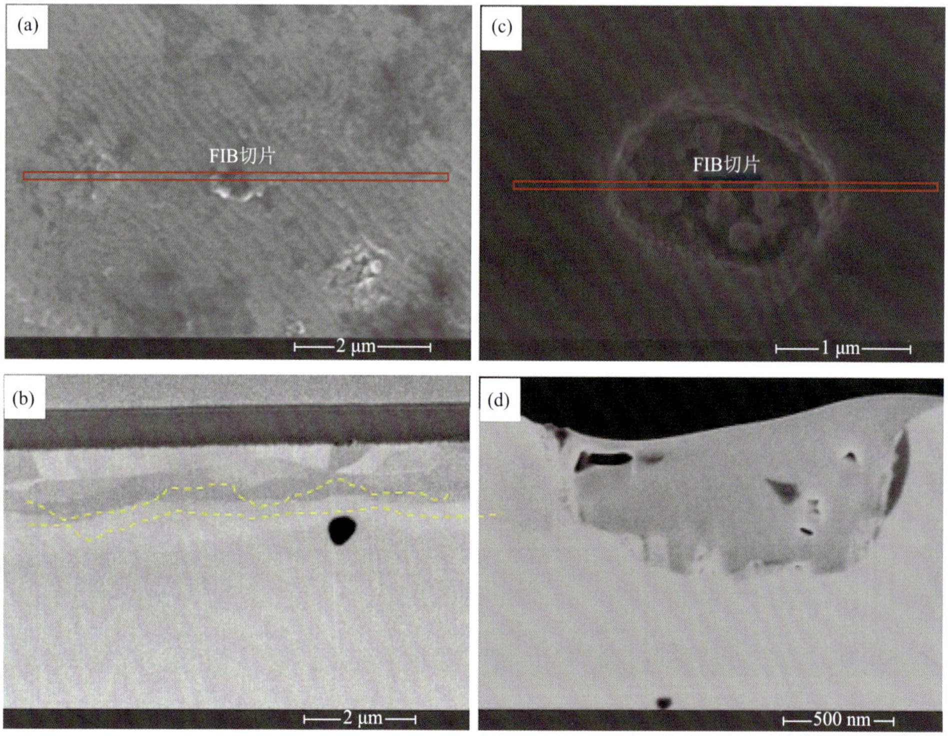

图 4-74 W-ZrC材料辐照后表面FIB的切片位置和切片的高倍扫描

为进一步观测He等离子体对材料的损伤，将FIB样品进行TEM观测，如图4-75所示。He泡是被观察到位于距表面200～400 nm的区域，在0～200 nm和400 nm以后的区域均未观察到He泡的生成。值得注意的是，He泡随着深度增加，直径逐渐变大，He密度增加，并且在300 nm处形成直径约2 nm的He；进一步随深度增加，He泡的尺寸和密度均急速降低，这与文献报道[53, 54]中He泡的分布基本一致。

图4-76为对0～200 nm区域和300 nm附近的高分辨与衍射花样，0～200 nm处样品晶体结构基本不变，而He泡区域W发生了点阵畸变、多晶化和非晶化，而这些现象是由于辐照引起的内应力得到了释放[56]。

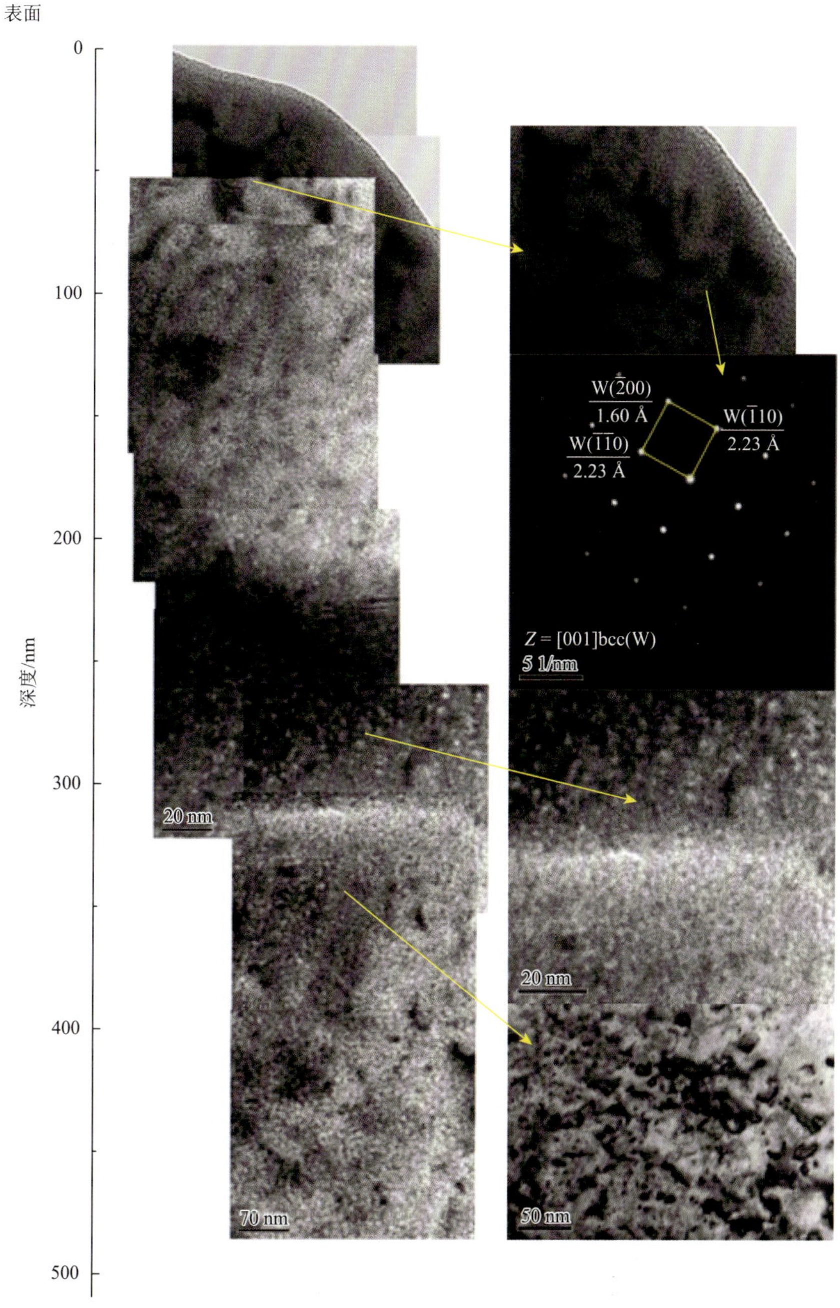

图 4-75　W-3ZrC 在 80 eV、800℃下的损伤区域的 He 泡分布

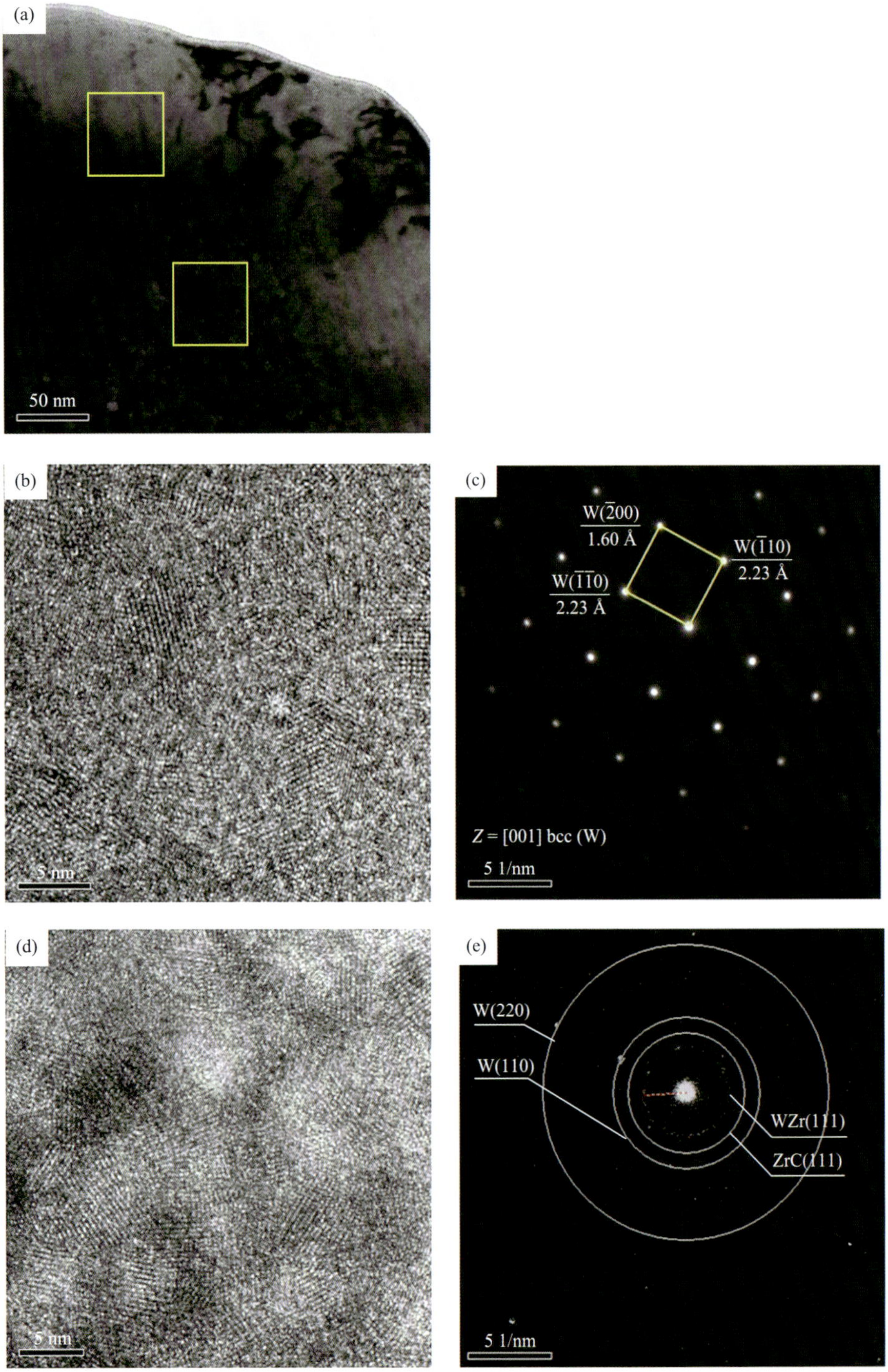

图 4-76　He 泡区域高分辨 TEM 图与衍射花样图

He 鼓泡是由于内部 He 泡随着剂量增加释放内压的过程，根据在不同辐照剂量下的形貌变化，其形成机理的示意图如图 4-77 所示：在辐照的初期，入射 He 等离子体一部分进入钨材料的近表面层，其与电子中和变成 He 原子，材料的浅表层形成了较多的 He 泡；随着辐照剂量的进一步增加，新形成的小 He 泡及 He 原子重新溶解，被较大尺寸的氦泡吸收，较大尺寸的 He 泡发生长大，符合奥斯特瓦尔德熟化机制过程。当辐照剂量继续增加时，He 纳米泡会继续吸收周围的 He 原子或者吞并旁边尺寸较小的 He 泡得到进一步生长，使得泡的内压不断增大。当内压增加到一定程度时，分布于近表面的 He 纳米泡会将上方的钨原子顶起，导致钨材料表面发生突起或肿胀。最后，He 泡长大到一定程度时，发生出现鼓泡和 He 泡的破裂，破裂区域由于直接与外界接触，He 泡破裂区域的 He 将发生扩散不再长大，最终导致钨材料表面明显的起泡或者剥落现象。

综上，采用“溶胶-非均相沉淀-喷雾干燥-热还原”方法制备了 W-ZrC 微纳复合粉末，进而利用常压氢气烧结的方法制备出细晶 W-ZrC 材料，研究了 W-ZrC 材料的高温力学性能，并对材料高热负荷冲击下和高通量 He 辐照的组织演变和损伤行为进行分析，结果如下：

（1）瞬态高热负荷测试表明 W-3ZrC 和 W4ZrC 等碳化物含量较高的体系，在 300 MW/m^2（5 ms）以下具有更好的抗高热负荷冲击能力，400 MW/m^2 时 ZrC 含量稍高的体系表面出现熔融现象，其原因是 ZrC 含量增加后，晶粒细化引起导热系数降低，导致表面的热量聚集出现熔融。

（2）当裂纹扩展遇到第二相粒子时会发生两种情况：裂纹扩展终止于第二相粒子和裂纹扩展穿过第二相粒子；而当裂纹穿过第二相粒子时，由于 ZrC 颗粒较钨具有更高的硬度和弹性模量，会引起裂纹扩展路径的偏转。

（3）W-ZrC 材料在 He 等离子体辐照下，出现明显的晶界刻蚀现象，与同剂量辐照条件下的纯钨相比，其表面损伤作用明显减弱，通过 TEM 观察发现，样品中 He 泡普遍基本集中在 200～400 nm 表面下方的区域，并且在 300 nm 处形成 He 泡的明显聚集区域，通过高分辨衍射花样可以看出，0～200 nm 处晶体结构基本没有变化，而 200～400 nm 的 He 泡区域形成了纳米晶聚集区域。

4.3　细晶 W-Y_2O_3 复合材料制备与服役性能研究

4.3.1　引言

由于钨的高熔点、低溅射、优异导热性和低 H 滞留等一系列优势，ITER（国际热核聚变实验堆计划）和 CFETR（中国聚变工程实验堆）均设计采用钨偏滤器。然而，目前钨存在 DBTT 高、室温脆性大、再结晶温度低、晶粒粗大，同时抗高热负荷及抗高能粒子辐照损伤等不足，从而无法满足未来核聚变面对等离子体材料，尤其是偏滤器的苛刻服役应用需求。国内外大量研究表明，采用纳米 Y_2O_3 增强 W，提高钨材料的力学性能，同时显著细化晶粒获得超细/纳米晶 W，从而有效改善其抗高热负荷热冲击和抗粒子辐照损伤，成为钨偏滤器材料研究的重大研究方向和趋势。

钨的熔点高达 3410℃，只能采用粉末冶金法。而粉末性能对材料的组织性能有至关重要的影响[57, 58]，尤其是复合材料，其原始复合粉末的性能，包括基体粉末与添加第二相粉末的混合均匀程度、粉末粒度及分布、第二相粉末分布，直接决定复合材料能否实现“强强联合”的溢出效应。此外，烧结是决定钨材料力学性能和微结构最重要的工序之一，优化和调控烧结工艺解决添加第二相均匀弥散分布与 W 基复合材料细晶组织控制，研究烧结过程第二相分布、存在形式及形貌变化，分析第二相长大以及与 W 基体界面结合行为，探究微结构演变与强化机理。为此，制备高均匀混合、低氧含量和超细/纳米粒度的复合粉末以及烧结细晶组织调控成为制备高致密细晶高性能 W-Y_2O_3 复合材料的关键因素。

同时，作为面对等离子体材料，在聚变装置中需承受极端苛刻的高热负荷和高通量辐照服役条件：一方面为高热负荷，包括 5～20 MW/m^2 静态热负荷和瞬态热负荷（边缘局域模 1 MJ/m^2、垂直位移事件 60 MJ/m^2、等离子体破裂）[59]，在此作用下 W 材料表面会产生高的温度梯度和高热应力，从而导致表面严重熔融、开裂、再结晶长大等问题[60]。另一方面，极端辐照条件，包括 14.1 MeV 高能中子和低能（＜500 eV）、10^{21}～10^{23} m^{-2} H/He 等离子体。尤其是 He，极易在 W 中滞留，其聚集和扩散迁移使得钨材料结构和性能急剧退化，表面会出现纳米结构，诱导的空隙缺陷生长和物理溅射会造成等离子体的严重污染，严重影响聚变堆的稳定安全运行[61, 62]。因此，研究 W 基复合材料在高热负荷冲击和高通量 He 等离子体辐照下，表面微结构与性能演变及相关影响规律，分析性能退化和损伤行为，为材料进一步优化设计制备提供数据支撑显得尤为重要和迫切。

本节主要开展三个方面的研究：①溶胶-共沉淀合成纳米核壳结构 W-Y_2O_3 复合粉末制备及物相转变-微结构演变行为，分析粉末合成机制与性能调控方法；②烧结细晶微结构控制与晶内晶界弥散分布强化机制，获得高致密细晶高性能 Y_2O_3 增强 W 基复合材料；③聚变服役环境高热负荷冲击和 He 辐照对材料组织、性能影响及作用规律。重点和关键在于建立细晶高强 W-Y_2O_3 复合材料制备技术，研究和分析高热负荷和 He 等离子体辐照与细晶钨复合材料相互作用及对其表面形态、微结构和性能的影响，建立服役条件-表面形态-微结构-性能关系，分析服役损伤机制并评价细晶 W-Y_2O_3 复合材料抗高热负荷冲击和抗辐照性能，从而为进一步设计和制备优异抗辐照的钨基复合材料提供思路和方向，为未来核聚变堆工程应用中面向等离子体钨及偏滤器材料的研发提供数据支撑。

4.3.2　自组装-共沉淀纳米 W-Y_2O_3 核壳结构粉末合成与制备机理

1. 自组装-共沉淀核壳前驱体制备与性能研究

前期工作中，W-0.3wt%Y_2O_3 表现出最好的力学性能。因此，选取 W-0.3wt% Y_2O_3 为研究对象，将 CF_3COOH 添加到溶胶混合物中以调节 pH，研究 pH 对溶胶体和前驱体粒度的影响，如图 4-77 所示。结果表明，随着溶液 pH 的增大，溶胶体和前驱体粒径先减小后增大，如图 4-77（a）、（b）所示。当 pH 为 3 时，溶胶中的颗粒尺寸可减小至 98.3 nm。同时，当 pH 为 3 时，W-0.3wt%Y_2O_3 的前驱体粉末也显示出最小尺寸，为 228.5 nm。此外，注意到溶胶中颗粒的尺寸比前驱体粉末更细，因为这些前驱体粉末由一些二次颗粒团聚组成。

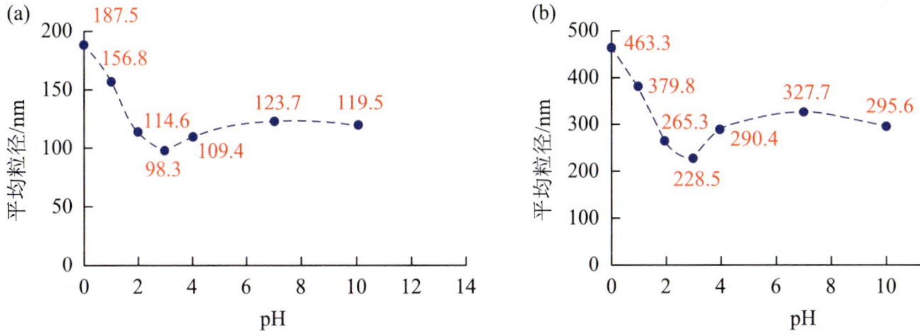

图 4-77　不同 pH 下溶胶颗粒（a）和前驱体粉末（b）的平均粒径

喷雾干燥溶胶以获得前驱体粉末，其形貌如图 4-78 所示，这些前驱体粉末的

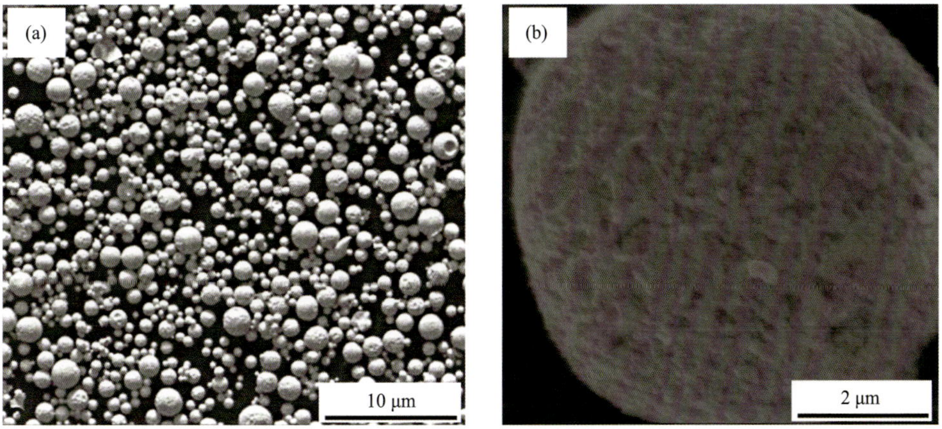

图 4-78　前驱体粉末的 SEM 图

表面上有许多孔。因为H^+不仅可以抑制 AMT 的自组装，以减小溶胶和前驱体粉末中颗粒的平均尺寸，它还可以腐蚀前驱体粉末，以在喷雾干燥期间在前驱体表面上形成许多孔状结构，这些孔状结构有利于后续的煅烧和氢还原中与空气和氢气充分接触，从而发生充分的氧化、还原反应，同时也可以成为裂纹源促进粉末开裂碎化，最终实现粉末的进一步细化。

图 4-79 为前驱体粉末的 SEM 元素分布图，可以发现这些具有孔洞结构的球形粉末前驱体，是由许多小颗粒组成，且 W、Y、O 三种元素在其中均匀分布。与不含 CF_3COOH 的前驱体粉末相比，H^+在该反应中起着关键作用。由于H^+抑制 AMT 在溶胶中的自组装，形成前驱体粉末的二级颗粒获得更细的尺寸。因此，用 CF_3COOH 获得的前驱体粉末具有大的比表面积，均匀的元素分布和大的比表面积使这些前驱体粉末易于还原。

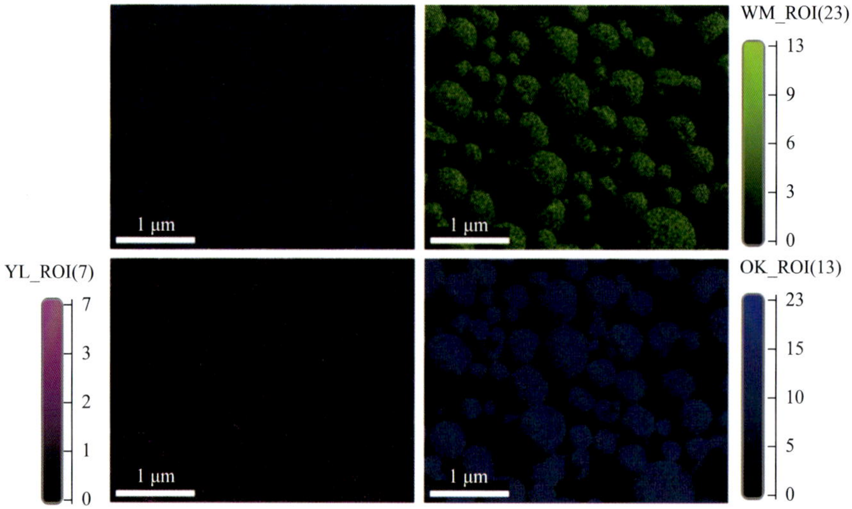

图 4-79　前驱体粉末的 SEM 元素分布图

2. 煅烧-氢还原过程物相转变与微结构演变行为

合成后的 $W\text{-}Y_2O_3$ 前驱体粉末在 250～500℃的温度范围内进行煅烧，还原过程后的 XRD 图如图 4-80 所示。前驱体粉末的衍射图呈小山状，结晶度较低，表明前驱体粉末为非晶状[62]。与前驱体粉末相比，煅烧粉末的衍射图谱发生了明显的变化，表明前驱体粉末发生了明显的相变。250℃煅烧粉末的衍射图显示主要的衍射峰，标为 $H_{0.23}WO_3$ 相（PDF#42-1261）。同时，在 2θ 为 28.02°和 36.70°的位置出现两个特征衍射峰，确定为$(NH_4)_{0.06}WO_3\cdot(H_2O)_{0.11}$ 相（PDF#15-0217）。有趣的是，在衍射图的 13.84°左右观察到一个非常小的衍射峰，该特征峰被确定为$(NH_4)_{0.33}WO_3$ 相（PDF#42-0452）。结果表明，前驱体粉末在 250℃空气中经氧气

氧化形成 $H_{0.23}WO_3$ 中间相，以及少量的$(NH_4)_{0.33}WO_3$和$(NH_4)_{0.06}WO_3\cdot(H_2O)_{0.11}$中间相。当煅烧温度为 300℃时，衍射图谱也发生了显著变化。衍射图显示了主要的衍射峰，标为 $H_{0.23}WO_3$ 相。此外，在 23.68°衍射图中也观察到一个小的衍射峰，对应于 WO_3 相（PDF#20-1324），同时，未观察到$(NH_4)_{0.33}WO_3$和$(NH_4)_{0.06}WO_3\cdot(H_2O)_{0.11}$中间相的特征峰。这表明$(NH_4)_{0.06}WO_3\cdot(H_2O)_{0.11}$和$(NH_4)_{0.33}WO_3$中间相继续氧化形成 $H_{0.23}WO_3$ 相。

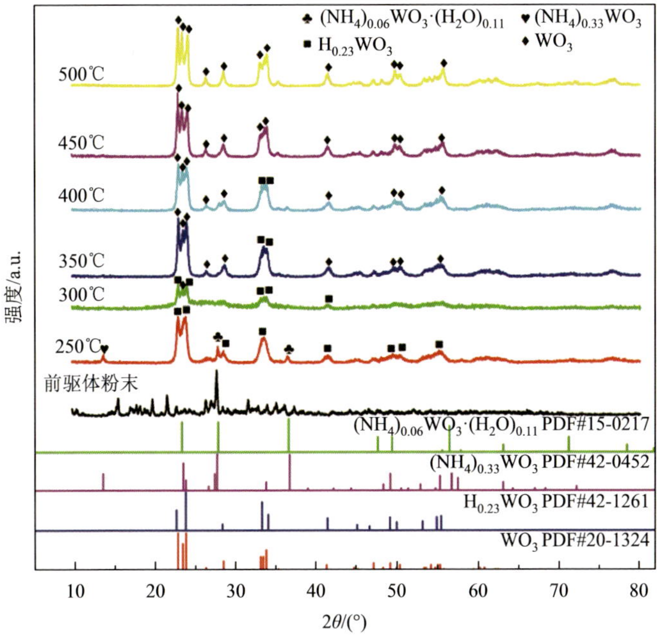

图 4-80 不同温度下煅烧粉末的 XRD 物相图谱

在 350℃时，大部分衍射图所显示的主要衍射峰均为 WO_3 相，但在 2θ 为 33.52°和 34.26°处分别观察到两个特征衍射峰，标记为 $H_{0.23}WO_3$ 相，说明大量的 $H_{0.23}WO_3$ 相氧化形成了 WO_3 相。当煅烧温度为 400℃时，煅烧粉末的衍射图没有明显变化，仍然存在 WO_3 和 $H_{0.23}WO_3$ 两相。在 450℃时，所有衍射图所显示的主衍射峰均对应于 WO_3 相，而未观察到 $H_{0.23}WO_3$ 中间相峰。这意味着间相已经完全转变为 WO_3 相。在 450℃以上，衍射图样没有变化，但形状更加清晰，特征峰强度进一步增大。在 450℃时得到了结晶良好的纯 WO_3 相，无杂质相。此外，所有的煅烧粉末均未发现钇和氧化钇衍射峰。根据相关报道[63, 64]，这种现象可能是由于钇元素含量低，导致 XRD 测量精度不确定。

为了确定还原产物，对不同温度下 H_2 还原粉末进行 XRD 分析，如图 4-81 所示。可以看出，400℃还原粉末的衍射图显示了主要的衍射峰，标为 $W_{20}O_{58}$ 相（PDF#05-0386）。此外，在 2θ°为 13.62°和 27.82°的位置出现了两个特征衍射峰，对应于 $W_{18}O_{49}$ 相（PDF#05-0392）。然而，在衍射图中观察到 36.68°左右的一个极小的衍射峰，该特征峰被确定为 WO_2 相（PDF#32-1393）。未还原的粉末为 WO_3，这说明在 400℃的还原过程中，大部分 WO_3 还原为 $W_{20}O_{58}$ 相，较少还原为 WO_2 和 $W_{18}O_{49}$ 相。

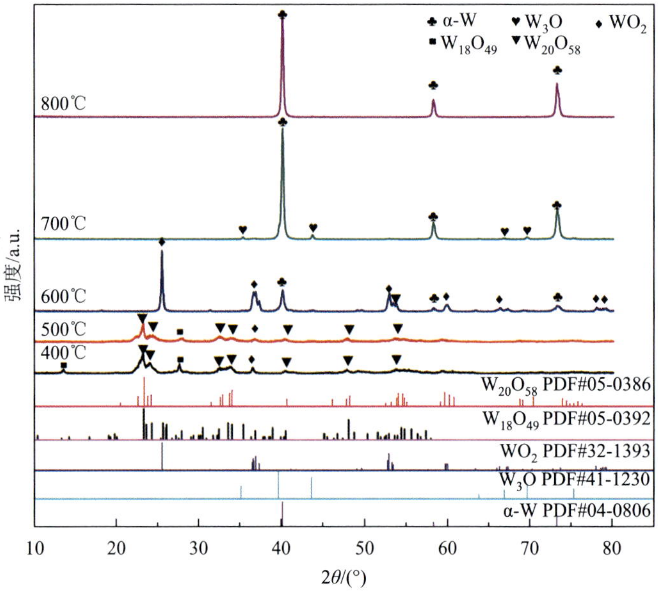

图 4-81 不同还原温度粉末 XRD 物相图谱

当还原温度为 500℃时，XRD 图谱显示主衍射峰为 $W_{20}O_{58}$，在 28.06°和 36.91°的位置也发现了两个特征衍射峰，分别对应于 $W_{18}O_{49}$ 相和 WO_2 中间相，说明在此温度下，WO_3 被氢还原为 $W_{20}O_{58}$、$W_{18}O_{49}$ 和 WO_2 相，而且与 400℃时的还原相组成没有明显变化。在 600℃时，还原粉末的衍射图谱发生了明显的变化，主要特征衍射峰与 WO_2 相一致。在 700℃时，还原粉末的 XRD 衍射图谱出现两个特征峰，主衍射峰分别为 40.24°、58.27°和 73.22°，与 α-W 相的主衍射特征峰一致。当还原温度提高到 800℃时，所有衍射图显示的主要衍射峰均为 α-W 相，而没有 W_3O 峰，说明 W_3O 中间相与氢反应完全还原为 α-W 相。

图 4-82 为 400～800℃还原后 W-Y_2O_3 粉体的 SEM 图，未还原粉末的双峰空心球结构颗粒如图 4-82（a）所示。当粉末在 400℃下还原时，形貌发生了显著变化，大部分还原粉末的形貌保持空心球形状，与煅烧粉末相似。然而，观察到一些粉末碎片，如图 4-82（b）所示。为了分析还原粉末的形貌，给出了破碎粉末的

放大电镜图像，在原颗粒表面观察到少量超细和方形颗粒，如图 4-82（b）中红色箭头所示，上述超细方形颗粒与粗颗粒表面分离。此外，表面还观察到几处小裂缝，如黑色虚线箭头所示，这些变化是由于煅烧粉末与 H_2 发生还原反应形成新相，粉末的 XRD 图谱分析也证实了这一点。500℃还原后的粉末形貌无明显变化，呈空心球状结构和碎片状两种形态。随着还原温度的升高，空心球状结构的粉末消失，全部还原成碎片状。令人惊讶的是，观察到大量的超细和方形颗粒，如图 4-82（d）所示。碎裂的粉末进一步分解形成了超细颗粒。图 4-82（e）为 700℃还原粉末的图像，其形貌由碎片状转变为超细不规则球形，表明基本完全分解，原有形状已不存在。800℃还原后的 W-Y_2O_3 粉末仍观察到不规则的球形颗粒，其形态与图 4-82（e）中相似，但清晰地看到粉末是由纳米颗粒组成的团聚体，超细颗粒大多团聚成粗颗粒，如图 4-82（f）中红色虚线圈所示。Dong 等[65]对还原后的 W-Y_2O_3 粉末的 SEM 图像与本实验中还原后的粉末相似。

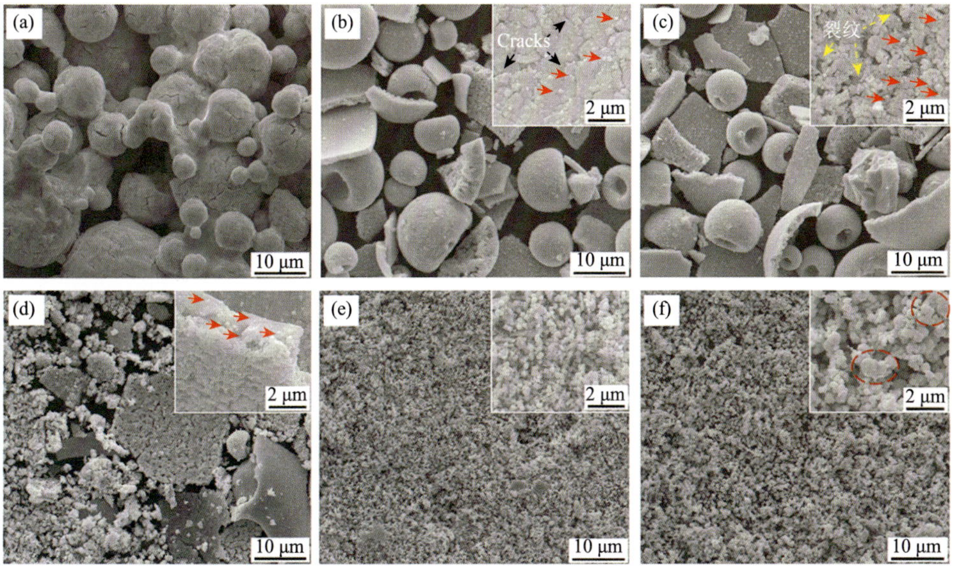

图 4-82　不同还原温度粉末形貌 SEM 图

（a）未还原；（b）～（f）400～800℃

3. 纳米核壳 W-复合粉末特性

图 4-83（a）为最终纳米粉末的 XRD 图，粉末的主特征峰对应于(110)、(200)和(211)晶面，未检测到杂质或其他相，由于氧化钇和氧化钨的含量低，在 W-Y_2O_3 合金粉末的光谱中没有观察到它们的衍射峰。此外，这些粉末不仅获得了更细的尺寸，而且显示出特殊的结构。根据图 4-83（b）纳米复合粉末的 XPS 分析，与

纯钨不同，$W-Y_2O_3$ 粉末的 $4f_{5/7}$ 和 $4f_{7/7}$ 明显被占据，这意味着 W 在 $W-Y_2O_3$ 粉末中与 Y_2O_3 结合。

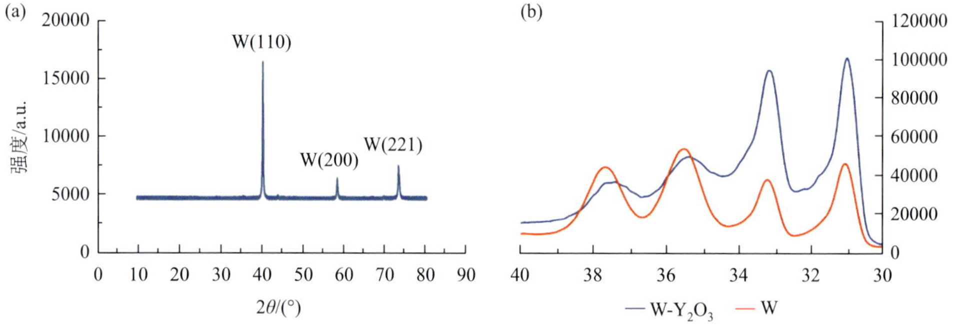

图 4-83　$W-Y_2O_3$ 粉末的 XRD 图（a）和 XPS 图（b）

为了分析还原态 $W-Y_2O_3$ 粉体的特性，将粉体超声分散在无水乙醇中，然后进行 TEM 分析。图 4-84 为还原态粉末的典型 TEM 图，从图 4-84（a）可以看出，还原后粉体的形貌呈不规则球形，粉体颗粒很小，分布在 40～50 nm 范围内，这与图 4-82 中的 SEM 观察结果一致。此外，单个粉末颗粒存在明显的核壳结构，壳体内部有较大的核区，大小为 35～40 nm，外层结构厚度分布不均匀，主要集中在 6～8 nm。如图 4-84（b）所示，对图 4-84（a）中选定的正方形区域进行 EDS 谱分析。结果表明，粉末颗粒中分别含有 W、Y 和 O 三种元素，而 Cu 被排除在外，因为选择了 Cu 作为铜网格。图 4-84（c）为（a）的元素映射图像，可以看到 W 在整个粉末颗粒中的均匀分布，O 元素的分布是相似的，即分布在整个粉末区域，但由于浓度低，与 W 相比密度非常低。而 Y 元素主要分布于粉末颗粒外围，少量分布在颗粒内部，根据研究[66]，这表明 W 颗粒被（Y, O）包裹，而且值得注意的是，在 O 映射图像中观察到较高的 O 含量，这可能来源于 Y_2O_3 或表面 W 粉的氧化。

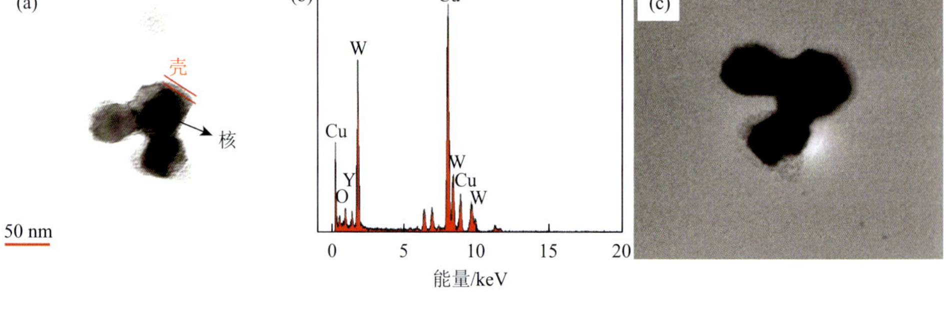

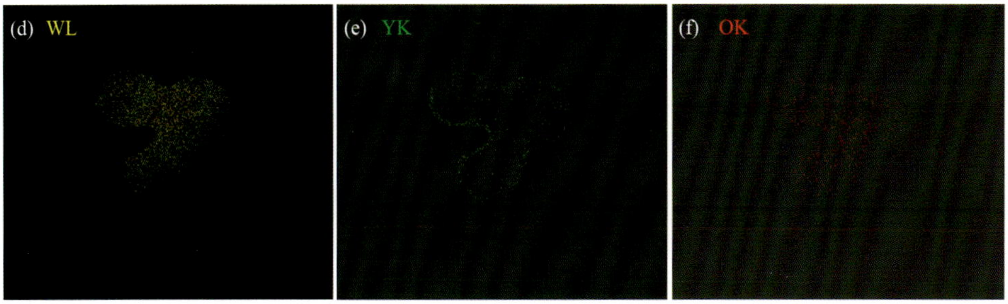

图 4-84　（a）还原后粉末的 TEM 图；（b）（a）选正方形区域的 EDS 谱；（c）～（f）（a）的元素映射图

4.3.3　烧结态细晶 W-Y_2O_3复合材料性能与微结构特性

1. 细晶 W-Y_2O_3复合材料的烧结致密化

粉末坯体的烧结收缩是烧结过程中粉末烧结颈发生长大引起颗粒间位置的改变的样品宏观形状变化结果，粉末粒子间距减小导致粉末压坯收缩，其动力学方程为

$$\left(\frac{\Delta L}{L_0}\right)^n = Kt\cdot(2^{2n}\cdot D^m) \tag{4-25}$$

其中，$\Delta L/L_0$ 为线收缩率；n 的典型值为 2.5～3；D 为颗粒直径；t 为烧结时间；参数 K 与温度有关，可通过阿伦尼乌斯方程获得，

$$K = K_0\exp\left(-\frac{Q}{RT}\right) \tag{4-26}$$

其中，K_0为材料参数的集合，可以包括表面能、原子大小、原子振动频率、系统几何形状等；活化能 Q 可以衡量原子迁移运动时的难易程度。同时，烧结线收缩率与温度的关系也符合阿伦尼乌斯方程：

$$L = L_0\exp\left(-\frac{Q_d}{RT}\right) \tag{4-27}$$

两边取对数，进一步变换获得烧结线收缩率与温度的关系，

$$\ln\left(\frac{L_0 - L}{L_0}\right) = \ln\left(\frac{C}{L_0}\right) - \frac{Q_d}{RT} \tag{4-28}$$

其中，L 为压坯线长度；C、R 为常数；Q_d为致密化活化能。因此，$\ln[(L_0-L)/L_0]$与 $1/T$ 呈现出线性关系。作出 $\ln[(L_0-L)/L_0]$与 $1/T$ 的关系图，并进行数值拟合，获得 $\ln[(L_0-L)/L_0]$与 $1/T$ 的关系曲线，如图 4-85 所示。根据图 4-85（a），得到纯钨的烧结收缩率与烧结温度关系为 $\ln[(L_0-L)/L_0] = -0.48733/T + 0.49362$，其斜率为

–0.48733，计算出纯钨的烧结激活能为 405.2 kJ/mol，相同的方法得到 W-Y_2O_3 复合材料为 $\ln[(L_0-L)/L_0] = -0.40754/T + 0.38727$，其斜率为–0.40754，可以计算出烧结激活能为 338.8 kJ/mol。对比可知，W-Y_2O_3 复合材料的烧结激活能远低于纯钨的，从而可以实现活化烧结。从烧结热力学角度分析，由于纳米粉末表面存在高密度的悬空键，具有极高的表面能，内部存在较多的晶格畸变与缺陷，烧结活性远高于粗颗粒粉末，极大地促进了烧结致密化；另外从扩散动力学角度看，反应能垒的降低可以大大提高扩散速度，表明 Y_2O_3 的添加可以降低复合材料的烧结活化能，从而实现在低温下的活化烧结。

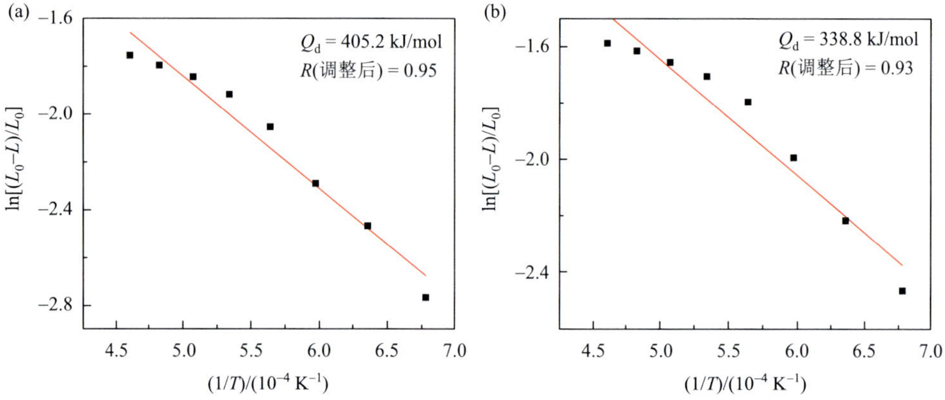

图 4-85 $\ln[(L_0-L)/L_0]$与 $1/T$ 在 1200～1900℃的关系拟合曲线

（a）PW；（b）W-Y_2O_3

2. 细晶 W-Y_2O_3 复合材料的微结构特性

对 W-Y_2O_3 复合材料的微结构进行表征，选取约 200 个 W 晶粒进行计数，确定晶粒平均尺寸，如图 4-86 所示。可以看出，材料由具有双峰形貌和尺寸分布的颗粒组成，多面体球状颗粒为 W 基体相，而红色箭头所示的微细第二相粒子，均匀分布在 W 晶界处，分别如图 4-86（a）和（d）所示。烧结 W-0.3Y_2O_3 的 W 晶粒尺寸集中在 0.6～1.4 μm 之间，该范围晶粒数约占 88.5%。平均晶粒尺寸约为 0.95 μm。同时，W-1.1Y_2O_3 的 W 晶粒集中在 1.5～3.5 μm，晶粒数占 89.5%左右，平均晶粒尺寸约为 2.25 μm，仍然比大多数钨材料更细，Zhou 等[67]报道了在 1800℃下 SPS 制备的 W-1TiC-1Y_2O_3 合金的晶粒尺寸约为 8 μm。此外，第二相颗粒在晶粒处的粒径分布也有相似的结果。W-0.3Y_2O_3 第二相颗粒平均晶粒尺寸约为 220.5 nm，明显细于 W-1.1Y_2O_3。由此可见，添加 Y_2O_3 可以显著细化 W。此外，随着 Y_2O_3 加入量的增加，W-Y_2O_3 复合材料的基体和第二相的粒径增大。

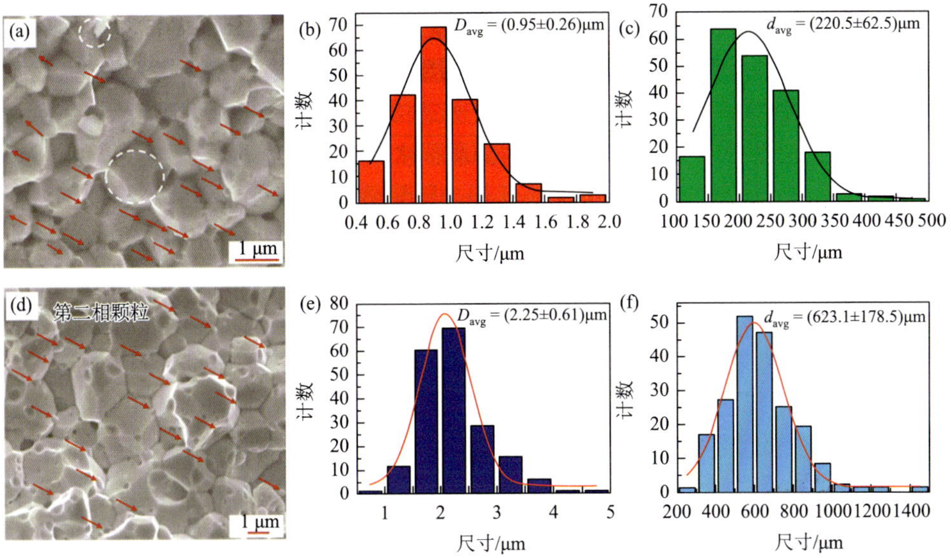

图 4-86　烧结 W-0.3Y_2O_3（a～c）和 W-1.1Y_2O_3（d～f）复合材料的 SEM 图及其 W 与第二相颗粒的晶粒尺寸分布

W-0.3Y_2O_3 复合材料的放大 SEM 图如图 4-87（a）所示。断口晶界干净、清晰、致密，无烧结气孔，这表明复合材料已接近完全致密化。有趣的是，观察到几种穿晶断裂模式，如白色虚线圈所示。说明 Y_2O_3 的加入改变了钨晶粒的断裂模式，有利于提高复合材料的性能。此外，在 W 颗粒断口处发现了少量的第二相颗粒，如黄色箭头所示。对 W 基体断口和晶界进行区域能谱分析，如图 4-87（b）、（c）所示，第二相中含有三种元素，分别为 Y、O 和 W，其中 W 为基体相，说明第二相为 Y_2O_3。因此，第二相在 W 基体中呈双峰分布形式：大颗粒分布在 W 晶粒边界，小颗粒固溶在 W 晶粒中。这种现象是由于粉末在高温烧结过程中核壳结构发生变化，原位形成纳米相所致。

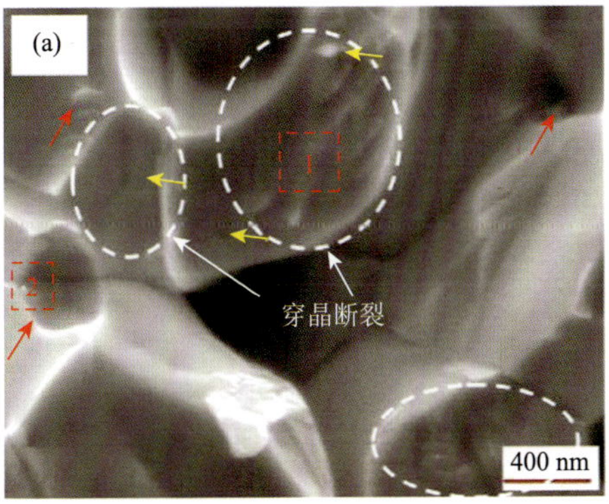

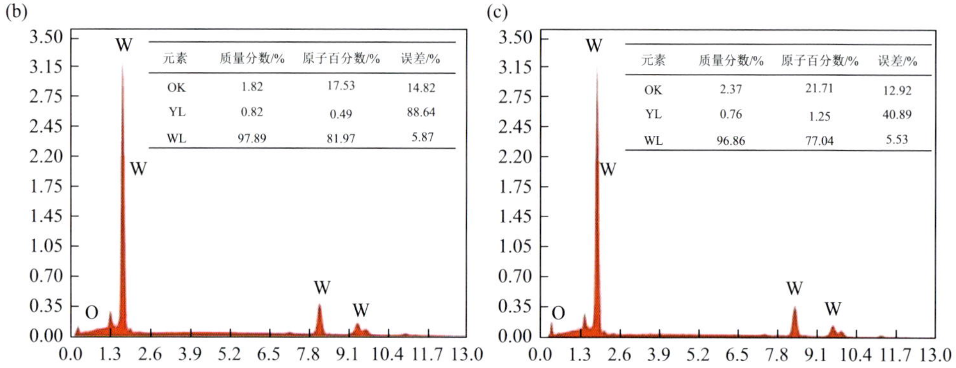

图 4-87 （a）W-0.3Y_2O_3断口的放大 SEM 图；（b）、（c）（a）观察到对应区域 1 和区域 2 的 EDS 谱

对细晶复合材料进行 TEM 表征，如图 4-88 所示。从图 4-88（a）、（b）可以看出，W 基体的晶界处和晶内分别存在第二相颗粒，分散在晶界上的 Y_2O_3 可大大提高 W 晶界的迁移阻力，使 W 晶粒明显细化。而均匀分散在晶粒内部的纳米级 Y_2O_3 可以抑制位错运动，存储位错[67]，可以有效提高材料的强度。这种现象是由于粉末在高温烧结过程中核壳结构发生变化，原位形成纳米级第二相。同时，通过高分辨率透射电镜（HRTEM）对图 4-88（b）中的界面区域 3 进行表征，如图 4-88（c）所示，可以看出相界面层约为 3.1 nm。

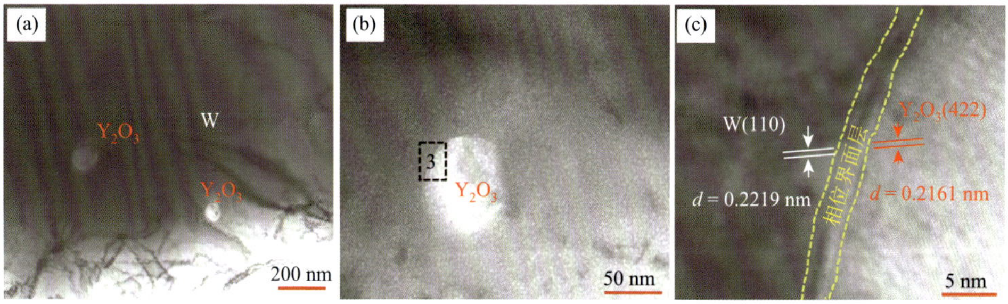

图 4-88 （a）、（b）细晶 W-Y_2O_3 TEM 图和放大图；（c）观测到（b）对应区域 3 的 HRTEM 图

此外，值得注意的是，基体相和第二相的晶面间距分别为 0.2219 nm 和 0.2161 nm，分别对应 W(110)（JCPDS#89-4900）和 Y_2O_3(422)（JCPDS#71-0099）。有趣的是，W 基体相与增强相 Y_2O_3 之间的近似平行关系表明存在明显的取向关系，即(110)W(bcc)//(422)Y_2O_3(bcc)。此外，可计算出 W(110)与 Y_2O_3(422)的界面失配值为

$$\delta = \frac{|d_{Y_2O_3}(422) - d_W(110)|}{d_W} = \frac{|0.2161 - 0.2219|}{0.2219} \approx 2.614\% < 5\% \quad (4\text{-}29)$$

由此可见，W(110)与 Y_2O_3(422)的失配值为 2.614%，表明两相之间存在相干关系（δ<5%，相干界面）。这种相干关系可以显著改善 W-Y_2O_3 复合材料的两相界面，提高界面结合性能。因此，由于 Y_2O_3 均匀地分散在晶界和 W 相的晶粒中，纳米原位复合法可以显著细化 W 材料的微观结构，提高其力学性能。细晶强化、弥散强化和界面强化的协同作用显著改善材料的力学性能。

4.3.4　细晶 W-Y_2O_3 复合材料的服役性能与损伤行为研究

1. 瞬态高热负荷性能与损伤行为

图 4-89 为功率密度 100～600 MW/m^2 瞬态高热负荷考核后 W-0.3Y_2O_3 的 SEM 图。当功率密度<500 MW/m^2 时，表面形貌与原始态相比没有明显变化，如图 4-89（a）～（e）所示。但当功率密度增加到 600 MW/m^2 时，局部区域表面出现了明显的微凸起，表面粗糙度对比明显，如图 4-89（f）中白色虚线圈所示。这表明 W-0.3Y_2O_3 能够承受功率密度为 600 MW/m^2 的瞬态热冲击。

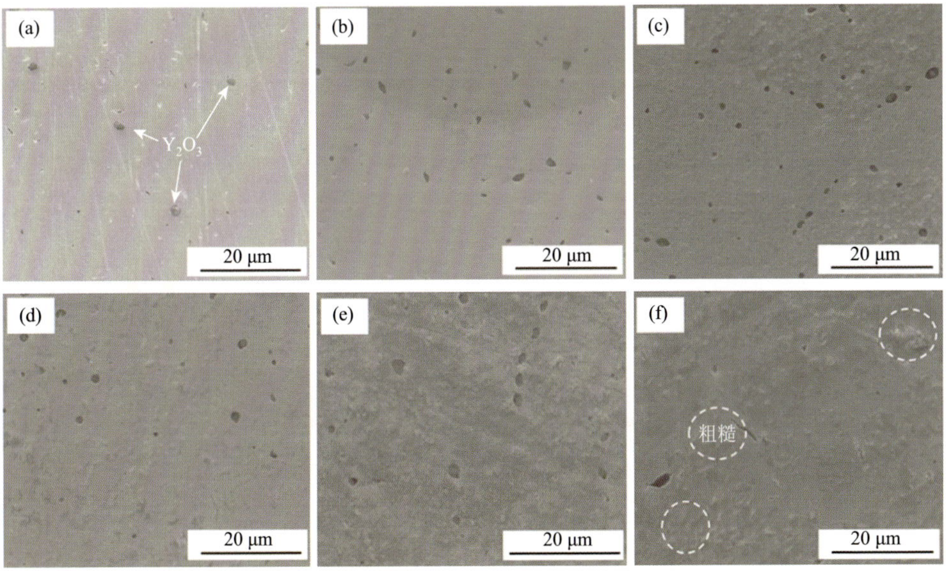

图 4-89　W-0.3Y_2O_3 在 100～600 MW/m^2 考核后表面形貌 SEM 图

W-1.1Y_2O_3 复合材料瞬时高热负荷考核后表面形貌如图 4-90 所示。100 MW/m^2 时，无明显变化。但在 200 MW/m^2 热加载后出现了大面积分布的明显微凸起，表面粗糙不平，如图 4-90（b）中白色虚线圈所示。当功率密度增加到 300 MW/m^2

时，表面出现了明显的裂纹，如图 4-90（c）黄色虚线箭头所示，此外，表面出现了大面积的粗糙度。而热负荷的功率密度增加到 400 MW/m^2，交错形成的裂纹网络开始出现。500 MW/m^2 时，表面形态没有明显变化，主要呈现两个形态——粗糙和裂纹网络，如图 4-90（e）所示。然而，裂纹网络的密度显著增加，最大裂缝长度也发生变化。此外，当功率密度达到 600 MW/m^2 时，表面形貌发生了明显变化，出现了小面积的微熔区，如图 4-90（f）中红色虚线圈所示。裂纹网络仍然存在，但裂纹密度相对减小，没有观察到表面粗糙。随着 Y_2O_3 含量的增加，表面形貌发生了显著变化。对于 W-1.1Y_2O_3 复合材料，其表面形貌先后经历了粗化、开裂、裂纹网络和微熔融 4 种变化。总的来说，W-Y_2O_3 复合材料表现出优异的抗瞬态高热负荷冲击性能，其开裂阈值远高于 600 MW/m^2，是其他钨材料的 2 倍左右[68, 69]。

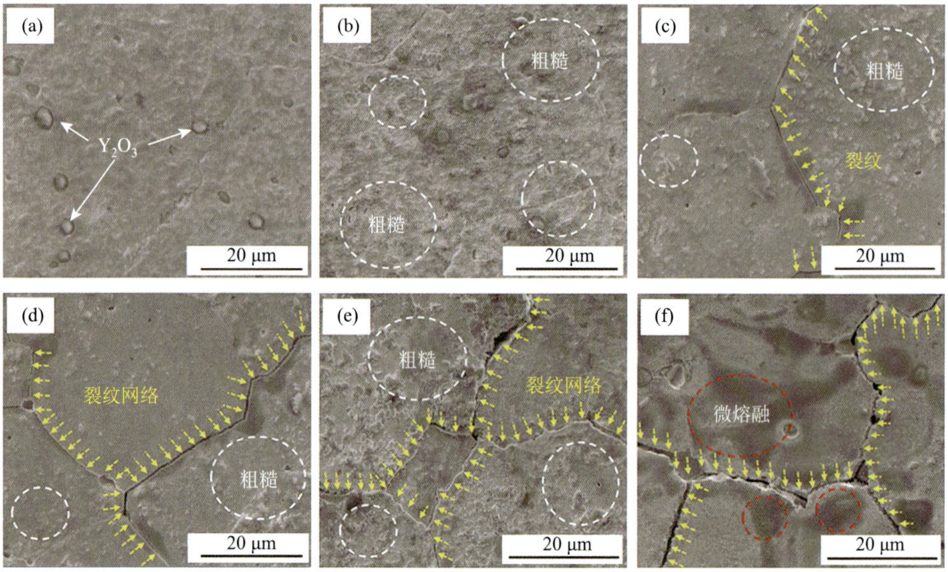

图 4-90　W-1.1Y_2O_3 在 100～600 MW/m^2 考核后表面形貌 SEM 图

W-1.1Y_2O_3 复合材料考核后截面形貌 SEM 图如图 4-91 所示。表面可见明显的微隆起，当功率密度为 300～500 MW/m^2 时也有同样的结果，微凸起面积随着功率密度的增大而增大，如图 4-91（b）～（d）所示。而当功率密度增加到 600 MW/m^2 时，表面没有出现微鼓包。同时，在 200 MW/m^2 瞬态热加载后，未观察到深度裂纹。然而 300 MW/m^2 观察到了锯齿状的晶间裂纹，如图 4-91（b）所示。功率密度为 400 MW/m^2 时，裂纹仍然是不规则的，但深度增加如图 4-91（c）所示。功率密度 500 MW/m^2 时主裂纹分叉形成次生裂纹，有的就像小树根如图 4-91（d）所示，分岔裂纹深度约为 7 μm，且分岔二次裂纹扩展方向偏移趋于横向。这表明深度裂纹的形态发生了变化。随着功率密度的进一步增大，主裂纹沿深度方向扩展，深度逐渐增大。特别是在这些主要裂纹下方出现了一些特殊的横向裂纹，平行于表面的方向扩展，如图 4-91（e）所示。此外，从 W-1.1Y_2O_3 试样截面 SEM 图中 50 多条主要裂纹中确定最大纵向裂纹深度和宽度，如图 4-91（f）所示。当功率密度为 100～600 MW/m^2 时，最大纵向裂纹深度分别为 0 μm、0 μm、23.6 μm、41.7 μm、72.5 μm 和 105 μm。相应的纵向主裂纹宽度分别为 0 μm、0 μm、0.35 μm、0.62 μm、0.92 μm 和 1.15 μm。结果表明，随着高热负荷功率密度的增加，纵向最大裂纹的深度和宽度逐渐增大。更重要的是，纵向主裂纹宽度远低于表面主裂缝宽度，试样表面直接受到瞬态高热负荷试验，导致表面温度最高，相应的温度梯度最大，引起的热应力最大，因此，表面裂纹损伤最严重。

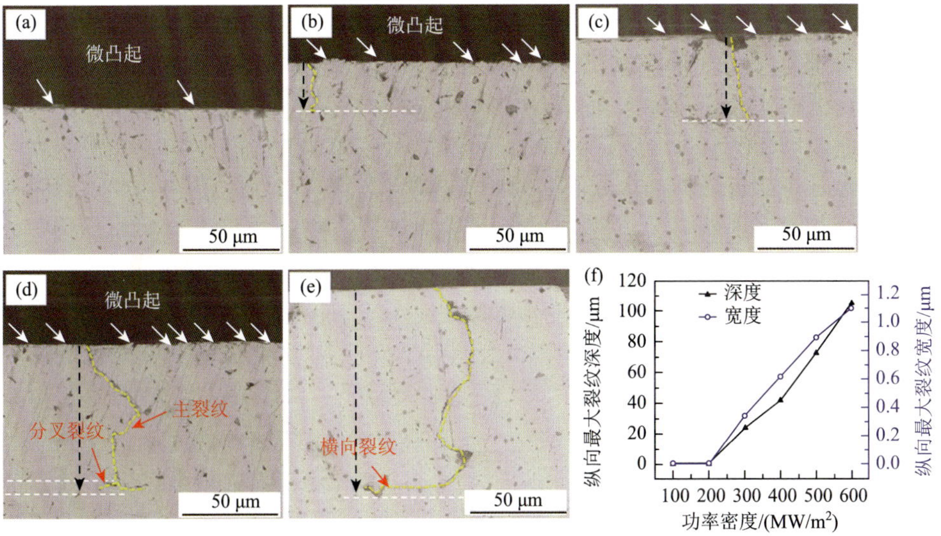

图 4-91　（a～e）W-1.1Y_2O_3 在 200～600 MW/m^2 不同高热负荷加载后的截面形貌 SEM 图；（f）纵向最大裂纹深度和宽度随功率密度的变化曲线

2. 高通量 He 等离子体辐照性能与损伤机制研究

图 4-92 为 80 eV He 等离子体辐照下纯钨的表面形貌 SEM 图。可以看出，当辐照量为 2.88×10^{22} m^{-2} 时，表面形貌呈现光滑状态并有少量微凸起形成。辐照剂量为 5.76×10^{22} m^{-2}，表面形貌开始出现粗糙，粗糙区形成是由于辐照产生的晶格畸变引起的表面塑性变形。放大粗糙区发现明显的波浪，或阶梯式波浪以及分布有大量的微凸起，其面积约占整个辐照面积的一半。当辐照剂量增加到 8.64×10^{22} m^{-2} 时，粗糙区和微凸起的数量明显增加，如图 4-92（c）所示。同时，微凸起的尺寸也显著增大，最大尺寸约为 0.7 μm，这可能是由相邻微凸起聚集引起的。

但辐照剂量达到 $1.15\times10^{23}\ m^{-2}$ 时，表面出现了明显的蚀刻现象，如图 4-92（d）所示。晶界明显，晶粒尺寸约为 6.1 μm，特别是表面粗糙度区域消失，重新变得干净光滑。He 等离子体在高能加速电场中伴随辉光放电形成，电子发生非弹性碰撞。此外，还形成了大量的分子活性基团，在表面容易发生反应，形成挥发性气体，发生明显的化学腐蚀，形成明显的等离子体腐蚀现象。同时将低能 He 注入纯钨表面，溅射表面沉积物等杂质，实现表面清洗。此外，纯钨表面存在细小的孔隙和裂纹，如图 4-92（d）中红色虚线箭头所示，其中最大的孔隙和裂纹尺寸分别约为 1.45 μm 和 1.65 μm。也观察到微隆起，然而，这些微隆起的大小和数量已显著减少。在 $1.44\times10^{23}\ m^{-2}$ He 辐照后表面观察到"绒毛"结构，表面有大量的孔隙，整个表面粗糙疏松，如图 4-92（e）所示。在之前的论文中也发现了这种"绒毛"结构[70]。显著降低了钨材料的力学性能和热性能，此外，更严重的可能导致钨表面粉碎，可能造成等离子体污染。观察上述"丝化"结构"F"区的放大图像，如图 4-92（f）所示。表面是针孔的纳米图案，"绒毛"结构是由微凸起和针孔聚集形成的。此外，绒毛结构基本连接在表面形成丝化层。

因此，上述结果表明，纯钨在 80 eV、$2.88\times10^{22}\sim1.44\times10^{23}\ m^{-2}$ He 等离子体辐照下具有明显的表面损伤。随着辐照强度的增加，表面出现了亮斑、梯级波纹、微凸起、蚀刻和绒毛等现象。

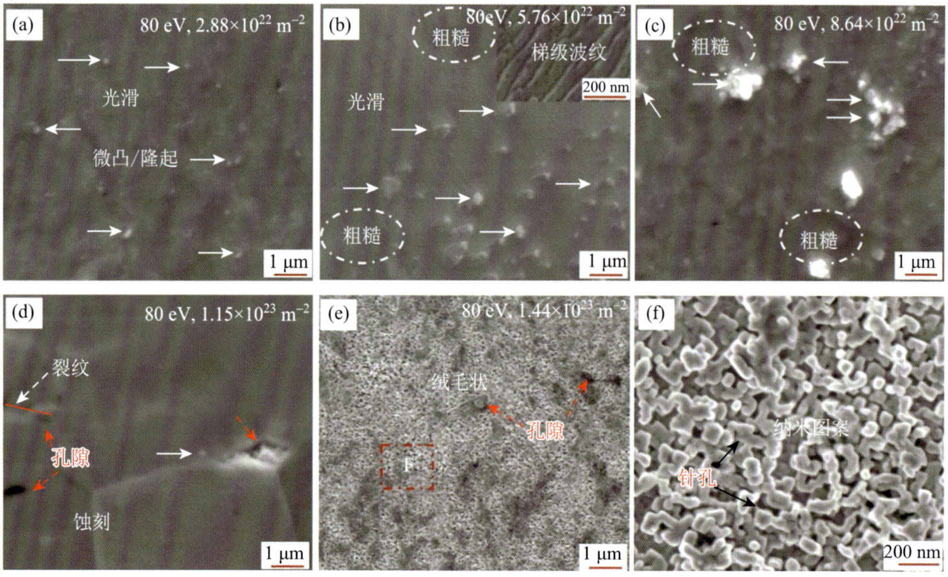

图 4-92　（a～e）纯钨在 80 eV、$2.88\times10^{22}\sim1.44\times10^{23}\ m^{-2}$ He 辐照后表面形貌；（f）区域放大图

图 4-93 为 80 eV 不同辐照剂量下细晶 W-0.3Y_2O_3 复合材料表面形貌图。与未辐照样品相比，在 2.88×10^{25} m^{-2} 和 5.76×10^{25} m^{-2} 处表面形貌没有变化，且呈现平滑状态。8.64×10^{25} m^{-2} 时，表面开始变粗糙，出现微凸起，尺寸为 100～150 nm。在 1.15×10^{26} m^{-2} 辐照，微凸起的数量急剧减少，但其大小没有明显变化，如图 4-93（d）中红圈所示。可以认为微凸起向棒状纳米结构转变。在 1.44×10^{26} m^{-2} 及以上辐照，棒状的纳米结构已经消失，出现鼓泡。此外，表面仍有一些微凸起，但其尺寸显著增加到约 150 nm。特别的，整个样品表面干净。当辐照通量为 2.3×10^{26} m^{-2} 时，在第二相附近开始出现较大的鼓胀，尺寸为 150～600 nm。而微凸起的数量进一步减少，但尺寸变化不明显。

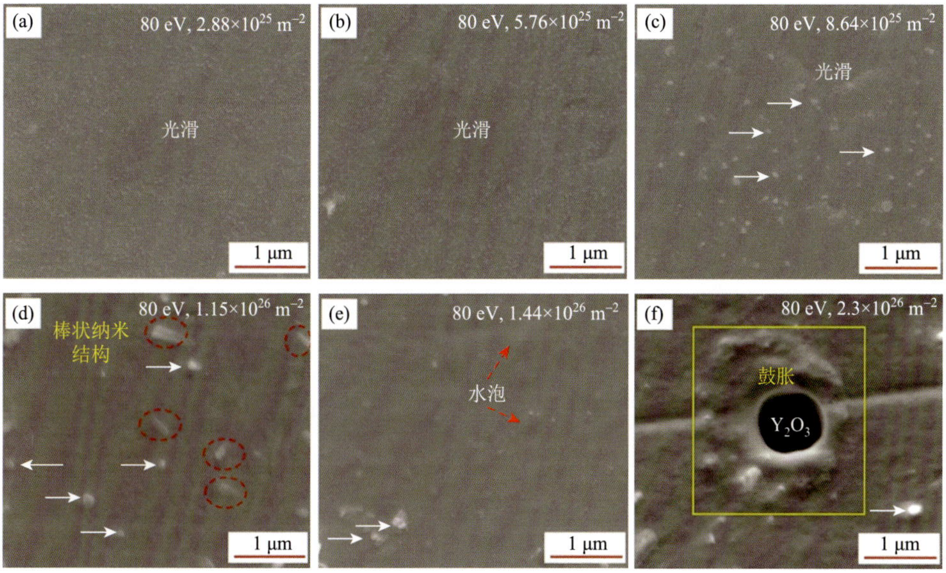

图 4-93　W-Y_2O_3 材料在 80 eV、2.88×10^{25}～2.3×10^{26} m^{-2} He 辐照后的表面形貌

图 4-94 为不同通量、80 eV He 等离子体辐照 W-0.3Y_2O_3 复合材料表面 XRD 图。原始样品 XRD 显示有三个特征峰，分别为(110)、(200)和(211)，2θ 对应的特征峰分别为 40.22、55.26 和 73.12。同时，所有辐照样品的衍射图谱相同，其特征峰分别为(110)、(200)和(211)。α-W 相的特征峰为(110)、(200)和(210)，原始复合材料和辐照后的特征峰一致，表面均以 α-W 相为主。然而，与原始样品相比，特征峰的位置略有移动。这表明 He 辐照可以改变复合材料的表面晶体结构。进一步将(110)和(211)的特征峰放大，如图 4-94（b）、（c）所示，原始态(110)的位置峰为 $2\theta = 40.22°$。根据布拉格定律，计算出原始态(110)晶格间距为 $a = 3.1667$ Å。

同样的，辐照样品在 2.88×10^{25}～$2.3\times10^{26}\ m^{-2}$ 处，(110)面的晶格间距分别为 $a = 3.1662$ Å、3.1654 Å、3.164 Å 和 3.1628 Å，表明 He 辐照使(110)的特征峰略微偏移到更高角度，导致晶格参数略微偏移。特别是当辐照剂量从 $2.88\times10^{25}\ m^{2}$ 增加到 $2.3\times10^{26}\ m^{-2}$ 时，特征峰向更高角度移动 0.1°，晶格参数间距显著减小 0.0039 Å。此外，在(211)特征峰上也发现了相同的结果，如图 4-94（c）所示。这种变化可能是由于表面晶体结构上的残余应力[71]。

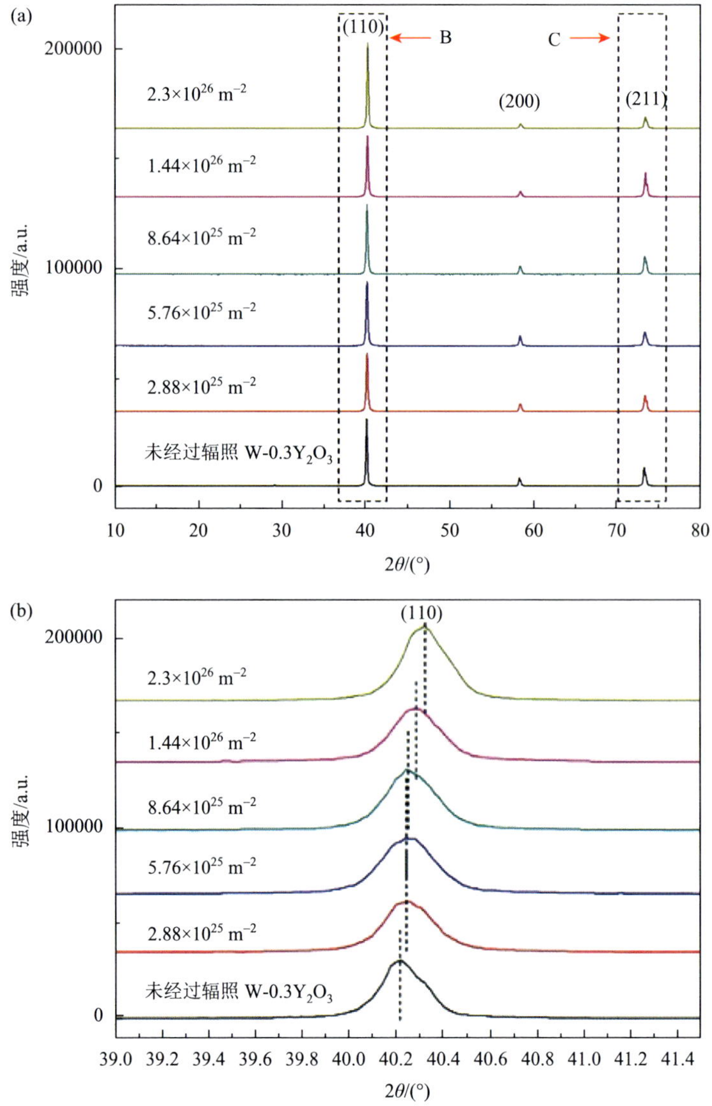

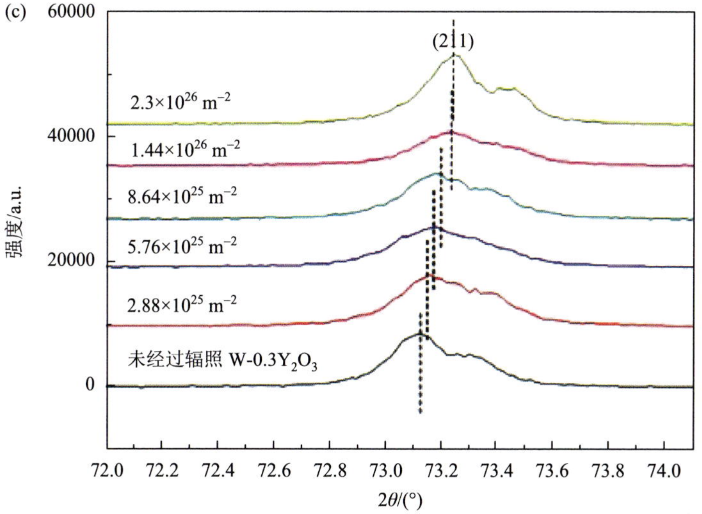

图 4-94　不同辐照下细晶 W-0.3Y_2O_3复合材料表面 XRD 图（a）和(110)(211)局部放大图（b、c）

4.3.5　小结

针对聚变应用中现有纯钨性能不足以及陶瓷增强 W 材料纳米添加相易团聚、难分散和界面弱结合的难题，设计采用稀土 Y_2O_3 增强 W，通过溶胶-共沉淀界面调控和优化制备纳米核壳结构复合粉末，传统烧结获得细晶 W-Y_2O_3 复合材料，系统研究了核壳结构粉末形成和微结构演变与物相反应行为，烧结态细晶材料力学性能与微结构相互关系，初步揭示了粉末还原行为和界面特性及强化机制。此外，进行了瞬态高热负荷和高通量 He 辐照考核，深入研究了细晶 W-Y_2O_3 复合材料的服役行为，分析了表面形貌和微结构演变规律，揭示了服役损伤形式和相关机理，从而为耐高温高性能抗辐照 W-PFM 的设计和制备提供基础指导和数据。主要结果为：

（1）设计采用“溶胶-共沉淀”合成纳米核壳结构复合粉末，平均粒径约为 115.8 nm，实现添加相纳米级原位复合和均匀分散。通过调控 pH 实现共沉淀形成核壳结构前驱体。而在氢气还原，WO_3 相转变为 WO_x 中间相（$1/3 \leqslant x < 3$），分别包括 $W_{20}O_{58}$、$W_{18}O_{49}$、WO_2 和 W_3O，最终在 800℃转变为 α-W 相。还原粉末的形态由双峰空心球形转变为片状。随着温度升高，转变为碎片状和纳米不规则多面体。

（2）纳米 W-Y_2O_3 复合粉末具有很高的烧结活性，低温烧结快速致密化，添加的 Y_2O_3 均匀弥散分布于 W 晶界或晶内，晶界处的 Y_2O_3 尺寸为 300～400 nm，

而晶内的以 Y_2O_3 或(Y, W)O 形式存在，晶粒尺寸为 80～150 nm，对 W 基体起阻碍位错运动、晶界迁移作用，从而有弥散强化和细晶强化的效果。同时，部分第二相 Y_2O_3 与 W 形成界面共格关系，能有效改善界面。

（3）细晶 W-Y_2O_3 复合材料具有优异的抗瞬态高热负荷热冲击性能，其开裂阈值达到 600 MW/m^2，这取决于超细的微观结构、较高的力学性能和导热系数。同时，随着功率密度的增加，表面出现了明显的粗糙化、裂纹和微熔化现象。

（4）细晶 W-Y_2O_3 复合材料具有良好的抗 He 辐照性能，在 80 eV 和 $2.3\times10^{26}\ m^{-2}$ 的 He 辐照下复合材料表面只有轻微的微凸起、棒状结构和少量膨胀，未观察到明显的纳米丝化结构，表现出优异的耐 He 辐照能力。

参考文献

[1] 刘彩利，赵永庆，田广民，等. 难熔金属材料先进制备技术[J]. 中国材料进展，2015，34（2）：163-169.

[2] 范景莲. 钨合金及其制备新技术[M]. 北京：冶金工业出版社，2006.

[3] 琚印超，刘小勇，王琴，等. 难熔金属研究进展及在航天领域的应用情况[C]. 大连：中国航天第三专业信息网第三十八届技术交流会暨第二届空天动力联合会议，2017.

[4] 朱玲旭，燕青芝，郎少庭，等. 钨基面向等离子体材料的研究进展[J]. 中国有色金属学报，2012，22（12）：3522-3528.

[5] Shen T L，Dai Y，Lee Y J. Microstructure and tensile properties of tungsten at elevated temperatures[J]. Journal of Nuclear Materials，2016，468：348-354.

[6] Noto H，Taniguchi S，Kurishita H，et al. Effect of grain orientation and heat treatment on mechanical properties of pure W[J]. Journal of Nuclear Materials，2014，455（1/2/3）：475-479.

[7] Callisti M，Tichelaar F D，Polcar T. *In situ* TEM observations on the structural evolution of a nanocrystalline W-Ti alloy at elevated temperatures[J]. Journal of Alloys and Compounds，2018，749：1000-1008.

[8] Jahangiri H，Öveçoğlu M L. Determination of crystallitesize，strain and solubility in mechanically alloyed W-*x*Ti（*x* = 0.5，1.0，4.0 and 10.0wt%）powder alloys[J]. Materials Letters，2016，178：193-196.

[9] Gonderman S，Tripathi J K，Novakowski T J，et al. The effect of low energy helium ion irradiation on tungsten-tantalum（W-Ta）alloys under fusion relevant conditions[J]. Journal of Nuclear Materials，2017，491：199-205.

[10] Choi J，Sung H M，Roh K B，et al. Fabrication of sintered tungsten by spark plasma sintering and investigation of thermal stability[J]. International Journal of Refractory Metals and Hard Materials，2017，69：164-169.

[11] Németh A A N，Reiser J，Armstrong D E J，et al. The nature of the brittle-to-ductile transition of ultra fine grained tungsten（W）foil[J]. International Journal of Refractory Metals and Hard Materials，2015，50：9-15.

[12] Lee D J，Umer M A，Ryu H J，et al. The effect of HfC content on mechanical properties HfC-W composites[J]. International Journal of Refractory Metals and Hard Materials，2014，44：49-53.

[13] Fukuda M，Hasegawa A，Tanno T，et al. Property change of advanced tungsten alloys due to neutron irradiation[J]. Journal of Nuclear Materials，2013，442（1/2/3）：273-276.

[14] Kawai M，Kurishita H，Kokawa H，et al. Development of advanced materials for spallation neutron sources and radiation damage simulation based on multi-scale models[J]. Journal of Nuclear Materials，2012，431（1/2/3）：16-25.

[15] Liu R，Xie Z M，Fang Q F，et al. Nanostructured yttria dispersion-strengthened tungsten synthesized by solegel

method[J]. Journal of Alloys and Compounds，2016，657：73-80.

[16] 张太全，王玉金，宋桂明. 钨及钨合金的变形、断裂及强化机制研究综述[J]. 有色金属，2004（1）：7-12.

[17] Dong Z，Ma Z Q，Yu L M，et al. Enhanced mechanical properties in oxide-dispersion-strengthened alloys achieved via interface segregation of cation dopants[J]. Science China Materials，2021，64（4）：987-998.

[18] Xie Z M，Liu R，Miao S，et al. Extraordinary high ductility/strength of the interface designed bulk W-ZrC alloy plate at relatively low temperature[J]. Sci Rep，2015，5：16014.

[19] Cheng X P，Zhao Y N，Qian Z，et al. Crack elimination and mechanical properties enhancement in additive manufactured Hastelloy X via in-situ chemical doping of Y_2O_3[J]. Materials Science and Engineering：A，2021，824：141867.

[20] Dong Z，Ma Z，Dong J，et al. The simultaneous improvements of strength and ductility in W-Y_2O_3 alloy obtained via an alkaline hydrothermal method and subsequent low temperature sintering[J]. Materials Science and Engineering：A，2020，784：1393329.

[21] Matsuo S，Kurishita H，Arakawa H，et al. Deformability enhancement in ultra-fine grained，Ar-contained W compacts by TiC additions up to 1.1%[J]. Materials Science and Engineering A，2008，492（1/2）：475-480.

[22] Kurishita H，Kobayashi S，Nakai K，et al. Development of ultra-fine grained W-（0.25-0.8）wt%TiC and its superior resistance to neutron and 3 MeV He-ion irradiations[J]. Journal of Nuclear Materials，2008，377（1）：34-40.

[23] 王玉金，周玉，宋桂明，等. TiC_p/W 复合材料的热物理性能[J]. 稀有金属材料与工程，2000，29（6）：386-389.

[24] 莫世清，陈衍夏，施亦东，等. 羧甲基纤维素钠对蒙脱土分散性能的影响[J]. 印染助剂，2009，26（3）：27-31.

[25] 赵振国. 羧甲基纤维素钠和甲基纤维素在 ZrO_2 微粉上的吸附作用及其对悬浮体稳定性的影响[J]. 离子交换与吸附，1999，15（6）：504-510.

[26] Wan L，Cheng J G，Song P，et al. Synthesis and characterization of W-Cu nanopowders by a wet-chemical method[J]. International Journal of Refractory Metals and Hard Materials，2011，29（4）：429-434.

[27] Xi X L，Nie Z R，Yang J C，et al. Preparation and characterization of Ce-W composite nanopowder[J]. Materials Science and Engineering：A，2005，394（1）：360-365.

[28] Kalpakli A O，Arabaci A，Kahruman C，et al. Thermal decomposition of ammonium paratungstate hydrate in air and inert gas atmospheres[J]. International Journal of Refractory Metals and Hard Materials，2013，37：106-116.

[29] Fouad N E，Nohman A K H，Zaki M I. Spectro-thermal investigation of the decomposition intermediates developed throughout reduction of ammonium paratungstate[J]. Thermochimica Acta，2000，343（1）：139-143.

[30] Singla G，Singh K，Pandey O P. Structural and thermal properties of in-situ reduced WO_3 to W powder[J]. Powder Technology，2013，237：9-13.

[31] Du Z Y，Lv Y Q，Han Y，et al. Sintering densification behavior and kinetic mechanism of nano-tungsten powder prepared by sol-spray drying[J]. Tungsten，2020，2（4）：371-380.

[32] 胡赓祥，蔡珣，戎咏华. 材料科学基础[M]. 3 版. 上海：上海交通大学出版社，2010.

[33] 张顺，范景莲，成会朝，等. 常压 H_2 气氛烧结 W-TiC 合金的致密化行为和性能[J]. 粉末冶金材料科学与工程，2011，16（6）：900-905.

[34] Song G M，Wang Y J，Zhou Y. Thermomechanical properties of TiC particlereinforced tungsten composites for high temperature applications[J]. International Journal of Refractory Metals & Hard Materials，2003，21（1-2）：1-12.

[35] An X，Li P，Luo L，et al. Effect of second-phase particles on the properties of W-based materials under high-heat loading[J]. Nuclear Materials & Energy，2016，9（C）：399-404.

[36] Groger R，Vitek V. Multiscale modeling of plastic deformation of molybdenum and tungsten. III. Effects of temperature and plastic strain rate[J]. Acta Materialia，2008，56（19）：5426-5439.

[37] 黄孝瑛. 材料微观结构的电子显微学分析[M]. 北京：冶金工业出版社，2008.

[38] Tz A，Hwd B，Zmx B，et al. Recent progresses on designing and manufacturing of bulk refractory alloys with high performances based on controlling interfaces[J]. Journal of Materials Science & Technology，2020，52：29-62.

[39] Kurishita H，Matsuo S，Arakawa H，et al. Development of re-crystallized W-1.1%TiC with enhanced room-temperature ductility and radiation performance[J]. Journal of Nuclear Materials，2010，398（1-3）：87-92.

[40] Zibrov M，Mayer M，Gao L，et al. Deuterium retention in TiC and TaC doped tungsten at high temperatures[J]. Journal of Nuclear Materials，2015，463：1045-1048.

[41] Deng H W，Xie Z M，Wang Y K，et al. Mechanical properties and thermal stability of pure W and W-0.5 wt%ZrC alloy manufactured with the same technology[J]. Materials Science and Engineering：A，2018，715：117-125.

[42] Kurishita H. Intergranular fracture in tungsten for fusion applications[J]. Journal of Nuclear Materials，2015，463：1203-1206.

[43] Gong X，Fan J L，Ding F，et al. Effect of tungsten content on microstructure and quasi-static tensile fracture characteristics of rapidly hot-extruded W-Ni-Fe alloys[J]. Int J Refract Met Hard Mater，2012，30（1）：71-77.

[44] Fan J L，Gong X，Huang B Y，et al. Densification behavior of nanocrystalline W-Ni-Fe composite powders prepared by sol-spray drying and hydrogen reduction process[J]. Alloys Compd，2010，489（1）：188-194.

[45] 黄培云. 粉末冶金原理[M]. 北京：冶金工业出版社，2006.

[46] Kim J H，Seo M，Kang S. Effect of carbide particle size on the properties of W-ZrC composites[J]. International Journal of Refractory Metals and Hard Materials，2012，35：49-54.

[47] Zhou P，Peng Y B，Du Y，et al. Thermodynamic modeling of the C-W-Zr system[J]. International Journal of Refractory Metals and Hard Materials，2015，50：274-281.

[48] 阮建明，黄培云. 粉末冶金原理[M]. 北京：机械工业出版社，2012.

[49] Visca E，Cacciotti E，Libera S，et al. Manufacturing and testing of reference samples for the definition of acceptance criteria for the ITER divertor[J]. Fusion Engineering and Design，2010，85（10/11/12）：1986-1991.

[50] 毛卫民，赵新兵. 金属的再结晶与晶粒长大[M]. 北京：冶金工业出版社，1994.

[51] Linke J，Loewenhoff T，Massaut V，et al. Performance of different tungsten grades under transient thermal loads[J]. Nuclear Fusion，2011，51（7）：073017.

[52] 封范，练友运，刘翔，等. SPS 烧结 W-TaC 的耐瞬态热冲击性能[J]. 稀有金属材料与工程，2017，46（11）：3544-3549.

[53] Kajita S，Yoshida N，Yoshihara R，et al. TEM observation of the growth process of helium nanobubbles on tungsten：Nanostructure formation mechanism[J]. Journal of Nuclear Materials，2011，418（1/2/3）：152-158.

[54] Baldwin M，Doemer R，Nishijima D，et a1. Erosion yields of deposited beryllium layers[J]. Journal of Nuclear Materials，2009，390-391：132-135.

[55] Cui M H，Shen T L，Pang L L，et al. He ion implantation induced He bubbles and hardness in tungsten[J]. Nuclear Materials and Energy，2018，15：232-236.

[56] Tan X Y，Luo L M，Chen H Y，et al. Mechanical properties and microstructural change of W-Y_2O_3 alloy under helium irradiation[J]. Scientific Reports，2015，5：12755.

[57] Zhou Y F，Zhao Z Y，Tan X Y，et al. Densification and microstructure evolution of W-TiC-Y_2O_3 during spark plasma sintering[J]. International Journal of Refractory Metals and Hard Materials，2019，79：95-101.

[58] Ueda Y，Schmid K，Balden M，et al. Baseline high heat flux and plasma facing materials for fusion[J]. Nuclear

Fusion，2017，57（9）：092006.

[59] Wirtz M，Kreter A，Linke J，et al. High pulse number thermal shock tests on tungsten with steady state particle background[J]. Physica Scripta，2017，T170：014066.

[60] Al-Ajlony A，Tripathi J K，Hassanein A. Low energy helium ion irradiation induced nanostructure formation on tungsten surface[J]. Journal of Nuclear Materials，2017，488：1-8.

[61] Tanyeli I，Marot L，Mathys D，et al. Surface modifications induced by high fluxes of low energy helium ions[J]. Scientific Reports，2015，5：9779.

[62] Xu Z Y，Fan J L，Liu T，et al. Calcination induced phase transformation in MnZn ferrite powders[J]. Journal of Alloys and Compounds，2020，814：152307.

[63] Hu W Q，Sun T，Liu C X，et al. Refined microstructure and enhanced mechanical properties in Mo-Y_2O_3 alloys prepared by freeze-drying method and subsequent low temperature sintering[J]. Journal of Materials Science and Technology，2021，88：36-44.

[64] Oksiuta Z，Perkowski K，Osuchowski M，et al. Microstructure and thermal properties of mechanically alloyed W-1%TiC powder consolidated via two-step HIPping[J]. Fusion Engineering and Design，2018，126：51-58.

[65] Dong Z，Liu N，Hu W Q，et al. Controlled synthesis of high-quality W-Y_2O_3 composite powder precursor by ascertaining the synthesis mechanism behind the wet chemical method[J]. Journal of Materials Science & Technology，2020，36：118-127.

[66] Zhu H B，Tan D Q，Li Y L，et al. Refining mechanisms of arsenic in the hydrogen reduction process of tungsten oxide[J].Advanced Powder Technology，2015，26（3）：1013-1020.

[67] Zhou Y F，Zhao Z Y，Tan X Y，et al. Densification and microstructure evolution of W-TiC-Y_2O_3 during spark plasma sintering[J]. International Journal of Refractory Metals and Hard Materials，2019，79：95-101.

[68] Qu D D，Wirtz M，Linke J，et al. Thermo-mechanical response of FG tungsten/EUROFER multilayer under high thermal loads[J]. Journal of Nuclear Materials，2019，519：137-144.

[69] Huang B，Chen L Q，Qiu W B，et al. Correlation between the microstructure，mechanical/thermal properties，and thermal shock resistance of K-doped tungsten alloys[J]. Journal of Nuclear Materials，2019，520：6-18.

[70] Parish C M，Wang K，Doerner R P，et al. Grain orientations and grain boundaries in tungsten nonotendril fuzz grown under divertor-like conditions[J]. Scripta Materialia，2017，127：132-135.

[71] Gonderman S，Tripathi J K，Novakowski T J，et al. The effect of low energy helium ion irradiation on tungsten-tantalum（W-Ta）alloys under fusion relevant conditions[J]. Journal of Nuclear Materials，2017，491：199-205.

第5章 大变形强化烧结制备技术

5.1 引言

难熔金属钨、钼及其合金具有高熔点、低的热膨胀系数、较高的硬度、良好的导电性能和导热性能，以及高的高温强度等特性，因而广泛应用于冶金、机械、石油、化工、国防、航空航天、电子、核工业等诸多领域。但难熔金属由于都是体心立方结构，其滑移系相对较小，因而存在脆性较大、加工困难的问题。

形变强化是提高金属及合金力学性能的一种有效方法，也常用于难熔金属及合金性能的提高。

形变强化是利用金属（或合金）加工硬化原理，通过机械加工如锻造、挤压、热轧等使材料产生变形，通过形变使合金的晶格产生畸变，位错密度增加，以及产生二次晶粒等，从而使合金的力学性能发生改变。金属在塑性变形时，晶粒发生滑移，出现位错缠结，使晶粒拉长、破碎和纤维化，金属内部产生了残余应力等。一般来说，相层错能低，比层错能高的金属（如铝、铜）加工硬化更为显著。不同加工方法对难熔金属的组织影响很大，锻造和孔型轧制的钼棒组织粗大、晶粒不均，性能较差，采用轧制不仅可以获得细长的加工组织，其力学性能特别是塑性得到大幅度提高。

5.2 形变强化方式

目前难熔金属主要形变强化方式包括锻造、静液挤压、热挤压、热轧变形、高压扭转等方式。

1. 锻造

锻造包括旋转锻造和径向锻造两种锻造变形方法。旋转锻造是由 2～4 块对称旋锻模环绕坯料高速旋转，同时对被旋锻材料的径向进行高速锻打，使其断面收缩、长度增加的工艺过程。径向锻造属于精密模锻范围，其工作原理是利用坯料绕周围对称分布的一对或多对锤头中心轴旋转（图 5-1）。径向锻造与旋转锻造工作过程的最大区别就是径向锻造是坯料旋转，而旋转锻造是锤头旋转。径向锻造的作用与落锤锻造和气锤锻造不同，它是基于压力的作用而非冲击力的作用，是以超过材料抗压强度的压力作用在制件上，造成金属的塑形变形和内部颗粒的转移，致使制件材料紧密细致，从而提高材料的抗拉强度和弹性极限，改善制件的质量。

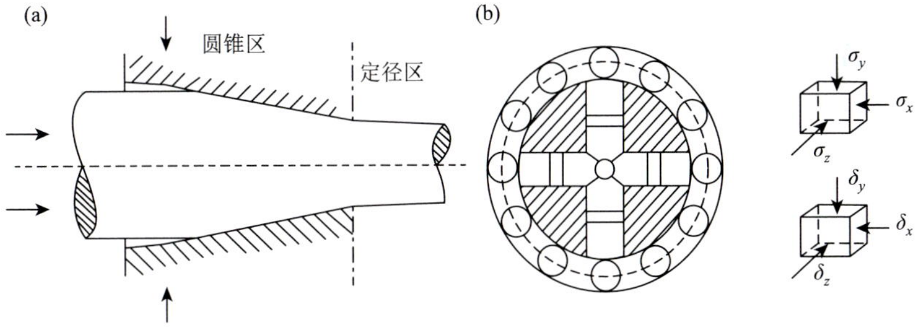

图 5-1　（a）旋锻示意图；（b）径向锻造原理示意图

难熔合金的锻造温度必须严格控制，否则很容易发生晶粒长大造成组织分布不均匀。研究表明，钼合金经过锻造后，性能大大提高，这是由于金属经过锻造后使晶格发生畸变而使强度增加，但高温下合金微观结构容易发生回复和再结晶，合金的强度下降。对钼合金热旋锻的研究发现，当钼棒断面收缩率高达 89%时，晶粒大小仍然不一致[1]。热旋锻是在再结晶温度以上进行，动态回复、动态再结晶与加工硬化同时进行，位置不合适的晶粒开始变形时，已变形的位置合适的晶粒发生了再结晶过程，并且旋锻变形速度较慢，特别是两次锻打的时间间隔和加热时间较长，有充分的时间进行静态再结晶和晶粒长大，造成大变形程度下晶粒粗大不均匀。

Eck 等[2]研究了锻造烧结棒料时钼合金强度的变化，对于 TZM 合金，极限抗拉强度（UTS）和断裂伸长率都随锻造加工率的提高而提高，韧脆转变温度随锻造加工率的提高而降低，如图 5-2 所示，性能变化程度比预计大得多的原因是在加工过程中发生了部分再结晶，部分消除了加工硬化。

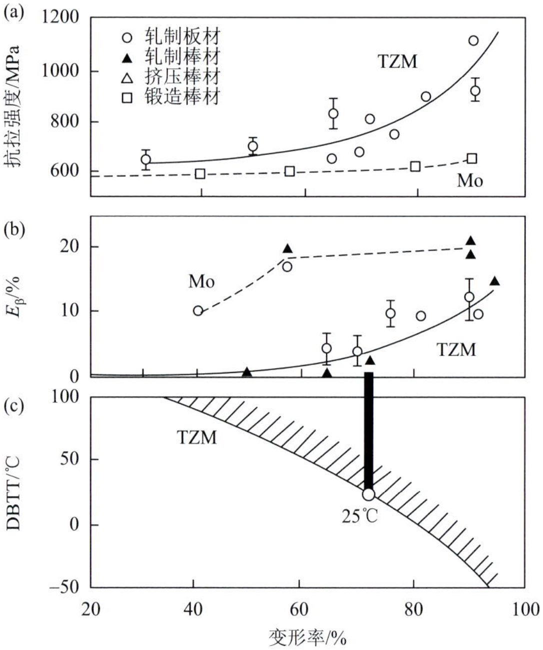

图 5-2 （a）钼和 TZM 合金的极限抗拉强度；（b）室温断裂伸长率；（c）TZM 合金的韧脆转变温度（DBTT）与变形程度的关系

变形量对合金性能有很大的影响。90W-Ni-Fe 合金经过一次变形（变形量为 27%），其抗拉强度、屈服强度和断裂伸长率分别为 1200 MPa、1165 MPa 和 7%。从锻造变形量对合金性能的影响可知，采用一次变形处理，其变形量为 16.9%时，材料的拉伸断裂强度为 1200 MPa，断裂伸长率为 10%。经过 3 次循环锻造，合金的变形量由 16.9%增加到 38.9%～48.1%，强度大大提高。钨合金中的钨含量对形变强化后的力学性能也有很大影响。Gero 等[3]对 90W、93W 和 95W 合金进行旋锻，旋锻后钨合金的强度比烧结态的强度大幅提高，韧性显著下降，且在锻造变形过程中，W 含量越高，旋锻后钨合金的塑性越低。

多次循环锻造变形可以使变形大大增加。随着变形量的增加，断口上钨晶粒尺寸减小并呈现多边化趋势，大变形量旋锻使球状钨颗粒被拉长成具有强化作用的纤维状组织，从而使旋锻后材料的力学性能大幅度提高。经过多道次循环锻造，可以使合金弹芯的变形量达到 78%～80%，最高可以达到 90%[4]。

于洋等[5]对 93W-4.9Ni-2.1Fe 合金，采用旋转锻造对其进行大变形锻造，结果表明变形量越大，钨颗粒变形强度越高，强化效果越明显。旋锻后材料的强度随变形量增大而提高，而断裂伸长率则随变形量的增大而有所下降。变形量为 85% 时，其抗拉强度为 1490 MPa，但断裂伸长率仅为 2.5%。

在大变形旋锻过程中，锻造次数过多需要每一次锻造严格控制工艺参数，这样会使整个工艺过程变得复杂，并且每一次锻造的工艺参数不同，将会影响材料的质量和性能的稳定性；此外，多道次锻造及中间加热导致能耗大，使成本上升。在锻造变形强化工艺中，一次变形量一般控制在 30%左右。当变形量大于 70%时，材料变得十分脆，进一步变形时容易发生开裂。因此，进一步的大变形需采用其他大变形工艺。

2. 静液挤压技术

静液挤压技术是一种对难变形材料进行塑性加工的工艺，其工作原理是：采用高压或超高压液体来作为压力传递的介质，使挤压材料置于密封的高压液体中，这样在变形时材料始终处于良好的润滑条件和有利的三向压应力状态下，合金材料内部组织中的固有微裂纹随挤压过程进行而不断地发生愈合，且有利于材料内部原有微观孔隙的愈合，最终使材料内部缺陷减少，提高材料的塑性，有利于难变形材料的加工；变形材料表面不与模壁接触，减少了摩擦力，变形材料内部和表面质量好。其工作原理如图 5-3 所示。与旋转锻造工艺相比，静液挤压工艺形变强化的优势在于[6]：一是材料形变是在三向等压力下进行，各向受力均匀，变形过程中材料不易出现变形缺陷；二是不需加热；三是一次变形量大，仅一次挤压就能使钨合金获得 60%～80%的变形量。

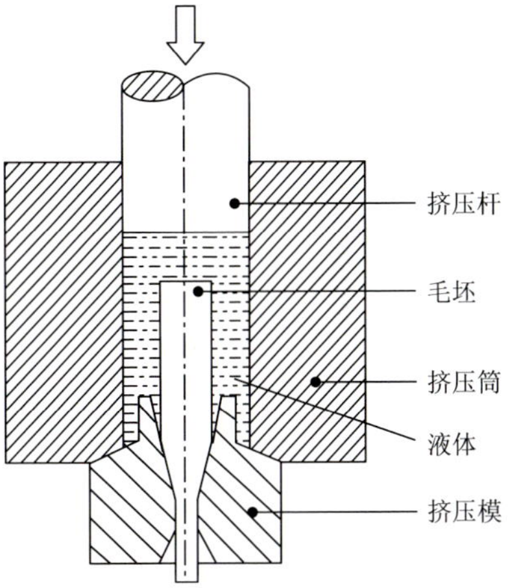

图 5-3　静液挤压工作原理图

Zhang 等[7]研究了 93W-4.9Ni-2.1Fe 合金的静液挤压形变强化，通过静液挤压分别制备了变形量为 48%、59%的钨合金样品。分析表明：在没有经过挤压之前钨颗粒基本呈球形均匀分布于基体相中，经过静液挤压之后，钨颗粒沿着变形方向被拉长为椭球形，相应的钨颗粒之间的基体相也被挤压成条状。并且随着变形量的增加，钨颗粒的变形越来越明显，直至最终形成近似纤维组织。准静态和动态抗拉强度随变形量的增加而增大，而断裂伸长率随变形量的增加而减小，变形量不同，动态力学性能表现出明显的差异。由此可见，变形强化是使钨合金材料强度明显提高的主要原因。

王换玉等[8]的研究表明，钨合金棒坯经一次静液挤压后，棒坯表面光洁度高，弯曲变形量小，挤压后钨合金棒材沿轴向不同位置取样后测得的力学性能分布比较均匀，说明静液挤压钨合金坯料具有材料变形比较均匀的特点。另外，为了使钨合金材料的强韧性达到最佳匹配，可对挤压态钨合金坯料进行不同程度的去应力退火，处理温度不同，挤压合金坯料强度、韧性出现明显变化。因此，根据穿甲弹用钨合金材料使用性能的要求，可采用不同的处理温度使材料达到合适的强韧性匹配。

静液挤压形变强化工艺也存在一些缺点与不足。例如，一次变形量大，变形后材料内部残余内应力较大，导致强度很高而塑性下降严重。塑性的急剧下降会导致合金在冲击过程中的脆性断裂。因此，必须通过后续的去应力退火等热处理工艺来改善材料的内应力状态，提高塑性，进而获得强度高、塑性较好的合金材料。

3. 热挤压工艺

热挤压工艺是通过对冷挤压技术改进而产生的一种新的先进变形工艺。其工作原理与静液挤压技术大致一样，不同的是热挤压的工作环境是高温。工作介质一般选用混合物来充当，如石墨-玻璃的混合物，当玻璃介质处于熔融状态时能很好地满足静液挤压对润滑介质的要求，具有合适的黏度，可形成良好的动力润滑层，很好地解决了模具密封问题和防止润滑介质泄漏。

热挤压技术对于制备强度、延性和韧性都很好的高强韧钨合金具有很大的优越性。由于热挤压技术是在比较高的温度下进行，因此加工变形量更大，强化作用更大，组织不均匀性小，而且挤压压力较冷挤压小，延长了模具使用寿命。

经挤压或锻造后的合金，其显微组织呈现变形织构，因而力学性能表现出各向异性。国内学者刘金旭等[9]研究了热挤压 95W-Ni-Fe 合金的组织性能及静态、动态力学性能。图 5-4 为热挤压钨合金的显微组织，从图 5-4 中可以看出径向（挤压方向即轴向）组织经热挤压后晶粒被拉长形成纤维状，同时径向呈现方向随机、近似弯曲的梭形组织特征。合金经静态、动态力学性能测试后发现热挤压钨合金静态压缩性能近似各向同性，动态压缩性能各向异性显著，径向动态压缩屈服强度比轴向要高 500 MPa，而轴向动态加载的塑性比径向高出约 2 倍；热挤压钨合金轴向动态压缩时，裂纹在钨界面形成，断裂模式属于沿晶与穿晶混合断裂；而径向动态压缩时，剪切裂纹在晶内形成扩展，属于穿晶断裂，如图 5-5 所示与冲击方向保持一定角度，可以提高合金的高强韧性和穿甲自锐化性能。

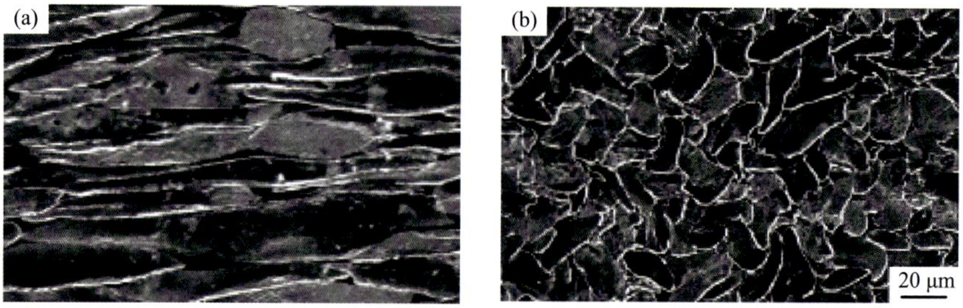

图 5-4 热挤压钨合金轴向（a）和径向（b）热挤压组织 SEM 图

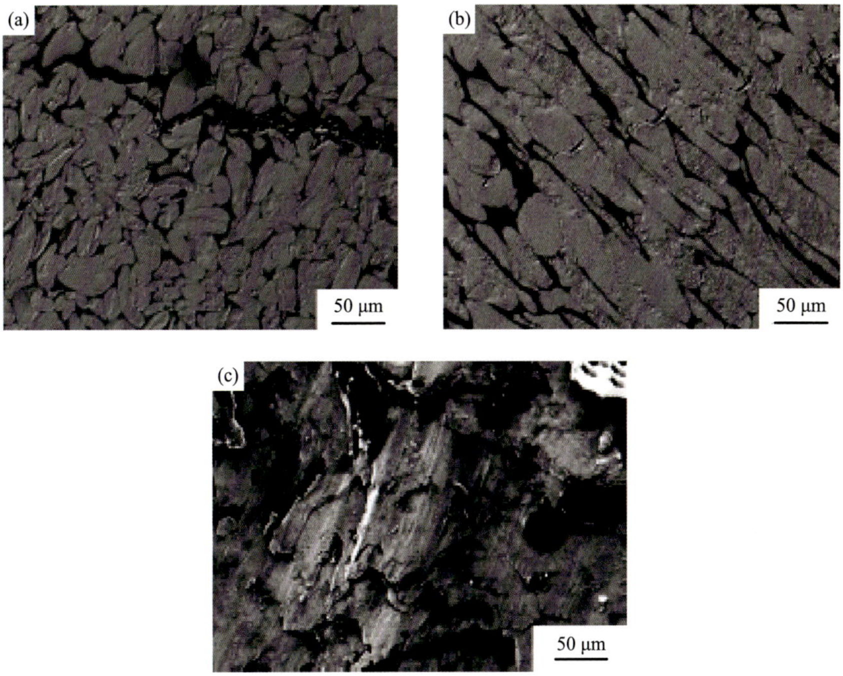

图 5-5　95W 合金轴向（a）、径向（b）动态压缩组织和径向试样动态压缩断口形貌（c）SEM 图

4. 热轧变形工艺

热轧变形是热工艺变形的另一种工艺。轧制是将金属坯料通过一对旋转轧辊的间隙，受到轧辊的压缩使材料截面减小、长度增加的加工方法，主要用来生产型材、板材、管材。采用热轧加工工艺可获得较大的变形量，该工艺具有以下优点：①轧制合金棒材的绝对压下量大于旋锻，这表明轧制的加工塑性较旋锻优良；轧制时，难熔合金棒的各处的晶粒发生均匀变形，而旋锻会产生棒材芯部与边缘变形不一致的现象；另外轧制合金棒材内部残余应力均匀，棒材均匀性更好。②在轧制过程中，因为轧制速度较快，能保证恒温轧制，轧制变形的时间比旋锻变形的时间短。③可大幅度提高劳动生产率，节约能源。

合金板的轧制方式有单向轧制、交叉轧制、叠轧等，不同的轧制方式的合金板组织和性能有显著的差异。

采用单向轧制的钼板横向弯曲性能差，双向交叉轧制工艺生产出来的钼板纵、横两个方向上的弯曲性能都很好。对要求纵横两个方向上都要弯曲成形的钼板，合理的轧制工艺是双向交叉轧制温度在 750～950℃，总的相对变形量在 80%左右，纵横两个方向上的相对变形应基本相等。采用换向轧制不仅可以减少板材的各向异性，还可降低板材的韧脆转变温度。

轧制工艺的一次变形量小，必须采用多道次轧制才能使材料获得较大的变形量，但是较大的变形量会使坯料产生表面裂纹等质量缺陷；轧制合金时，开坯温度和终轧温度都较高，材料表面氧化及污染相对严重，能耗也较高，这些不利因素都将使材料的利用率降低，因此在实际生产中受到一定的局限性。

5. 高压扭转

高压扭转可以将钨晶粒细化至纳米尺度，其工作原理如图 5-6 所示。在冲头和支座之间试样承受很大的挤压力，同时支座的旋转将使材料发生强烈的剪切应变，其剪切应变量甚至高达几百，材料的塑性最大限度地得到发挥。对于难熔金属这类难变形的材料，此方法可以用来有效细化材料的微观组织。

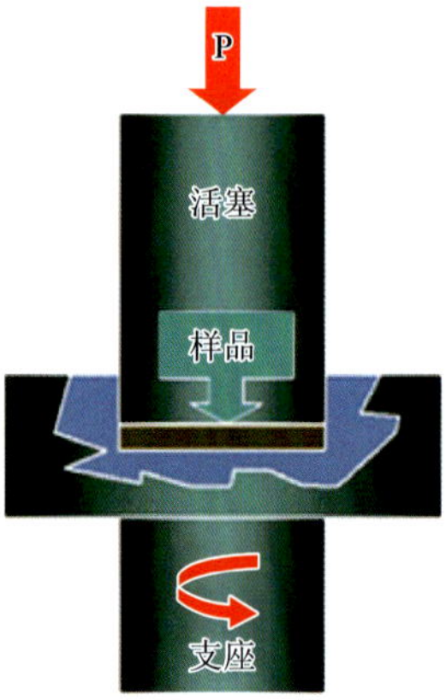

图 5-6 高压扭转装置示意图

5.3 问题与展望

形变强化是难熔金属及其合金的一种重要强化机制，它主要通过合金在形变过程中产生的晶格畸变、位错增殖和二次晶粒形成等效应来改变合金的力学性能，达到强化的目的。然而，形变强化也带来了一些问题：①加工硬化，形变强化会使合金的硬度提高，但同时也会增加其脆性，导致加工过程中的困难和成本的增加。②在形变加工过程中由于变形量过大，零件易于产生开裂。③塑性降低，形变强化在提高合金强度的同时，往往会降低其塑性，这限制了合金在某些需要良好塑性的场合应用。④应力集中，形变过程中产生的位错和晶格畸变可能会导致应力集中，影响合金的疲劳寿命和可靠性。

针对难熔金属形变强化带来的问题，未来研究还需要从以下几个方面进行。

（1）优化形变工艺：通过精确控制形变参数（如形变量、形变温度、形变速度等），优化形变工艺，以在保持高强度的同时提高合金的塑性和韧性。

（2）研究开发新型形变强化技术：探索和研究新型形变强化技术，如低温形变强化、高压形变强化等，以期在保持或提高合金强度的同时，改善其加工性能和塑性。

参考文献

[1] 曹琦，张二召，吴维治. 钼及钼合金热加工工艺对制品性能与能耗影响初探[J]. 有色金属加工，2007，36（2）：40-42.

[2] Eck R. Study of melting molybdenum alloys[J]. Proceedings of the 12th Plansee Seminar，1989，135（24）：829-843.

[3] Gero R，Borukhin L，Pikus I. Some structural effects of plastic deformation on tungsten heavy metal alloys[J]. Materials Science and Engineering：A，2001，302（1）：162-167.

[4] 范景莲. 钨合金及其制备新技术[M]. 北京：冶金工业出版社，2006.

[5] 于洋，王尔德，胡连喜，等. 形变强化对 93W-4.9Ni-2.1Fe 合金组织及性能的影响[J]. 材料科学与工艺，2005，13（4）：442-448.

[6] 刘志强，杨国毅，赵红梅，等. 高密度钨合金静液挤压组织和缺陷分析[J]. 兵器材料科学与工程，2004，27（4）：40-43.

[7] Zhang Z H，Wang F C，Li S K. Deformation characteristics of the 93W-4.9Ni2.1Fe tungsten heavy alloy deformed by hydrostatic extrusion[J]. Materials Science and Engineering A，2006，435-436：632-637.

[8] 王换玉，才鸿年，李刚，等. 液力挤压法制备新型钨合金穿甲弹芯材料技术[J]. 金属成形工艺，2003，21（5）：35-36.

[9] 刘金旭，李树奎，倪芳. 热挤压钨合金的组织性能研究[J]. 稀有金属材料与工程，2007，36（11）：2041-2044.

关键词索引